高等职业教育物业管理专业“十一五”规划教材

房屋构造与识图

主　编　王立群　许文芬
副主编　金　从　钟少瑜
参　编　彭希乔　张　琦　耿孟琴
主　审　杨燕敏

机械工业出版社

本书共分10章，主要内容包括：民用建筑概述及建筑材料基本知识、基础与地下室、墙体、楼板与楼地面、楼梯及其他垂直交通设施、屋顶、门窗、房屋建筑装修构造、建筑工程图的基本知识、建筑施工图的识读。本书还附有居住空间设计基本知识。

本书文字简练，按照国家最新建筑规范进行编写，将建筑构造、建筑识图、建筑材料有机结合在一起，针对学生特点，大量采用立体图示以及实景照片，直观生动，易于理解。在各章节内容之间穿插各类实训练习，便于操作，有助于对知识的掌握和运用。

本书可作为高职高专物业管理专业及相关专业的教材，也可供建筑工程技术及管理人员参考之用。

图书在版编目（CIP）数据

房屋构造与识图/王立群，许文芬主编．—北京：机械工业出版社，2010.1（2023.9重印）

高等职业教育物业管理专业“十一五”规划教材

ISBN 978-7-111-29514-3

Ⅰ．房…　Ⅱ．①王…②许…　Ⅲ．①建筑构造-高等学校：技术学校-教材②建筑制图-识图法-高等学校：技术学校-教材　Ⅳ．TU22　TU204

中国版本图书馆CIP数据核字（2010）第003103号

机械工业出版社（北京市百万庄大街22号　邮政编码100037）

策划编辑：李俊玲　李　莉　责任编辑：李　莉　版式设计：霍永明

封面设计：张　静　　责任校对：姚培新　责任印制：邓　博

北京盛通商印快线网络科技有限公司印刷

2023年9月第1版·第7次印刷

184mm×260mm · 15印张 · 370千字

标准书号：ISBN 978-7-111-29514-3

定价：36.00元

凡购本书，如有缺页、倒页、脱页，由本社发行部调换

电话服务　　　　　　　　网络服务

服务咨询热线：010-88379833　机 工 官 网：www.cmpbook.com

读者购书热线：010-88379649　机 工 官 博：weibo.com/cmp1952

教育服务网：www.cmpedu.com

金 书 网：www.golden-book.com

前　言

“房屋构造与识图”是系统介绍建筑识图、建筑材料及建筑各部分构造原理及构造做法的一门课程，也是学生认识建筑、了解建筑的重要途径。本课程的学习任务有：掌握投影的基本原理及绘图的技能；掌握房屋构造的基本理论，了解房屋各部分的组成及功能要求；掌握常用建筑材料的性质及应用；根据房屋的功能、自然环境因素、建筑材料及施工技术的实际情况，选择合理的构造方案；熟练地识读施工图，准确地掌握设计意图，熟练地运用工程语言进行有关工程方面的交流。根据物业管理专业学生的特点，学生还应了解居住建筑设计的基本知识。本课程与后续“物业环境管理”、“房屋维修与预算”等课程关系紧密，既是学习后续课程的基础，也是学生参加工作后岗位能力和专业技能考核的重要组成部分。

本书紧密结合物业管理专业人才培养方案，把建筑构造、建筑材料及建筑识图有机组合在一起，打破学科体系，将建筑材料相关知识融入建筑构造有关章节之中，强调内容之间的衔接和渗透，把培养学生整体建筑概念以及知识应用能力和岗位能力作为本教材的编写理念。在编写过程中，按照最新国家规范，努力反映在建筑构造方面的新技术、新工艺、新材料。本书内容新颖，文字简练，图文并茂，针对管理类学生特点，大量采用立体图示以及实景照片，直观生动，易于理解。为方便教学以及学生实训，在各章节内容之间穿插了各类实训练习，针对性强，便于学生操作，有助于对知识的掌握和运用。在每章之后还附有复习思考题或练习题，以供学生自学和复习。

本教材由石家庄职业技术学院王立群任第一主编、邯郸职业技术学院许文芬任第二主编。具体编写分工如下：王立群编写了第1章、第4章及拓展知识部分，许文芬编写了第3章、第5章、第7章，日照职业技术学院金从编写了第9章、第10章，漳州职业技术学院钟少瑜编写了第8章，大连职业技术学院张琦编写了第1章部分内容和第2章，湖南铁道职业技术学院彭希乔编写了第6章，石家庄卓达集团耿孟琴工程师绘制、提供了部分图。

本教材由北京市土地整理储备中心高级工程师、北京土地学会副理事长杨燕敏主审，在教材编写和修改过程中提出了宝贵意见并给予悉心指导，在此表示衷心感谢。

由于编者水平所限，书中难免会有不足之处，请使用本书的师生和其他读者批评指正，以便及时修改。

为方便教学，本书配有对应图库，凡使用本书作为教材的教师可登录机械工业出版社教材服务网 www.cmpedu.com 注册下载。咨询邮箱：cmpgaozhi@sina.com。咨询电话：010-88379375。

编　者

目　录

第 1 章

民用建筑概述及建筑材料基本知识

学习目标

通过本章学习，了解建筑的概念及基本要素；了解建筑的分类及耐久等级划分；了解建筑模数制。掌握房屋的主要组成部分的名称及功能；掌握建筑防火等级划分；掌握常用建筑材料的性质及应用。

关键词

建筑　建筑的基本要素　房屋的组成　建筑分类与分级　建筑材料

1.1 建筑概述

1.1.1 建筑的含义

衣、食、住、行是人类最基本的生存条件，其中“住”就需要房屋，需要建筑。人们几乎每时每刻都在使用建筑，享受建筑带来的庇护，建筑是人类生活中不可或缺的部分。建筑已从最初单纯的遮风挡雨、防备野兽侵袭的简陋构筑物，逐步发展成为集建筑功能、建筑技术、建筑经济、建筑艺术及建筑环境等诸多学科为一体的，包含较高科技含量的现代化工业产品。

建筑总是随着人类历史的发展而发展，建筑是社会状况的真实反映。每一座建筑不可避免要受到当时各种因素的影响，如英国巨石建筑、埃及金字塔、巴黎圣母院、悉尼歌剧院（图 1-1）、北京故宫等，无不体现了其所在历史时期的经济、政治、文化、科技。可以说，“建筑是石头的史书”，“建筑是城市经济制度、社会制度的自传”。

图 1-1　悉尼歌剧院

图 1-2　三峡大坝

建筑通常是建筑物与构筑物的总称。建筑物一般是指供人们直接在其中生活、生产或进行其他活动的房屋或场所，如住宅、工厂、办公楼、学校等。构筑物则是人们不能直接在其中生产、生活的建筑，如蓄水池、烟囱、堤坝等，如图 1-2 所示。本书以下文中所指建筑均表示建筑物。

1.1.2 建筑的基本要素

1. 建筑功能

建筑功能是人们对房屋的使用要求。满足建筑功能，为人们的生产、生活创造适宜的空间环境，是建筑的首要任务。建筑首先要满足人体活动的尺度要求，人在建筑形成的空间活动，人体活动的尺度与建筑空间有密切关系；其次，建筑要满足人的生理要求。主要包括对建筑物的朝向、保温、隔热、防潮、隔声、通风、采光、照明等方面的要求。不同类型的建筑还应根据使用要求的不同，具有不同的建筑功能。例如，演出用建筑需要满足视线、视听以及人流疏散等方面的要求。

2. 建筑技术

建筑技术是指建造房屋的手段，是实现建筑功能的物质、技术保证，包括建筑材料、建筑结构、建筑设备和建筑施工等内容。建筑材料，如水泥、沙子、钢材、木材等是建造房屋必不可少的物质基础；建筑结构是建筑空间的骨架，正确的结构计算、合理的结构形式与构造是建筑物的安全保证；建筑设备，如给排水设备、空调设备、采暖设备、电气设备等是保证建筑物达到某种要求的技术条件；建筑施工则是进行建筑生产的过程与方法，是实现建筑物从图样到现实的途径。

3. 建筑形象

建筑形象是建筑物内外观感的具体体现，它包括建筑的体型与立面处理，内外空间的组织，材料、装饰、色彩的应用等内容。不同地域、不同民族均有不同的建筑形象，完美得当的建筑形象给人以强烈的艺术感染力。

1.2 房屋的组成

观察一幢建筑物，不难发现它是由许多部分构成的，主要包括基础、墙或柱、楼地层、楼梯、屋顶、门窗共六大部分，如图 1-3 所示。

1. 基础

基础是建筑物最下部的承重构件，它承担建筑物的全部荷载，并把这些荷载传给地基。基础一般埋置在建筑物的下部，应具有足够的刚度、强度和耐久性，同时能抵御地下水、潮湿等不良因素的影响。

2. 墙或柱

墙或柱是建筑物的竖向承重构件和围护构件，是建筑物的骨架。在墙体承重的建筑中，墙体既是承重构件又是围护构件；在骨架承重的建筑物中，柱是承重构件，而墙主要起围护、分隔等作用。

3. 楼板层和地坪层

楼板层是建筑物水平方向承重构件，并在竖向将整幢建筑物按层高分为若干层，为使用者提供活动所需的平面。楼板层承担家具、设备、人体的荷载，并将这些荷载传给墙或柱，同时，楼板层还对墙体起水平支撑作用。

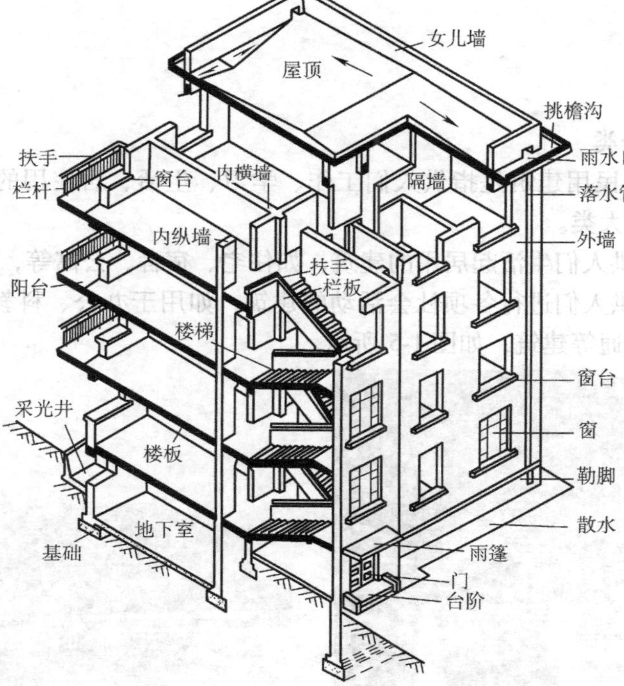

图 1-3　房屋的组成

地坪层是底层房间与地基土层相接的构件，其作用是承受底层的荷载，并应具有耐磨、防潮等性能。

4. 楼梯

楼梯是建筑物主要的垂直交通工具，作为人们上下楼层和紧急疏散的重要通道，楼梯应坚固、安全，并具有足够的通行能力。

5. 屋顶

屋顶是建筑物顶部的承重和围护构件，它承担着建筑物顶部的全部荷载，并将其传给墙或柱；作为围护构件，它抵御自然界雨、雪、太阳辐射等因素对建筑物的影响。屋顶应具有足够的强度和刚度，并要有防水、保温、隔热等性能。

6. 门窗

门窗均为非承重构件。门主要起分隔空间、保证安全、交通联系等作用；窗主要起为空间提供通风和采光的功能，同时也起分隔和围护作用。对有特殊要求的房间，门窗还应具有保温、隔热、隔声作用。

房屋除上述六大组成部分外，还有一些附属部分，如阳台、雨篷、台阶、挑檐、采光井等。

[**实训练习**]　观察你所在学校的一座教学楼，指出其主要的组成部分及各部分的作用。

1.3 建筑分类与分级

1.3.1 建筑分类

1. 按使用性质分类

(1) 民用建筑　民用建筑是指供人们工作、学习、生活、居住用的建筑物，可分为居住建筑和公共建筑两大类。

1) 居住建筑指供人们生活起居用的建筑，如住宅、宿舍、公寓等，如图1-4所示。

2) 公共建筑指供人们进行各项社会活动的建筑，如用于办公、科教、文体、商业、医疗、邮电、广播、交通等建筑，如图1-5所示。

图1-4　某住宅小区

图1-5　中国国家体育场（鸟巢）

(2) 工业建筑　工业建筑指的是各类生产用房和为生产服务的附属用房，如各类生产车间、仓储用房、动力用房等。

(3) 农业建筑　农业建筑指各类供农业生产使用的房屋，如种子库、拖拉机站等。

2. 按层数分类

(1) 住宅建筑　1~3层为低层建筑；4~6层为多层建筑；7~9层为中高层建筑；10层及10层以上为高层建筑。

(2) 公共建筑及综合性建筑　建筑总高度不超过24m的为多层建筑，建筑总高度超过24m的为高层建筑（不包括建筑总高度超过24m的单层建筑）。

(3) 超高层建筑　建筑总高度超过100m时，不论其是住宅或公共建筑均为超高层建筑。

3. 按结构支承体系形式分类

(1) 墙体承重结构建筑　墙体承重结构建筑是以部分或全部建筑外墙以及若干固定不变的建筑内墙作为垂直支承体系，包括砌体墙承重的混合结构和钢筋混凝土墙承重结构。

(2) 骨架承重体系建筑　骨架承重体系建筑由钢筋混凝土或型钢组成的梁柱体系承受建筑的全部荷载，墙体只起围护和分隔作用，包括框架结构、框剪结构、框筒结构、排架结构、刚架结构等。

（3）空间结构建筑　空间结构建筑由钢筋混凝土或钢结构组成空间结构承受建筑全部荷载，如网架结构、悬索结构、壳体结构等。

4. 按承重结构的材料分类

（1）木结构建筑　木结构建筑是指以木材作为房屋承重骨架的建筑，国内现较少采用。

（2）钢筋混凝土结构建筑　钢筋混凝土结构建筑是以钢筋混凝土作为承重结构的建筑。它具有坚固耐久、防火性能好和可塑性强等优点，应用非常广泛。

（3）钢结构建筑　钢结构建筑是以型钢等钢材作为房屋承重骨架的建筑。目前，钢结构建筑已逐渐成为发展趋势。

（4）混合结构建筑　混合结构建筑是指采用两种或两种以上材料做承重结构的建筑。

5. 按施工方法分类

（1）砌筑类建筑　砌筑类建筑指由砖、石或各类砌块砌筑的建筑。

（2）全现浇钢筋混凝土建筑　全现浇钢筋混凝土建筑指主要承重构件如梁、板、柱、剪力墙等构件均在施工现场浇筑而成的建筑。

（3）全装配式建筑　全装配式建筑指主要构件如梁、楼板、柱子、屋面板、墙板等均先在预制构件厂或现场预制，然后在施工现场进行装配的建筑。

（4）部分现浇、部分预制建筑　部分现浇、部分预制建筑指一部分构件（如楼板、屋面板、梁等）在预制构件厂或现场预制，另一部分构件（如柱、基础）为现场浇筑的建筑。

［**实训练习**］　按照不同建筑分类标准，讨论身边建筑物的类型。

1.3.2　建筑分级

1. 耐久等级

建筑物耐久等级的指标是设计使用年限。设计使用年限的长短是依据建筑物的性质决定的。影响建筑寿命长短的主要因素是结构构件的选材和结构体系。

在《民用建筑设计通则》（GB 50352—2005）中对建筑物的设计使用年限作了如下规定：

一类：设计使用年限为5年，适用于临时性建筑。

二类：设计使用年限为25年，适用于易于替换结构构件的建筑。

三类：设计使用年限为50年，适用于普通建筑物和构筑物。

四类：设计使用年限为100年，适用于纪念性建筑和特别重要的建筑。

2. 耐火等级

建筑物的耐火等级取决于建筑物主要构件的耐火极限和燃烧性能。耐火极限指的是建筑构件从起火到失去支持能力或完整性被破坏或失去隔火能力的时间，单位为h（小时）。

燃烧性能指建筑构件在明火或高温作用下燃烧与否，以及燃烧的难易。分燃烧材料（如木材等）、难燃烧材料（如木丝板等）和不燃烧材料（如砖、石等），用上述材料制作的构件分别称燃烧体、难燃烧体和不燃烧体。多层建筑构件的燃烧性能和耐火极限见表1-1。

（1）工业建筑、多层民用建筑　《建筑设计防火规范》（GB 50016—2006）规定：9层及9层以下住宅建筑、建筑高度不超过24m的其他民用建筑、高度不超过24m的单层公共建筑的耐火等级分为四级，即一、二、三、四级；工业建筑的耐火等级也分为一、二、三、四级。

表 1-1　多层建筑构件的燃烧性能和耐火极限　　（单位：h）

名　　称		耐火等级			
构　　件		一　　级	二　　级	三　　级	四　　级
墙	防火墙	不燃烧体 3.00	不燃烧体 3.00	不燃烧体 3.00	不燃烧体 3.00
	承重墙	不燃烧体 3.00	不燃烧体 2.50	不燃烧体 2.00	难燃烧体 0.50
	非承重外墙	不燃烧体 1.00	不燃烧体 1.00	不燃烧体 0.50	燃烧体
	楼梯间墙、电梯井墙 住户单元之间墙、住宅分户墙	不燃烧体 2.00	不燃烧体 2.00	不燃烧体 1.50	难燃烧体 0.50
	疏散走道两侧的墙	不燃烧体 1.00	不燃烧体 1.00	不燃烧体 0.50	难燃烧体 0.25
	房间隔墙	不燃烧体 0.75	不燃烧体 0.50	难燃烧体 0.50	难燃烧体 0.25
柱		不燃烧体 3.00	不燃烧体 2.50	不燃烧体 2.00	难燃烧体 0.50
梁		不燃烧体 2.00	不燃烧体 1.50	不燃烧体 1.00	难燃烧体 0.50
楼板		不燃烧体 1.50	不燃烧体 1.00	不燃烧体 0.50	燃烧体
屋顶承重构件		不燃烧体 1.50	不燃烧体 1.00	燃烧体	燃烧体
疏散楼梯		不燃烧体 1.50	不燃烧体 1.00	不燃烧体 0.50	燃烧体
吊顶（包括吊顶搁栅）		不燃烧体 0.25	难燃烧体 0.25	难燃烧体 0.15	燃烧体

（2）高层建筑　《高层民用建筑设计防火规范》（GB 50045—2005）中，依据建筑高度、建筑层数、建筑面积和建筑物的重要程度将高层建筑分为两类，并作了详细的规定，详见表 1-2。一类高层的耐火等级应为一级，二类高层的耐火等级应不低于二级，其裙房（裙房指与高层建筑相连，高度不超过 24m 的建筑）应不低于二级，高层建筑地下室应为一级耐火等级。

表 1-2　高层民用建筑的分类

名称	一　　类	二　　类
居住建筑	19 层及 19 层以上的普通住宅	10 层至 18 层的普通住宅
公共建筑	1. 医院 2. 高级旅馆 3. 建筑高度超过 50m 或 24m 以上部分的任一楼层建筑面积超过 1000m² 的商业楼、展览楼、综合楼、电信楼、财贸金融楼 4. 建筑高度超过 50m 或 24m 以上部分的任一楼层建筑面积超过 1500m² 的商住楼 5. 中央级和省级广播电视楼 6. 网局级和省级电力调度楼 7. 省级邮政楼、防灾指挥调度楼 8. 藏书超过 100 万册的图书馆、书库 9. 重要的办公楼、科研楼、档案楼 10. 建筑高度超过 50m 的教学楼和普通的旅馆、办公楼、科研楼、档案楼等	1. 除一类建筑以外的商业楼、展览楼、综合楼、电信楼、财贸金融楼、商住楼、图书馆、书库 2. 省级以下的邮政楼、防灾指挥调度楼、广播电视楼、电力调度楼 3. 建筑高度不超过 50m 的教学楼和普通的旅馆、办公楼、科研楼、档案楼等

1.4 模数制

为了使建筑制品、建筑构配件及其组合件实现工业化大规模生产，使不同材料、不同形式和不同制造方法的建筑构配件、组合件符合模数并具有较大的通用性和互换性，我国颁布的《建筑模数协调统一标准》作为设计、施工、构件制作、科研的尺寸依据。

建筑模数是选定的标准尺度单位，作为建筑空间建筑构配件、建筑制品以及有关建筑设备等尺寸相互间协调的基础和增值单位。

1. 基本模数

基本模数是模数协调中选用的基本尺寸单位。其数值定为100mm，符号为M。1M = 100mm。

2. 扩大模数

其数值为基本模数的整倍数，扩大模数按3M（300mm）、6M（600mm）、12M（1200mm）、15M（1500mm）、30M（3000mm）、60M（6000mm）取用。

3. 分模数

其数值为基本模数的分数倍数。为了满足细小尺寸的需要，分模数按1/2M（50mm）、1/5M（20mm）、1/10M（10mm）取用。

4. 模数数列

模数数列是由基本模数、扩大模数和分模数为基础，扩展成的一系列尺寸。

1.5 建筑材料基本知识

建筑材料是指建筑工程所用的材料，是建筑工程的物质基础。根据来源不同，可分为天然材料和人工材料；根据材料功能不同，可分为结构材料、墙体材料、建筑功能材料等；根据组成物质的种类和化学成分分为无机材料、有机材料和复合材料，见表1-3。本节主要讨论水泥、混凝土、建筑钢材等建筑材料。

表1-3 常用建筑材料按照基本成分的分类

无机材料	金属材料	黑色金属		钢、铁
		有色金属		铝、铜及其合金等
	非金属材料	天然石材		花岗岩、石灰岩、砂岩、大理岩等
		烧土及熔融制品		烧结砖、烧结瓦、陶瓷、玻璃、铸石等
		胶凝材料	气硬性胶凝材料	石灰、石膏、苛性菱苦土、水玻璃等
			水硬性胶凝材料	各种水泥
		无机人造石材		混凝土、砂浆、硅酸盐建筑制品等
有机材料		木材、沥青、合成高分子、橡胶等		
复合材料		金属—非金属材料、有机—无机材料等		

1.5.1 水泥

水泥是最主要的建筑材料之一，广泛应用于工业、民用建筑，道路，水利和国防工程。

水泥可作为胶凝材料与骨料及增强材料制成混凝土、钢筋混凝土、预应力混凝土构件，也可配制砌筑砂浆，防水砂浆用于建筑物砌筑、抹面、装饰等。

1. 硅酸盐水泥

凡由硅酸盐水泥熟料、0～5%石灰石或粒化高炉矿渣、适量石膏磨细制成的水硬性胶凝材料，称为硅酸盐水泥。硅酸盐水泥分为两种类型：不掺加混合材料的称为Ⅰ型硅酸盐水泥，代号P. Ⅰ；在粉磨硅酸盐水泥时，掺加不超过水泥质量5%的石灰石或粒化高炉矿渣混合材料的称为Ⅱ型硅酸盐水泥，代号P. Ⅱ。所谓硅酸盐水泥熟料，是指以适当成分的生料烧至部分熔融，所得到的以硅酸钙为主要成分的产物，简称熟料。

（1）硅酸盐水泥熟料的矿物组成　硅酸盐水泥主要由四种矿物成分组成，分别为：硅酸三钙$3CaO \cdot SiO_2$（简写为C_3S），含量为36%～60%；硅酸二钙$2CaO \cdot SiO_2$（简写为C_2S），含量为15%～37%；铝酸三钙$3CaO \cdot Al_2O_3$（简写为C_3A），含量为7%～15%；铁铝酸四钙$4CaO \cdot Al_2O_3 \cdot Fe_2O_3$（简写为$C_4AF$），含量为10%～18%。上述四种矿物中硅酸钙矿物（包含C_3S和C_2S）是主要的，其含量约占70%～85%。

（2）硅酸盐水泥的凝结硬化　水泥的凝结硬化过程是很复杂的物理化学过程。水泥加水拌和后，未水化的水泥颗粒分散在水中，成为水泥浆体。水泥表面开始与水发生化学反应，逐渐形成水化物膜层。随着水泥颗粒不断水化，凝胶体膜层不断增厚而破裂，并继续扩展，在水泥颗粒之间形成网状结构，水泥浆体逐渐变稠，黏度不断增高，失去塑性。随着水化的不断进行，水化产物不断生成并填充颗粒之间空隙，毛细孔越来越少，使结构更加密实，水泥浆体逐渐产生强度而进入硬化阶段。

（3）水泥石的结构　水泥石的组成有：凝胶体（C—S—H）、未水化的水泥颗粒内核、毛细孔和凝胶孔、晶体粒子。图1-6中，A——未水化水泥颗粒；B——胶体粒子（C—S—H等）；C——晶体粒子（$Ca(OH)_2$等）；D——毛细孔（毛细孔水）；E——凝胶孔。

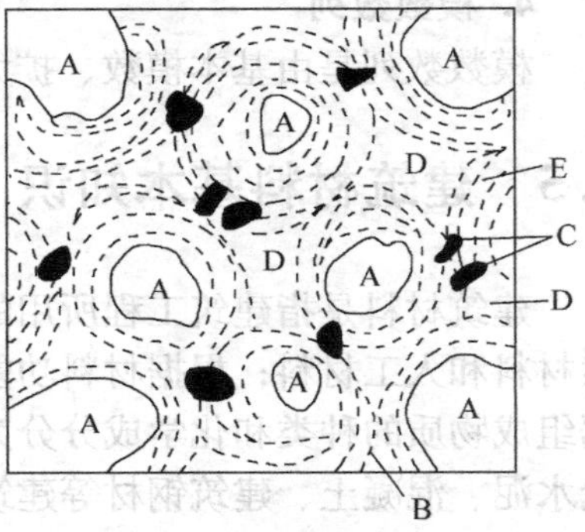

图1-6　水泥石的结构

水泥石的工程性质（强度和耐久性）取决于水泥石的结构组成，即水化物的类型、水化物的相对含量以及孔的大小、形状和分布。水化物的类型取决于水泥品种，水化物的相对含量取决于水化程度，孔的大小决定了水灰比大小。

水灰比相同时，水化程度愈高，则水泥石结构中水化物愈多，而毛细孔和未水化水泥的量相对减少，则水泥石结构密实、强度高、耐久性好。水化程度相同而水灰比不同的水泥石结构，水灰比越大，毛细孔所占比例相对增加，因此该水泥石的强度和耐久性下降。

（4）硅酸盐水泥的技术指标

硅酸盐水泥的主要技术要求如下：

1）细度。水泥细度是指水泥的粗细程度。水泥颗粒越细，与水起反应的表面积越大，因而水化迅速且完全，早期强度及后期强度均较高，但在空气中的硬化收缩较大，成本较高。国家标准规定，硅酸盐水泥细度用比表面积表示，比表面积应大于$300m^2/kg$。

2）标准稠度用水量。标准稠度用水量是指拌制水泥净浆时为达到标准稠度所需的用水量，以水与水泥质量之比的百分数表示，一般在24%～30%之间。

3）凝结时间。凝结时间是指水泥从加水开始到失去流动性所需的时间，分为初凝时间和终凝时间。初凝时间为水泥从开始加水拌和起至水泥浆失去可塑性所需的时间；终凝时间为水泥从开始加水拌和起至水泥浆完全失去可塑性并开始产生强度所需的时间。水泥的初凝时间不宜过早，以便在施工时有足够的时间完成混凝土的搅拌、运输、浇捣和砌筑等操作；水泥的终凝时间不宜过迟，以免拖延施工工期。国家标准规定：硅酸盐水泥初凝时间不得早于45min，终凝时间不得迟于6.5h。

4）体积安定性。水泥的体积安定性是指水泥浆体硬化后体积变化的稳定性。安定性不良的水泥，在浆体硬化过程中或硬化后产生不均匀的体积膨胀，并引起开裂。安定性不良的原因：熟料中含有过量的游离氧化钙、游离氧化镁或掺入的石膏过多。体积安定性不合格的水泥不能用于工程中。国家标准规定：熟料中 MgO 含量不宜超过5.0%，经压蒸试验合格后，允许放宽到6.0%，SO_3 含量不得超过3.5%。

5）水泥的强度与等级。水泥强度是表征水泥力学性能的重要指标。水泥强度必须按《水泥胶砂强度试验方法（ISO 法）》的规定制作试块，养护并测定其抗压和抗折值。该值是评定水泥等级的依据。各强度等级水泥的各龄期强度不得低于表1-4的数值。

表1-4 硅酸盐水泥的强度要求（GB175—2007）（单位：MPa）

品种	强度等级	抗压强度		抗折强度	
		3d	28d	3d	28d
硅酸盐水泥	42.5	≥17.0	≥42.5	≥3.5	≥6.5
	42.5R	≥22.0		≥4.0	
	52.5	≥23.0	≥52.5	≥4.0	≥7.0
	52.5R	≥27.0		≥5.0	
	62.5	≥28.0	≥62.5	≥5.0	≥8.0
	62.5R	≥32.0		≥5.5	

注：R为早强型水泥。

6）水化热。水化热是指水泥和水之间发生化学反应放出的热量。大部分水化热是在水化初期（7d）放出的，以后则逐步减少。水泥水化热大小主要取决于水泥的矿物组成和细度。冬季施工时，水化热有利于水泥的正常凝结硬化。但对大体积混凝土工程，如大型基础、大坝、桥墩等，水化热大是不利的，可使混凝土产生裂缝。因此对大体积混凝土工程，应采用水化热较低的水泥，如中热水泥、低热矿渣水泥等。

2. 掺混合材料的硅酸盐水泥

（1）混合材料　磨细水泥时掺入的人工的或天然的矿物材料称为混合材料，分为活性混合材料和非活性混合材料。其作用是改善水泥的性能，增加品种，提高产量，节约熟料，降低成本。

1）活性混合材料。加水拌和本身并不硬化，但与石灰、石膏或硅酸岩水泥一起，加水拌和后能发生化学反应，生成有一定胶凝性的物质，且具有水硬性，这种混合材料称为活性混合材料。其主要成分为 SiO_2、Al_2O_3 等。

2）非活性混合材料。不具活性或活性甚低的人工或天然的矿物质材料，经磨细，掺入水泥中不起化学作用，仅起调节水泥性质、降低水化热、降低标号、提高产量等作用的混合材料，称为非活性混合材料（又称填充性混合材料）。主要有：磨细的石英砂、石灰石、黏土、慢冷矿渣、炉渣等，不符合技术要求的活性混合材料可作为非活性材料。

（2）应用　在硅酸盐水泥熟料中掺入适量的混合材料可制成普通硅酸盐水泥、矿渣硅酸盐水泥、火山灰硅酸盐水泥、粉煤灰硅酸盐水泥、复合水泥。表1-5为常用水泥的成分、特性和适用范围。

表1-5　五种常用水泥的成分、特性和适用范围（GB175—2007）

	硅酸盐水泥（P. Ⅰ、P. Ⅱ）	普通硅酸盐水泥（P. O）	矿渣硅酸盐水泥（P. S. A、P. S. B）	火山灰质硅酸盐水泥（P. P）	粉煤灰硅酸盐水泥（P. F）
成分	水泥熟料及少量石膏	活性混合材料掺加量为大于5%且不超过20%，其中允许用不超过水泥质量8%且符合本标准的非活性混合材料或不超过水泥质量5%且符合本标准的窑灰代替	矿渣硅酸盐水泥中矿渣掺加量大于20%且不超过70% A型矿渣掺量大于20%且不超过50%，代号P. S. A；B型矿渣掺量大于50%且不超过70%，代号P. S. B	在硅酸盐水泥中掺入火山灰质混合材料大于20%且不超过40%	在硅酸盐水泥中掺入粉煤灰大于20%且不超过50%
特性	早期强度高；水化热较大；抗冻性较好；耐蚀性较差；干缩较小	与硅酸盐水泥基本相同	早期强度低；后期强度增长较快；水化热较低；耐蚀性较强；抗冻性差；干缩较大	早期强度低，后期强度增长较快；水化热较低；耐蚀性较强；抗渗性好；抗冻性差；干缩性大	早期强度低；后期强度增长较快；水化热较低；耐蚀性较强；抗冻性差；干缩性小；抗裂性较高
适用范围	一般土建工程中钢筋混凝土结构；受反复冻融的结构；配制高强混凝土	与硅酸盐水泥基本相同	高温车间和有耐热、耐火要求的混凝土结构；大体积混凝土结构；蒸汽养护的构件；有抗硫酸盐侵蚀要求的工程	地下、水中大体积混凝土结构和有抗渗要求的混凝土结构；有抗硫酸盐侵蚀要求的工程	地上、地下及水中大体积混凝土构件；抗裂性要求较高的构件；有抗硫酸盐侵蚀要求的工程
不适用范围	大体积混凝土结构；受化学及海水侵蚀的工程	与硅酸盐水泥基本相同	早期强度要求高的工程；有抗冻要求的混凝土工程	处在干燥环境中的混凝土工程；其他同矿渣水泥	有抗碳化要求的工程；其他同矿渣水泥

［**实训练习**］　到施工现场观察水泥，收集水泥在存放、运输时的要求及其他相关知识。

1.5.2　混凝土

1. 概念

凡由胶凝材料（胶结料）、粗细骨料、水及其他材料，按适当的比例配合、拌和配制并硬化而成的具有所需的形体、强度和耐久性的人造石材，称为混凝土，如水泥混凝土、沥青混凝土等。水泥混凝土简称混凝土，是以水泥为胶凝材料，砂石为骨料拌制而成的混凝土，即：水泥 + 砂 + 石 + 水 + 外加剂（混合材料）→硬化得人工石材混凝土。

2. 普通混凝土的组成

普通混凝土组成材料是水泥、天然砂、石、水、掺合剂和外加剂。其组成过程为：水 + 水泥 → 水泥浆 + 砂 → 水泥砂浆 + 粗骨料→混凝土。水泥浆能充填砂石之间的空隙，起润滑作用，赋予混凝土拌和物一定的流动性，并在混凝土硬化后起胶结作用，将砂石胶结成整体，产生强度，成为坚硬的水泥石。硬化混凝土的结构如图1-7所示。

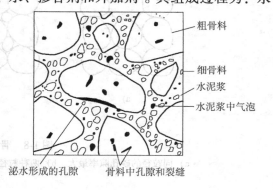

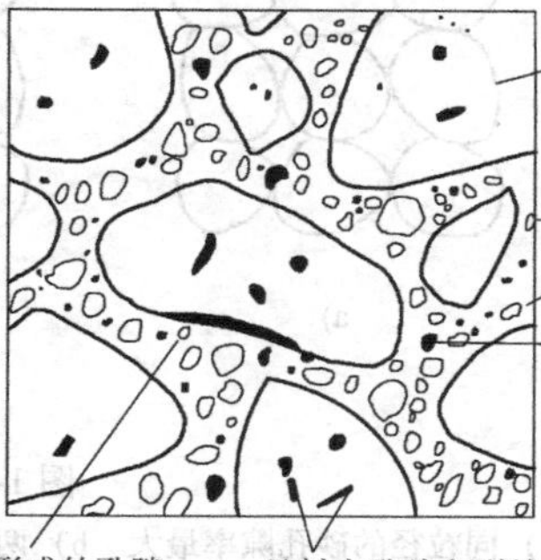

图1-7 硬化混凝土的结构

（1）水泥

1）水泥品种的选择。水泥品种应根据工程性质及特点、工程所处环境及施工条件，依据各种水泥的特性，合理选择。

2）水泥强度等级的选择。应选择与混凝土的设计强度等级相适应的水泥标号。普通混凝土的水泥强度等级为混凝土强度等级的1.5～2.0倍；高强度混凝土（C30以上）的水泥标号为混凝土强度等级的0.9～1.5倍。

（2）细骨料　细骨料的粒径为0.15～4.75mm，粗骨料的粒径大于4.75mm，通常细、粗骨料的总体积占混凝土总体积的70%～80%。骨料性能要求：有害杂质含量少；具有良好的颗粒形状，适宜的颗粒级配和细度，表面粗糙，与水泥粘结牢固；性能稳定，坚固耐久。

1）种类及特性。

①河砂：洁净、质地坚硬，为配制混凝土的理想材料。

②海砂：质地坚硬，但夹有贝壳碎片及可溶性盐类。

③山砂：含有黏土及有机杂质，坚固性差。

④人工砂：富有棱角，比较洁净，但细粉、片状颗较多，成本高。

2）混凝土用砂质量要求。混凝土用砂一般要求质地坚实、清洁、有害杂质含量少。天然砂含泥量和泥块含量及人工砂石粉含量和泥块含量应分别符合相关规定。砂中不应混有草根、树叶、树枝、塑料等杂物，如含有云母、有机物及硫酸盐等，其含量应符合规定。

3）砂的粗细程度及颗粒级配。砂的粗细程度是指不同粒径的砂粒，混合在一起后的总体砂的粗细程度。砂根据粗细程度通常分为粗砂、中砂、细砂等几种。在相同用砂量条件下，粗砂的总表面积比细砂小，则所需要包裹砂粒表面的水泥浆少。因此，用粗砂配制混凝土比用细砂所用水泥量要省。砂的颗粒级配是指不同粒径砂颗粒的分布情况。在混凝土中砂粒之间的空隙是由水泥浆所填充，为节省水泥和提高混凝土的强度，就应尽量减少砂粒之间的空隙。要减少砂粒之间的空隙，就必须有大小不同的颗粒合理搭配，如图1-8所示。砂的粗细程度及颗粒级配，常用筛分的方法进行测定。砂的粗细程度用细度模数表示，颗粒级配用级配区间表示。

（3）粗骨料　粗骨料为粒径大于4.75mm的岩石颗粒，分为卵石（砾石）（图1-9）和碎石（图1-10）两类。卵石（砾石）包括河卵石、海卵石和山卵石等，其中河卵石应用较多。碎石大多由天然岩石经破碎筛分而成。粗骨料比较理想的颗粒形状为三维长度相等或相近的立方体或球形颗粒，而三维长度相差较大的针、片状颗粒粒形较差。

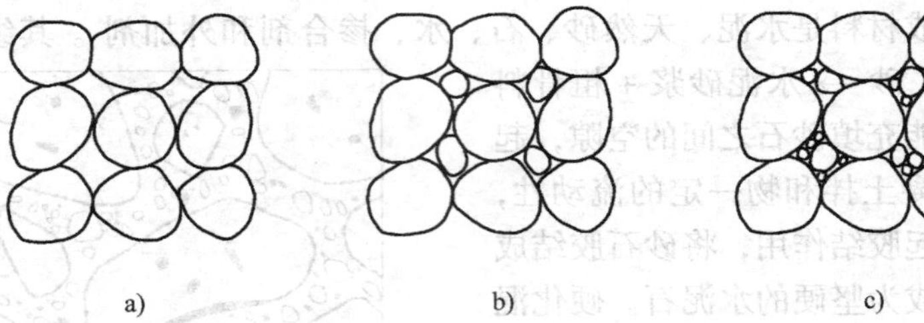

图 1-8　骨料的颗粒级配

a）同粒径的砂孔隙率最大　b）两种粒径的砂孔隙率小　c）三种粒径的砂孔隙率更小

图 1-9　卵石

图 1-10　碎石

骨料表面的粗糙程度及孔隙特征均影响混凝土的强度。卵石光滑少棱角，孔隙率及总表面积小，工作性能好，水泥用量少，但粘结力差，强度低。碎石多棱角，孔隙率及总表面积大，工作性能差，水泥用量多，但粘结力强，强度高。在相同条件下，碎石混凝土比卵石混凝土的强度约高 10% 左右。

（4）混凝土拌和及养护用水　混凝土拌和及养护用水不得含有影响水泥正常凝结硬化的有害物质。凡是能饮用的自来水及清洁的天然水都能用来拌制和养护混凝土。污水、pH 值小于 4 的酸性水、含硫酸盐（按 SO_2 计）超过 1% 的水均不能使用。一般情况下不得用海水拌制混凝土，因海水中含有的硫酸盐、镁盐和氯化物会侵蚀水泥石和钢筋。

（5）外加剂　在混凝土拌和物中掺入量一般大于水泥质量 5%、能改善混凝土拌和物或硬化后混凝土性质的材料，称为外加剂。常用外加剂有如下几种：

减水剂——在保持混凝土稠度不变的条件下，具有减水增强作用的外加剂。

引气剂——在混凝土搅拌过程中，能引入大量分布均匀的微小气泡，以减少混凝土拌和物泌水离析、改善和易性，并能显著提高硬化混凝土抗冻融耐久性的外加剂。

缓凝剂——能延缓混凝土凝结时间，并对其后期强度发展无不利影响的外加剂。

早强剂——能提高混凝土早期强度，并对其后期强度无显著影响的外加剂。

防冻剂——在规定温度下，能显著降低混凝土的冰点，使混凝土液相不冻结或仅部分冻结，以保证水泥的水化作用，并在一定的时间内获得预期强度的外加剂。

膨胀剂——能使混凝土（砂浆）在水化过程中产生一定的体积膨胀，并在有约束条件下产生适宜自应力的外加剂。

钢筋阻锈剂——加入混凝土中能阻止或减缓钢筋腐蚀的外加剂。

3. 混凝土拌和物的和易性

和易性是指混凝土拌和物能保持其组成成分均匀，不发生分层离析、泌水等现象，适宜运输、浇筑、捣实成型等施工作业，并能获得质量均匀、密实的混凝土的性能。和易性是一项综合技术性能，包括流动性、粘聚性和保水性三个方面。

（1）流动性　流动性指混凝土拌和物在自重或机械振捣力的作用下，能产生流动并均匀密实地充满模型的性能，反映拌和物的稀稠程度。拌和物太稠，混凝土难以振捣，易造成内部孔隙；拌和物过稀，会分层离析，影响混凝土的均匀性。

（2）粘聚性　粘聚性指混凝土拌和物内部间具有一定的粘聚力，在运输和浇筑过程中不致发生离析分层现象，而使混凝土能保持整体均匀的性能。

（3）保水性　保水性指混凝土拌和物具有一定的保持内部水分的能力，在施工过程中不致产生严重的泌水现象。

4. 混凝土的强度

按照《混凝土结构设计规范》（GB50010—2002），混凝土强度等级应按立方体抗压强度标准值确定。立方体抗压强度标准值系指按标准方法制作和养护的边长为150mm的立方体试件，在28d龄期用标准试验方法测得的具有95%保证率的抗压强度，以$f_{cu,k}$表示。普通混凝土划分为14个强度等级：C15、C20、C25、C30、C35、C40、C45、C50、C55、C60、C65、C70、C75、C80。

［**实训练习**］　到施工现场观察混凝土的搅拌、运输、泵送、浇筑，收集混凝土配和比和和易性的相关资料。

1.5.3　建筑钢材

建筑钢材是重要的建筑材料。它主要指用于钢结构中各种型材（如角钢、槽钢、工字钢、圆钢等）、钢板、钢管和用于钢筋混凝土结构中的各种钢筋、钢丝等。由于钢材在工厂生产中有较严格的工艺控制，因此质量通常能够得到保证。

建筑钢材具有一系列的优良性能。它有较高的强度，有良好的塑性和韧性，能承受冲击和振动荷载；可以焊接和铆接，易于加工和装配，所以被广泛地应用于建筑工程中。但钢材也存在易锈蚀及耐火性差的缺点。

1. 钢的冶炼加工与分类

（1）钢的冶炼　钢是由生铁冶炼而成。炼钢的过程就是将生铁进行精炼，使碳的含量降低到一定的限度，同时把其他杂质的含量也降低到允许范围内。所以，在理论上凡含碳量在2%以下，含有害杂质较少的Fe—C合金可称为钢。

根据炼钢设备的不同，常用的炼钢方法有空气转炉法、氧气转炉法、平炉法、电炉法。

（2）钢的分类　钢的品种繁多，分类方法很多，通常有按化学成分、质量、用途等几种分类方法。钢的分类见表1-6，目前，在建筑工程中常用的钢种是普通碳素结构钢和普通低合金结构钢。

表 1-6 钢的分类

分类方法	类别		特性
按化学成分分类	碳素钢	低碳钢	含碳量＜0.25%
		中碳钢	含碳量 0.25%～0.60%
		高碳钢	含碳量＞0.60%
	合金钢	低合金钢	合金元素总含量＜5%
		中合金钢	合金元素总含量 5%～10%
		高合金钢	合金元素总含量＞10%
按脱氧程度分类	沸腾钢		脱氧不完全，硫、磷等杂质偏析较严重，代号为“F”
	镇静钢		脱氧完全，同时去硫，代号为“Z”
	半镇静钢		脱氧程度介于沸腾钢和镇静钢之间，代号为“B”
	特殊镇静钢		比镇静钢脱氧程度还要充分彻底，代号为“TZ”
按质量分类	普通碳素钢		含硫量≤0.055%～0.065%，含磷量≤0.045%～0.085%
	优质碳素钢		含硫量≤0.03%～0.045%，含磷量≤0.035%～0.045%
	高级优质钢		含硫量≤0.02%～0.03%，含磷量≤0.027%～0.035%
按用途分类	结构钢		工程结构构件用钢、机械制造用钢
	工具钢		各种刀具、量具及模具用钢
	特殊钢		具有特殊物理、化学或机械性能的钢，如不锈钢、耐热钢、耐酸钢、耐磨钢、磁性钢等

2. 建筑钢材的力学与工艺性能

(1) 抗拉性能　钢材的抗拉性能，可通过低碳钢受拉的应力—应变图说明，如图 1-11。其拉伸过程可分为 4 个阶段：弹性阶段（0—A）、屈服阶段（A—B）、强化阶段（B—C）和颈缩阶段（C—D）。弹性阶段的最高点（A 点）所对应的应力称为比例极限或弹性极限，用 σ_p 表示。在屈服阶段内，若卸去外力，则试件变形不能完全恢复，即产生了塑性变形。$B_{上}$ 点所对应的应力称为屈服上限，$B_{下}$ 点所对应的应力称为屈服下限。通常以屈服下限作为钢材的屈服强度，用 σ_s 表示，设计中一般以屈服强度作为钢材强度取值的依据。对应于强化阶段最高点 C 的应力称为极限抗拉强度（即抗拉强度），用 σ_b 表示。

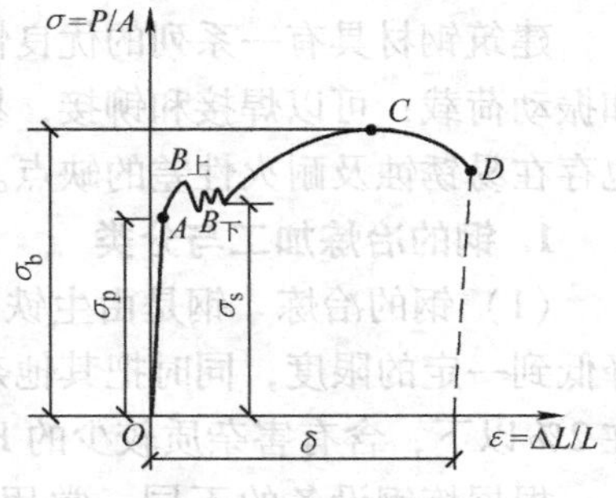

图 1-11　低碳钢受拉应力—应变图

中碳钢与高碳钢（硬钢）的拉伸曲线与低碳钢不同，屈服现象不明显，难以测定屈服点，则规定产生残余变形为原标距长度的 0.2% 时所对应的应力值，作为硬钢的屈服强度，也称条件屈服点，用$\sigma_{0.2}$表示，如图1-12所示。

（2）冲击韧性　钢材的冲击韧性是处在简支梁状态的金属试样在冲击负荷作用下折断时吸收冲击功的性能。影响钢材冲击韧性的因素很多，如化学成分、冶炼质量、冷作及时效、环境温度等。

（3）塑性　建筑钢材应具有很好的塑性。钢材的塑性通常用伸长率和断面收缩率表示。

（4）耐疲劳性　受交变荷载反复作用，钢材在应力低于其屈服强度的情况下突然发生脆性断裂破坏的现象，称为疲劳破坏。钢材在无穷次交变荷载作用下而不至引起断裂的最大循环应力值，称为疲劳强度极限。一般来说，钢材的抗拉强度高，其疲劳极限也较高。

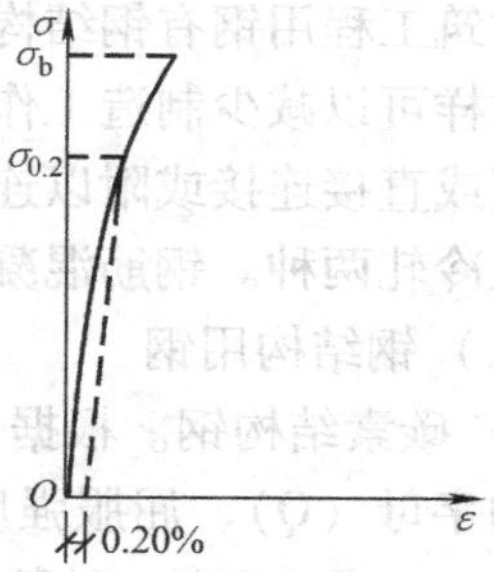

图1-12　中、高碳钢的应力—应变图

（5）硬度　硬度是指金属材料在表面局部体积内，抵抗硬物压入表面的能力，亦即材料表面抵抗塑性变形的能力。相应的硬度试验指标称布氏硬度（HB）和洛氏硬度（HRC）。

（6）冷弯性能　冷弯性能是指钢材在常温下承受弯曲变形的能力。通过冷弯试验有助于暴露钢材的某些内在缺陷。它能揭示钢材是否存在内部组织不均匀、内应力和夹杂物等缺陷，冷弯试验对焊接质量也是一种严格的检验，能揭示焊件在受弯表面存在未熔合、微裂纹及夹杂物等缺陷。

（7）焊接性能　在建筑工程中，各种型钢、钢板、钢筋及预埋件等需用焊接加工。钢结构有90%以上是焊接结构。焊接的质量取决于焊接工艺、焊接材料及钢的焊接性能。钢材的可焊性是指钢材是否适应通常的焊接方法与工艺的性能。可焊性好的钢材指易于用一般焊接方法和工艺施焊，焊口处不易形成裂纹、气孔、夹渣等缺陷；焊接后钢材的力学性能，特别是强度不低于原有钢材，硬脆倾向小。

（8）冷加工性能及时效处理

1）冷加工强化处理。将钢材在常温下进行冷加工（如冷拉、冷拔或冷轧），使之产生塑性变形，从而提高屈服强度，但钢材的塑性、韧性及弹性模量则会降低，这个过程称为冷加工强化处理。建筑工地或预制构件厂常用的方法是冷拉和冷拔。

冷拉是将热轧钢筋用冷拉设备加力进行张拉，使之伸长。钢材经冷拉后屈服强度可提高20%～30%，可节约钢材10%～20%，钢材经冷拉后屈服阶段缩短，伸长率降低，材质变硬。

冷拔是光面圆钢筋通过硬质合金拔丝模孔强行拉拔，每次拉拔断面缩小应在10%以下。钢筋在冷拔过程中，不仅受拉，同时还受到挤压作用，因而冷拔的作用比纯冷拉作用强烈。经过一次或多次冷拔后的钢筋，表面光洁度高，屈服强度提高40%～60%，但塑性大大降低，具有硬钢的性质。

2）时效。钢材经冷加工后，在常温下存放15～20d或加热至100～200℃，保持2h左右，其屈服强度、抗拉强度及硬度进一步提高，而塑性及韧性继续降低，这种现象称为时效。前者称

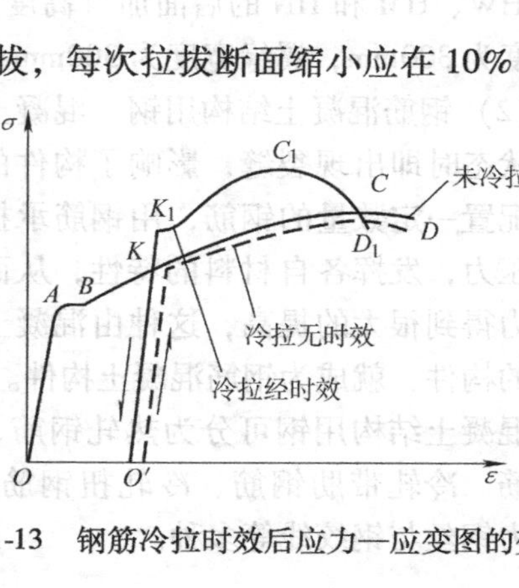

图1-13　钢筋冷拉时效后应力—应变图的变化

为自然时效，后者称为人工时效。钢筋冷拉时效后应力—应变曲线如图1-13所示。

3. 常用建筑钢材与选用原则

建筑工程用钢有钢结构用钢和钢筋混凝土结构用钢两类，钢结构构件一般宜直接选用型钢，这样可以减少制造工作量，降低造价。型钢尺寸不够合适或构件很大时则用钢板制作。构件间或直接连接或附以连接钢板进行连接。所以，钢结构中的构件是型钢及钢板。型钢有热轧及冷轧两种。钢筋混凝土结构主要采用钢筋和钢丝。

（1）钢结构用钢

1）碳素结构钢。根据GB/T 700—2006，碳素结构钢的牌号由四个部分组成：代表屈服强度的字母（Q）、屈服强度数值（N/mm^2）、质量等级符号（A、B、C、D）、脱氧方法符号（F、B、Z、TZ）。碳素结构钢的质量等级是按钢中硫、磷含量由多至少划分的，随A、B、C、D的顺序质量等级逐级提高。当为镇静钢或特殊镇静钢时，则牌号表示“Z”与“TZ”符号可予以省略。

按标准规定，我国碳素结构钢分四个牌号，即Q195、Q215、Q235、Q275。例如Q235AF，它表示：屈服点为$235N/mm^2$的平炉或氧气转炉冶炼的A级沸腾碳素结构钢。

2）低合金结构钢。根据GB/T 1591—2006规定，我国低合金结构钢共有8个牌号，所加元素主要有锰、硅、钒、钛、铌、铬、镍及稀土元素。其牌号的表示由屈服强度的汉语拼音字母Q、屈服强度数值、质量等级（A、B、C、D、E五级）三部分组成。

3）型钢和钢板

①热轧钢板。热轧钢板分厚板和薄板两种，厚板的厚度为4.5~60mm，薄板的厚度为0.35~4mm。前者广泛用来组成焊接构件和连接钢板，后者是冷弯薄壁型钢的原料。图样中钢板用“—厚×宽×长”表示，如—12×800×2100。

②热轧型钢。角钢有等边和不等边角钢两种。等边角钢（也称等肢角钢），以边宽和厚度表示，如∟100×10为肢宽100mm、厚10mm的等边角钢。不等边角钢（也称不等肢角钢）则以两边宽度和厚度表示，如∟100×80×8等。槽钢有两种尺寸系列，即热轧普通槽钢与热轧轻型槽钢。前者的表示方法如[30a，指槽钢外廓高度为30cm，且腹板厚度为最薄的一种；后者的表示方法如[25Q，表示外廓高度为25mm。工字钢也分为上述的普通型和轻型两种尺寸系列。两种工字钢的表示法如：工32c，工32Q等。H型钢、热轧H型钢分为三类：宽翼缘H型钢（HW）、中翼缘H型钢（HM）和窄翼缘H型钢（HN）。表示方法是符号HW、HM和HN的后面加“高度（mm）×宽度（mm）”，例如HW300×300，即为截面高度为300mm，翼缘宽度为300mm的宽翼缘H型钢。

（2）钢筋混凝土结构用钢　混凝土的抗压强度很高，但抗拉强度低，在拉应力处于很小的状态时即出现裂缝，影响了构件的承载能力，在构件中配置一定数量的钢筋，用钢筋承担拉力而让混凝土承担压力，发挥各自材料的特性，从而可以使构件的承载能力得到很大的提高，这种由混凝土和钢筋两种材料组成的构件，就成为钢筋混凝土构件。按生产方式不同，钢筋混凝土结构用钢可分为热轧钢筋、热处理钢筋、冷拉钢筋、冷轧带肋钢筋、冷轧扭钢筋、冷拔低碳钢丝、预应力钢丝与钢绞线等多种。

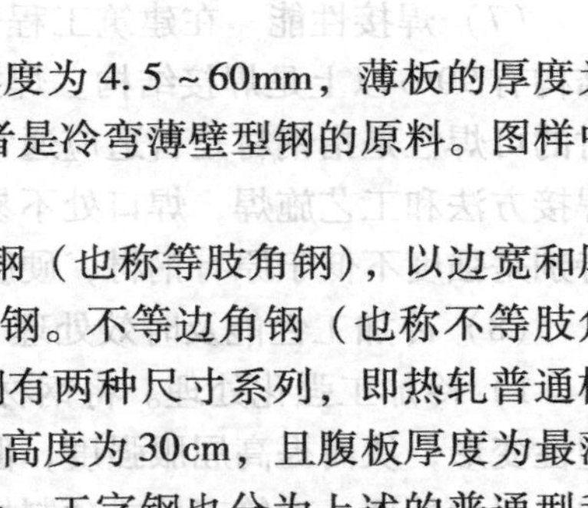
图1-14　光圆钢筋外形

钢筋混凝土用热轧钢筋，根据其表面状态特征、工艺与供应方式可分为热轧光圆钢筋（图1-14）、热轧带肋钢筋与热处理钢筋等，热轧带肋钢筋通常为圆形横截面，且表面通常带有两条纵肋和沿长度方向均匀分布的横肋。按肋纹的形状分为月牙肋和等高肋，如图1-15所示；热轧钢筋按其力学性能，分为Ⅰ级、Ⅱ级、Ⅲ级、Ⅳ级，其强度等级代号分别为HPB235、HRB335、HRB400、HRB500。其中Ⅰ级钢筋由碳素结构钢轧制，其余均由低合金钢轧制而成。

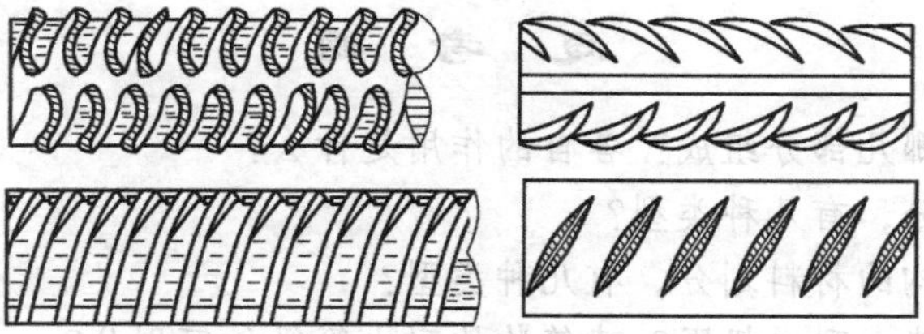

图1-15 带肋钢筋外形

［实训练习］ 到施工现场观察建筑钢材，指出钢材种类，观察钢筋的码放、下料、加工、绑扎、焊接的过程，收集相关资料。

小结

1）建筑与人类息息相关，“建筑”通常是建筑物与构筑物的总称。建筑的基本要素是建筑的功能、建筑技术条件、建筑形象，建筑功能、建筑技术、建筑形象三者不可分割并相互制约，我国建筑工作的指导方针是“适用、安全、经济、美观”。

2）一座建筑物主要由基础、墙或柱、楼地层、楼梯、屋顶及门窗等六大部分组成，它们处在不同的部位，发挥着各自的作用。

3）建筑按使用功能划分，分为居住建筑、公共建筑、工业建筑、农业建筑；按层数划分，分为低层、多层、高层和超高层建筑；按承重结构的材料划分，有木结构建筑、钢筋混凝土结构建筑、钢结构建筑、混合结构建筑等；按施工方法划分，有砌筑建筑、全现浇钢筋混凝土建筑、全装配式建筑、部分现浇部分预制建筑；建筑按耐久性能，分为四级，建筑物耐久等级的指标是耐久年限，分别为100年以上、50~100年、25~50年、15年以下。建筑物的耐火等级分为四级，分级的依据是建筑构件的燃烧性能和耐火极限。

4）为了使建筑制品、建筑构配件及其组合件实现工业化大规模生产，使不同材料、不同形式和不同制造方法的建筑构配件、组合件符合模数并具有较大的通用性和互换性，实行建筑模数协调统一标准，包括基本模数、扩大模数、分模数、模数数列等内容。

5）凡由硅酸盐水泥熟料、0~5%石灰石或粒化高炉矿渣、适量石膏磨细制成的水硬性胶凝材料，称为硅酸盐水泥。硅酸盐水泥的技术指标包括细度、标准稠度用水量、凝结时间、体积安定性、水泥的强度与等级、水化热。掺混合材料的硅酸盐水泥主要有普通硅酸盐水泥、矿渣硅酸盐水泥、火山灰硅酸盐水泥、粉煤灰硅酸盐水泥、复合水泥。

6）水泥混凝土简称混凝土，是以水泥为胶凝材料，砂石为骨料拌制而成的混凝土。普通混凝土组成材料是水泥、天然砂、石、水、掺和剂和外加剂。混凝土强度等级应按立方体抗压强度标准值确定。普通混凝土划分为14个强度等级。

7）建筑钢材是重要的建筑材料。它主要指用于钢结构中各种型材（如角钢、槽钢、工字钢、圆钢等）、钢板、钢管和用于钢筋混凝土结构中的各种钢筋、钢丝等。建筑钢材的力学与工艺性能主要有：抗拉性能、冲击韧性、塑性、耐疲劳性硬度、冷弯性能、焊接性能、冷加工性能。建筑工程用钢有钢结构用钢和钢筋混凝土结构用钢两类，钢结构构件一般宜直接选用型钢，型钢有热轧及冷轧两种。钢筋混凝土结构用钢可分为热轧钢筋、热处理钢筋、冷拉钢筋、冷轧带肋钢筋、冷轧扭钢筋、冷拔低碳钢丝、预应力钢丝与钢绞线等多种。

思考题

1. 建筑物主要由哪几部分组成？各自的作用是什么？
2. 住宅按层数划分，有几种类型？
3. 建筑按承重结构的材料划分，有几种类型？
4. 什么叫燃烧性能、耐火极限？建筑物的耐火等级如何划分？
5. 硅酸盐水泥熟料是由哪几种矿物组成的？
6. 试分析硅酸盐水泥、普通水泥、矿渣水泥、火山灰水泥及粉煤灰水泥性质的异同点。
7. 混凝土的组成材料有哪几种？
8. 什么是混凝土拌和物的和易性？
9. 影响混凝土和易性的因素有哪些？
10. 画出低碳钢拉伸时的应力应变图，指出弹性极限、屈服极限和抗拉强度。

第 2 章

基础与地下室

学习目标

通过本章学习，了解地基、基础和地下室的概念及组成，了解基础的类型；掌握防水材料的性质和应用，重点掌握地下室防潮防水的构造做法，并能在实际中运用。

关键词

地基　基础　地下室　水泥　混凝土　钢材　沥青

2.1　概述

2.1.1　地基基础的概念和分类

1. 概念

建筑物建造在土层上，建筑物的全部荷载均由它下面的土层来承担。地基是指受建筑物荷载影响的那一部分土层。基础是指建筑物在地面以下承担上部荷载，并将其传递至地基的结构。基础上建造的是上部结构。基础及地基示意如图 2-1 所示。直接支承基础的土层称为持力层，在持力层下方的土层称为下卧层。

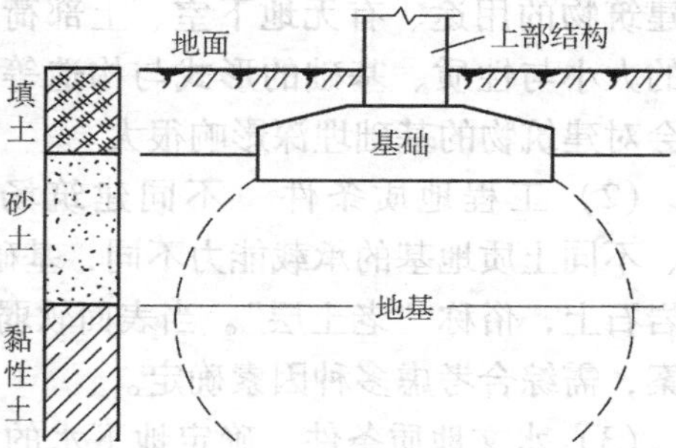

图 2-1　基础及地基示意

2. 地基的分类

地基可以分为天然地基和人工地基两种。

天然地基：凡天然土层本身具有足够的强度，能直接承受建筑荷载的地基称为天然地基。

人工地基：凡天然土层本身的承载能力弱，或建筑物上部荷载较大，须预先对土壤层进行人工加工或加固处理后才能承受建筑物荷载的地基称为人工地基。人工加固地基通常采用压实法、换土垫层法、挤密法、振密法等。

1）压实法分为机械碾压法、重锤夯实法、振动压实法和强夯法。

机械碾压法适用于大面积填土地基，采用平碾、羊足碾、振动碾等方法压实地基土。重锤夯实法适用于地下水位距地表为 0. 8m 以上稍湿的黏性土、砂土、湿陷性黄土、杂填土及分层填土的地基。振动压实法适用黏土颗粒含量少，透水性较好的松散杂填土及砂土地基。强夯法适用于碎石土、砂土、粉土、低饱和度的黏性土、人工填土及湿陷性黄土地基。但此方法施工时产生的噪声与振动很大，影响附近建筑物，在城市中不宜采用。

2）换土垫层法适用于上部建筑物荷载不大的湿陷性黄土、膨胀性土、软弱地基及暗沟暗塘浅层处理。将较弱土层如淤泥、淤泥质土、冲填土、杂填土或其他高压缩性土层，部分或全部挖去，换成其他较坚硬的材料，如中砂、粗砂、碎石、矿渣、石屑、素土、灰土等松散材料。

3）挤密法、振密法适用砂土、粉砂或部分黏土粒含量不高的黏性土。在钢管打入土中时挤压周围土体，然后在孔内分层填入素土或灰土，经夯实后成土桩，或用锤击或振动沉管方法，使砂桩压入土中，与桩间土组成复合地基。此外还有振冲置换法和振冲密实法等。

2.1.2 基础埋深

1. 概念和原则

基础的埋深：从设计室外地面至基础底面的垂直距离称为基础的埋置深度。基础埋深不超过5m时称为浅基础，基础埋深大于5m时称为深基础。基础埋深在一般情况下应不小于500mm。如图2-2所示。

确定基础埋深的原则是：在满足地基稳定和变形要求的前提下，基础应尽量浅埋，除岩石地基外，一般不宜小于0.5m。另外基础顶面应低于设计地面100mm以上，以避免基础外露。

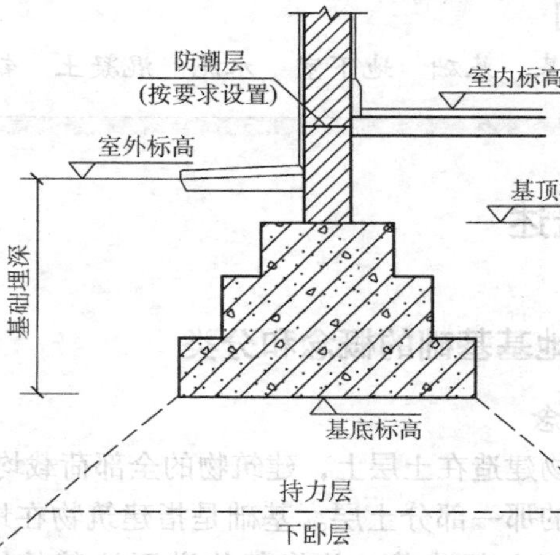

图2-2 基础埋深

2. 影响基础埋深的因素

（1）建筑物上部荷载的大小和性质　建筑物的用途、有无地下室、上部荷载的大小与性质、基础的形式与构造等均会对建筑物的基础埋深影响很大。

（2）工程地质条件　不同建筑场地、不同土质地基的承载能力不同，基础底面应尽量选在常年未经扰动而且坚实平坦的土层或岩石上，俗称“老土层”。当表面软弱土层较厚时，可采用深基础或人工地基，采用何种方案，需综合考虑多种因素确定。

（3）水文地质条件　确定地下水的常年水位和最高水位，以便选择基础的埋深。一般宜将基础落在地下常年水位和最高水位之上，这样可不需进行特殊防水处理，节省造价，还可防止或减轻地基土层的冻胀。如必须埋在地下水位以下时，则应采取措施（如基坑排水，坑壁围护等），以保证地基土施工时不受扰动。地下水对基础材料的侵蚀作用及防护措施应充分考虑，可采用相应的材料和做防水层。

（4）地基土壤冻结深度　应根据当地的气候条件了解土层的冻结深度（地基土冻结的极限深度称为冻结深度），一般将基础做在土层冻结深度以下200mm左右，如图2-3所示。否则，冬天土层的冻胀力会把

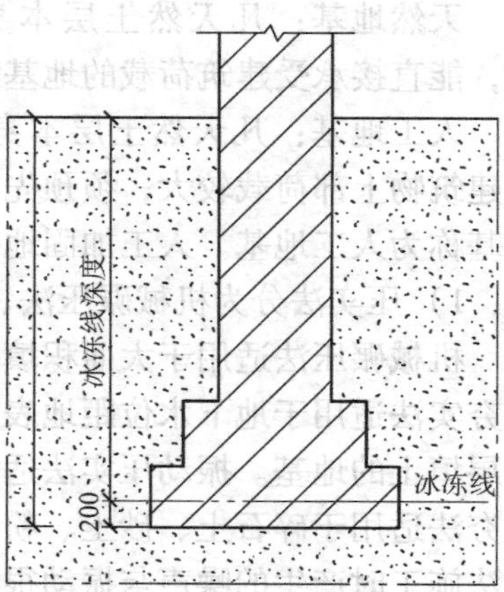

图2-3 基础埋深和冰冻线的关系

房屋拱起，产生变形；天气转暖，冻土解冻时又会产生陷落。这种冻融循环容易造成基础变形，严重时，使基础开裂破坏。

（5）相邻建筑物基础的影响　当新建基础深于原有基础时，则要采取一定的措施加以处理，以保证原有建筑的安全和正常使用，如图2-4所示。

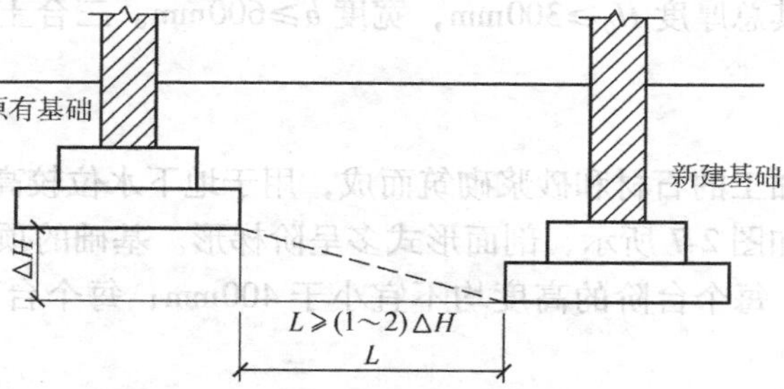

图2-4　不同埋深的相邻基础

［实训练习］　观察当地施工现场，了解地基种类及施工方法。

2.2　基础类型、构造

研究基础的类型是为了经济合理地选择基础的形式和材料，确定其构造。对于民用建筑的基础，可以按材料、形式和传力特点进行分类。

2.2.1　按材料分类

按基础材料不同可分为砖基础、灰土基础与三合土基础、毛石基础、混凝土基础、毛石混凝土基础、钢筋混凝土基础等。

1. 砖基础

砖基础主要材料为实心转，如图2-5所示。多用于地基土质好、地下水位较低、五层以下的砖混结构建筑中。

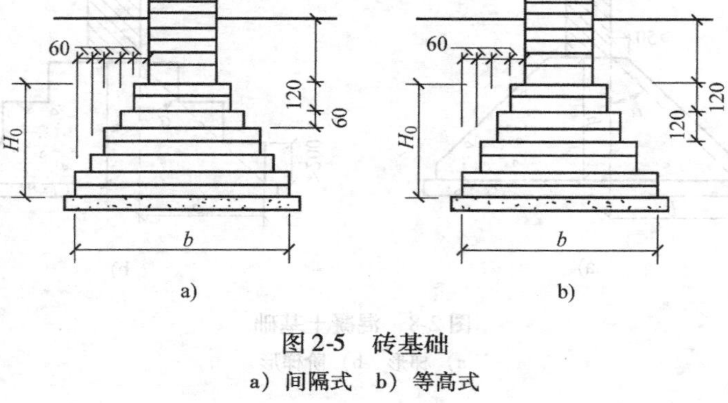

图2-5　砖基础
a）间隔式　b）等高式

2. 灰土基础与三合土基础

在地下水位比较低的地区，常在砖基础下做灰土垫层，该灰土层的厚度不小于100mm。

由于灰土垫层按基础计算，故称灰土基础，如图2-6所示。

灰土基础是由粉状石灰与粘土加适量水拌和夯实而成的。石灰与粘土的体积比为3∶7或2∶8，灰土每层均虚铺220mm，夯实后厚度为150mm左右。

三合土基础由石灰、砂、集料（碎砖、碎石或矿渣），按体积比1∶3∶6或1∶2∶4加水拌和夯实而成的。通常其总厚度 $H_0 \geqslant 300$mm，宽度 $b \geqslant 600$mm。三合土基础适用于四层以下建筑。

3. 毛石基础

毛石基础由未经加工的石材和砂浆砌筑而成，用于地下水位较高、冻结深度较深的低层和多层民用建筑中。如图2-7所示，剖面形式多呈阶梯形。基础的顶面要比墙或柱每边宽出100mm，基础的宽度、每个台阶的高度均不宜小于400mm；每个台阶挑出的宽度不应当大于200mm。

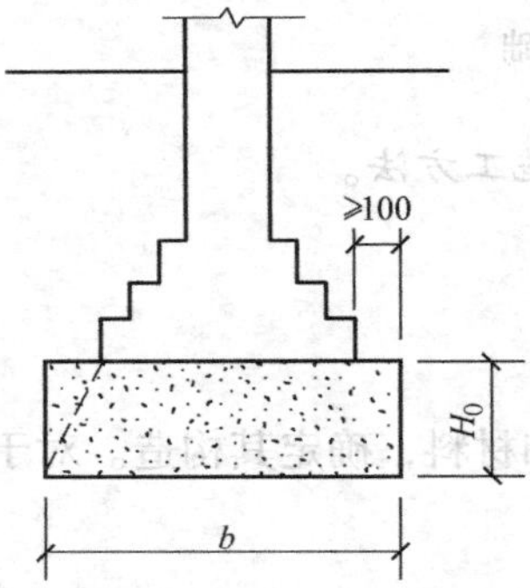

图2-6　灰土基础

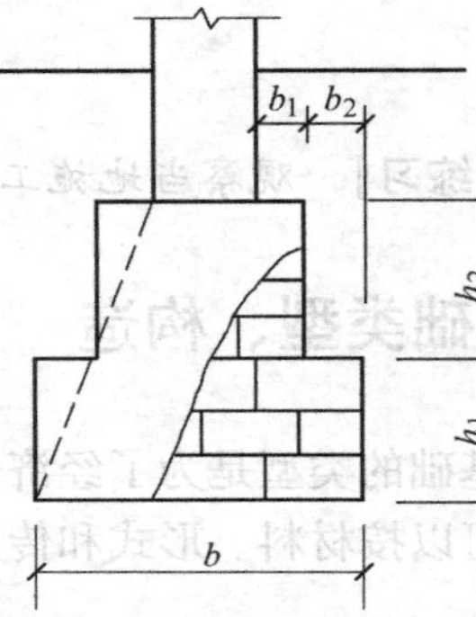

图2-7　毛石基础

4. 混凝土基础

混凝土基础的断面可以做成矩形、阶梯形和锥形。当基础宽度小于350mm时，多做成矩形；大于350mm时，多做成阶梯形，如图2-8所示。

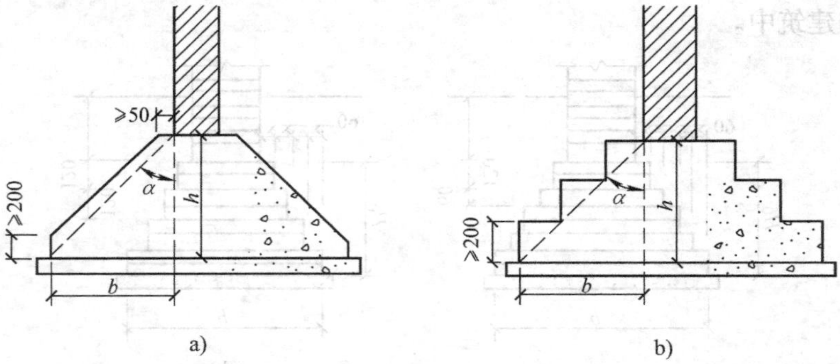

图2-8　混凝土基础

a）梯形　b）阶梯形

5. 毛石混凝土基础

常在混凝土中加入粒径不超过300mm的毛石，这种混凝土称为毛石混凝土。采用毛石混凝土为材料的称为毛石混凝土基础。

6. 钢筋混凝土基础

当建筑物的荷载较大而地基承载能力较小时，基础底面必须加宽，如果仍采用混凝土材料做基础，由于刚性角的影响，势必加大基础的深度，这样很不经济。如果在混凝土基础的底部配以钢筋，利用钢筋来承受拉应力，使基础底部能够承受较大的弯矩，称钢筋混凝土基础。钢筋混凝土基础如图 2-9 所示。

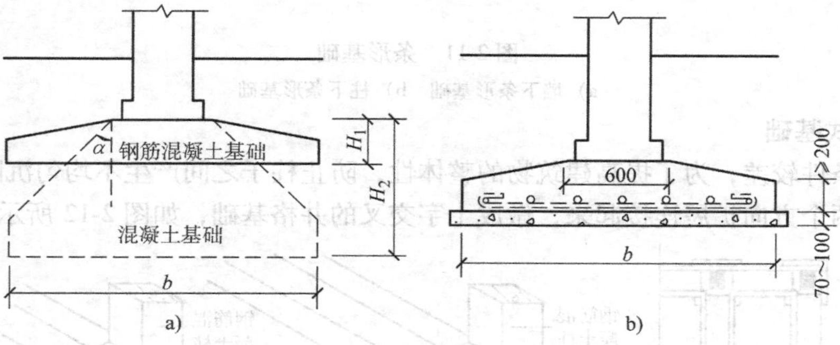

图 2-9 钢筋混凝土基础

a）混凝土与钢筋混凝土基础比较 b）钢筋混凝土基础

2.2.2 按基础形式分类

1. 独立式基础

当建筑物上部结构采用框架结构或单层排架结构承重时，基础常采用方形或矩形的独立式基础。独立式基础是柱下基础的基本形式。

当柱采用预制构件时，则基础做成杯口形，然后将柱子插入并嵌固在杯口内，故称杯形基础。图 2-10 所示为独立式基础。

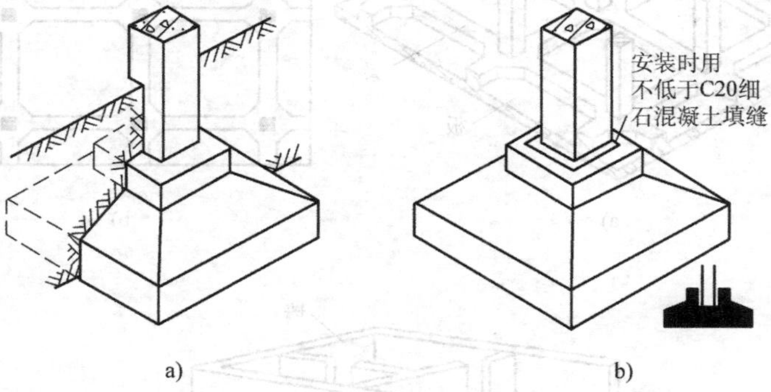

图 2-10 独立式基础

a）现浇基础 b）杯形基础

2. 条形基础

当建筑物上部结构采用墙承重时，基础沿墙身设置，多做成长条形，这类基础称为条形基础或带形基础，是墙承式建筑基础的基本形式。条形基础如图 2-11 所示。

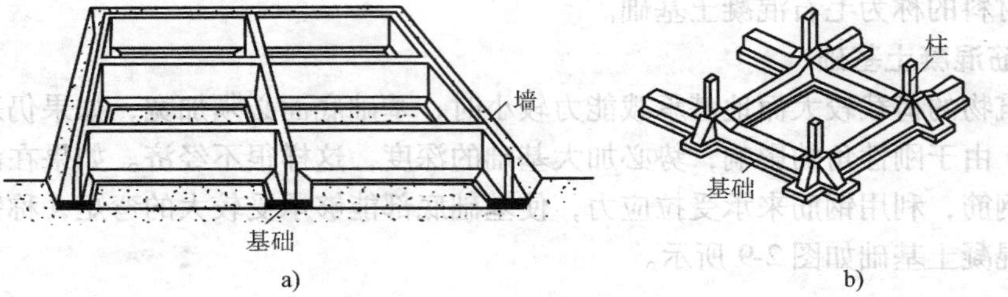

图 2-11　条形基础

a）墙下条形基础　b）柱下条形基础

3. 井格式基础

当地基条件较差，为了提高建筑物的整体性，防止柱子之间产生不均匀沉降，常将柱下基础沿纵横两个方向扩展连接起来，做成十字交叉的井格基础，如图 2-12 所示。

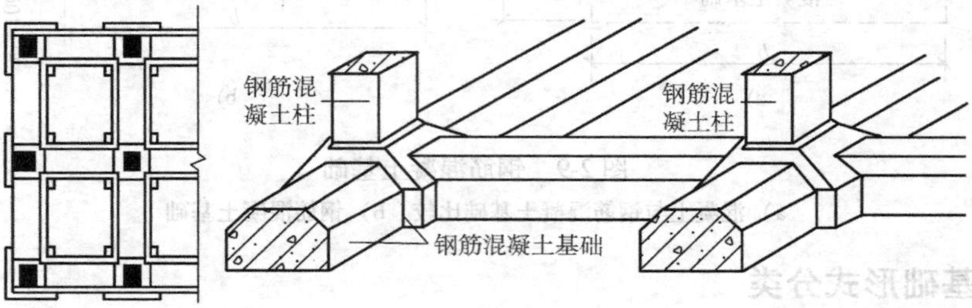

图 2-12　井格式基础

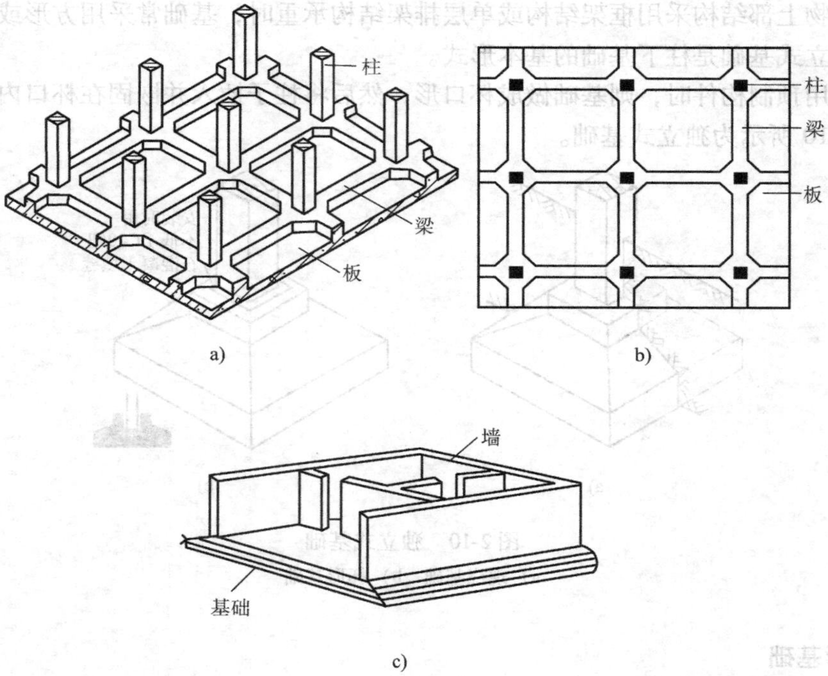

图 2-13　片筏式基础

a）梁板式片筏基础示意图　b）梁板式片筏基础平面图　c）平板式片筏基础

4. 片筏式基础

当建筑物上部荷载大，而地基又较弱时，采用简单的条形基础或井格基础已不能适应地基变形的需要，通常将墙或柱下基础连成一片，使建筑物的荷载由一块整板承受，称为片筏基础。片筏基础有平板式和梁板式两种，如图 2-13 所示。

5. 箱形基础

当平板式基础做得很深时，常将基础改做成箱形基础。箱形基础是由钢筋混凝土底板、顶板和若干纵、横隔墙组成的整体结构，基础的中空部分可用作地下室（单层或多层的）或地下停车库。箱形基础整体空间刚度大，整体性强，能抵抗地基的不均匀沉降，较适用于高层建筑或在软弱地基上建造的重型建筑物。箱形基础如图 2-14 所示。

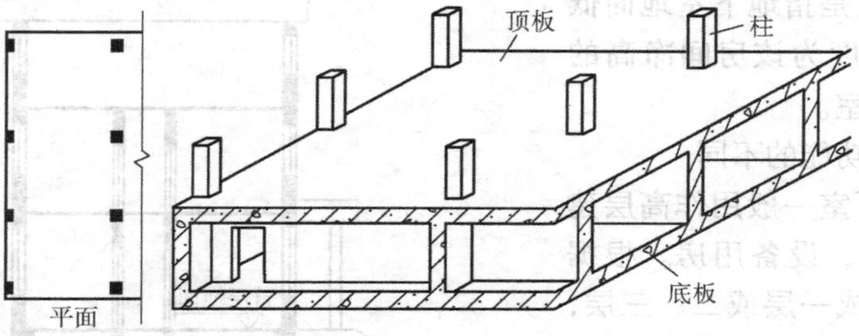

图 2-14　箱形基础

6. 桩基础

桩基础示意图如图 2-15 所示。

（1）桩的分类

1）按承载性状分类可分为摩擦型桩和端承型桩，摩擦型桩即桩顶荷载全部或主要由桩侧阻力承受；端承型桩即桩顶荷载全部或主要由桩端阻力承受。

2）按使用功能分类可分为竖向抗压桩、竖向抗拔桩、水平受荷桩、复合受荷桩。

3）按桩身材料分类可分为混凝土桩、钢桩、组合材料桩。

（2）桩的工艺特点与构造

1）预制桩截面常设计成方形或圆形的实心断面，也有圆柱体的空心截面。接桩方法有钢板焊接桩、法兰接桩及硫磺胶泥锚接桩。

2）灌注桩。沉管灌注桩是将带有活瓣桩尖或预制混凝土桩尖的钢管沉入（锤击、振动、静压、振动加压）土中，向管中灌注混凝土，以边振动边拔管成桩的质量较好。钻孔灌注桩是利用各种钻孔机具钻孔，清除孔内泥土，再向孔内灌注混凝土。施工时可采用钢套管或泥浆护壁，防止孔壁坍落。钻孔灌注桩桩径较大，一般为 600 ~ 1600mm。钻孔扩底灌注桩是用钻机钻孔后，再通过钻杆底部装置的扩刀，将孔底再扩大，扩底后的直径不宜大于 3 倍桩身直径。

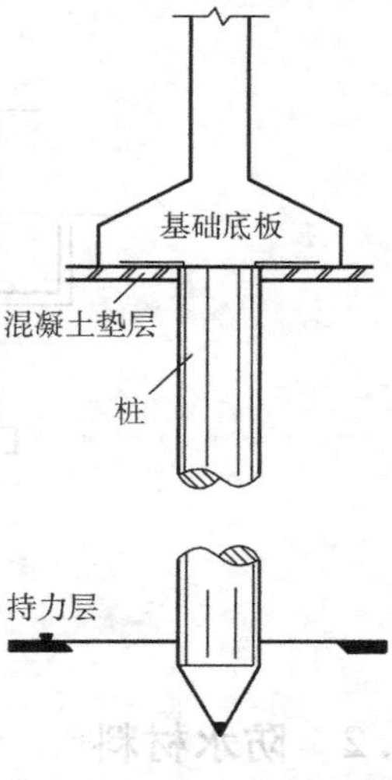

图 2-15　桩基础示意图

［课堂练习］ 指出各类基础的特点，并抄绘砖基础、钢筋混凝土基础大样图。

2.3 地下室构造与防水材料

2.3.1 地下室分类及组成

1. 地下室的分类

（1）按埋入地下深度的不同（图 2-16）

1）全地下室是指地下室地面低于室外地坪的高度超过该房间净高的 1/2 的地下室。

2）半地下室是指地下室地面低于室外地坪的高度为该房间净高的 1/3～1/2 的地下室。

（2）按使用功能的不同

1）普通地下室一般用作高层建筑的地下停车库、设备用房。根据用途及结构可做成一层或二、三层，多层地下室。

2）人防地下室是结合人防要求设置的地下空间，用于战时情况下人员的隐蔽和疏散，并有保障人身安全的各项技术措施。

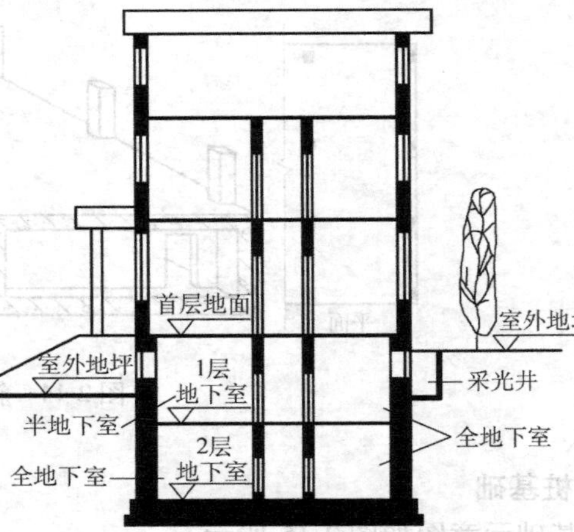

图 2-16 地下室示意图

2. 地下室的构造组成

地下室一般由墙身、底板、顶板、门窗、楼梯等部分组成，如图 2-17 所示。

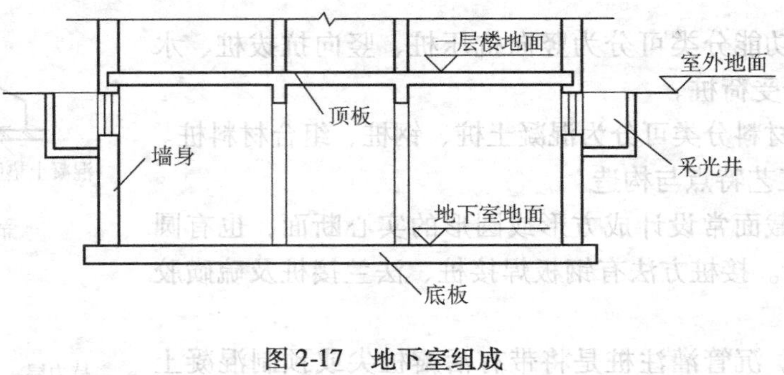

图 2-17 地下室组成

2.3.2 防水材料

防水材料是保证房屋建筑能够防止雨水、地下水等渗透的重要房屋组成部分。防水材料品种繁多，大致可以分为防水卷材、防水涂料、嵌缝材料等，防水砂浆、防水混凝土也具有防水作用。

1. 防水卷材

防水卷材主要包括沥青系防水卷材、聚合物改性沥青防水卷材、合成高分子防水卷材。

（1）沥青系防水卷材　沥青是一种有机胶凝材料，在常温下呈固态、半固态或黏性液体状态，颜色为褐色或黑褐色，有良好的不透水性和防腐蚀作用。石油沥青具有黏性、塑性、温度敏感性、大气稳定性等性质。

1）油毡是用硬沥青浸涂油纸的两面，撒布滑石粉或云母粉作隔离层而成，是应用最广的防水卷材。

2）沥青玻璃布油毡简称玻璃布油毡，采用石油沥青涂盖材料浸涂玻璃纤维织布的两面，再涂撒隔离材料所制成的一种以无机纤维为胎体的沥青防水卷材。玻璃布油毡的幅宽有两个规格：915mm 和 1000mm。

玻璃布油毡的抗拉强度高、耐久性好、柔韧性好、耐腐蚀性强，适用于物理性能要求较高的地下工程防水、防腐层、屋面防水、低温金属管道防腐层等。

3）沥青防水卷材相关材料

①冷底子油是用稀释剂（汽油、柴油、煤油、苯等）对沥青进行稀释的产物。它多在常温下用于防水工程的底层，故称冷底子油。冷底子油黏度小，具有良好的流动性，涂刷在混凝土、砂浆或木材等基面上，能很快渗入基层孔隙中，待溶剂挥发后，便与基面牢固结合。冷底子油形成的涂膜较薄，一般不单独作防水材料使用，只作某些防水材料的配套材料。施工时在基层上先涂刷一道冷底子油，再刷沥青防水涂料或铺油毡。冷底子油可封闭基层毛细孔隙，使基层形成防水能力；使基层表面变为憎水性，为粘结同类防水材料创造了有利条件。冷底子油应涂刷于干燥的基面上，不宜在有雨、雾、露的环境中施工，通常要求与冷底子油相接触的水泥砂浆的含水率≤10%。

②沥青胶属于矿物填充料改性沥青，是在沥青中掺入适量的粉状或纤维状矿物填充料经均匀混合而制成，又称沥青玛蹄脂。常用的矿物填充料主要有滑石粉、石灰石粉、木屑粉、石棉粉等。沥青胶中掺入填充料，不仅可以节约沥青，更主要的是改善了沥青的性能。与纯沥青相比，沥青胶具有较好的黏性、耐热性和柔韧性，主要用于粘贴卷材、嵌缝、接头、补漏及做防水层的底层。沥青胶有热用和冷用两种。热用沥青胶粘结效果好，但需现场加热，造成环境污染，施工也不方便；冷用沥青胶可在常温下使用，施工方便，但需加稀释剂，成本较高。

（2）聚合物改性沥青防水卷材　SBS/APP 改性沥青防水卷材是以苯乙烯-丁二烯-苯乙烯（SBS）热塑性弹性体、塑性体无规聚丙烯（APP）或聚烯烃类聚合物（APAO、APO）等作改性剂的沥青做浸渍和涂盖材料，上表面覆以聚乙烯膜、细砂、矿物粒料等材料所制成的可以卷曲的片状防水材料。产品按胎基分为聚酯胎（PY）和玻纤胎（G），其上表面覆面材料可分为聚乙烯膜（PE）、细砂（S）、矿物粒料（M）。SBS 改性沥青防水卷材尤其适用于寒冷、结构变形频繁地区的建筑物防水。APP 改性沥青防水卷材则适用于高温、有强烈太阳辐射地区的建筑物防水。

（3）合成高分子防水卷材　三元乙丙橡胶防水卷材（简称 EPDM 卷材）是以三元乙丙橡胶掺入适量的丁基橡胶、硫化剂、促进剂、软化剂和补强剂等，经密炼、拉片过滤、挤出成型等工序加工而成。由于三元乙丙橡胶分子结构中的主链上没有双键，因此，当其受到臭氧、紫外线、湿热的作用时，主键上不易发生断裂，所以它有优异的耐气候性、耐老化性，而且抗拉强度高、延伸率大，对基层伸缩或开裂的适应性强，加之重量轻、使用温度范围宽（在 -40 ~ +80℃范围内可以长期使用），是一种高效防水材料。它还可冷施工，操作简便，减少环境污染，改善工人的劳动条件。三元乙丙橡胶防水卷材属高档防水材料，适用于屋面工程作单层外露防水，也适用于有保护层的屋面或室内楼地面、厨房、卫生间及地下室、贮水池、隧道等建筑工程防水。

2. 防水涂料

防水涂料是一种流态或半流态物质，涂布在基层表面，经溶剂或水分挥发或各组分间的化学反应，形成有一定弹性和一定厚度的连续薄膜，使基层表面与水隔绝，起到防水、防潮作用。

防水涂料固化成膜后的防水涂膜具有良好的防水性能，特别适合于各种复杂、不规则部位的防水，能形成无接缝的完整防水膜。它大多采用冷施工，不必加热熬制，既减少了环境污染，改善了劳动条件，又便于施工操作，加快了施工进度。此外，涂布的防水涂料既是防水层的主体，又是粘结剂，因而施工质量容易保证，维修也较简单。但是，防水涂料须采用刷子或刮板等逐层涂刷（刮），故防水膜的厚度较难保持均匀一致。防水涂料广泛适用于工业与民用建筑的屋面防水工程、地下室防水工程和地面防潮、防渗等。

（1）聚氨酯类防水涂料　聚氨酯类防水涂料为双组分反应型防水涂料，涂刷在基层表面上，在常温下交联固化后形成橡胶状的整体弹性涂膜，以阻挡水对基层的渗透而起到防水作用，适用于屋面、地下、地面建筑物防水、防腐等重要工程。

（2）水性沥青基类防水涂料　水性沥青基类防水涂料以乳化沥青为基料，掺入各种改性材料后制成，按乳化剂成品外观和施工工艺的差别分为水性沥青厚质（AE-1 类）和水性沥青薄质（AE-2 类）两类。AE-2 类防水涂料是用化学乳化剂配制的以乳化沥青为基料，掺有氯丁胶乳或再生胶等橡胶水分散体的防水涂料。

（3）有机硅类防水涂料　有机硅类防水涂料是以有机硅橡胶等材料配制成的水乳性新型涂渗性防水材料，具有良好的防水性、憎水性和渗透性。

（4）聚合物改性防水涂料　聚合物改性防水涂料采用水泥基材料与高分子材料复合的技术，弥补了水泥基材料柔性不足以及高分子材料耐水性、耐老化性能差等缺陷，是一种新型防水涂料。

（5）EPU 彩色防水涂料　EPU 彩色防水涂料是由多异氰酸与聚醚通过加聚反应制成预聚体后，加入固化剂、助剂、填料等在常温下交联固化而成既富弹性、又坚韧而耐久的防水胶膜。胶膜物理性能好、耐热、耐老化，直接施工于混凝土、石棉瓦、木材、金属、橡胶等表面，适合于各种工程防水。

3. 防水砂浆及防水混凝土

（1）防水砂浆　应用于制作建筑防水层的水泥砂浆称为防水砂浆。防水砂浆是通过严格的操作技术或掺入适量的外加剂（如防水剂、防水粉、高分子聚合物等外加材料），以提高砂浆的密实性，达到防水抗渗目的的一种重要刚性防水材料，故水泥砂浆防水层一般又称为刚性防水层。

防水砂浆通常可分为多层抹面水泥砂浆、掺外加剂的水泥砂浆和掺膨胀性外加剂的水泥砂浆三大类。

（2）防水混凝土　防水混凝土是以水泥、砂、石为原料或掺入外加剂、高分子聚合物等，通过调整混凝土配合比，减少孔隙率，增加原材料界面间密实性或使混凝土产生补偿收缩作用，从而使水泥砂浆或混凝土具有一定的抗裂、防渗能力，使其满足抗渗等级大于0.6MPa的不透水性混凝土。防水混凝土一般可分为普通防水混凝土、外加剂防水混凝土和膨胀水泥防水混凝土三大类。

防水混凝土与卷材防水等相比较具有以下特点：兼有防水和承重两种功能，能节约材料，加快施工速度；材料来源广泛，成本低廉；在结构物造型复杂的情况下，施工简便、防水性能可靠；渗漏水时易于检查，便于修补；耐久性好。

不同类型的防水混凝土具有不同的特点，应根据使用要求加以选择，各种类型的防水混凝土的适用范围如下：

1）外加剂防水混凝土。引气剂防水混凝土抗冻性好，适用于北方高寒地区、抗冻性要求较高的防水工程及一般防水工程，不适于压缩强度 >20MPa 或耐磨性要求较高的防水工程；减水剂防水混凝土拌和物流动性好适用于钢筋密集或捣固困难的薄壁型防水构筑物，也适用于对混凝土凝结时间（促凝或缓凝）和流动性有特殊要求的防水工程（如泵送混凝土工程）；三乙醇胺防水混凝土早期强度高，抗渗标号高，适用于工期紧迫，要求早强及抗渗性较高的工程及一般防水工程；氯化铁防水混凝土适用于水中结构的无筋少筋厚大防水混凝土工程及一般地下防水工程、砂浆修补抹面工程，但在接触直流电源或预应力混凝土及重要的薄壁结构上不宜使用。

2）膨胀水泥防水混凝土密实性好，抗裂性好，适用于地下工程和地上防水构筑物、山洞、非金属油罐和主要工程的后浇缝。

[**实训练习**] 到建材市场观察各类防水材料。

2.3.3 地下室防潮、防水构造

1. 地下室防潮构造

当地下水的常年水位和最高水位均在地下室地坪标高以下，且地基范围内的土壤及回填土无上层滞水时，地下室受到无压水和毛细水的影响，需作防潮处理，如图2-18a所示。即在地下室外墙外面设垂直防潮层以及墙体水平防潮层。其做法是在墙体外表面先抹一层20mm厚的1:2.5水泥砂浆找平，再涂一道冷底子油和两道热沥青；然后在外侧回填低渗透性土，如黏土、灰土等，并逐层夯实，土层宽度为500mm左右，以防地面雨水或其他地表水的影响。另外，地下室的所有墙体都应设水平防潮层，其中一道水平防潮层的位置应在地下室地坪的结构层之间，另一道应设置在室外地面散水坡以上150~200mm处。地下室防潮构造如图2-19所示。

2. 地下室防水构造

当设计最高水位高于地下室地坪时，地下室的外墙和底板都浸泡在水中，受到有压水的影响，如图2-18b所示，应进行防水处理。常采用的防水措施有三种：

(1) 卷材防水　随着新型高分子合成防水材料的不断涌现，地下室的防水构造也在更新，如我国目前使用的三元乙丙橡胶卷材，能充分适应防水基层的伸缩及开裂变形，拉伸强度高，拉断延伸率大，能承受一定的冲击荷载，是耐久性极好的弹性卷材；又如聚氨酯涂膜防水材料，有利于形成完整的防水涂层，对在建筑内有管道、转折和高差等特殊部位的防水处理极为有利。

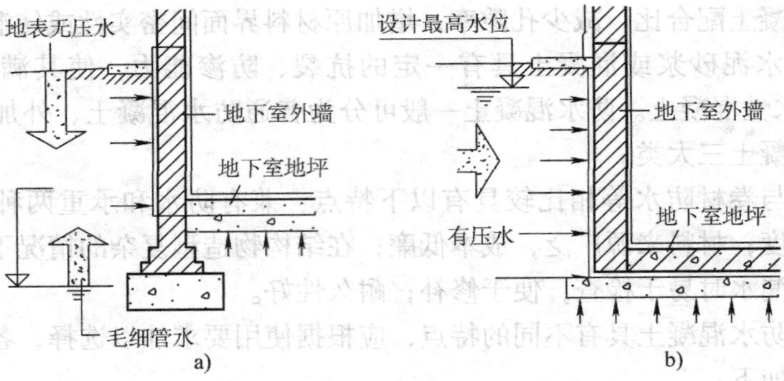

图 2-18 地下室防潮、防水与地下水位关系图

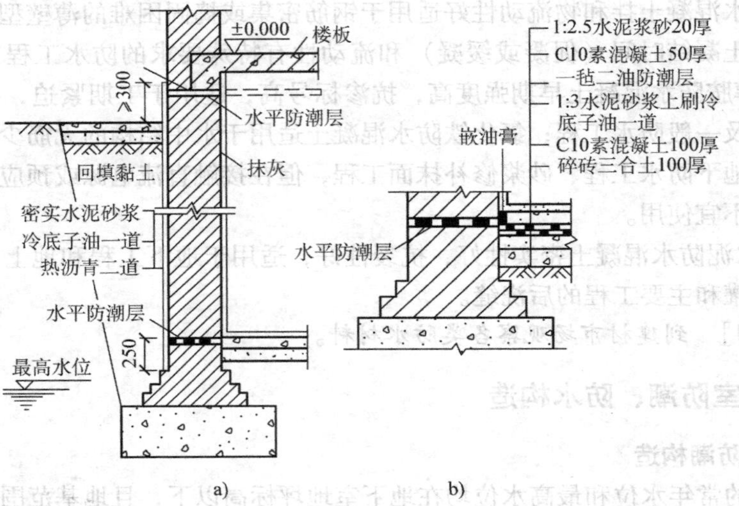

图 2-19 地下室防潮构造图

a）墙身防潮 b）地坪防潮

1）外防水。外防水是将防水层贴在地下室外墙的外表面，这对防水有利，但维修困难。外防水构造要点是：先在墙外侧抹 20mm 厚的 1∶3 水泥砂浆找平层，并刷冷底子油一道，然后选定卷材层数，分层粘贴防水卷材，防水层以高出最高地下水位 500～1000mm 为宜。油毡防水层以上的地下室侧墙应抹水泥砂浆并涂两道热沥青，直至室外散水处。垂直防水层外侧砌半砖厚的保护墙一道。回填低渗透性土如黏土、灰土等，并逐层夯实。

2）内防水。内防水是将防水层贴在地下室外墙的内表面，这样施工方便，容易维修，但对防水不利，故常用于修缮工程。

地下室地坪的防水构造是先浇混凝土垫层，厚约 100mm；再以选定的卷材在地坪垫层上作防水层，并在防水层上抹 20～30mm 厚的水泥砂浆保护层，以便于上面浇筑钢筋混凝土。为了保证水平防水层包向垂直墙面，地坪防水层必须留出足够的长度以便与垂直防水层搭接，同时要做好转折处卷材的保护工作，以免因转折交接处的卷材断裂而影响地下室的防水。防水卷材的构造如图 2-20 所示。

（2）防水混凝土防水　当地下室地坪和墙体均为钢筋混凝土结构时，应采用抗渗性能好的防水混凝土材料，以达到防水目的，地下室防水混凝土防水构造如图 2-21 所示。

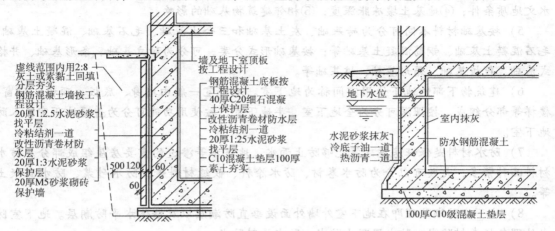

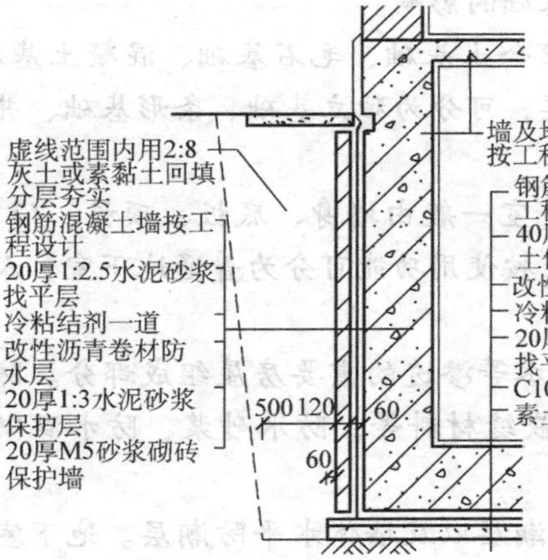

图 2-20　卷材防水构造图

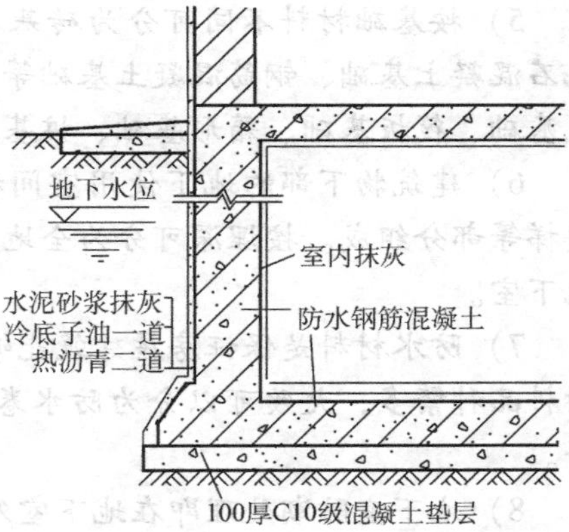

图 2-21　地下室防水混凝土防水构造

（3）防水涂料防水　地下室也可采用防水涂料防水，如图 2-22 所示。

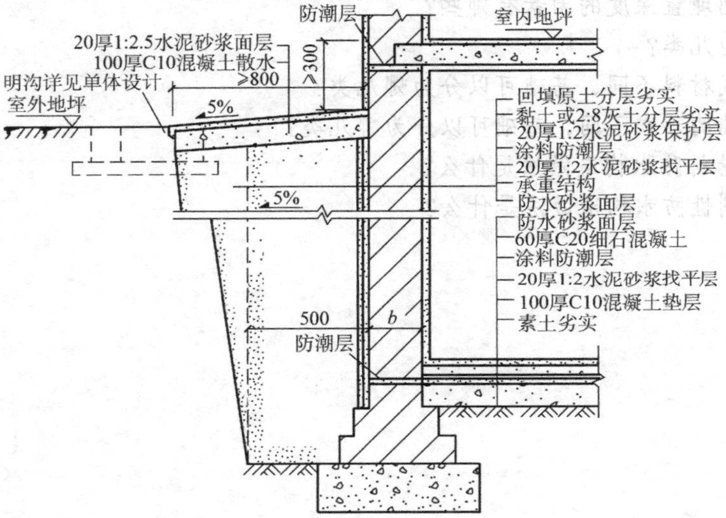

图 2-22　地下室防水涂料防水

［课堂练习］　抄绘地下室防潮、防水构造图。

小　　结

1）地基是指受建筑物荷载影响的那一部分土层。基础是指建筑物在地面以下承担上部荷载，并将其传递至地基的结构。

2）地基可以分为天然地基和人工地基两种。凡天然土层本身具有足够的强度，能直接承受建筑荷载的地基称为天然地基。凡天然土层本身的承载能力弱，或建筑物上部荷载较大，须预先对土壤层进行人工加工或加固处理后才能承受建筑物荷载的地基称为人工地基。

3）从设计室外地面至基础底面的垂直距离称为基础的埋置深度。

4）影响基础埋深的因素包括：①建筑物上部荷载的大小和性质；②工程地质条件；③水文地质条件；④地基土壤冻胀深度；⑤相邻建筑物基础的影响。

5）按基础材料不同可分为砖基础、灰土基础和三合土基础、毛石基础、混凝土基础、毛石混凝土基础、钢筋混凝土基础等；按基础形式分类，可分为独立基础、条形基础、井格式基础、筏板基础、箱形基础、桩基础等。

6）建筑物下部的地下使用空间称为地下室。地下室一般由墙身、底板、顶板、门窗、楼梯等部分组成。按埋深可分为全地下室、半地下室；按使用功能可分为普通地下室、人防地下室。

7）防水材料是保证房屋建筑能够防止雨水、地下水等渗透的重要房屋组成部分。防水材料品种繁多，大致可以分为防水卷材、防水涂料、嵌缝材料等，防水砂浆、防水混凝土等。

8）地下室防潮处理即在地下室外墙外面设垂直防潮层以及墙体水平防潮层。地下室防水处理包括卷材防水、防水混凝土防水、防水涂料防水。

思 考 题

1. 影响基础埋置深度的因素有哪些？
2. 地基分为几类？
3. 按照构成材料不同，基础可以分为哪几类？
4. 按照基础的形式不同，基础可以分为哪几类？
5. 地下室卷材防水构造做法是什么？
6. 地下室刚性防水构造做法是什么？

第3章 墙体

学习目标

通过本章学习，应熟悉墙体的作用、分类及要求，掌握墙体常用材料的性能、适用范围及墙体、墙脚、门窗洞口、墙体加固及抗震设施、变形缝的细部构造；了解砌筑、骨架、板材隔墙的性能及应用范围。

关键词

墙体　墙体材料　墙脚构造　门窗洞口构造　墙体加固　变形缝　隔墙

3.1 概述

墙体是建筑物的重要组成部分。在砖混结构的房屋中，墙体是主要的承重构件，墙体的重量约占建筑物总重量的40%～45%，其造价约占工程总造价的30%～40%；在其他类型的建筑中，墙体分别起着承重、围护和分隔的作用。墙体材料和构造方法的选择，将直接影响房屋的使用质量、自重、造价、施工工期和材料消耗。所以，在确定墙体构造时，必须全面考虑使用、结构、施工、经济等方面的因素。

3.1.1 墙体作用及分类

1. 墙体的作用

（1）承重作用　墙体承重结构建筑中，墙体承受屋顶、楼层、人、物的荷载及本身自重以及风、雨、雪等荷载，并通过它传递给基础，因此它是承重构件。

（2）围护作用　由于墙体隔绝了自然界风、雨、雪的侵袭；防止了太阳辐射、声音干扰的影响，而达到隔热、保温、隔声的目的，起着围护构件的作用。

（3）分隔作用　墙体把房屋内外分隔成许多房间，使它们具有独立的使用功能，起分隔的作用。

（4）装饰作用　墙面内外装修对整个建筑物的艺术效果作用很大，尤其是外墙的装修和比较重要房间的内墙装修，其艺术效果更为突出。

2. 墙体的分类

按墙体在建筑中的位置、受力情况、所用材料、构造方式和施工方式不同可将其分成不同的类型。

（1）按所处位置划分　按墙在建筑物中位置可分为外墙和内墙。外墙是位于建筑物四周的墙。位于房屋两端的横向外墙称为山墙；纵向檐口下的外墙称檐墙；高出平屋面的外墙称女儿墙。外墙的作用是分隔室内外空间，起挡风、阻雨、保温防热等作用。内墙是指位于建筑物内部的墙体，其作用是分割室内空间，保证各空间的正常使用。

另外，凡沿建筑物长轴方向的墙称为纵墙，有外纵墙和内纵墙之分；沿短轴方向的墙称为横墙。窗与窗或门与窗之间的墙称为窗间墙，窗洞下边的墙称为窗下墙。墙的位置和名称如图 3-1 所示。

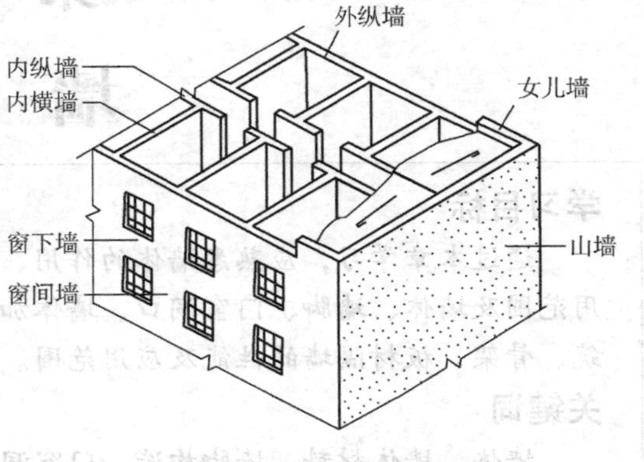

图 3-1　墙的位置和名称

（2）按受力不同划分　按受力不同划分，墙体可分为承重墙和非承重墙。承重墙是承受屋顶、楼板等上部结构传递下来的荷载及自重的墙体；非承重墙是不承受外来荷载的墙，包括隔墙、填充墙和幕墙。凡用于分隔内部空间，其重量由楼板或梁承受的墙称隔墙；框架结构中填充在柱子之间的墙称框架填充墙；而悬挂于外部骨架或楼板间的轻质外墙称幕墙。框架填充墙和幕墙不承受上部楼板层和屋顶的荷载，却承受风荷载和地震作用。

（3）按使用材料不同划分　按所用材料划分，墙可分为砖墙、石墙、土墙、混凝土墙以及各种天然的、人工的或工业废料制成的砌块墙、复合材料墙等。其中普通黏土砖是我国传统的墙体材料，但由于浪费大量的耕地和能源，目前已趋于淘汰；在产石地区利用石墙，可就地取材，具有良好的经济价值，但有一定的局限性；土墙是就地取材、造价低廉的地方性做法，有夯土墙和土坯墙等，目前已较少应用；混凝土墙在高层建筑中应用较多；利用工业废料发展各种墙体材料，是目前墙体改革的方向，正进一步研究、推广和应用；复合材料墙有工业化生产的复合板材墙（如由彩色钢板与各种轻质保温材料复合成的板材），也有在黏土砖或钢筋混凝土墙体的表面现场复合轻质保温材料而成的复合墙。

（4）按构造方式不同划分　按墙体的不同构造方式，有实体墙、空体墙和复合墙。实体墙是由一种材料构成，如普通砖墙、砌块墙等；空体墙也由一种材料构成，但墙内留有空腔，如空斗墙、空气间层墙等，也可用本身带孔的材料组合而成，如空心砌块墙等；复合墙是由两种或两种以上材料组成的，目的是为了在满足基本要求的情况下，提高墙体的保温、隔声或其他功能方面的要求。

（5）按施工方式不同划分　按施工方式不同划分，墙体分为块材墙、板筑墙和板材墙三种。块材墙是用砂浆等胶结材料将砖、石、混凝土砌块等组砌而成，如实砌砖墙。板筑墙是在施工现场立模板、现浇而成的墙体，如现浇钢筋混凝土墙。板材墙是预先制成墙板，在施工现场安装、拼接而成的墙体，如预制混凝土大板墙。

3.1.2　墙体要求

因墙体在建筑物中所处的位置和功能不同，在选择墙体材料和确定构造方案时，应根据墙体的作用分别满足以下要求。

1. 具有足够的强度和稳定性，以保证建筑物坚固耐久

强度是墙体承受荷载的能力，它与墙体采用的材料、墙体尺寸、构造和施工方式有关。稳定性则与墙的长度、高度、厚度相关，高度和长度是对建筑物的层高、开间或进深尺寸而言的。在墙体设计中，必须根据建筑物的层高、层数、房间的大小、荷载的大小等，经过计算确定墙体的材料、厚度及结构布置方案，一般通过合适的高厚比例，加设壁柱、圈梁、构造柱以及加强墙与墙或墙与其他构件的连接等措施增加其稳定性。

2. 具有保温、隔热的性能

从节能角度考虑，墙体应该具有保温隔热的性能。特别是作为围护结构的外墙，在寒冷地区要具有良好的保温能力，以减少室内热量的损失，同时还应避免出现凝聚水。在炎热地区，应有一定的隔热能力，以防室内过热。目前多用复合墙体，就是将保温隔热材料复合在墙体上，如图 3-2 所示为外墙外保温的形式。

3. 具有隔声性能

噪声干扰着人们正常的工作、学习、生活，为保证室内有一个良好的声学环境，作为围护结构的墙体，要满足隔声的要求，避免室内、室外和相邻房间的噪声干扰，使室内具有宁静的环境。设计中要满足相关规范对不同类型建筑、不同位置墙体的隔声标准要求。

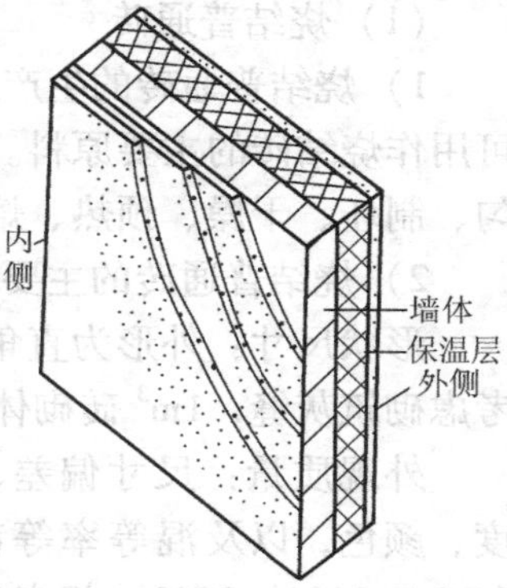

图 3-2 外墙外保温形式

4. 具有防火、防潮、防射线、防腐蚀等性能

对于用火房间的墙体，墙体材料的燃烧性能和耐火极限必须符合相关防火规范的规定，有些建筑还应按防火规范要求设置防火墙，防止火灾蔓延。对于用水房间的墙体，必须设置防潮防水层，使墙体具有一定的防潮防水性能。一些特殊用途的建筑墙体，如医院的 X 光室、化学试验室等墙体应具有一定的防射线、防腐蚀的性能。

5. 满足经济的要求

从减轻自重、降低造价角度考虑，墙体应选择合适的材料和构造方式，从而提高功能、降低能源消耗、保护耕地、减少环境污染。同时，随着科技的发展，墙体应适应工业化生产的要求，为生产工业化、施工机械化创造条件，以降低劳动强度，提高施工功效。

[实训练习] *观察周围建筑的墙体，分析其功能及要求。*

3.2 砌筑类墙体材料

砌筑类墙体材料就是砌筑墙体所用的材料，包括各种块状材料——砖、石、砌块等以及粘结它们的砂浆。

3.2.1 砌墙砖

砖的主要优点是取材容易，制作简单，既能承重，又有较好的保温、隔热、隔声和防火性能，而且施工中不需大型吊装设备。当然砖也存在着强度较低、施工速度慢、自重大等缺点。

1. 砖的分类

1）按生产工艺的不同，分为烧结砖和非烧结砖。烧结砖指经焙烧而制成的砖；非烧结砖指以石灰、水泥为胶结材料，或其他非烧结手段制成的砖。

2）按生产原料的不同，分为黏土砖、粉煤灰砖、煤矸石砖、灰砂砖、水泥砖等。

3）按孔洞率的不同，分为无孔洞或孔洞率小于 15% 的实心砖；孔洞率大于或等于

15%，孔的尺寸小而数量多的多孔砖；孔洞率大于或等于35%，孔的尺寸大而数量少的空心砖等。

4）按焙烧方法的不同，烧结砖分为内燃砖和外燃砖。

5）按焙烧气氛的不同，烧结砖分为红砖和青砖。

2. 烧结砖

烧结砖根据其孔洞率大小又可分为烧结普通砖、烧结多孔砖和烧结空心砖三种。

（1）烧结普通砖

1）烧结普通砖的生产工艺。黏土、页岩、煤矸石、粉煤灰等原料的化学组成相近，都可用作烧结砖的主要原料。烧结砖是以上述原料为主，并加入少量添加料，经配料、混合均匀、制坯、干燥、预热、焙烧而成。

2）烧结普通砖的主要技术性质。

形状尺寸：外形为直角六面体，具有全国统一的规格尺寸，即240mm×115mm×53mm，考虑砌筑灰缝，$1m^3$ 砖砌体大约为512块。烧结粉煤灰砖外形如图3-3所示。

外观质量：尺寸偏差、弯曲、缺棱掉角、裂纹长度、颜色，以及混等率等都不得超过《烧结普通砖》（GB/T 5101—2003）规定的限值。

图3-3 烧结粉煤灰砖

表观密度和吸水性：干表观密度为1800～1900kg/m^3，吸水率为8%～16%。烧结普通砖按强度、耐久性和外观质量分为特等品、一等品和二等品三个质量等级。

强度等级：烧结普通砖的强度等级是由标准试验方法得出的极限抗压强度是力学性能的基本标志。分为六个等级，以MU表示，即MU30、MU25、MU20、MU15、MU10和MU7.5，见表3-1。

表3-1 烧结普通砖强度等级划分规定 （单位：MPa）

强度等级	抗压强度平均值≥	抗压强度标准值≥	强度等级	抗压强度平均值≥	抗压强度标准值≥
MU30	30.0	23.0	MU15	15.0	10.0
MU25	25.0	19.0	MU10	10.0	6.5
MU20	20.0	14.0	MU7.5	7.5	5.0

耐久性：烧结普通砖的耐久性指标主要是指其抗风化性能、泛霜程度及石灰爆裂情况。

抗风化性能是指在干湿变化、温度变化、冻融变化等物理因素作用下，材料不破坏并长期保持其原有性质的能力。抗风化性能越强，耐久性越好。泛霜，就是砖表面经常形成一层白色结晶体现象，一般呈粉末、絮团或絮片状，不仅有损于建筑物的外观，而且结晶的体积膨胀也会引起砖表层的酥松，同时破坏砖与砂浆之间的粘结。石灰爆裂是指制砖材料中石灰石颗粒在焙烧中生成生石灰，砖出窑后生石灰在大气中的水蒸气和二氧化碳作用下水化消解成为熟石灰，体积膨胀，使砖体表面炸裂，发生片状脱落。

（2）烧结多孔砖和空心砖　烧结多孔砖和空心砖生产工艺基本同普通砖，所不同的是具有的孔洞率比较大，所以对黏土原料的可塑性要求比实心砖高。并且黏土原材料消耗量降低，从而节约了土地；缩短干燥和焙烧时间，减少燃料的消耗，故可以降低成本；减轻了墙体的自重，砌筑砂浆用量减少，提高了工效，降低墙体造价，并改善了墙体保温、隔热、隔声性能。

烧结多孔砖和烧结空心砖的外形，如图3-4所示，前者用于承重墙的砌筑，后者用于非承重墙的砌筑。

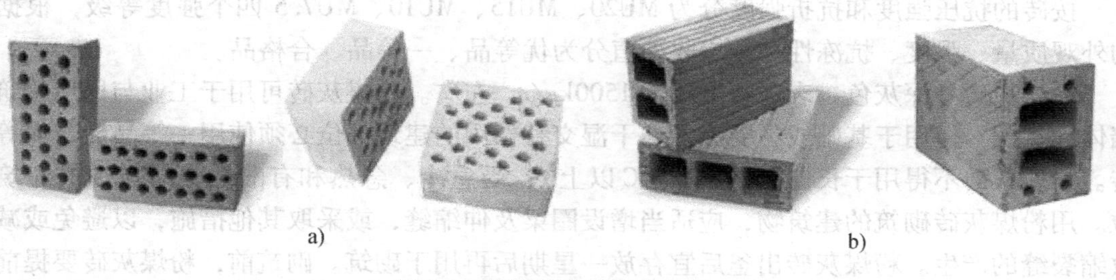

图3-4 烧结多孔砖和空心砖
a）烧结多孔砖 b）烧结空心砖

1）烧结多孔砖。多孔砖指以黏土、页岩、煤矸石等为主要原料，经成型、干燥、焙烧而成的孔洞率不小于15%的砖。规格尺寸分为M型（190mm×190mm×90mm）和P型（240mm×115mm×90mm），表观密度约1400kg/m³，按抗压强度分为MU30、MU25、MU20、MU15、MU10和MU7.5六个强度等级，按物理性能、强度、外观质量和尺寸偏差等，分为优等品、一等品、合格品三个产品等级。

2）烧结空心砖。空心砖指以黏土、页岩、煤矸石等为主要原料，经成型、干燥、焙烧而成的孔洞率不小于35%的砖。规格尺寸为290 mm×190（140）mm×90mm或240mm×180（175）mm×115mm，孔型为矩形长条孔或其他形状孔。孔的尺寸大、数量少，方向平行于承压面，表观密度约1100kg/m³。按抗压强度分为MU5、MU3、MU2三个等级，按物理性能、外观质量、尺寸偏差、强度、孔洞及其排数等，分为优等品、一等品、合格品三个产品等级。烧结空心砖与实心砖相比，具有节省黏土等原料20%~30%，节约燃料10%~20%，减轻建筑物自重30%~35%，提高施工效率40%左右，制品烧成时间短和烧成率高，以及大大改善房屋墙体的热工性能和节能等优点，常用于多层建筑内隔墙或框架结构的填充墙等。

3. 蒸压砖

蒸压砖是以石灰和含硅材料（砂子、粉煤灰、煤矸石、炉渣和页岩等）加水拌和，经压制成型、蒸汽养护或蒸压养护而成。主要有灰砂砖、粉煤灰砖、炉渣砖等。

（1）灰砂砖　灰砂砖是由磨细生石灰或消石灰粉、天然砂和水按一定配比，经搅拌混合、陈伏、加压成型，再经蒸压（一般温度为175~203℃、压力为0.8~1.6MPa的饱和蒸汽）养护而成。

实心灰砂砖的规格尺寸与烧结普通砖相同，其表观密度为1800~1900kg/m³，热导率约为0.61W/(m·K)。按砖的外观与尺寸偏差分为优等品、一等品、合格品。按砖浸水24h后的抗压强度和抗折强度分为MU25、MU20、MU15、MU10四个等级。

灰砂砖的表面光滑，与砂浆粘结力差，所以其砌体的抗剪强度不如黏土砖砌体好，在砌筑时必须采取相应措施，以防止出现渗雨漏水和墙体开裂。刚出釜的灰砂砖不宜立即使用，一般宜存放一个月左右再用。砌筑时，灰砂砖的含水率会影响砖与砂浆的粘结力。所以，应使砖含水率控制在7%～12%。砌筑砂浆宜用混合砂浆。

（2）粉煤灰砖　粉煤灰砖是以粉煤灰、石灰为主要原料，掺加适量石膏和骨料经坯料制备、压制成型、常压或高压蒸汽养护而成的实心砖。

按砖的抗压强度和抗折强度分为MU20、MU15、MU10、MU7.5四个强度等级，根据砖的外观质量、强度、抗冻性和干燥收缩值分为优等品、一等品、合格品。

粉煤灰砖呈深灰色，表观密度约为1500kg/m^3左右。粉煤灰砖可用于工业与民用建筑的墙体和基础，但用于基础或易受冻融和干湿交替作用的建筑部位必须使用一等品砖与优等品砖。粉煤灰砖不得用于长期受热（200℃以上），受急冷、急热和有酸性介质侵蚀的建筑部位。用粉煤灰砖砌筑的建筑物，应适当增设圈梁及伸缩缝，或采取其他措施，以避免或减少收缩裂缝的产生。粉煤灰砖出釜后宜存放一星期后再用于砌筑。砌筑前，粉煤灰砖要提前浇水湿润砖，如自然含水率大于10%时，可以干砖砌筑。砌筑砂浆可用掺加适量粉煤灰的混合砂浆，以利粘结。

（3）炉渣砖　炉渣砖是以煤燃烧后的炉渣为主要原料，加入适量石灰、石膏（或电石渣、粉煤灰）和水搅拌均匀，并经陈伏、轮碾、成型、蒸汽养护而成。

炉渣砖呈黑灰色，表观密度一般为1500～1800 kg/m^3，吸水率6%～18%。炉渣砖按抗压强度和抗折强度分为MU20、MU15、MU10三个强度等级。按外观质量及物理性能分为一等、二等两个产品级别。

炉渣砖可用于一般工程的内墙和非承重外墙。其他使用要点与灰砂砖、粉煤灰相似。

3.2.2 砌块

砌块是用于砌筑的人造块材，外形多为直角六面体，也有各种异形的。凡外形尺寸符合：长大于365mm，或宽大于240mm，或高大于115mm之一的小型块材，称为砌块。但其高度不应大于长度或宽度的6倍。制作砌块能充分利用地方材料和工业废料，且制作工艺不复杂。砌块尺寸比砖大，施工方便，能有效提高劳动生产率，还可改善墙体功能。

1. 砌块的分类

按砌块的规格不同，分为大型、中型和小型砌块。系列中主规格的高度大于115mm且小于380mm的砌块，简称为小砌块；系列中的主规格的高度为380～980mm的砌块，称为中砌块；当系列中主规格的高度大于980mm的砌块，称为大砌块。目前，我国以中小型砌块使用居多。

按空心率大小不同，分为空心砌块和实心砌块两种。空心率小于25%或无孔洞的砌块为实心砌块。空心率大于或等于25%的砌块为空心砌块。

按其主要原料及生产工艺不同，分为普通混凝土砌块、多孔混凝土砌块、粉煤灰砌块、烧结黏土砌块、石膏砌块等。

2. 混凝土空心砌块

混凝土空心砌块是以水泥、石子、砂和水制成的孔洞率大于25%的砌块，分为承重砌块和非承重砌块。图3-5所示为混凝土空心砌块，其规格见表3-2。

图3-5　混凝土空心砌块

表3-2 混凝土空心砌块的规格

分类	规格	外形尺寸/mm			每块质量/kg
		长	宽	高	
承重	主规格	390	190	190	18~20
	辅助规格	290 190 90	190 190 190	190 190 190	14~15 9~10 6~7
非承重	主规格	390	90~190	190	10~12
	辅助规格	190 90	90~190 90~190	190 190	5~10 4~7

混凝土空心砌块按其外观质量分为一等品和二等品两个产品等级，按砌块的抗压强度分为MU15、MU10、MU7.5、MU5和MU3.5五个强度等级。

混凝土空心砌块可用于低层和中层建筑的内墙和外墙。使用砌块作墙体材料时，应严格遵照有关部门所颁布的设计规范与施工规程。这种砌块在砌筑时一般不宜浇水，但在气候特别干燥炎热时，可在砌筑前稍喷水湿润。砌筑时尽量采用主规格砌块，并应先清除砌块表面污物和芯栓所用砌块孔洞的底部毛边。采用反砌（即砌块底面朝上）时，砌块之间应对孔错缝搭接。砌筑灰缝宽度应控制在8~12mm，所埋设的拉结钢筋或网片，必须放置在砂浆层中。承重墙不得用砌块和砖混合砌筑。

3. 粉煤灰硅酸盐砌块

粉煤灰硅酸盐砌块简称粉煤灰砌块，是以粉煤灰、石灰、石膏和骨料等为原料，经搅拌、成型、蒸压养护而制成。外形如图3-6所示。其主规格尺寸为880mm×380mm×240mm和880mm×430mm×240mm，砌块端面应加灌浆槽、坐浆面宜设抗剪槽。按抗压强度分为MU13和MU10两个强度等级。按强度、干缩性能和外观质量分为一等品和合格品。外观质量主要包括尺寸偏差、裂缝、石灰团、爆裂、翘曲、缺棱掉角和高低差等。表3-3为粉煤灰砌块的强度指标。

图3-6 粉煤灰砌块

表3-3 粉煤灰砌块的强度等级

项目	指标	
	10级	13级
抗压强度/MPa	3块试件平均值≥10.0，单块最小值8.0	3块试件平均值≥13.0，单块最小值10.5
人工碳化后强度/MPa	≥6.0	≥7.5
抗冻性	冻融循环结束后，外观无明显疏松、剥落或裂缝；强度损失≤20%	
密度	≤设计密度10%	

粉煤灰砌块可用于一般工业和民用建筑的墙体和基础。但不宜用于有酸性介质侵蚀的建筑部位，也不宜用于经常处于高温影响下的建筑物，如铸铁和炼钢车间、锅炉房等的承重结

构部位。砌块在砌筑前应清除表面的污物及黏土。常温施工时，砌块应提前浇水湿润，湿润程度以砌块表面呈水印为准。冬期施工砌块不得浇水湿润。砌筑时砌块应错缝搭砌，搭砌长度不得小于块高的 1/3，也不应小于 150mm。砌体的水平灰缝和垂直灰缝一般为 15 ~ 20mm（不包括灌浆槽），当垂直灰缝宽度大于 30mm 时，应用 C20 细石混凝土灌实。粉煤灰砌块的墙体内外表面宜做粉刷或其他饰面，以改善隔热、隔声性能并防止外墙渗漏，提高耐久性。

4. 加气混凝土砌块

加气混凝土砌块以水泥、矿渣、砂、石灰等为主要原料，加入发气剂，经搅拌、成型、蒸压养护而成。加气混凝土砌块如图 3-7 所示。根据所采用的主要原料不同，加气混凝土砌块相应有水泥—矿渣—砂；水泥—石灰—砂；水泥—石灰—粉煤灰三种。其规格一般有 A 系列和 B 系列，加气混凝土砌块规格见表 3-4。按外观质量、尺寸偏差分为优等品、一等品和合格品三个产品等级。按抗压强度分为 MU7. 5、MU5、MU3. 5、MU2. 5 和 MU1 五个强度等级。

图 3-7　加气混凝土砌块

表 3-4　加气混凝土砌块规格

项　目	A 系列	B 系列
长度/mm	600	600
高度/mm	200,250,300	240,300
宽度/mm	75,100,125,150,175,200,250……（以 25 递增）	60,120,180,240……（以 60 递增）

加气混凝土砌块的表观密度小，一般仅为黏土砖的 1/3，作为墙体材料，可使建筑物自重减轻 2/5 ~ 1/2，从而降低造价。表 3-5 为加气混凝土砌块的表观密度级别指标。由于地震时建筑物受力大小与建筑物的自重成正比，所以采用加气混凝土砌块等轻质墙体材料可提高建筑物的抗震能力。加气混凝土为多孔材料，保温隔热性能好，用作墙体可降低建筑物的采暖、制冷等使用能耗。加气混凝土是非燃烧材料，耐火性好。此外，加气混凝土砌块的可加工性能好，施工方便，效率高。制作加气混凝土砌块还可以充分利用粉煤灰等工业废料，既降低成本又利于环境保护。

表 3-5　加气混凝土砌块表观密度级别指标

表观密度级别		03	04	05	06	07	08
干容重/(kg/m^3)	优等品≤	300	400	500	600	700	800
	一等品≤	330	430	530	630	730	830
	合格品≤	350	450	550	650	750	850

加气混凝土砌块可用于一般建筑物的墙体，作为多层建筑的承重墙和非承重外墙及内隔墙，也可用于屋面的保温。但加气混凝土砌块不得用于建筑物基础和处于浸水、高温和有化学侵蚀的环境中，也不能用于承重制品表面温度高于 80℃ 的建筑部位。

3.2.3 砂浆

砂浆作为一种粘结材料，在建筑工程中使用量非常大，可以用来砌筑墙体、抹墙面、勾墙缝、做垫层、做找平层、配置混凝土等，起承重、保护、装饰的作用。

1. 砂浆的组成及分类

（1）组成　建筑砂浆是由无机胶凝材料（如水泥、石灰）、细骨料（如砂）和水组成。

1）水泥。配置砌筑砂浆时，普通水泥、矿渣水泥、火山灰水泥、粉煤灰水泥均可使用。砂浆在墙体里主要起粘接和传递荷载的作用，对强度要求不高，从节约原材料、合理利用能源角度考虑，尽量采用低强度水泥，即水泥强度一般为砂浆强度的4~5倍，但严禁使用废品。

2）石灰。配置砂浆时，为了改善砂浆的和易性和节约水泥，常掺入适量的石灰。使用的石灰必须预先“陈伏”熟化，然后再掺入砂浆搅拌均匀。

3）砂。砂是由岩石风化而成。根据其直径划分，有粗砂、中砂、细砂、粉砂；根据其来源不同，有河砂、海砂、山砂；根据其加工方法不同，有天然砂、人工破碎砂。砂一般要求坚固清洁、级配适宜，级配良好的砂可节约水泥，提高砂浆的强度。由于砂浆层较薄，对砂的最大粒径应有所限制，通常最大粒径为铺浆厚度的1/5~1/4。对于砌筑砂浆宜选用河砂且为中砂。对于光滑的抹面及勾缝的砂浆则应采用细砂。

4）水。应选用无有害物质的洁净水。

（2）分类

1）按胶凝材料分，有水泥砂浆（水泥+砂+水）、石灰砂浆（石灰+砂+水）、混合砂浆（水泥+石灰+砂+水）。

2）按用途不同分，有砌筑砂浆、抹面砂浆、防水砂浆和具有某些特殊功能的砂浆（如绝热、耐酸、防射线砂浆）。

砌筑砂浆是用于砌筑各种砌块的砂浆。根据砌体所处的环境、位置不同，选用的砂浆亦不同。地上、干燥环境的砌体，选用混合砂浆；地下、潮湿环境、重要部位的砌体，选用水泥砂浆。

抹面砂浆是用于建筑物或建筑构件表面的砂浆，根据抹面砂浆的功能不同，分为普通抹面砂浆和装饰抹面砂浆。普通抹面砂浆主要是保护建筑物表面，提高其耐久性，如水泥砂浆、石灰砂浆、混合砂浆、麻刀石灰浆、纸筋石灰浆和石膏灰浆等。装饰抹面砂浆是用于建筑标准较高的、具有特殊表面形式或各种色彩、线条和图案的砂浆，如拉毛、水刷石、水磨石、干粘石、斩假石、假面砖等。

防水砂浆是指具有较高抗渗性的砂浆。可以用普通水泥砂浆制作，也可在水泥砂浆中掺入防水剂来提高砂浆的抗渗能力。配置防水砂浆是先把水泥和砂干拌均匀后，再把称量好的防水剂溶于拌和水中与水泥、砂浆拌均匀后即可使用。防水砂浆的施工对操作技术要求很高。涂抹时，每层厚度约为5mm左右，共涂抹4~5层，约20~30mm厚。在涂抹前，先在润湿清洁的底面上抹一层纯水泥浆，然后抹一层5mm厚的防水砂浆，在初凝前用木抹子压实一遍，第二、三、四层都是同样的操作方法，最后一层要进行压光，抹完后要加强养护。

绝热砂浆是以水泥、石灰、石膏为胶凝材料，与多孔轻质细骨料（如膨胀珍珠岩砂、膨胀蛭石、火山灰、浮石砂或陶粒等）按一定比例配合，加水拌制得到的砂浆。具有轻质、保温和吸声的作用，可用于屋面绝热层、绝热墙壁以及供热管道绝热层等处。

2. 砂浆的技术性质

（1）和易性　对新拌的砂浆要求具有良好的和易性。和易性是指组成砂浆的成分均匀，不产生离析现象，易于施工操作的性能。使用和易性良好的砂浆，既便于施工操作，提高劳动效率，又能保证工程质量。砂浆的和易性包括流动性和保水性两个方面。砂浆在凝结硬化后应具有所需的强度，并应有适宜的变形性。

1）流动性也称稠度，是指在自重或外力作用下流动的性能。施工时，砂浆铺设在粗糙不平的砖石表面，要能很好地铺成均匀密实的砂浆层，抹面砂浆要能很好地抹成均匀薄层，采用喷涂施工需要泵送砂浆，因此要求砂浆具有一定的流动性。

影响砂浆流动性的因素很多，如胶凝材料的用量、用水量、砂的粗细、形状、级配以及搅拌时间的长短。砂浆流动性的选择应根据砌体材料类型及天气情况而定。对于多孔吸水性强的砌体材料和干热的天气，则要求砂浆的流动性大些；相反，对于密实不吸水的砌体材料和湿冷的天气，则要求砂浆的流动性小一些。

2）保水性是指新拌砂浆能够保持水分而不泌出的能力，也反映了砂浆中各组成材料不易离析的性能。砂浆的保水性直接影响到砌体质量的好坏。保水性好的砂浆在存放、运输和使用过程中不会产生泌水离析现象，水分不会很快的流失，使砂浆具有一定的流动性，能够使砂浆均匀地铺成一层薄层，从而保证砌体工程的质量。反之，保水性不好的砂浆在施工过程中就很容易泌水、分层离析或是由于水分流失而使流动性变坏，不易铺成均匀的砂浆层；同时，在砌筑时水分容易被砖石迅速吸收，影响胶凝材料的正常硬化，降低砂浆强度，导致砌体强度的降低。

（2）强度　硬化后的砂浆属于脆性材料，因此，砂浆的强度是以其抗压强度的大小来评定的。取边长为70.7mm×70.7mm×70.7mm的立方体试块，按标准条件养护至28d，测定其抗压强度。砂浆的强度等级符号以M表示，分为M2.5、M5、M7.5、M10、M15五个等级。

影响砂浆抗压强度的因素很多，如胶凝材料的强度、水灰比、和易性等。

3.2.4　墙体组砌方式及尺度

1. 墙体组砌方式

组砌是指砌块在砌体中的排列。组砌的关键是错缝搭接，如图3-8所示。

（1）砖墙的组砌　为了保证墙体的强度，砖砌体的砖缝必须横平竖直，错缝搭接，避免通缝。同时砖缝砂浆必须饱满，厚薄均匀。常用的错缝方法是将丁砖和顺砖上下皮交错砌筑。

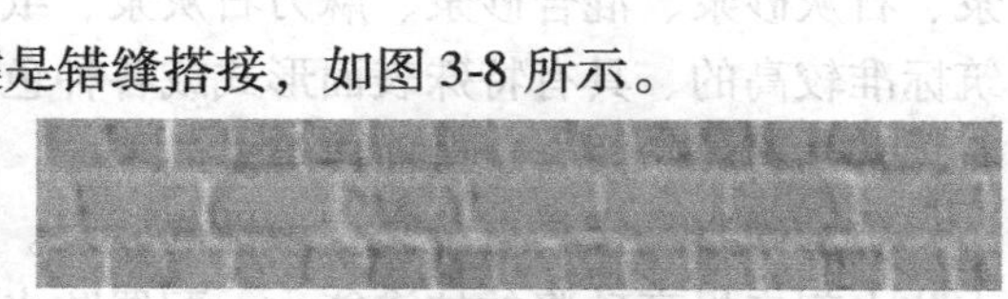

图3-8　墙体的组砌

每排列一层砖称为一皮。常见的砖墙砌筑形式有全顺式（120墙）、一顺一丁式、三顺一丁式或多顺一丁式、每皮丁顺相间式也称十字式（240墙），两平一侧式（180墙）等。砖墙的组砌方式如图3-9所示。

（2）砌块墙的组砌　砌块在组砌中与砖墙不同的是，由于砌块规格较多，尺寸较大，为保证错缝以及砌体的整体性，应事先做好排列设计，并在砌筑过程中采取加固措施。砌块体积较砖大，对灰缝要求更高。一般砌块用 M5 级砂浆砌筑，灰缝为 15～20mm，为了在关键部位插钢筋灌注混凝土的需要，多孔的小型砌块一般错缝搭接后要求孔洞上下对齐。中型砌块则上下皮搭接长度不得小于 150mm，如图 3-10 所示。

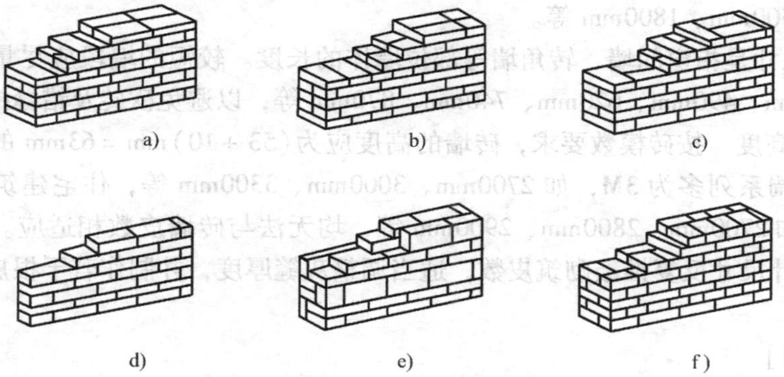

图 3-9 砖墙的组砌方式

a）240 砖墙，一顺一丁式 b）240 砖墙，多顺一丁式 c）240 砖墙，十字式

d）120 砖墙 e）180 砖墙 f）370 砖墙

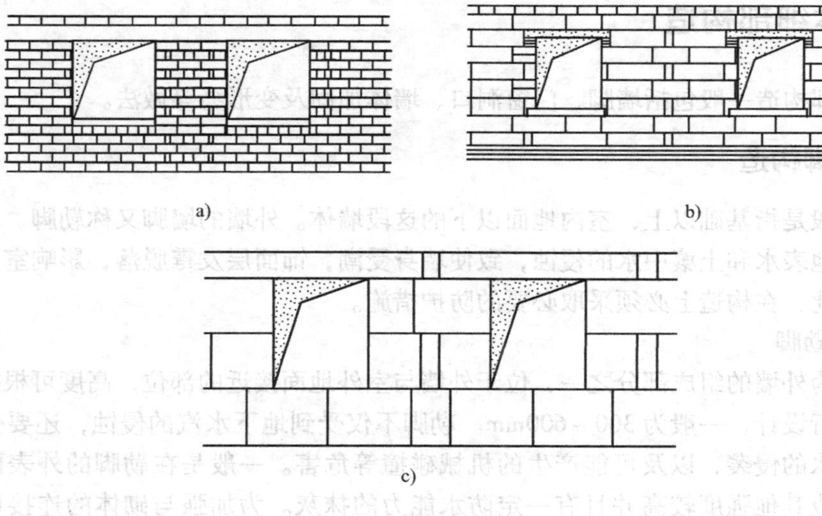

图 3-10 砌块排列示意图

a）小型砌块排列示例 b）中型砌块排列示例（一） c）中型砌块排列示例（二）

2. 墙体尺度

墙体尺度指墙体厚和墙段长两个方向上的尺度。要确定墙体的尺度，除应满足结构和功能要求外，还必须符合块材自身的规格尺寸。

（1）墙厚 墙厚主要由块材和灰缝的尺寸组合而成。常用的实心砖规格（长 × 宽 × 厚）：240mm × 115mm × 53mm。砌筑砂浆的宽度和厚度一般在 8～12mm，通常按 10mm 计，砖缝又称灰缝。砖墙的厚度习惯上以砖长为基数来称呼，如半砖墙、一砖墙、一砖半墙等。工程上以它们的标志尺寸来称呼，如 12 墙、24 墙、37 墙等。

（2）砖墙洞口与墙段尺寸

1）洞口尺寸应按模数协调统一标准制定，这样可以减少门窗规格，有利于工厂化生产，提高工业化的程度。1000mm 以内的洞口尺度采用基本模数 100mm 的倍数，如 600mm、700mm、800mm、900mm、1000mm，大于 1000mm 的洞口尺度采用扩大模数 300mm 的倍数，如 1200mm、1500mm、1800mm 等。

2）墙段尺寸是指窗间墙、转角墙等部位墙体的长度。较短的墙段应尽量符合砖砌筑的模数，如 370mm、490mm、620mm、740mm、870mm 等，以避免砍砖及错缝搭接砌筑。

（3）砖墙高度　按砖模数要求，砖墙的高度应为 $(53+10)\mathrm{mm}=63\mathrm{mm}$ 的整倍数。但现行统一模数协调系列多为 3M，如 2700mm、3000mm、3300mm 等，住宅建筑中层高尺寸则按 1M 递增，如 2700mm、2800mm、2900mm 等，均无法与砖墙皮数相适应。为此，砌筑前必须事先按设计尺寸反复推敲砌筑皮数，适当调整灰缝厚度，并制作若干根皮数杆以作为砌筑的依据。

[实训练习]

1. 观察周围正在施工的建筑，辨别砌体材料，并说明每种砌体材料的适用范围和作用。
2. 认识所在学校建筑墙体的组砌方式，并实际测量墙体厚度、洞口的尺寸。

3.3 墙体细部构造

墙体细部构造一般包括墙脚、门窗洞口、墙体加固及变形缝等做法。

3.3.1 墙脚构造

墙脚一般是指基础以上，室内地面以下的这段墙体。外墙的墙脚又称勒脚。墙脚所处的位置常受到地表水和土壤中水的侵蚀，致使墙身受潮，饰面层发霉脱落，影响室内卫生和墙体环境。因此，在构造上必须采取必要的防护措施。

1. 加固勒脚

勒脚作为外墙的组成部分之一，位于外墙与室外地面接近的部位，高度可根据建筑物的不同要求进行设计，一般为 300～600mm。勒脚不仅受到地下水汽的侵蚀，还要受到地面积雪和飞溅雨水的侵袭，以及可能产生的机械碰撞等危害。一般是在勒脚的外表面做水泥砂浆、水刷石或其他强度较高并且有一定防水能力的抹灰。为加强与砌体的连接可作咬口处理。这种做法造价不高、施工简便，应用甚广。也可用坚固材料，如石块来砌筑，或用天然石板、人造石板贴面。勒脚加固措施如图 3-11 所示。

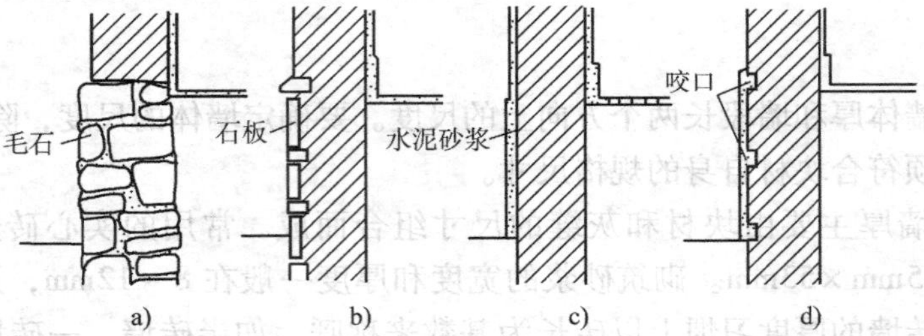

图 3-11　勒脚加固

a）石砌勒脚　b）石板贴面勒脚　c）、d）勒脚抹灰

2. 设散水、明沟

散水、明沟设在与勒脚相接触的地面上，其作用是将周围地面上的积水迅速排走，避免勒脚和下部砌体受水。

散水是将雨水散开到离建筑物较远的地面上去，属于自由排水方式。散水的宽度一般为800~1000mm，并要比屋顶挑出檐口宽出200mm。坡度为3%~5%，且外缘约比周围地面高出20~50mm，可用砖、块石、混凝土制作，适用于降雨量较小的地区。

明沟设在外墙四周，将通过雨水管流下的屋面雨水有组织地导向集水口，流向排水系统的小型排水沟，一般用素混凝土现浇，外抹水泥砂浆，或用砖石砌筑再抹水泥砂浆而成，沟深100~300mm，沟宽150~300mm，其中心线至外墙面的距离应该和屋檐宽度相等，沟底面应有不小于1%的纵向排水坡度，以便于将雨水排向集水口，流入下水管道系统中去，其使用材料同散水。明沟适用于降雨量较大的地区。散水和明沟的做法如图3-12所示。

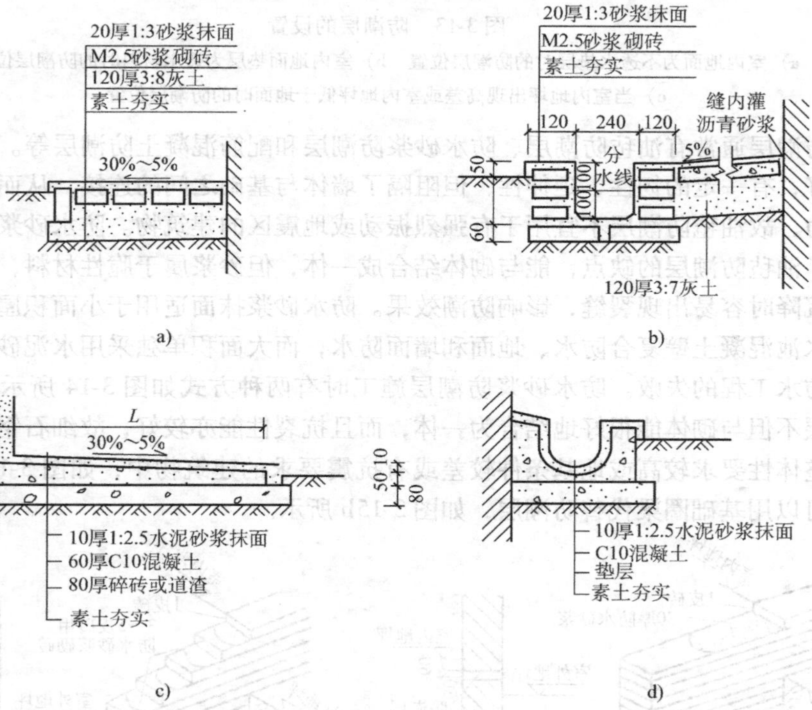

图3-12 散水和明沟

a）砖砌散水 b）砖砌明沟 c）混凝土散水 d）混凝土明沟

3. 设置防潮层

基础埋在地下，就会受到地下潮气和水分的侵袭。潮气和水分会沿着基础上升到墙体，从而使墙体受潮而腐蚀，所以应在墙体适当的部位设置能够阻止地下水分沿基础墙上升的阻隔层，称为防潮层。防潮层分为水平防潮层和垂直防潮层，如图3-13所示。

水平防潮层是对建筑物内外墙体设置的水平方向的防潮层，以隔绝地下潮气等对墙身的影响。其设置分两种情况：一是水平防潮层在室内地面不透水垫层（如混凝土）范围内，通常在-0.060m标高处设置；二是当地面垫层为透水材料时（如碎石、矿渣、炉渣等），水平防潮层的位置应平齐或高于室内地面 60mm，即在 +0.060m 处（以上都是以室内地面标高为 ±0.000 为基础）。

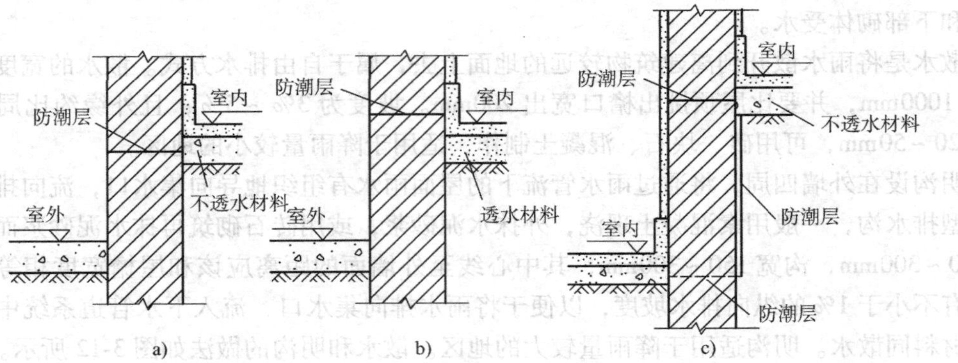

图 3-13　防潮层的设置

a）室内地面为不透水垫层时的防潮层位置　b）室内地面垫层为透水材料时的防潮层位置

c）当室内地坪出现高差或室内地坪低于地面时的防潮层位置

水平防潮层通常有油毡防潮层、防水砂浆防潮层和配筋混凝土防潮层等。油毡防潮层的防潮效果好，有一定的韧性、延伸性，但阻隔了墙体与基础之间的连接，从而降低了建筑物的抗震能力，故油毡防潮层不宜用于有强烈振动或地震区的建筑物。防水砂浆防潮层施工简便，克服了油毡防潮层的缺点，能与砌体结合成一体，但砂浆属于脆性材料，若遇到地基产生不均匀沉降时容易出现裂缝，影响防潮效果。防水砂浆抹面适用于小面积屋面的防水、地下室和储水池混凝土壁复合防水、地面和墙面防水，而大面积单独采用水泥砂浆抹面，则常常会导致防水工程的失败。防水砂浆防潮层施工时有两种方式如图 3-14 所示。细石钢筋混凝土防潮层不但与砌体能很好地结合为一体，而且抗裂性能亦较好，故细石钢筋混凝土防潮层适用于整体性要求较高或地基条件较差或有抗震要求的建筑物中，如图 3-15a。在条件许可情况下可以用基础圈梁代替防潮层，如图 3-15b 所示。

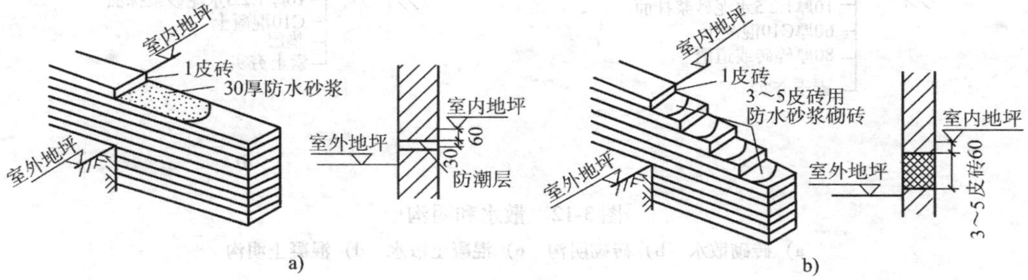

图 3-14　防水砂浆防潮层

a）防水砂浆抹面防潮层　b）防水砂浆砖砌防潮层

当室内地坪出现高差或室内地坪低于地面时，不仅要求按地坪高差的不同在墙身设两道水平防潮层，而且为了避免高地坪填土中的潮气侵入墙身，而对有高差部分的垂直墙面采取垂直防潮处理。其具体作法是在两道水平防潮层之间的垂直墙面上，先用水泥砂浆抹面，再涂冷底子油一道、热沥青两道，而在低地坪一边的墙面上，则以采用水泥砂浆打底的墙面抹灰为佳。

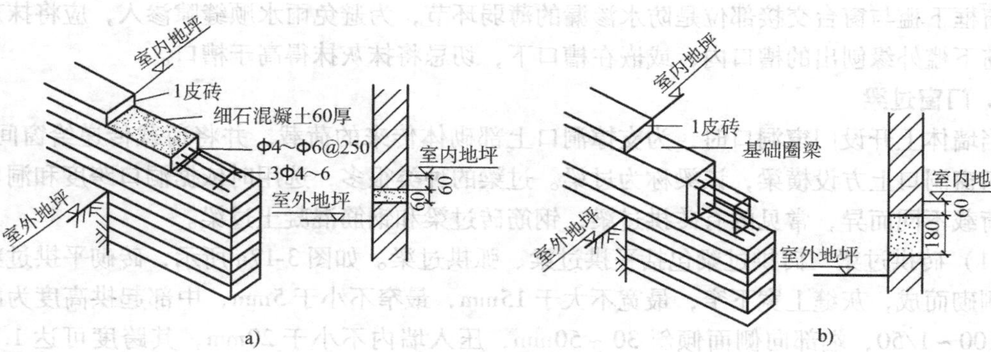

图 3-15 混凝土防潮层

a）细石混凝土防潮层 b）基础圈梁代替防潮层

3.3.2 门窗洞口构造

1. 门窗洞口的做法

为了安装门窗，在砌筑墙体时要留有洞口，砖墙上安装门窗有两种做法：一种是先立好门窗框，再砌墙，称为立口；另一种是砌墙时预留门窗洞口，后安装门窗框，称为塞口。采用立口时，洞口与门窗框之间的缝隙很小，门窗框在墙上安装也较牢固。但这种做法，砌墙时要立好门窗框，门窗框就必须在砌砖工程开工前运至现场，而且配合也较复杂，影响施工进度。塞口做法可避免立口的缺点，同时也适用于塑钢、钢门窗的安装，所以一般工地常采用塞口作法。门窗洞口的宽度一般要比门窗框的尺寸每侧宽出 10～15mm，为了在砖墙上固定门窗框，洞口两侧的墙上按一定距离埋入木砖，以便将门窗钉在木砖上。

2. 窗台构造

为避免室外雨水聚积窗下、浸入墙身或沿窗下槛向室内渗透，常在窗下靠室外一侧设窗台。窗台须向外形成一定坡度，以利排水。窗台有悬挑窗台和不悬挑窗台两种。悬挑窗台常采取丁砌一皮砖，并向外挑出 60mm，表面用水泥砂浆抹出坡度和做出滴水，引导雨水沿滴水线聚集而落下。清水墙面常用一砖倾斜侧砌，向外挑出，自然形成坡度和滴水，用水泥砂浆严密勾缝。此外，尚有预制钢筋混凝土窗台等。如果外墙饰面为面砖、马赛克等易于冲洗的材料，可做非悬挑窗台，窗下墙的脏污可借窗上不断流下的雨水冲洗干净。窗台构造如图 3-16 所示。

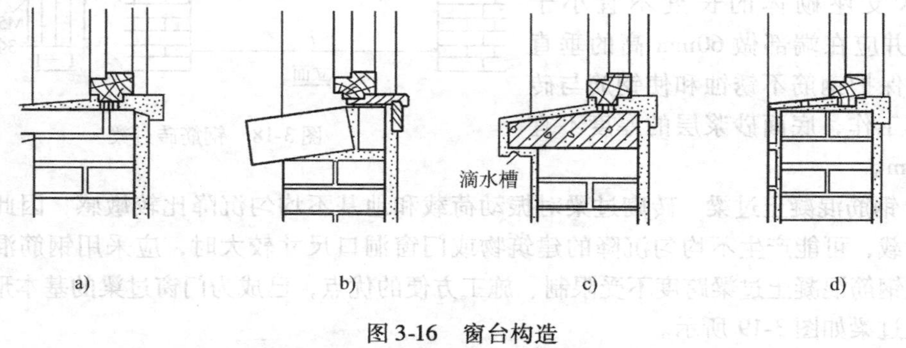

图 3-16 窗台构造

a）平砌挑砖窗台 b）侧砌挑砖窗台 c）钢筋混凝土窗台 d）不悬挑窗台

窗框下槛与窗台交接部位是防水渗漏的薄弱环节，为避免雨水顺缝隙渗入，应将抹灰嵌入木窗下槛外缘刨出的槽口内，或嵌在槽口下，切忌将抹灰抹得高于槽口。

3. 门窗过梁

当墙体上开设门窗洞口时，为支撑洞口上部砌体传来的荷载，并将荷载传递给窗间墙，常在门窗洞口上方设横梁，该梁称为过梁。过梁的种类很多，选用时依据洞口跨度和洞口以上的荷载不同而异，常见的有砖拱过梁、钢筋砖过梁和钢筋混凝土过梁。

（1）砖拱过梁　砖拱过梁包括平拱过梁、弧拱过梁。如图 3-17a 所示，砖砌平拱过梁是用砖侧砌而成，灰缝上宽下窄，最宽不大于 15mm，最窄不小于 5mm，中部起拱高度为跨度的 1/100 ~ 1/50，端部向侧面倾斜 30 ~ 50mm，压入墙内不小于 20mm，其跨度可达 1.2m。当过梁上有集中荷载时，不宜采用。图 3-17b 所示砖砌弧拱过梁也用竖砖砌筑，竖砖部分高度不应小于 240mm。弧拱的最大跨度 l 与矢高 f 有关，$f=(1/12\sim1/8)l$ 时为 2.5 ~ 3.5m；$f=(1/6\sim1/5)l$ 时为 3 ~ 4m。

砖拱过梁的优点是不用钢筋，水泥用量少，一般用于洞口宽度小于 1.8m，无不均匀下沉的清水砖墙中。由于施工较麻烦，目前已较少采用。

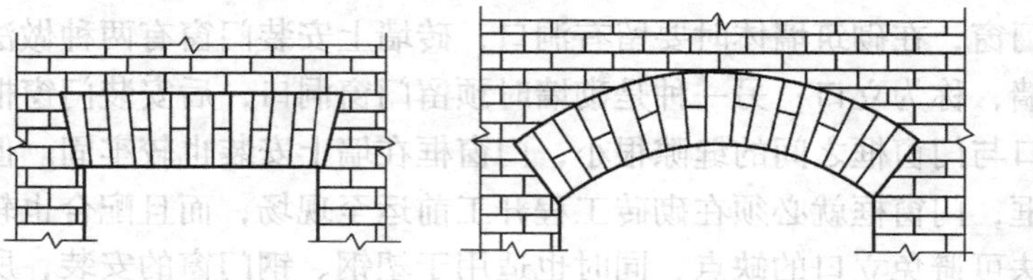

a)　　b)

图 3-17　砖拱过梁

a）砖砌平拱　b）砖砌弧拱

（2）钢筋砖过梁　钢筋砖过梁是用砖平砌，并在水平灰缝中加适量钢筋的过梁，如图 3-18 所示。由于它的组砌方式与砖墙相同，所以采用较广泛。这种梁的跨度可以达到 1.5m。

钢筋砖过梁应用不低于 MU7.5 的砖和不低于 M5 的砂浆砌筑，并在第一皮砖下面的砂浆层内放置钢筋。过梁的高度应经计算确定，一般不少于 5 皮砖。钢筋伸入支座砌体的长度不宜小于 240mm，并应在端部做 60mm 高的垂直弯钩。为保护钢筋不锈蚀和使钢筋与砖砌体共同工作，底面砂浆层的厚度不宜小于 30mm。

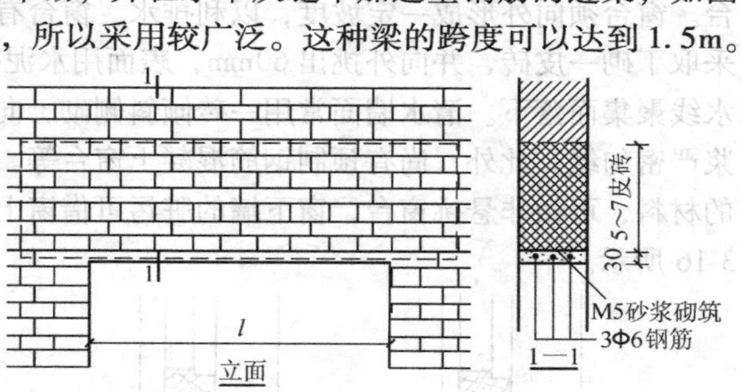

图 3-18　钢筋砖过梁

（3）钢筋混凝土过梁　砖砌过梁对振动荷载和地基不均匀沉降比较敏感，因此对有较大振动荷载，可能产生不均匀沉降的建筑物或门窗洞口尺寸较大时，应采用钢筋混凝土过梁。由于钢筋混凝土过梁跨度不受限制、施工方便的优点，已成为门窗过梁的基本形式。钢筋混凝土过梁如图 3-19 所示。

钢筋混凝土过梁宽度一般同墙厚，高度与砖的皮数相适应，常为 120mm、180mm、240mm

等，过梁伸入两侧墙内不少于240mm。预制钢筋混凝土过梁施工方便、速度快、省模板和便于门窗洞口上挑出装饰线条等优点，应用十分广泛。钢筋混凝土过梁是砌体中导热系数较大的嵌入构件，在寒冷地区不应贯通砌体整个厚度，并应做局部保温处理以避免热桥。

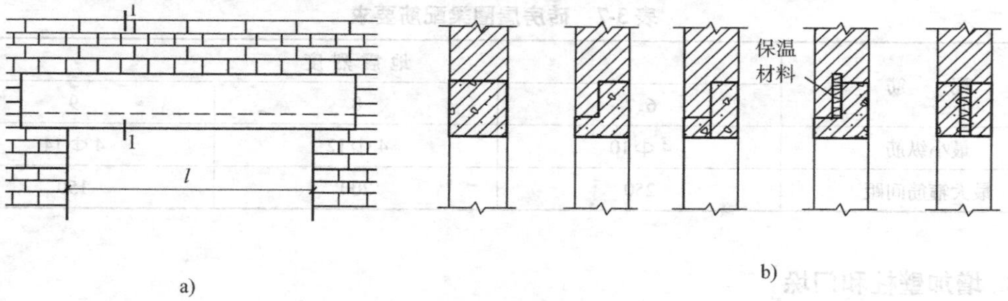

图3-19 钢筋混凝土过梁

a）过梁立面 b）过梁的断面形式与构造

3.3.3 墙体加固及抗震设施

对多层砖混结构的承重墙，由于砖砌体为脆性材料，其承载能力有限，为了提高抗震能力和承载能力，需对墙身采取加固措施，以提高墙身的刚度和稳定性，来满足设计要求。

1. 设置圈梁

圈梁又称腰箍，是沿外墙四周及部分内墙设置的在同一水平面上的连续闭合交圈的按构造配筋的梁。圈梁与楼板共同作用可提高建筑物的空间刚度和整体性，增加墙体的稳定性，减少地基不均匀沉降所引起的墙身开裂，对抗震设防地区显得尤为重要。

圈梁的数量与房屋的高度、层数、地基状况和地震烈度有关。表3-6为多层房屋圈梁设置要求。

表3-6 砖房屋现浇钢筋混凝土圈梁设置要求

墙类	烈度		
	6、7	8	9
外墙和内纵墙	外墙屋盖处及每层楼盖处；内纵墙屋盖处及隔层楼盖处	屋盖处及每层楼盖处	屋盖处及每层楼盖处
内横墙	同上；屋盖处间距不应大于7m；楼盖处间距不应大于15m；构造柱对应部位	同上；屋盖处沿所有横墙，且间距不应大于7m；楼盖处间距不应大于7m；构造柱对应部位	同上；各层所有横墙

圈梁的位置又与数量有关。当只设一道时应通过屋盖处。当屋盖、楼盖与相应窗过梁位置靠近时，可通过窗顶兼作过梁。当圈梁被门窗洞口截断时，应在洞口上部增设相应截面的附加圈梁。附加圈梁与墙的搭接长度 l 应大于与圈梁之间的垂直间距 h 的一倍，且不小于1m，如图3-20所示。

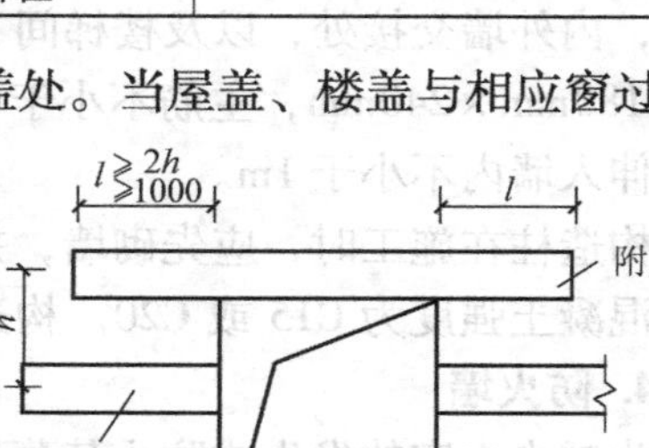

图3-20 截断圈梁的补救

圈梁有钢筋砖圈梁和钢筋混凝土圈梁两种。钢筋砖圈梁多用在非抗震区，并结合钢筋砖过梁沿外墙形成。

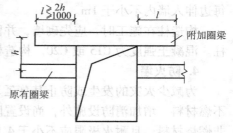

钢筋混凝土圈梁有现浇和预制两种做法，其截面

高度不应小于120mm，常见的有180mm和240mm。宽度一般同墙厚，当墙厚为240mm时，圈梁的宽度不宜小于墙厚的2/3。混凝土的强度等级不应低于C15级，梁内配筋应符合表3-7的要求。

表3-7　砖房屋圈梁配筋要求

配　筋	地震烈度		
	6、7	8	9
最小纵筋	4Φ10	4Φ12	4Φ14
最大箍筋间距	250	200	150

2. 增加壁柱和门垛

当建筑物窗间墙上有集中荷载，而墙厚又不足以承担其荷载时，或墙体的长度（高度）超过一定的限度时，常在墙身适当的位置加设凸出于墙面的壁柱，突出尺寸一般为120mm×370mm（图3-21a）、240mm×370mm、240mm×490mm等。

当墙上开设的门窗洞口处在两墙转角处，或丁字墙交接处，为保证墙体的承载能力及稳定性和便于门框的安装，应设门垛，门垛尺寸不应小于120mm，如图3-21b所示。

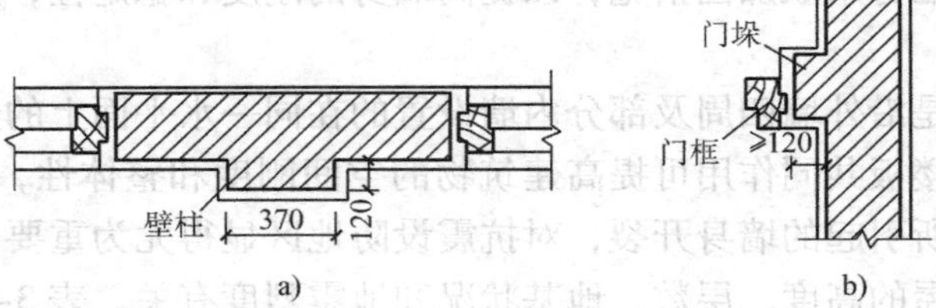

图3-21　壁柱与门垛
a）壁柱　b）门垛

3. 构造柱

圈梁在水平方向将楼板与墙体箍住，构造柱则从竖向加强墙体的连接，与圈梁一起构成空间骨架，提高了建筑物的整体刚度和墙体的延性，约束墙体裂缝的开展，从而增加建筑物承受地震作用的能力。因此，有抗震设防要求的建筑中须设钢筋混凝土构造柱。

钢筋混凝土构造柱是从构造角度考虑设置的。结合建筑物的防震等级，一般在建筑物的四角，内外墙交接处，以及楼梯间、电梯间的四个角等位置设置构造柱。构造柱的截面应不小于180mm×240mm，主筋不小于4Φ10，墙与柱之间沿墙高每500mm设2Φ6拉结钢筋，每边伸入墙内不小于1m。

构造柱在施工时，应先砌墙，并留马牙槎，随着墙体的上升，逐段浇筑钢筋混凝土构造柱。混凝土强度为C15或C20。构造柱如图3-22所示。

4. 防火墙

为减少火灾的发生或防止其蔓延、扩大，除建筑设计时考虑防火分区分隔、选用难燃或不燃材料、增加消防设施外，尚设置防火墙以阻断火源。根据防火规范规定，防火墙应选用非燃烧材料，且耐火极限应不小于4.0h；防火墙应直接设置在基础上或钢筋混凝土框架上，在防火墙上不应开设门窗洞口，必须开设时，应采用甲级防火门窗，并能自动关闭。防火墙应截断燃烧体或难燃体的屋顶结构，并应高出非燃烧体屋面不小于400mm，高出燃烧体或难燃体屋面不小于500mm。当建筑物的屋盖为耐火极限不低于0.5h的非燃烧体时，防火墙可砌至屋面基层底部，不必高出屋面。当建筑物的外墙为难燃体时，防火墙还应突出外墙的外表面至少400mm。

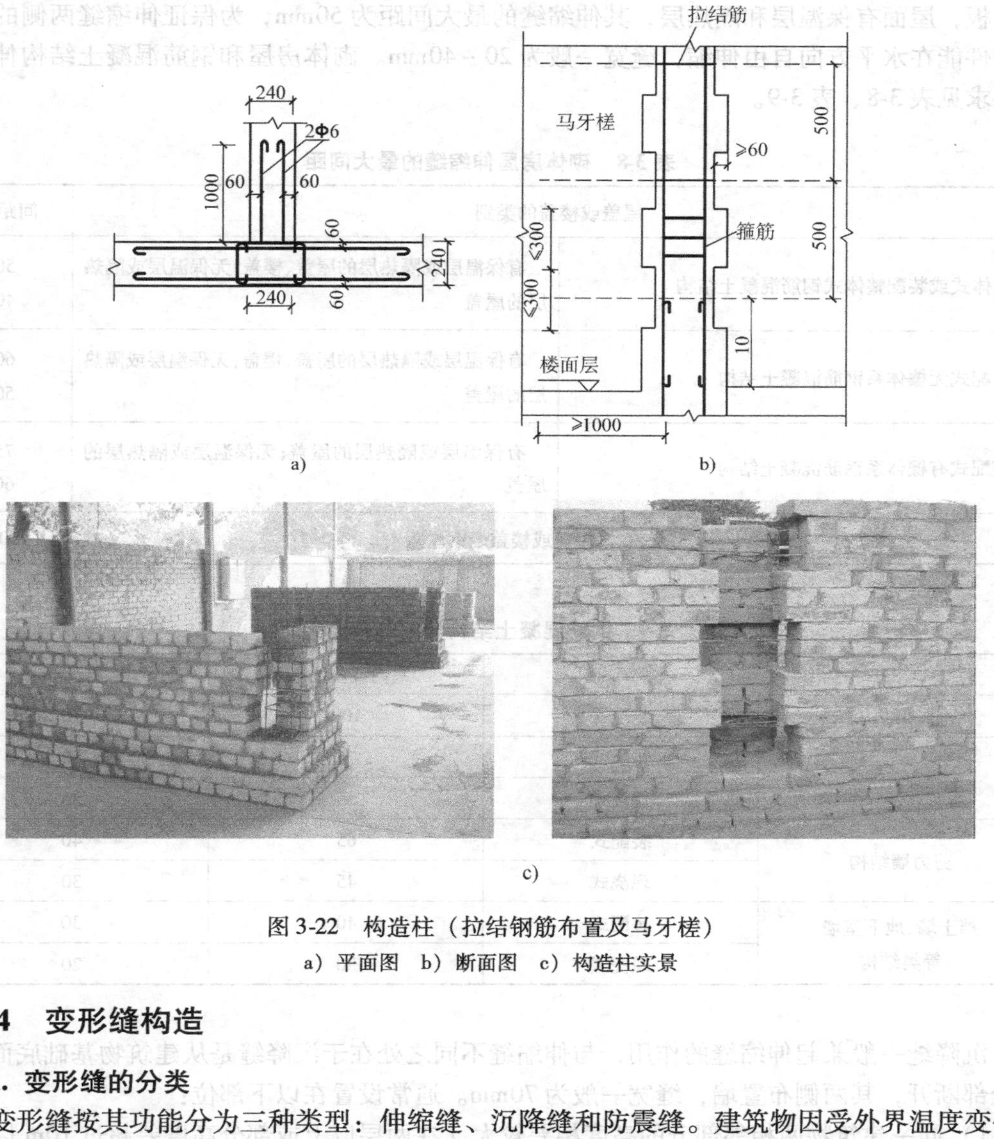

图3-22 构造柱（拉结钢筋布置及马牙槎）
a）平面图 b）断面图 c）构造柱实景

3.3.4 变形缝构造

1. 变形缝的分类

变形缝按其功能分为三种类型：伸缩缝、沉降缝和防震缝。建筑物因受外界温度变化的影响而产生的热胀冷缩，致使建筑物出现不规则破坏，为防止这种情况的发生，常沿建筑物长度方向每隔一定距离或结构变化较大处预留缝隙，这条缝隙称为伸缩缝。建筑物建造在土层性质差别较大的地基上，或同一建筑物相邻部分高度、荷载、结构形式差异较大时，建筑物会因地基不均匀沉降而导致开裂或破坏，因此，常在建筑物适当部位设置垂直缝隙，将建筑物划分成若干个独立的结构单元，使每个单元都能自由沉降，这条缝称为沉降缝。在地震区，为防止地震对房屋的破坏，须设置垂直缝隙，将房屋分成若干形体简单、刚度和质量均匀的独立单元，这条缝称为防震缝。

2. 变形缝的设置原则

伸缩缝要求把建筑物的墙体、楼板层、屋顶等地面以上部分全部断开，因基础部分受温度变化的影响较小，因而不需断开。伸缩缝的最大间距与建筑物的结构类型和房屋的屋盖类型以及有无保温层或隔热层有关，一幢建筑物若为砖墙承重结构，楼板和屋顶为预制混凝土圆孔板，屋面有保温层和隔热层，其伸缩缝的最大间距为50mm，为保证伸缩缝两侧的建筑物构件能在水平方向自由伸缩，缝宽一般为20～40mm。砌体房屋和钢筋混凝土结构伸缩缝的要求见表3-8、表3-9。

表3-8 砌体房屋伸缩缝的最大间距

屋盖或楼盖的类别		间距/m
整体式或装配整体式钢筋混凝土结构	有保温层或隔热层的屋盖、楼盖；无保温层或隔热层的屋盖	50 40
装配式无檩体系钢筋混凝土结构	有保温层或隔热层的屋盖、楼盖；无保温层或隔热层的屋盖	60 50
装配式有檩体系钢筋混凝土结构	有保温层或隔热层的屋盖；无保温层或隔热层的屋盖	75 60
瓦材屋盖、木屋盖或楼盖轻钢屋盖		100

表3-9 钢筋混凝土结构伸缩缝最大间距

结构类型		室内或土中/m	露天/m
排架结构	装配式	100	70
框架结构	装配式	75	50
	现浇式	55	35
剪力墙结构	装配式	65	40
	现浇式	45	30
挡土墙、地下室墙等类结构	装配式	40	30
	现浇式	30	20

沉降缝一般兼起伸缩缝的作用，与伸缩缝不同之处在于沉降缝是从建筑物基础底面至屋顶全部断开，其两侧布置墙，缝宽一般为70mm。通常设置在以下部位：

1）同一建筑物两相邻部分的高度相差较大（在两层以上或部分高度差超过10m以上）、荷载相差悬殊或结构形式不同时。

2）当建筑物建造在不同地基上，且难以保证不均匀沉降时。

3）当建筑物的长度较大、平面形状复杂且连接部位较薄弱时。

4）当建筑物分期建造时，在原有建筑物与扩建建筑物之间设置。

5）当建筑物各部分相邻基础的形式、宽度及埋置深度相差较大，造成基础底部压力有较大差异时，如图3-23所示。

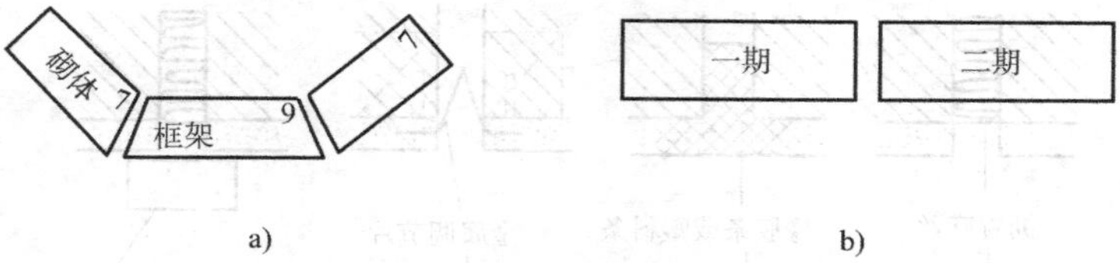

图 3-23 沉降缝设置位置

防震缝应与伸缩缝、沉降缝协调布置，要求将相邻的建筑物上部结构完全断开，并留有足够缝隙，其两侧布置墙。其宽度应根据建筑物高度和所在地区的地震烈度来确定，一般多层砌体建筑的缝宽为 50～100mm，多层钢筋混凝土框架结构建筑，高度在 15m 及 15m 以下时，缝宽为 70mm；当建筑高度超过 15m 时，按烈度增大缝宽。基础一般可不断开，但在平面复杂的建筑物中，当与沉降缝协调布置时，也须将基础断开。防震缝通常设置在以下部位：

1）建筑物立面高差比较大，一般在 6m 以上时。

2）建筑物有错层且楼板高差较大时。

3）建筑物相邻部分的结构刚度、质量相差悬殊时。

4）建筑物平面组合比较复杂时。

在抗震设防地区，当建筑物需设置这三种缝隙时，应尽量统一考虑，合三为一，并应符合防震缝、沉降缝的要求。三种缝隙的相同点是地面上的缝隙所在部位的构件均断开，不同点是地面以下部分基础可断开或不断，缝宽亦不同。

3. 墙体变形缝的盖缝处理

伸缩缝应填塞具有防水、保温和防腐性能的弹性材料，如沥青麻丝、泡沫塑料条、橡胶条、油膏等。当缝口较宽时，应用镀锌铁皮、铝片等金属调节片覆盖。填缝或盖缝材料和构造应保证结构在水平方向的自由伸缩。考虑到缝隙对建筑立面的影响，通常将缝隙布置在外墙转折部位或利用雨水管将缝隙挡住，作隐蔽处理。沉降缝与伸缩缝基本相同，但盖缝条及调节片构造必须能保证在垂直方向自由变形；防震缝比伸缩缝、沉降缝宽，墙体表面一般采用金属板或木板作盖缝处理。变形缝的处理如图 3-24、图 3-25 所示。

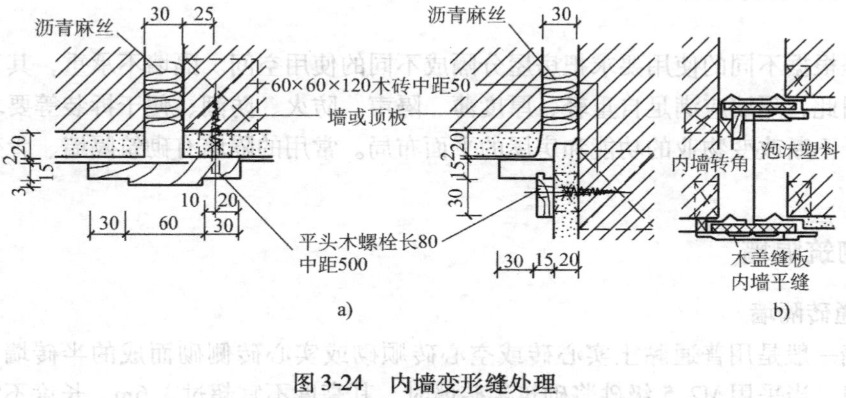

图 3-24 内墙变形缝处理

a）内墙伸缩缝处理 b）防震缝处理

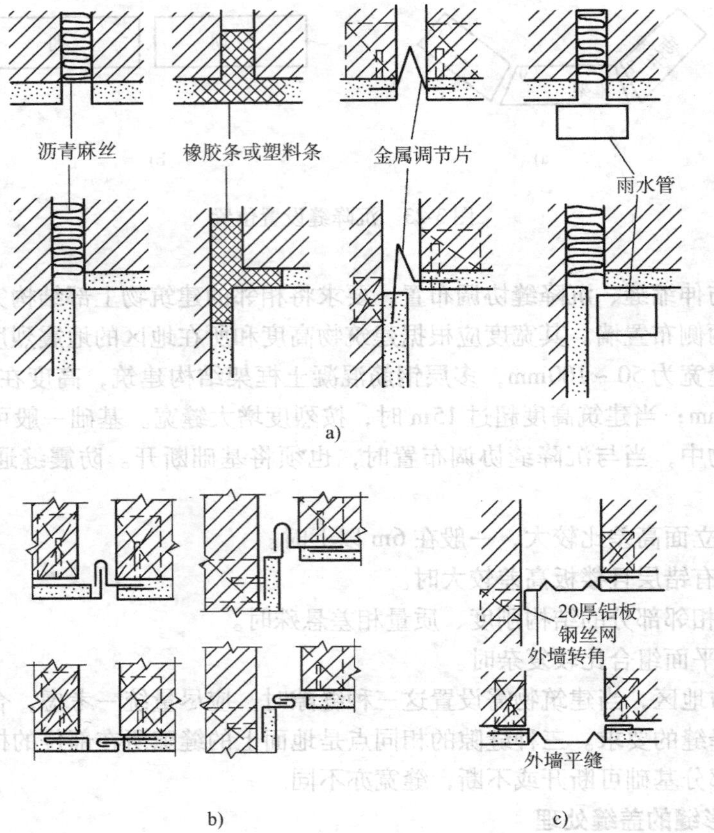

图 3-25　外墙变形缝处理

a）外墙伸缩处理　b）沉降缝处理　c）防震缝处理

[实训练习]　观察你所在学校的建筑，测量勒脚、小散水、窗台、门垛、变形缝的尺寸，观察并绘制其构造做法。

3.4　隔墙构造及常用材料

隔墙是根据不同的使用要求把房屋分隔成不同的使用空间。隔墙不承重，其重量由楼地层承受，因此，隔墙应满足自重轻、厚度薄、隔声、防火、防潮、便于拆装等要求，以满足不同需要，不断改变物业的功能和房屋的平面布局。常用的隔墙有砌筑隔墙、骨架隔墙、板材隔墙等。

3.4.1　砌筑隔墙

1. 普通砖隔墙

砖隔墙一般是用普通黏土实心砖或空心砖顺砌或实心砖侧砌而成的半砖墙（图 3-26）或1/4 砖墙。当采用 M2.5 级砂浆砌筑半砖墙时，其高度不宜超过 3.6m，长度不宜超过 5m；当采用 M5 级砂浆砌筑时，高度不宜超过 4m，长度不宜超过 6m。如超过此尺寸，砌筑时除应与承重墙或柱固结外，尚应在墙身每隔 1.2m 高度处，加 2 Φ6 拉结钢筋予以加固。隔墙上部常以立砖斜砌，与楼板顶紧，主要是增加墙体的稳定性及装饰性。1/4 砖墙墙身更薄，稳定性差，只做成高不超过 3m、面积不大、不设门窗的隔墙，如住宅中厨房与卫生间之间的墙等。1/4 砖隔墙须采取增强稳定性的措施，如沿高度方向每隔 7 皮砖在水平灰缝中放两根 12 号铁丝或一根Φ6 钢筋，并与两端墙连接牢固或每隔 900～1200mm 立细石混凝土小柱等。因砖隔墙自重大，湿作业多，施工麻烦，不宜拆装，故目前采用不多。

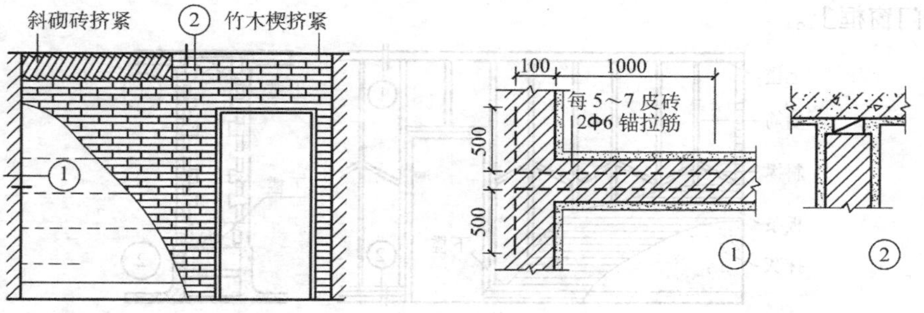

图 3-26　半砖墙构造

2. 砌块隔墙

为了减轻隔墙的自重和节约用砖，常采用加气混凝土砌块、粉煤灰硅酸盐砌块、水泥炉渣空心砖等砌筑隔墙。隔墙的厚度随砌块尺寸而定，一般为 90～200mm。由于墙体的稳定性较差，亦需对墙身进行加固处理，通常是沿墙身横向配置钢筋，对空心砌块墙有时竖向也可配筋。在抗震设防地区，还应根据抗震要求设置圈梁和构造柱。砌块墙重量轻、孔隙率大、隔热性能好，隔声性能不如同厚的砖隔墙，但吸水性强，宜在墙身下部改砌 3～5 皮黏土砖，避免直接受湿。砌块隔墙顶部与楼板或梁相接处应留有 30mm 空隙，并沿墙体长度方向，每隔 1m 用一组木楔对口打紧，其余空隙用砂浆填充。砌块隔墙如图 3-27 所示。

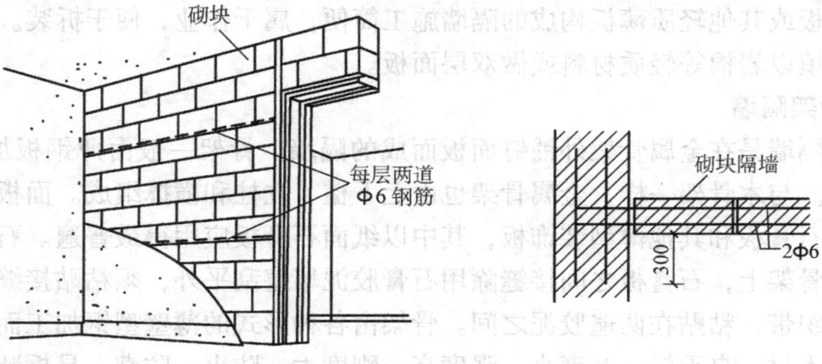

图 3-27　砌块隔墙

［课堂练习］　讨论加气混凝土砌块隔墙抗震构造。

3.4.2　骨架隔墙

骨架隔墙是由骨架和覆面层两部分组成，骨架有木骨架和金属骨架之分。

1. 木骨架隔墙

木骨架隔墙具有重量轻、厚度小、施工方便和便于拆装等优点，但防水、防潮、隔声较差，且耗费木材。木骨架由上槛、下槛、墙筋、斜撑及横撑等构成，如图3-28所示。墙筋靠上下槛固定，上下槛及墙筋断面通常为50mm×70mm或50mm×100mm，墙筋之间沿高度方向每隔1.5m左右设斜撑一道，当表面铺钉面板时，则斜撑改为水平的横撑。斜撑或横撑的断面与墙筋相同或略小于墙筋，其与横撑的间距由饰面材料规格而定。骨架用钉固定在两侧砖墙预埋的防腐木砖上。隔墙设门窗时，将门窗框固定在两侧截面加大的立柱上或直顶上槛的长脚门窗框上。

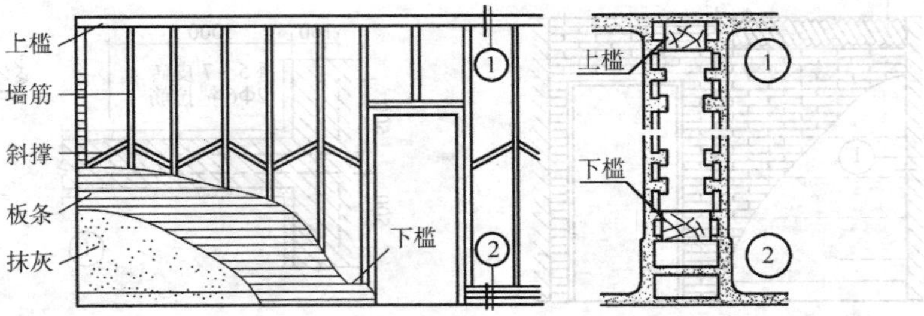

图3-28　板条抹灰隔墙

木骨架隔墙可用板条抹灰、钢丝网抹灰或钢板网抹灰以及铺钉各种薄型面板来做两侧覆盖层。板条抹灰隔墙是先在木骨架的两侧钉灰板条，然后抹灰。灰板条的尺寸一般为1200mm×24mm×6mm，板条间留缝7~10mm，以便让底灰挤入板条间缝背面咬住板条。板条接缝应错开，避免过长的通缝，以防抹灰开裂和脱落。为使抹灰层与板条粘结牢固和避免墙面开裂，通常采用纸筋灰或麻刀灰抹面。隔墙下一般加砌2~3皮砖，并做出踢脚。有时为了使抹灰与板条更好地连接，常将板条间距加大，然后钉上钢丝网，再做抹灰面层，形成钢丝网板条抹灰隔墙。钢丝网可以提高隔墙的防火、防潮能力并节约木材，同时由于钢丝网变形小、强度高、抹灰层开裂的可能性小，有利于防潮、防火。在木骨架两侧镶钉胶合板、纤维板、石膏板或其他轻质薄板构成的隔墙施工简便，属干作业，便于拆装。为提高隔声能力，可在板间填以岩棉等轻质材料或做双层面板。

2. 金属骨架隔墙

金属骨架隔墙是在金属骨架外铺钉面板而成的隔墙。骨架一般由薄钢板加工组合而成，也称轻钢龙骨。与木骨架一样，金属骨架也由上下槛、立柱和横撑组成。面板通常采用胶合板、纤维板、石膏板和其他薄型装饰板，其中以纸面石膏板应用得最普遍。石膏板借自攻螺栓固定于金属骨架上，石膏板之间接缝除用石膏胶泥堵塞刮平外，须粘贴接缝带。接缝带应选用玻璃纤维织带，粘贴在两遍胶泥之间。骨架由各种形式的薄壁型钢加工而成。金属骨架隔墙具有节约木材、自重轻、厚度小、强度高、刚度大、防火、防潮、易拆装、结构整体性强，且均为干作业，施工方便、速度快。为提高隔声能力，可铺钉双层面板、错开骨架和骨架间填以岩棉、泡沫塑料弹性材料等措施。金属骨架隔墙如图3-29所示。

3.4.3　板材隔墙

板材隔墙是一种由板材直接装配而成的隔墙。常用的板材有石膏板、纤维增强水泥平板、空心条板等。为减轻板材自重，板材多为空心板或带肋薄板。

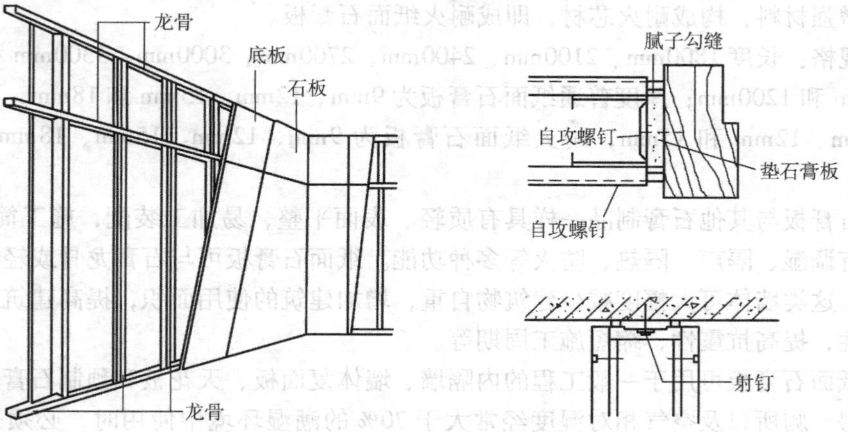

图 3-29　金属骨架隔墙

1. 石膏板

石膏板在我国轻质墙板的使用中占有很大比重，石膏板有纸面石膏板、无面纤维石膏板、装饰石膏板、石膏空心条板等多种。其中纸面石膏板又有普通纸面石膏板、耐水纸面石膏板、耐火纸面石膏板等三种。常见石膏板如图 3-30 所示。

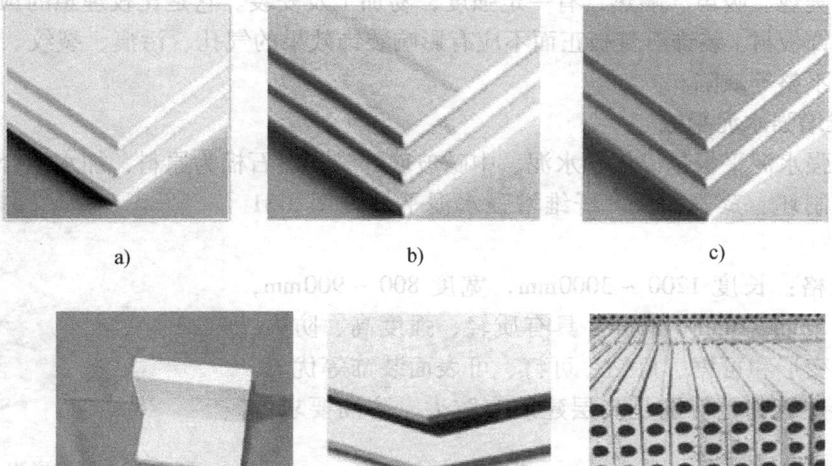

图 3-30　石膏板

a）普通纸面石膏板　b）耐水纸面石膏板　c）耐火纸面石膏板　d）木纤维石膏板
e）装饰石膏板　f）石膏空心条板

普通纸面石膏板是以建筑石膏为主要原料，加入适量纤维类增强材料以及少量外加剂，经加水搅拌成料浆，浇注在行进中的纸面上，成型后再覆以上层面纸，再经固化、切割、烘干、切边而成。所用护面纸必须有一定的强度，且与石膏芯板能粘结牢固。若在板芯配料中加入防水、防潮外加剂，并用耐水护面纸，即可制成耐水纸面石膏板；若在配料中加入无机耐火纤维增强材料，构成耐火芯材，即成耐火纸面石膏板。

常用规格：长度1800mm、2100mm、2400mm、2700mm、3000mm、3300mm和3600mm；宽度900mm和1200mm；厚度普通纸面石膏板为9mm、12mm、15mm和18mm，耐水纸面石膏板为9mm、12mm和15mm，耐火纸面石膏板为9mm、12mm、15mm、18mm、21mm和25mm。

纸面石膏板与其他石膏制品一样具有质轻、表面平整，易加工装配，施工简便等特点。此外还具有调湿、隔声、隔热、防火等多种功能。纸面石膏板可与石膏龙骨或轻钢龙骨共同组成隔墙。这类墙体可大幅度减少建筑物自重，增加建筑的使用面积，提高建筑物中房间布局的灵活性，提高抗震性，缩短施工周期等。

普通纸面石膏板可用于一般工程的内隔墙、墙体复面板、天花板和预制石膏板复合隔墙板。在厨房、厕所以及空气相对湿度经常大于70%的潮湿环境中使用时，必须采取相应的防潮措施。

耐水纸面石膏板可用于相对湿度大于75%的浴室、厕所等潮湿环境下的吊顶和隔墙，如表面再作防水处理，效果更好。

耐火纸面石膏板主要用于对防火有较高要求的房屋建筑中。

装饰石膏板是以建筑石膏为胶凝材料，加入适量的增强纤维、胶粘剂、改性剂等辅料，与水拌和成料浆，经成型、干燥而成的不带护面纸的装饰板材。它质轻、图案饱满、细腻、色泽柔和、美观、吸声、隔热，有一定强度，易加工及安装。它是比较理想的顶棚饰面吸声板及墙面装饰板材。装饰石膏板正面不应有影响装饰效果的气孔、污痕、裂纹、缺角、色彩不均和图案不整等缺陷。

2. 纤维增强水泥平板

纤维增强水泥平板是以低碱水泥、中碱玻璃纤维和短石棉为原料，加水混合制浆，经圆网机抄取、制坯、蒸养而成。纤维增强水泥平板如图3-31所示。

常见规格：长度1200～3000mm，宽度800～900mm，厚度4mm、5mm、6mm、8mm。具有质轻、强度高、防火、防潮、不易变形和可锯、可钻、可钉、可表面装饰等优点。适用于各类建筑物，特别是高层建筑有防火、防潮要求的隔墙。

图3-31　纤维增强水泥平板

3. 空心条板

(1) 石膏空心条板　石膏空心条板是以天然石膏或化学石膏为主要原料，掺加适量水泥或石灰、粉煤灰为辅助胶结材料，并加入少量增强纤维，经加水搅拌制成料浆、再经浇注成型、抽芯、干燥而成。常见规格：长度2500～3000mm，宽度500～600mm，厚度60～90mm。石膏空心条板具有表面光滑、质轻、比强度高、隔热、隔声、防火、加工性好，施工简便等优点。适用于高层建筑、框架轻板建筑以及其他各类建筑的非承重内隔墙。

(2) GRC空心轻质墙板　GRC空心轻质墙板是以低碱水泥为胶结料、抗碱玻璃纤维网格布为增强材料，膨胀珍珠岩或炉渣、粉煤灰为骨料，并配以起泡剂和防水剂等，经配料、搅拌、浇注、振动成型、脱水、养护而成。常见规格：长度3000mm，宽度600mm，厚度

60mm、90mm 和 120mm。具有质轻、强度高、隔热、隔声、不燃以及加工方便等优点。主要用于工业和民用建筑的内隔墙。GRC 轻质墙板如图 3-32 所示。

（3）预应力混凝土空心墙板　预应力混凝土空心墙板是以钢绞线、早强水泥、砂、石等为原料，经张拉、搅拌、挤压、养护、切割而成。常见规格：长度 1000～1900mm，宽度 600～1200mm，总厚度 200～480mm。可用于承重或非承重外墙板、内墙板、楼板、屋面板、雨篷和阳台板等。

（4）轻型复合板　轻型复合板作为新型墙体材料，目前发展很快，品种很多，有金属材料和非金属材料复合，有机材料和无机材料复合，也有金属材料与无机材料和有机材料共同复合。板的造型各异、色彩丰富。板的性能更是集各种组成材料的优点于一体。

1）钢丝网水泥夹芯板。钢丝网水泥夹芯板是以钢丝制成不同的三维空间结构以承受荷载，选用保温芯材而制成的一类轻型复合板材，如图 3-33 所示。常见的有 GY 板、三维板、三 D 板、钢丝网架夹芯板等。其中 GY 板是以焊接钢丝笼为构架，以岩棉为芯材，面层喷涂或抹水泥砂浆。常见规格：长度 2400～3300mm，宽度 900～1200mm，厚度 50～85mm，板抹灰后厚度为 100mm。具有防火、不腐烂、耐久性好，易剪裁、拼接，适用于房屋建筑的一般隔墙，也可用于 3m 跨内的楼板、屋面板和自承重外墙。

图 3-32　GRC 空心轻质墙板

图 3-33　钢丝网水泥夹芯板

2）其他轻型夹芯板。其他轻型夹芯板大多是用各种高强度轻质薄板为外层、轻质绝热材料为芯材而组成的复合板。其外层板材可用彩色镀锌钢板、铝合金板、不锈钢板、高压水泥板、木质装饰板及其他无机材料、有机材料合成的板材。这类板具有质轻、隔热、隔声性能好，且板外形多变，色彩丰富。

小　结

1）墙体是建筑物的重要组成部分，根据墙体在建筑物中所处位置不同，其作用、名称、要求也不同。作用主要有承重、围护、分隔、装饰作用。名称由于墙体在建筑中的位置、受力情况、所用材料、构造方式和施工方式不同而不同；对墙体主要有强度、稳定性、坚固耐久、保温、隔热、隔声、经济等方面的要求。

2）我国用于墙体的材料品种较多，总体可分为砌筑材料和板材两类。砌筑材料就是砌筑墙体所用的材料，包括各种块状材料如砖、石、砌块等和用以粘结它们的砂浆，这些材料由于所起作用、性能不同，其适用范围也不同。因此在学习过程中，不仅要了解其作用，更要掌握其性能和适用范围。板材常用的主要有石膏板、纤维增强水泥平板、空心条板，这些板材由于材料不同而有其不同特点。

3）墙体细部构造一般包括墙脚、门窗洞口、墙体加固及变形缝等做法。墙脚所处的位置，常受到地表水和土壤中水的侵蚀，因此，在构造上采取加固勒脚、设散水、明沟、防潮层的防护措施。门窗洞口构造主要包括门窗洞口的做法、窗台构造、门窗过梁。墙体加固及抗震设施常设置圈梁、壁柱、门垛、构造柱、防火墙。变形缝按其功能分三种类型：伸缩缝、沉降缝和防震缝。三种缝隙的相同点是地面上的缝隙所在部位的构件均断开，不同点是地面以下部分基础可断开或不断，缝宽不同，设置原则各有所区别。

4）在建筑物中隔墙主要用来改变物业的功能和房屋的平面布局，因此应满足自重轻、厚度薄、隔声、防火、防潮、便于拆装等要求，常用的隔墙有砌筑隔墙、骨架隔墙、板材隔墙等。由于隔墙所用材料不同，使用范围也存在很大区别。

思考题

1. 建筑中墙体是如何分类的？对墙体有哪些要求？
2. 砌墙砖有哪几种？它们各有什么特点？
3. 砂浆的技术性质包括哪些？其流动性、保水性对砌体有何影响？
4. 明沟、散水在建筑物的什么部位？其作用是什么？各适用于什么区域？
5. 防潮层的作用是什么？有哪几种类型？
6. 门窗过梁有几种？各有什么特点？
7. 圈梁在建筑物中的作用是什么？遇到洞口如何处理？
8. 变形缝有几种？各有什么作用？
9. 常用的隔墙有哪几种？谈谈其构造及特点。

第 4 章

楼板与楼地面

学习目标

通过本章学习，了解楼板的分类，预制钢筋混凝土楼板的分类以及构造特点，阳台和雨篷的分类、结构形式以及防水排水的构造；掌握楼板的组成、地坪层的组成、现浇钢筋混凝土楼板构造、楼板层的防水与排水以及楼地面变形缝的处理。

关键词

楼板层　地坪层　钢筋混凝土楼板　细部构造　阳台　雨篷

4.1 概述

4.1.1 楼板的组成

楼板层与地坪层是房屋的重要组成部分，楼板层是房屋楼层间分隔上下空间的构件，建筑物的使用荷载主要由楼板层和地坪层承担。此外，楼板层和地坪层还应具有一定的隔声、保温、隔热功能。图 4-1 所示为楼板层示意图。

楼板层一般由面层、结构层、顶棚、功能层组成，如图 4-2 所示。

图 4-1　楼板层示意图

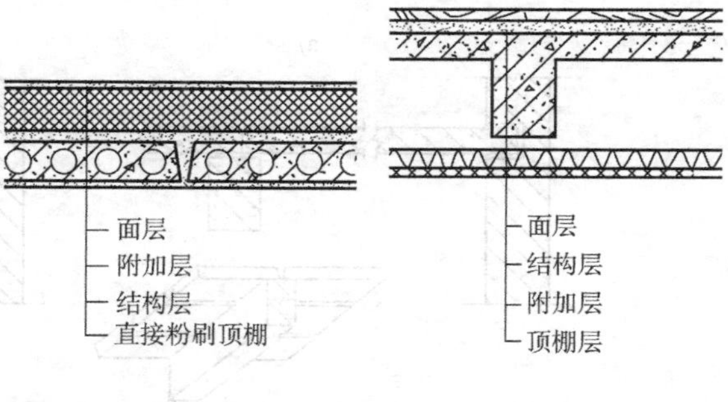

图 4-2　楼板层的组成

1）面层又称为楼面，起着保护楼板、承受并传递荷载的作用，同时对室内有很重要的清洁及装饰作用。

2）结构层即楼板，是楼层的承重部分。

3）顶棚位于楼板层最下层，主要作用是保护楼板、安装灯具、装饰室内、敷设管线等。

4）功能层又称附加层，根据楼板层的具体要求而设置。主要作用是隔声、隔热、保温、防水、防潮、防腐蚀、防静电等。根据需要，有时和面层合二为一，有时又和吊顶合为一体。

4.1.2　楼板的分类

楼板是楼板层的结构层，它承受楼面传来的荷载并将其传给墙或柱，同时楼板还对墙体起着水平支撑的作用，传递风荷载及地震所产生的水平力，以增加建筑物的整体刚度。因此要求楼板有足够的强度和刚度，并应符合隔声、防火等要求。楼板按其材料不同，主要有木楼板、砖拱楼板、钢筋混凝土楼板等。

1）木楼板（图4-3a）。它构造简单、自重轻、导热系数小，但耐久性和耐火性差、耗费木材量大，目前已很少采用。

2）砖拱楼板（图4-3b）。它可以节省木材、钢筋和水泥，造价低，但承载能力和抗震能力差，结构层所占的空间大，顶棚不平整，施工较烦琐，所以现在已基本不用。

3）钢筋混凝土楼板（图4-3c）。它强度高、刚度大、耐久性和耐火性好，具有良好的可塑性，便于工业化的生产，是目前应用最广泛的楼板类型。

4）压型钢板组合楼板（图4-3d）。它是以压型钢板为衬板，在上面浇筑混凝土，这种由钢衬板和混凝土组合所形成的整体式楼板称为压型钢板组合楼板。它主要由楼面层、组合板和钢梁三部分组成。

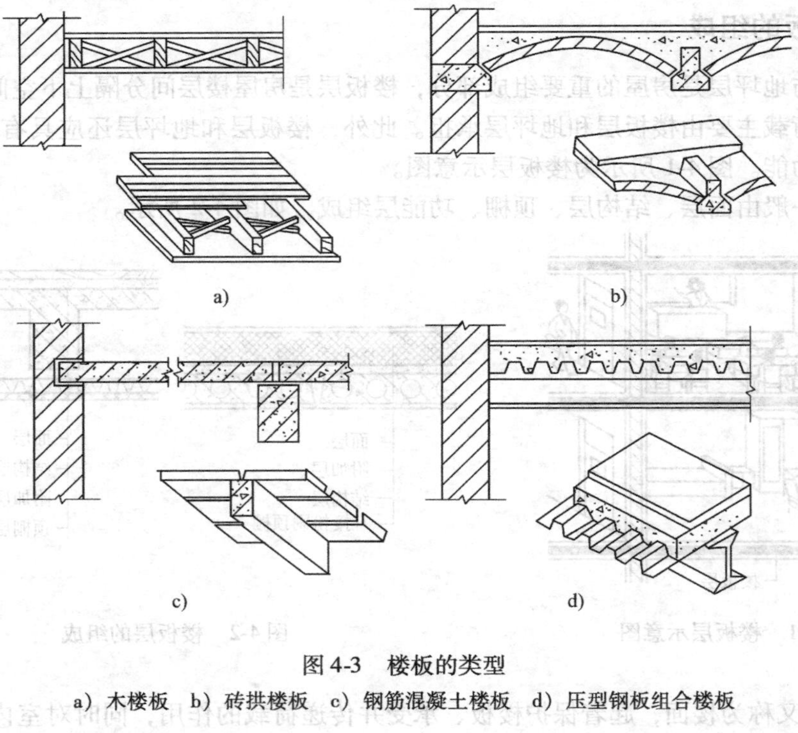

图4-3　楼板的类型

a）木楼板　b）砖拱楼板　c）钢筋混凝土楼板　d）压型钢板组合楼板

4.1.3　地坪层的作用及组成

地坪层是指建筑物底层与土壤相交接的水平部分，承担其上的荷载，并均匀将其传给下面的地基。地坪层一般由面层、垫层、基层三个基本层次组成，如图4-4所示。

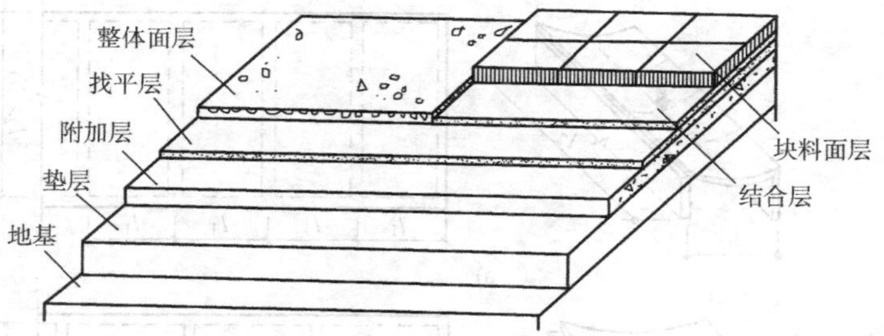

图4-4 地坪层组成

1）面层属于表面层，直接接受各种物理和化学作用，应满足坚固、耐磨、平整、光洁、不起尘、易于清洗、防水、防火、有一定弹性等使用要求。地坪层一般以面层所用的材料来进行命名。

2）垫层是位于基层和面层之间的过渡层，其作用是满足面层铺设所要求的刚度和平整度要求，有刚性垫层和非刚性垫层之分。刚性垫层一般采用强度等级为C10的混凝土，厚度为60～100mm，适用于整体面层和小块料面层的地坪中，如水磨石、水泥砂浆、陶瓷锦砖、缸砖等地面。非刚性垫层一般采用砂、碎石、三合土等散粒状材料夯实而成，厚度为60～120mm，用于面层材料为强度高、厚度大的大块料面层地坪中，如预制混凝土地面等。

3）基层是位于最下面的承重土壤。当地坪上部的荷载较小时，一般采用素土夯实；当地坪上部的荷载较大时，则需对基层进行加固处理，如灰土夯实、夯入碎石等。

4）地坪层还须满足更多的要求，为此，地坪层可加设相应的附加层，如防水层、防潮层、隔声层、隔热层、管道敷设层等，这些附加层一般位于面层和垫层之间。

4.2 钢筋混凝土楼板构造

钢筋混凝土楼板按施工方式不同，分为现浇式、预制装配式和装配整体式三种。

4.2.1 现浇钢筋混凝土楼板

现浇钢筋混凝土楼板是在施工现场通过支模、绑扎钢筋、浇筑混凝土及养护等工序所形成的楼板。这种楼板具有能够自由成型、整体性强、抗震性能好的优点，但模板用量大、工序多、工期长、工人劳动强度大，并且施工受季节影响较大。

1. 板式楼板

将楼板现浇成一块平板，四周直接支承在墙上，这种楼板称为板式楼板。板式楼板的底面平整，便于支模施工，但当楼板跨度大时，需增加楼板的厚度，耗费材料较多，所以板式楼板适用于平面尺寸较小的房间，如厨房、卫生间及走廊等。

板式楼板按受力特点分为单向板和双向板。当板的长边与短边之比大于3时，板上的荷载基本上沿短边传递，这种板称为单向板。当板的长边与短边之比小于或等于2时，板上的荷载将沿两个方向传递，这种板称为双向板。当板的长边与短边之比小于或等于3且大于2时，宜按双向板考虑。楼板受力传力方式如图4-5所示。

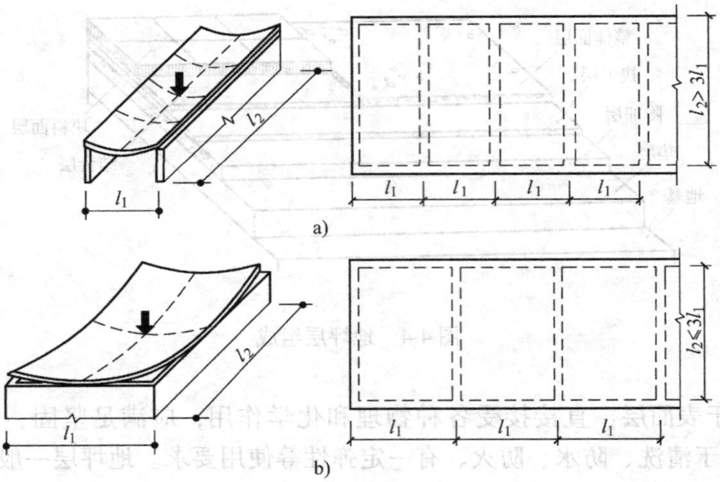

图 4-5　楼板受力传力方式

a）单向板　b）双向板

2. 梁板式楼板

当房间平面尺寸较大时，为了避免楼板的跨度过大，可在楼板下设梁来减小板的跨度，这时，楼板上的荷载先由板传给梁，再由梁传给墙或柱。这种由梁、板组成的楼板称为梁板式楼板。根据梁的布置、传力和受力情况，也可分为单向板和双向板。梁板式楼板通常在两个方向都设梁，有主梁、次梁之分，其传力方式为楼板将所承受荷载传给次梁，次梁将荷载传给主梁，主梁将荷载传给柱子或墙体。一般主梁沿房间的短跨方向布置，次梁则垂直于主梁布置。梁的布置还应考虑经济合理性，主梁的经济跨度为 5 ~ 8m，主梁的高度为跨度的 1/14 ~ 1/8，主梁的宽度为高度的 1/3 ~ 1/2，主梁的间距为次梁的跨度；次梁的跨度一般为 4 ~ 6m，次梁的高度为跨度的 1/18 ~ 1/12，次梁的宽度为高度的 1/3 ~ 1/2，次梁的间距为板的跨度，一般为 1.7 ~ 2.7m；板厚为 60 ~ 80mm。梁板式楼板如图 4-6 所示。

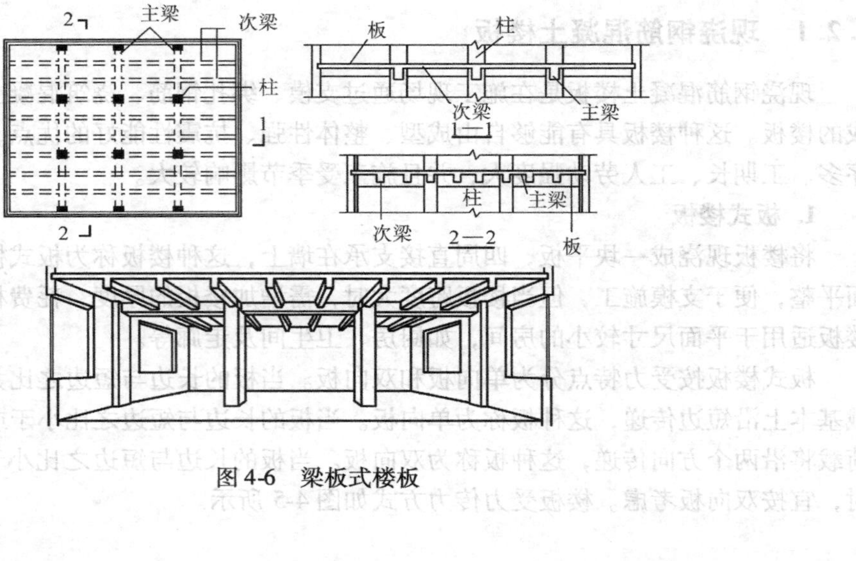

图 4-6　梁板式楼板

3. 井式楼板

当房间的平面形状近似正方形（长边与短边之比小于1.5）时，常在板下沿两个方向设置等距离、等截面尺寸的井字形梁，这种楼板称井式楼板，如图4-7所示。井式楼板是一种特殊的双向肋梁楼板，梁无主次之分，通常采用正交正放和正交斜放的布置形式。由于其结构形式整齐，所以具有较强的装饰性，一般多用于公共建筑的门厅和大厅式的房间（如会议室、餐厅、小礼堂、歌舞厅等）。

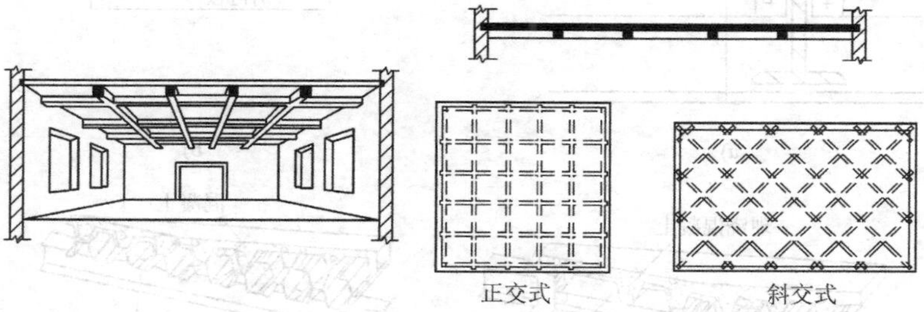

图 4-7　井式楼板

4. 无梁楼板

无梁楼板是将楼板直接支撑在柱子上，不设梁的楼板，如图4-8所示。在柱与楼板连接处，柱顶构造分为有柱帽和无柱帽两种。当楼面荷载较小时，采用无柱帽的形式；当楼面荷载较大时，为提高板的承载能力、刚度和抗冲切能力，可以在柱顶设置柱帽和托板来减小板跨、增加柱对板的支托面积。

无梁楼板的板底平整，室内净空高度大，采光、通风条件好，便于采用工业化的施工方式，适用于楼面荷载较大的公共建筑（如商店、仓库、展览馆等）和多层工业厂房。

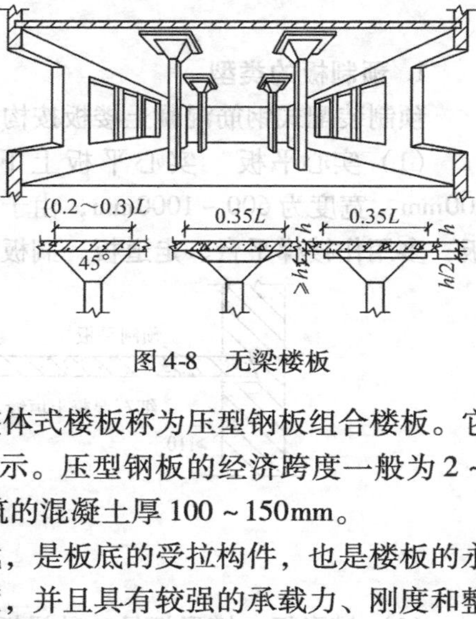

图 4-8　无梁楼板

5. 压型钢板组合楼板

压型钢板组合楼板是以压型钢板为衬板，在上面浇筑混凝土，这种由钢衬板和混凝土组合所形成的整体式楼板称为压型钢板组合楼板。它主要由楼面层、组合板和钢梁三部分组成，如图4-9所示。压型钢板的经济跨度一般为2～3m，铺设在钢梁上，与钢梁之间用栓钉连接。上面浇筑的混凝土厚100～150mm。

压型钢板组合楼板中的压型钢板承受施工时的荷载，是板底的受拉构件，也是楼板的永久性模板。这种楼板简化了施工程序，加快了施工进度，并且具有较强的承载力、刚度和整体稳定性，但耗钢量较大，适用于多、高层的框架或框剪结构的建筑中。

[实训练习]　观察身边的建筑物，指出其楼板结构形式，分析其受力特点。

4.2.2　预制装配式钢筋混凝土楼板

预制装配式钢筋混凝土楼板是指将钢筋混凝土楼板在预制厂或施工现场进行预先制作，再运至施工现场装配而成的楼板。这种楼板可节约模板、减少现场工序、缩短工期、提高施工工业化的水平，但由于其整体性能差，所以近年来在实际工程中的应用逐渐减少。

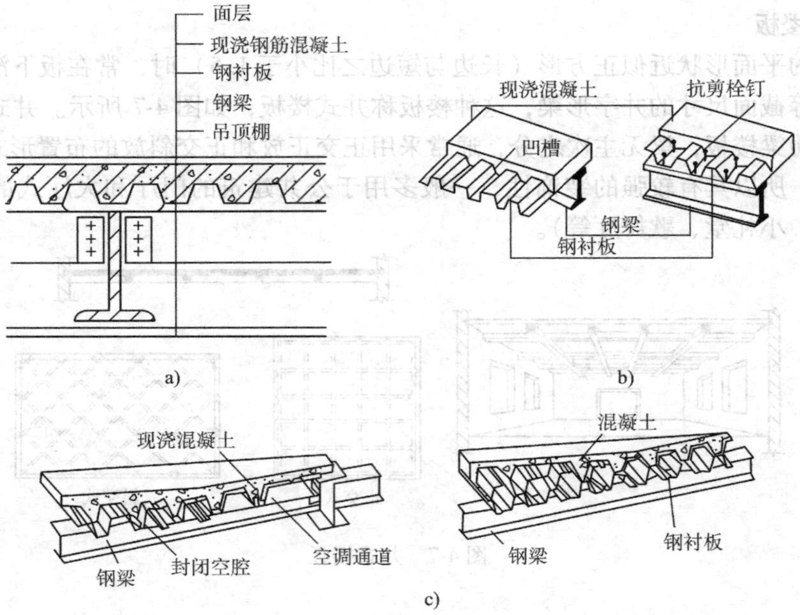

图 4-9 压型钢板组合楼板

a）压型钢板组合楼板构造层次 b）单层压型钢板组合楼板构造

c）双层压型钢板组合楼板构造

1. 预制板的类型

预制装配式钢筋混凝土楼板按构造形式分为实心平板、槽形板、空心板三种。

（1）实心平板 实心平板上下板面平整，跨度一般不超过 2.4m，厚度约为 60 ~ 100mm，宽度为 600 ~ 1000mm，由于板的厚度小，隔声效果差，故一般不用作使用房间的楼板，多用作楼梯平台、走道板、搁板、阳台栏板、管沟盖板等。实心平板如图 4-10 所示。

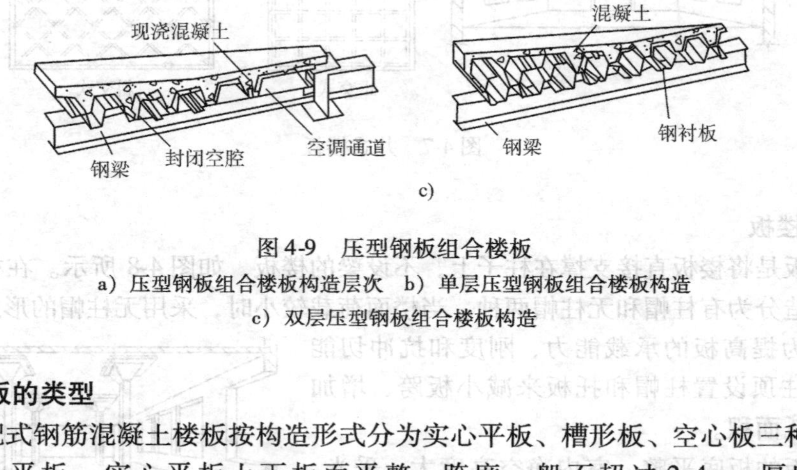

图 4-10 实心平板

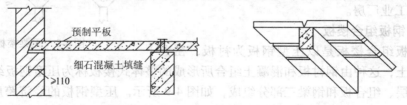

（2）槽形板 槽形板是一种梁板合一的构件，在板的两侧设有小梁（又称肋），构成槽形断面，故称槽形板。当板肋位于板的下面，槽口向下放置时，结构合理，为正槽板；当板肋位于板的上面，槽口向上放置时，为反槽板。槽形板如图 4-11 所示。

槽形板的跨度为 3 ~ 7.2m，板宽为 600 ~ 1200mm，板肋高一般为 150 ~ 300mm。由于板肋形成了板的支点，板跨减小，所以板厚较小，只有 25 ~ 35mm。为了增加槽形板的刚度和便于搁置，板的端部需设端肋与纵肋相连。当板的长度超过 6m 时，需沿着板长每隔 1000 ~ 1500mm 增设横肋。

槽形板具有自重轻、节省材料、造价低、便于开孔留洞等优点。但正槽板的板底不平整、隔声效果差，常用于对观瞻要求不高或做悬吊顶棚的房间；而反槽板的受力与经济性不如正槽板，但板底平整，朝上的槽口内可填充轻质材料，以提高楼板的保温隔热效果。

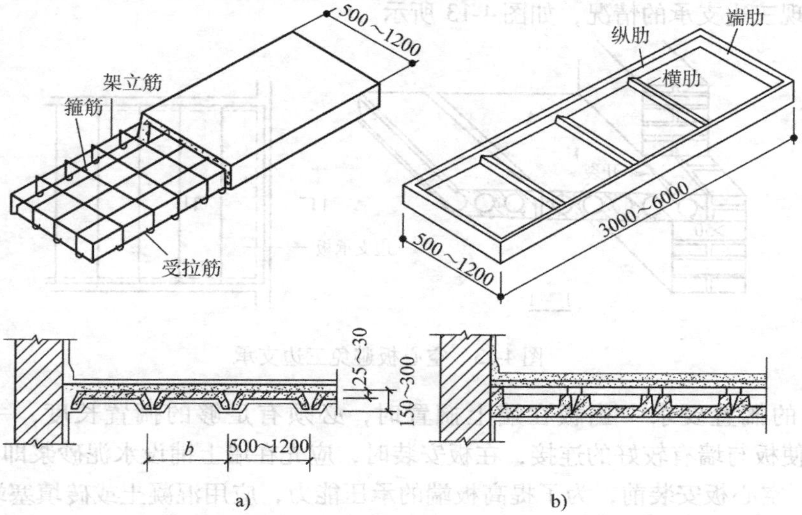

图4-11 槽形板

a) 正槽板 b) 反槽板

(3) 空心板 空心板是将平板沿纵向抽孔，将多余的材料去掉，形成中空的一种钢筋混凝土楼板。板中孔洞的形状有方孔、椭圆孔和圆孔等，圆孔板构造合理，制作方便。空心板的跨度一般为2.4～7.2m，板宽通常为500mm、600mm、900mm、1200mm，板厚有120mm、150mm、180mm、240mm等。空心板如图4-12所示。

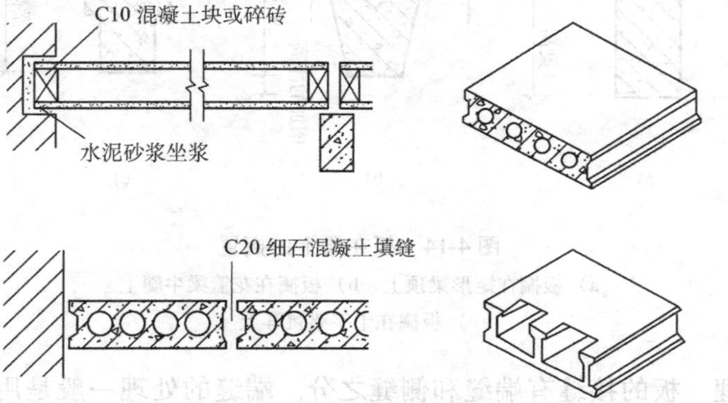

图4-12 空心板

2. 预制钢筋混凝土板的结构布置

(1) 板的布置 板的结构布置应综合考虑房间的开间与进深尺寸，合理选择板的布置方式，板的布置方式有两种：一种是预制楼板直接搁置在承重墙上，形成板式结构布置。另一种是预制楼板搁置在梁上，梁支承于墙或柱上，形成梁式结构布置。前者多用于横墙较密的住宅、宿舍、旅馆等建筑，后者多用于教学楼、试验楼、办公楼等较大空间的建筑物。

在进行板的布置时，一般要求板的规格、类型愈少愈好，如果板的规格过多，不仅给板的制作增加麻烦，而且施工也较复杂，甚至容易搞错。为不改变板的受力状况，在板的布置时应避免出现三边支承的情况，如图 4-13 所示。

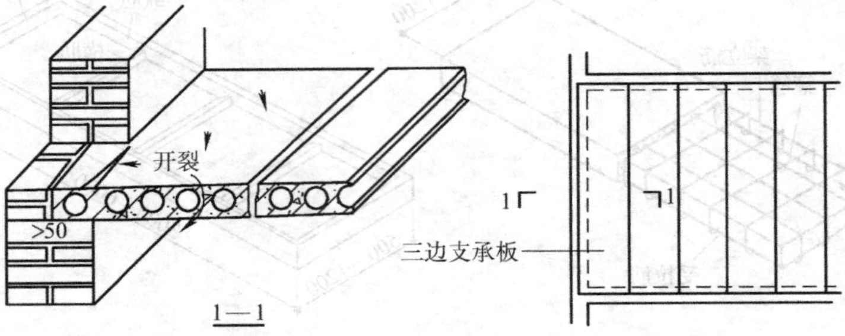

图 4-13　空心板避免三边支承

(2) 板的搁置要求　当板在墙上搁置时，必须有足够的搁置长度，一般不宜小于 100mm。为使板与墙有较好的连接，在板安装时，应先在墙上铺设水泥砂浆即坐浆，厚度不小于 10mm。空心板安装前，为了提高板端的承压能力，应用混凝土或砖填塞端部孔洞。

板在梁上的搁置方式有两种：一种是搁置在梁的顶面，如矩形梁，另一种是搁置在梁出挑的翼缘上，如花篮梁、十字梁，具体如图 4-14 所示。后一种搁置方式，板的上表面与梁的顶面相平齐，若梁高不变，楼板结构所占的高度就比前一种搁置方式小一个板厚，使室内的净空高度增加。但应注意板的跨度并非梁的中心距，而是减去梁顶面宽度之后的尺寸。板搁置在梁上的构造要求和做法与搁置在墙上时基本相同，只是板在梁上的搁置长度应不小于 80mm。

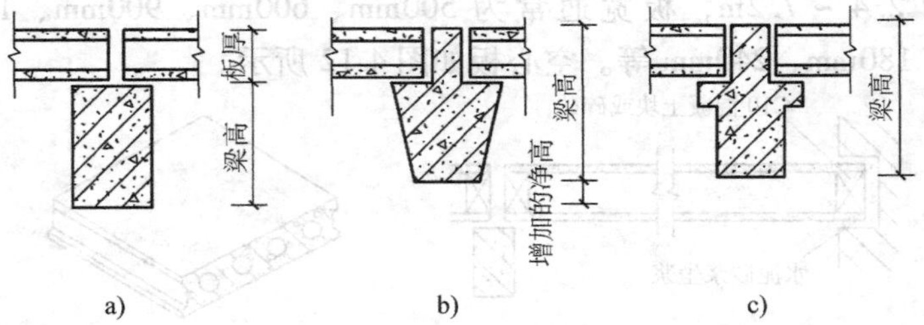

图 4-14　板在梁上的搁置

a）板搁在矩形梁顶上　b）板搁在花篮梁牛腿上

c）板搁在十字梁挑耳上

(3) 板缝处理　板的接缝有端缝和侧缝之分。端缝的处理一般是用细石混凝土灌缝，使之相互连接，为了增强建筑物的整体性和抗震性能，可将板端外露的钢筋交错搭接在一起，或加钢筋网片，并用细石混凝土灌实。

板的侧缝起着协调板与板之间共同工作的作用，为了加强楼板的整体性，侧缝内应用细石混凝土灌实。板的侧缝一般有“V”形缝、“U”形缝和凹槽缝三种形式，“V”形缝和“U”形缝便于灌缝，多在板较薄时采用。凹槽缝连接牢固，楼板整体性好，相邻的板之间共同工作的效果较好。

为了增加建筑物的整体刚度，可用钢筋将板与墙、板与板或板与梁之间进行拉结，拉结钢筋的配置视建筑物对整体刚度的要求及抗震要求而定，如图 4-15 所示。

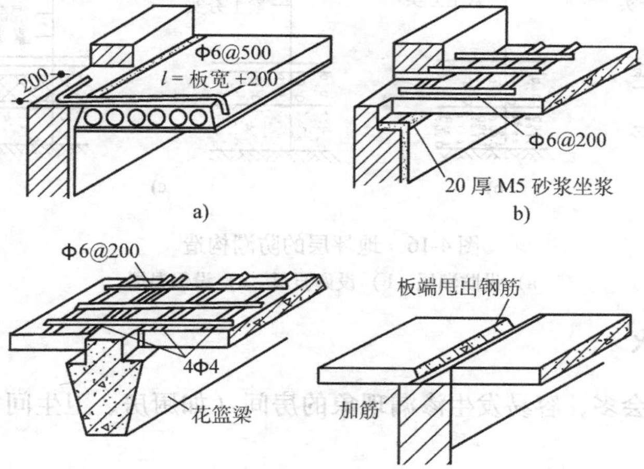

图 4-15　板的拉结

a）预制板与外墙拉结　b）预制板端搁置在外墙上

c）预制板搁置在花篮梁上　d）预制板端搁置在内墙上

4.3　楼板细部构造

4.3.1　地坪层的防潮构造

房间的地面受潮或因地下水位升高、室内通风不畅，在地下土壤的毛细水作用下房间湿度增大，都会严重影响房间的温、湿状况和卫生状况，使室内人员感觉不适，造成地面、墙面、甚至家具霉变，还会影响结构的耐久性、美观和人体健康。因此，应对可能受潮的房屋进行必要的防潮处理。

1. 设防潮层

设防潮层的具体做法是在混凝土垫层上、刚性整体面层下，先刷一道冷底子油，然后铺憎水的热沥青或防水涂料，形成防潮层，以防止潮气上升到地面，如图 4-16a 所示。也可在垫层下铺一层粒径均匀的卵石或碎石、粗砂等，以切断毛细水的上升通路，如图 4-16b 所示。

2. 设保温层

室内湿气还由于室内与地层温差大的原因所致，设保温层可以降低温差，对防潮也起一定作用。设保温层有两种做法：一是在地下水位低、土壤较干燥的地面，可在垫层下铺一层 1∶3 水泥炉渣或其他工业废料做保温层；二是在地下水位较高的地区，可在面层与混凝土垫层间设保温层，并在保温层下做防水层。具体构造如图 4-16c 所示。

3. 架空地层

将地层底板搁置在地垄墙上，将地层架空，形成空铺地层，使地层与土壤形成通风道，可带走地下潮气。

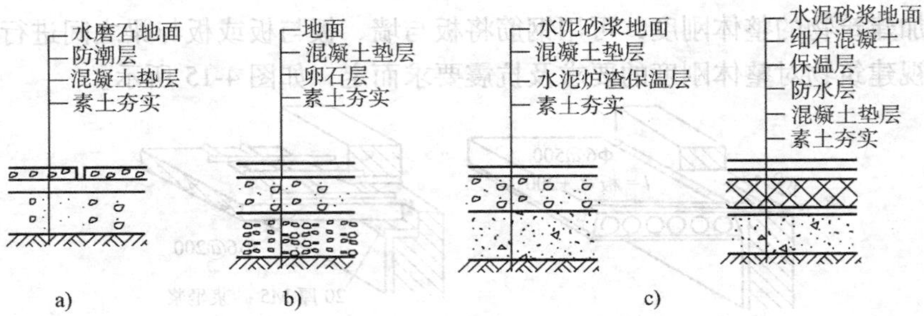

图 4-16 地坪层的防潮构造

a）设防潮层 b）设卵石层 c）设保温层

4.3.2 楼地层防水

对于室内积水机会多，容易发生渗漏现象的房间（如厨房、卫生间等），应做好楼地层的排水和防水构造。

1. 楼地面排水

为便于排水，首先要设置地漏，并使地面由四周向地漏有一定坡度，从而引导水流入地漏。地面排水坡度一般为 1% ~1.5%。另外，有水房间的地面标高应比周围其他房间或走廊低 20 ~30mm，若不能实现标高差时，也可在门口做高为 20 ~30mm 的门槛，以防水多时或地漏不畅通时，积水外泄，具体如图 4-17 所示。

2. 楼地层防水

有防水要求的楼层，其结构应以现浇钢筋混凝土楼板为好。面层也宜采用水泥砂浆、水磨石地面或贴缸砖、瓷砖、陶瓷锦砖等防水性能好的材料。为了提高防水质量，可在结构层（垫层）与面层间设防水层一道。常见的防水材料有防水卷材、防水砂浆和防水涂料等。还应将防水层沿房间四周墙体从下向上延续到至少 150 ~200mm，以防墙体受水侵蚀。到门口处应将防水层铺出门外至少 250mm，如图 4-17 所示。

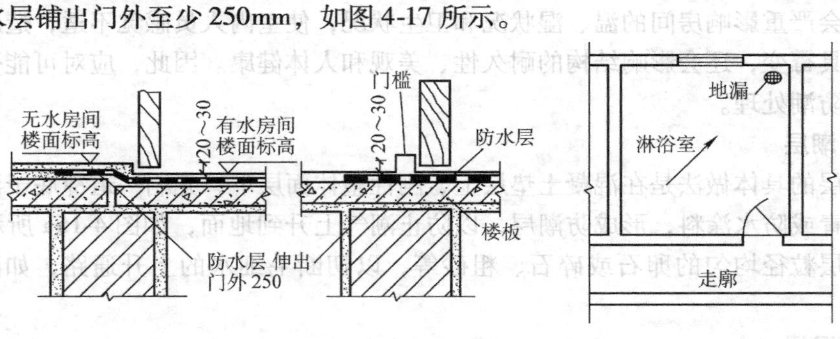

图 4-17 有水房间楼板层的防水、排水处理

竖向管道穿越的地方是楼层防水的薄弱环节。工程上有两种处理方法：一种是普通管道穿越的周围，用 C20 细石混凝土填充捣密，再用两布二油橡胶酸性沥青防水涂料作密封处理，如图 4-18a 所示；另一种是热力管穿越楼层时，先在楼板层热力管通过处预埋管径比立管稍大的套管。套管高出地面约 30mm，套管四周用上述方法密封，如图 4-18b 所示。

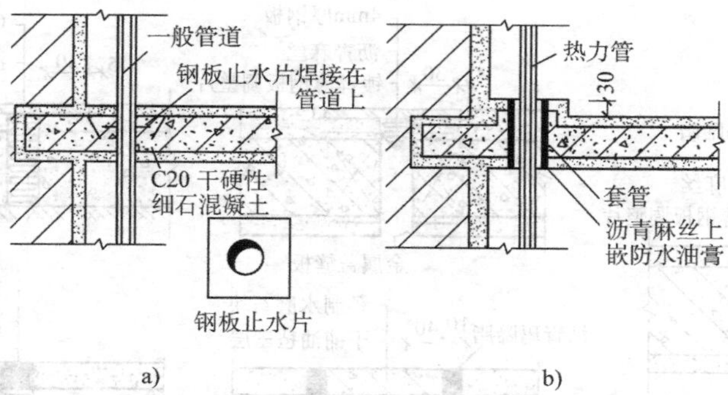

图 4-18 有水房间管道穿楼板处理
a）普通管道的处理 b）热力管道的处理

[查阅资料] 建筑工程卫生间渗漏原因与防治措施。

4.3.3 楼层隔声

楼层隔声的重点是对撞击声的隔绝，可从以下三个方面进行改善。

1. 采用弹性楼面

在楼面上铺设富有弹性的材料，如地毯、橡胶地毡、塑料地毡、软木板等，降低楼板的振动，使撞击声源的能量减弱。采用这种措施效果显著。

2. 采用弹性垫层

在楼板与面层之间增设一道弹性垫层，可减弱楼板的振动，从而达到隔声的目的。弹性垫层一般为片状、条状或块状的材料，如木丝板、甘蔗板、软木片、矿棉毡等。这种楼面与楼板是完全隔开的，常称为浮筑楼板。浮筑楼板要保证结构层与板面完全脱离，防止“声桥”产生。

3. 采用吊顶

吊顶可起到隔声的作用。它是利用隔绝空气流通措施来降低撞击声的。其隔声效果取决于它的单位面积的质量及其整体性。质量越大、整体性越强，其隔声效果越好。此外，若吊筋与楼板间采用弹性连接，也能大大提高隔声效果。

4.3.4 楼地层变形缝

1. 楼板层变形缝

当建筑物设置变形缝时，应在楼地层的对应位置设变形缝。变形缝应贯通楼地层的各个层次，并在构造上保证楼板层和地坪层能够满足美观和变形需求。楼板层变形缝的宽度应与墙体变形缝一致，上部用金属板、预制水磨石板、硬塑料板等盖缝，以防止灰尘下落。顶棚处应用木板、金属调节片等作盖缝处理，盖缝板应与一侧固定，另一侧自由，以保证缝两侧结构能够自由变形。具体做法如图 4-19a 所示。

2. 地坪层变形缝

当地坪层采用刚性垫层时，变形缝应从垫层到面层处断开，垫层处缝内填沥青麻丝或聚苯板，面层处理同楼面，如图 4-19b 所示。当地坪层采用非刚性垫层时，可不设变形缝。

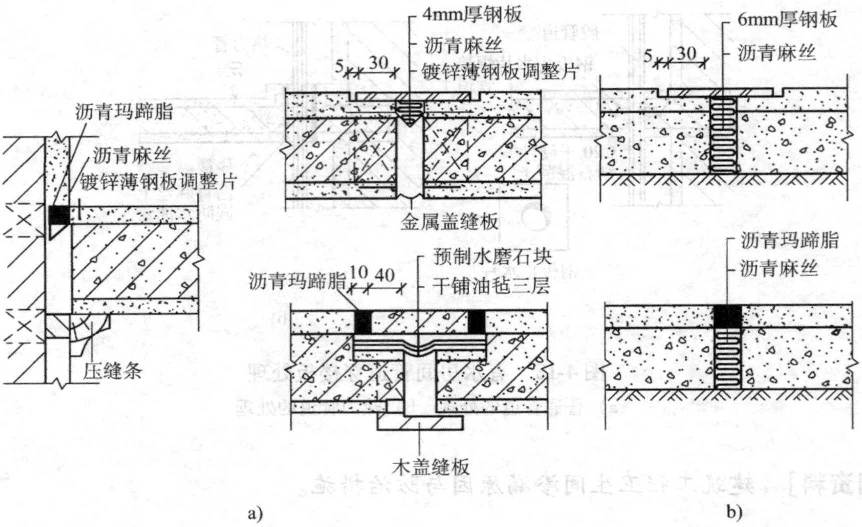

图 4-19　楼地面变形缝

a）楼面变形缝　b）地面变形缝

4.4　阳台、雨篷的构造

4.4.1　阳台

阳台是有楼层的建筑物中，人可以直接到达的向室外开敞的平台。阳台由阳台板和栏杆扶手组成，阳台板是阳台的承重结构，栏杆扶手是阳台的围护构件，设在阳台临空的一侧。

阳台按照其与外墙的相对位置，分为凸阳台、凹阳台和半凸半凹阳台（图 4-20）；按照它在建筑平面上的位置，分为中间阳台和转角阳台；按照其施工方式，分为现浇阳台和预制阳台。

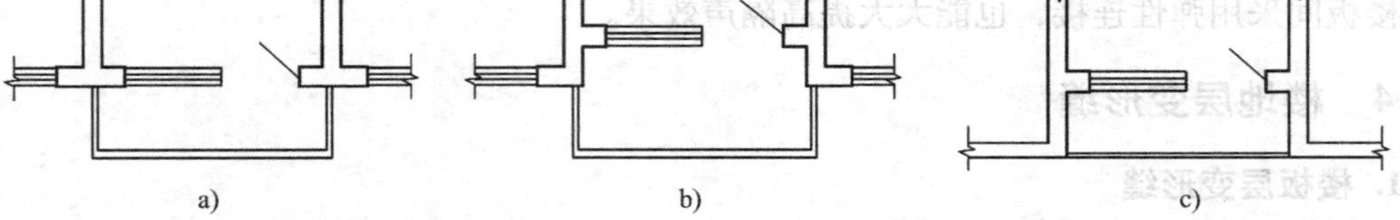

图 4-20　阳台的类型

a）凸阳台　b）半凸半凹阳台　c）凹阳台

1. 阳台的结构类型

（1）墙承式　墙承式即将阳台板直接搁置在墙上。这种结构形式稳定、可靠，施工方便，多用于凹阳台，如图 4-21a 所示。

（2）挑板式　挑板式是将阳台板悬挑，一般有两种做法：一种是将房间楼板直接向墙外悬挑形成阳台板，如图 4-21b 所示。另一种是将阳台板和墙梁（或过梁、圈梁）现浇在一起，利用梁上部墙体的重量来防止阳台倾覆，如图4-21c所示。这种阳台底面平整，构造简单，外形轻巧，但板受力复杂。

（3）挑梁式 挑梁式是从建筑物的横墙上伸出挑梁，上面搁置阳台板。为防止阳台倾覆，挑梁压入横墙部分的长度应不小于悬挑部分长度的1.5倍，如图4-21d所示。这种阳台底面不平整，挑梁端部外露，影响美观，也使封闭阳台时构造复杂化，工程中一般在挑梁端部增设与其垂直的边梁，来克服其缺陷。

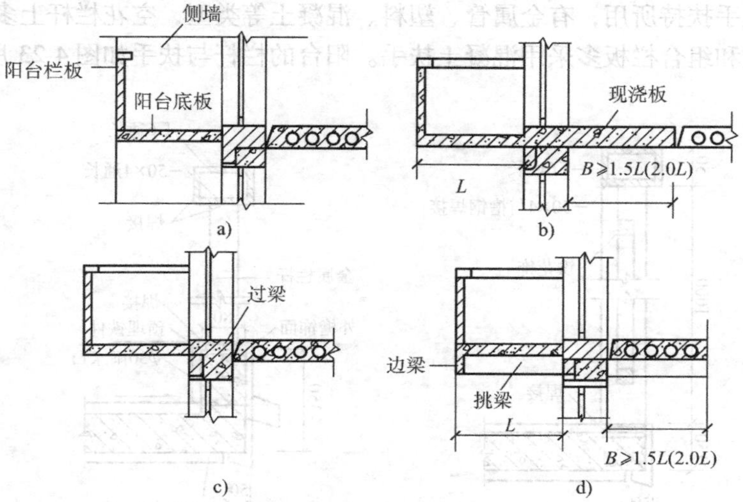

图4-21 阳台的结构布置

a）墙承式 b）楼板悬挑式 c）墙梁悬挑式 d）挑梁式

2. 阳台的细部构造

（1）阳台的栏杆扶手 常见的栏杆的形式有三种：空花栏杆、栏板和由空花栏杆与栏板组合而成的组合栏板，如图4-22所示。

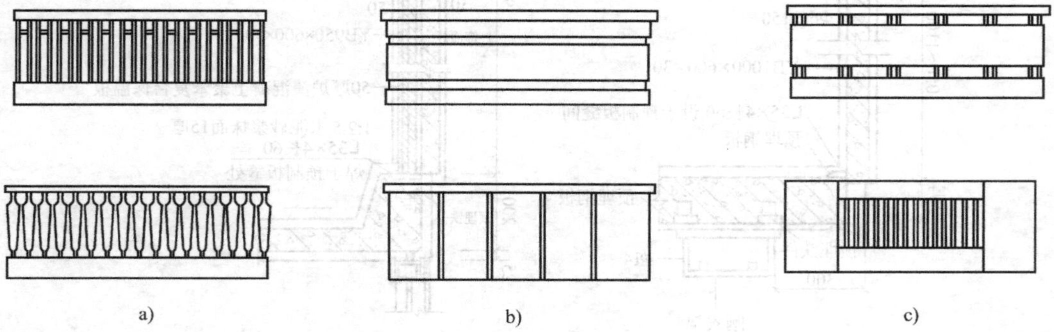

图4-22 阳台的栏杆与栏板

a）空花栏杆 b）栏板 c）组合栏板

空花栏杆有金属栏杆或预制混凝土栏杆两种。金属栏杆一般采用圆钢、方钢、扁钢或钢管等制作。为保证安全，栏杆扶手应有适宜的尺寸，低、多层住宅阳台栏杆净高不应低于1.05m，中高层住宅阳台栏杆净高不应低于1.1m。空花栏杆垂直杆之间的净距不应大于110mm，也不应设水平分格，以防儿童攀爬。栏杆应与阳台板有可靠的连接，通常是在阳台板顶面预埋扁钢与金属栏杆焊接，也可将栏杆插入阳台板的预留空洞中，用砂浆灌注。

栏板现多用钢筋混凝土栏板，有现浇和预制两种：现浇栏板通常与阳台板整浇在一起；预制栏板可将预留钢筋与阳台板的预留部分浇筑在一起，或预埋铁件焊接。

扶手是供人手扶持所用，有金属管、塑料、混凝土等类型，空花栏杆上多采用金属管和塑料扶手，栏板和组合栏板多采用混凝土扶手。阳台的栏杆与扶手如图 4-23 所示。

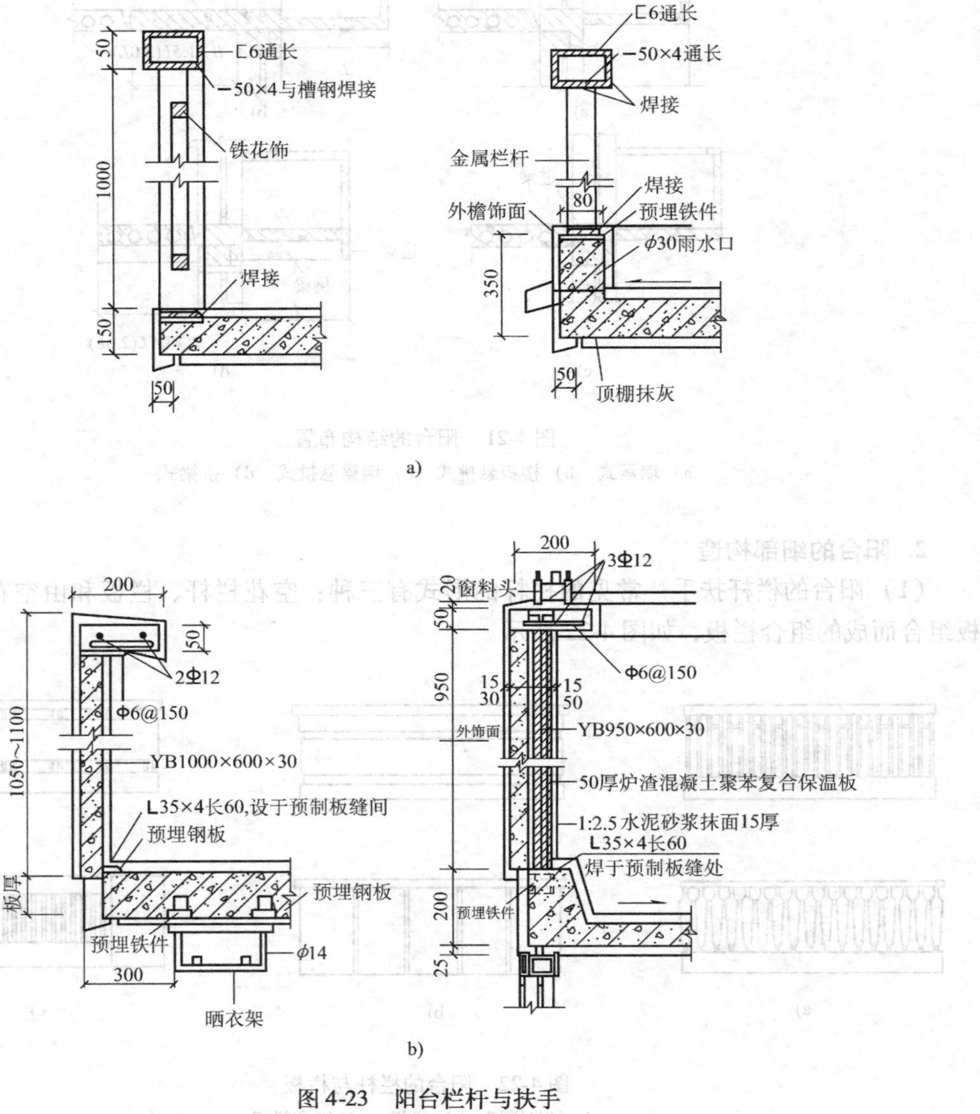

图 4-23 阳台栏杆与扶手

a）金属栏杆与金属扶手 b）混凝土栏板与混凝土扶手

（2）阳台排水　为避免阳台上的雨水积存和流入室内，阳台须作好排水处理。首先阳台面应低于室内地面 20～50mm，其次应在阳台面上设置不小于1%的排水坡，坡向排水口。排水口内埋设 ϕ40～50 的镀锌钢管或塑料管（称为水舌），外挑长度不小于 80mm，雨水由水舌排除。为避免阳台排水影响建筑物的立面形象，阳台的排水口可与雨水管相连，由雨水管排除阳台积水，或与室内排水管相连，由室内排水管排除阳台积水。具体如图 4-24 所示。

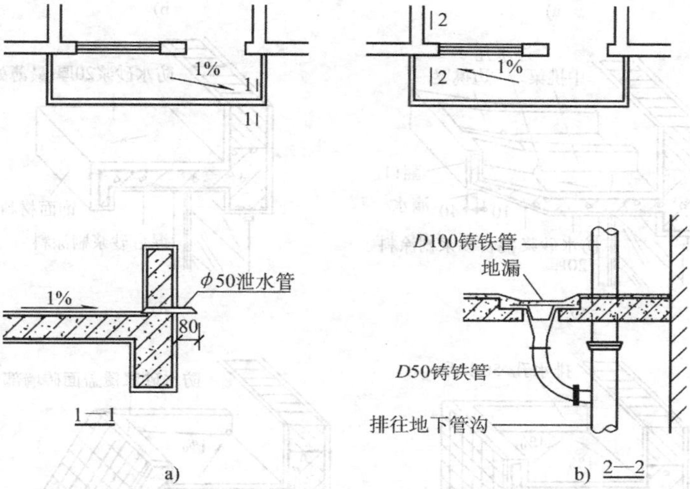

图 4-24　阳台的排水

4.4.2　雨篷

雨篷一般设置在建筑物外墙出入口的上方，用来遮挡风雨，保护大门，同时对建筑物的立面有较强的装饰作用。雨篷按结构形式不同，有板式和梁板式两种。

1. 板式雨篷

板式雨篷一般与门洞口上的过梁整浇，上下表面相平，从受力角度考虑，雨篷板一般做成变截面形式，根部厚度不小于 70mm，端部厚度不小于 50mm。

2. 梁板式雨篷

当门洞口尺寸较大，雨篷挑出尺寸也较大时，雨篷应采用梁板式结构。即雨篷由梁和板组成，为使雨篷底面平整，梁一般翻在板的上面成翻梁。当雨篷尺寸更大时，可在雨篷下面设柱支撑。

3. 雨篷的防水与排水

雨篷顶面应做好防水和排水处理，一般采用 20mm 厚的防水砂浆抹面进行防水处理，防水砂浆应沿墙面上升，高度不小于 250mm，同时在板的下部边缘做滴水，防止雨水沿板底漫流。雨篷顶面需设置 1% 的排水坡，并在一侧或双侧设排水管将雨水排除。为了立面需要，可将雨水由雨水管集中排除，这时雨篷外缘上部需做挡水边坎。

雨篷的构造如图 4-25 所示。

［实训练习］　观察学校建筑的阳台雨篷的结构形式及防水构造。

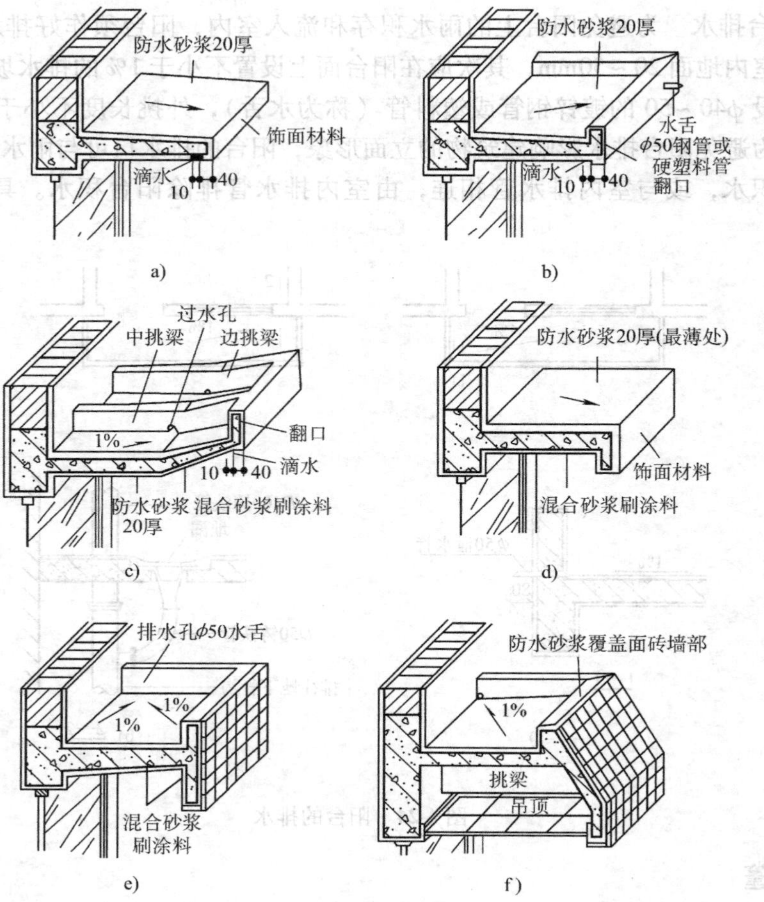

图4-25 雨篷构造

a）自由落水雨篷 b）有翻口有组织排水雨篷 c）倒梁有组织排水雨篷

d）下翻口自由落水雨篷 e）上下翻口自由落水雨篷

f）下挑梁有组织排水带吊顶雨篷

小 结

楼板层与地坪层是房屋的重要组成部分，楼板层是房屋楼层间分隔上下空间的构件，建筑物的使用荷载主要由楼板层和地坪层承担。此外，楼板层和地坪层还应具有一定的隔声、保温、隔热功能。楼板层一般由面层、结构层、顶棚、功能层组成。

地坪层是指建筑物底层与土壤相交接的水平部分，承担其上的荷载，并均匀将其传给下面的地基。地坪层一般由面层、垫层、基层三个基本层次组成。

现浇钢筋混凝土楼板整体性强，但现场施工湿作业多，工期较长。根据受力与构造的特点，钢筋混凝土楼板分为板式、肋梁式、无梁式和压型钢板组合楼板。应重点掌握各种形式楼板的荷载传递路线及构造特点。

装配式与装配整体式钢筋混凝土楼板有利于使建筑构件实现标准化、工业化生产，但建筑整体性较差。按构造形式分为实心平板、槽形板、空心板三种。构造上强调加设锚固和灌缝等措施，以加强构件之间的连接。

楼板的细部构造主要包括地坪层的防潮构造、楼地面防水排水构造、楼面变形缝构造等。应主要掌握楼地面排水构造措施和防水构造措施。阳台和雨篷多为悬挑结构。结构上要解决好抗倾覆的问题。按照结构形式，阳台有墙承式阳台、挑板式阳台、挑梁式阳台。雨篷有板式雨篷和梁板式雨篷。还应解决好阳台雨篷的防水、排水问题。

思考题

1. 楼板和地坪层各由哪些部分组成？
2. 现浇钢筋混凝土楼板有哪些特点？有几种结构形式？
3. 什么是单向板和双向板？它们的受力和传力方式有何不同？
4. 预制装配式钢筋混凝土楼板有哪些特点？有几种形式？
5. 简述有水房间的排水和防水构造。
6. 简述地坪层的防潮构造。
7. 按照与外墙的关系，阳台有几种形式？
8. 阳台结构类型有几种，各有何受力特点？
9. 简述阳台和雨篷的防水构造。

第5章 楼梯及其他垂直交通设施

学习目标

通过本章学习，应熟悉楼梯的组成、尺寸及分类，掌握现浇钢筋混凝土楼梯和预制钢筋混凝土楼梯的构造形式，以及楼梯的防滑条、栏杆和扶手的细部构造。了解台阶、坡道、电梯及自动扶梯等其他垂直交通设施的构造形式。

关键词

楼梯　钢筋混凝土楼梯　楼梯构造　板式楼梯　梁板式楼梯　台阶　坡道　电梯

两层以上的建筑物中，楼层间需要垂直交通设施，即楼梯、电梯、自动扶梯。电梯多用于多层和高层建筑物中，自动扶梯多用于人流较多的公共建筑中，如火车站、地铁站、商场。在设有电梯和自动扶梯的建筑物中仍然要设楼梯，这是因为遇到特殊情况时，如停电、发生火灾等，人们通过楼梯进行疏散。另外，一些建筑，如医院、疗养院、幼儿园等，由于特殊需要，常设置坡道联系上下各层或地面之间高差，所以可以说坡道是楼梯的一种特殊形式。在房屋中同一层地面有高差或室内外地面有高差时，要设置台阶联系同一层中不同标高的地面，因此台阶也可以说是楼梯的一种特殊形式。

5.1　楼梯组成与分类

5.1.1　楼梯组成与尺寸

楼梯一般由楼梯段、楼梯平台、楼梯栏杆及扶手等部分组成，如图5-1所示。

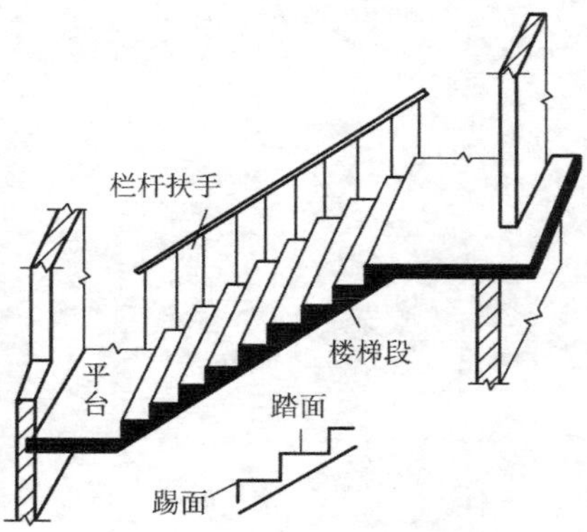

图5-1　楼梯

1. 楼梯段

楼梯段是两个平台之间由若干个连续踏步组成的倾斜构件。踏步由踏面和踢面组成，每一个楼梯段的踏步数量一般不应超过18级，以免上下楼过于疲劳，但也不宜少于3级，以免忽略而踩空。

因为楼梯段是倾斜构件，其倾斜坡度的大小应适合于人们行走舒适、方便，同时又要考虑经济节约。坡度过大，行走易疲劳；坡度过小，楼梯占用的面积增加，不经济。在满足使用要求下，应尽量缩短楼梯段的水平长度，以减少建筑物的交通面积。一般在人流量较大的场所，应使楼梯坡度平缓些，如影剧院、医院、学校。对于仅供少数人使用的楼梯坡度可稍陡些，如住宅。楼梯的坡度范围为23°~45°，适宜的坡度为30°左右。坡度较小时，可做成坡道。坡度大于45°为爬梯。

楼梯坡度取决于踏步的高度与宽度之比，坡度越大，踏步高度越大，宽度越小；反之，楼梯坡度越小，踏步高度越小，宽度越大。踏步宽度与人脚长度相适应，一般不宜小于250mm，常用250~320mm。为了适应人们上下楼时脚的活动情况，踏步面宜适当宽些。通常民用建筑楼梯踏步尺寸可参考表5-1。

表5-1 楼梯的踏步尺寸 （单位：mm）

名称	住宅	学校、办公楼	剧院、会堂	医院（病人用）	幼儿园
踏步高	156~175	140~160	120~150	150	120~150
踏步宽	260~300	280~340	300~350	300	250~280

楼梯段的宽度取决于通行人数和消防要求，楼梯段宽度指楼梯间墙体内表面至楼梯扶手中心线或两扶手中心线间的水平距离。按消防要求，每个楼梯必须保证2个人同时上下，梯段宽度为1100~1400mm；当人流为3人同时上下时，梯段宽度为1650~2100mm。

2. 楼梯平台

当梯段踏步级数较多时，为了缓解人们行走时的疲劳，往往将梯段分成几段，中间设置平台。楼梯平台包括楼层平台和中间平台两部分。连接楼板层与梯段端部的水平构件，称为楼层平台，平台面标高与该层楼面标高相同。位于两层楼面之间连接梯段的水平构件，称为中间平台，其主要作用是减少疲劳，也起转换梯段方向的作用。楼梯平台深度不应小于楼梯梯段的宽度，以便于在平台及平台转弯处的人流通行和家具设备的搬运。对于不改变行进方向的中间平台，以及通向走廊的楼层平台，其深度可不受此限制。室外疏散楼梯休息平台的宽度，一般应大于或等于梯段净宽度，并不小于1100mm；当休息平台上有消防栓或暖气片而相应减小净宽时，应减去它们所占的宽度，以保证平台处人流不致拥挤堵塞，搬运物件转弯也能顺利通过。

3. 栏杆和扶手

栏杆和扶手设置在楼梯段和平台的临空边缘，是楼梯的围护构件，以保证楼梯间的行走安全。扶手高度是指从踏步前缘线至扶手上表面的垂直距离。一般室内楼梯扶手高度应不小于900mm，靠近梯井一侧，当水平扶手长度超过500mm时，其高度应不小于1050mm，儿童用的扶手高度一般为500~600mm，同时应设成人扶手，室外楼梯栏杆高度应不小于1050mm。当楼梯的宽度大于1650mm时，应增设靠墙扶手；当楼梯段的宽度大于2200mm时，应增设中间扶手。栏杆扶手高度如图5-2所示。

4. 楼梯净高

楼梯净高包括楼梯段的净高和平台过道处的净高。梯段净高是指踏步前缘至顶棚的净高度；平台净高是指平台表面至顶部平台梁底的净高度。这个净高是保证人或物件通过的高度，该尺寸最好使人的上肢向上伸直时不致触及上部结构，楼梯段处净高应大于或等于2.2m，平台处净高应大于或等于2.0m。具体如图5-3所示。

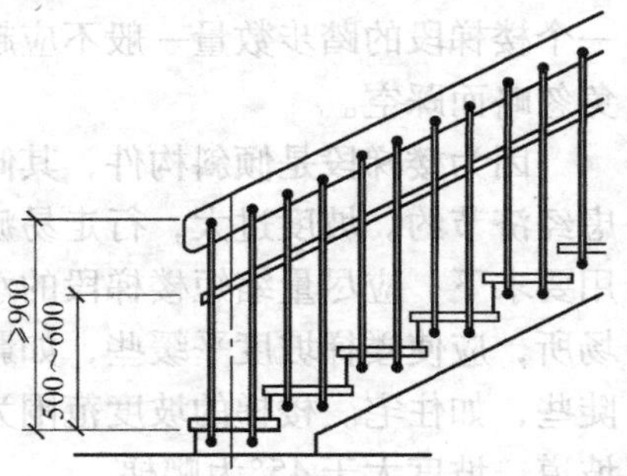

图5-2 栏杆扶手高度

需在平行双跑楼梯底层中间平台下设置通道时，为保证平台下净高满足通行要求，一般净高大于或等于2000mm，可通过以下方式解决：

1）在底层变作长短跑梯段。起步第一跑设为长跑，以提高中间平台标高。

2）局部降低底层中间平台下地坪标高，使其低于底层室内地坪标高±0.000，以满足净空高度要求。

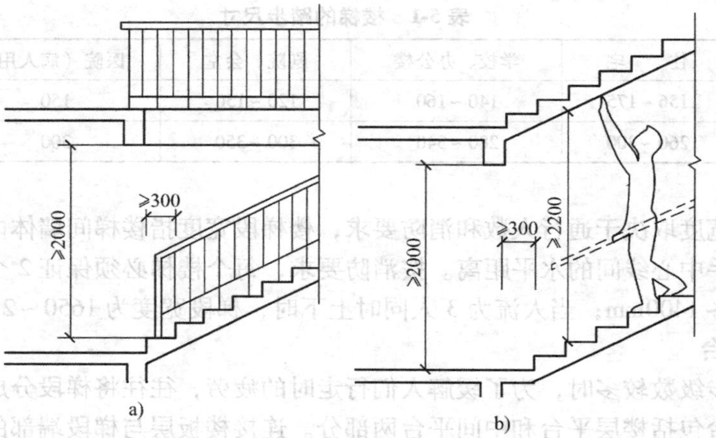

图5-3 楼梯下面净空高度控制

a）平台梁下净高 b）梯段下净高

3）综合以上两种方式，采取长短跑梯段的同时，降低底层中间平台下地坪标高。

4）底层用直行单跑或直行双跑楼梯直接从室外上二层。

5.1.2 楼梯分类

1）按材料分，有木楼梯、钢筋混凝土楼梯、钢及其他金属楼梯。

2）按使用性质分，有主要楼梯、辅助楼梯、安全疏散楼梯和消防楼梯。

3）按位置分，有室外楼梯和室内楼梯。

4）按楼梯间形式分，有封闭式楼梯间和开敞式楼梯间、防烟楼梯间，如图5-4所示。

5）按承力结构分，有墙承式楼梯、梁承式楼梯、板式楼梯、悬挑式楼梯、悬挂式楼梯。

6）按构造形式分，有直行、平行、折行、交叉式、剪刀式、弧形式、螺旋式等，如图5-5所示。

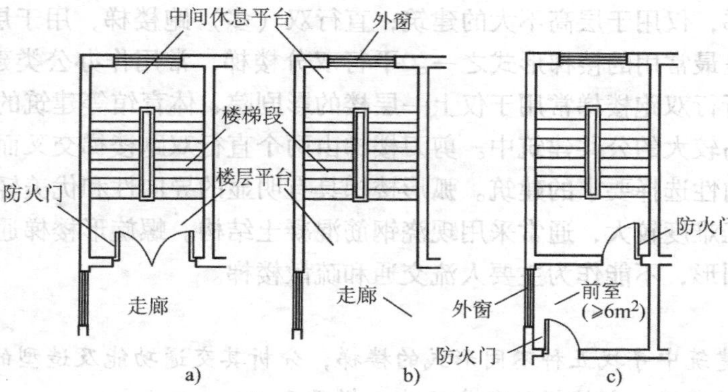

图 5-4　楼梯间形式

a）封闭式楼梯间　b）开敞式楼梯间　c）防烟楼梯间

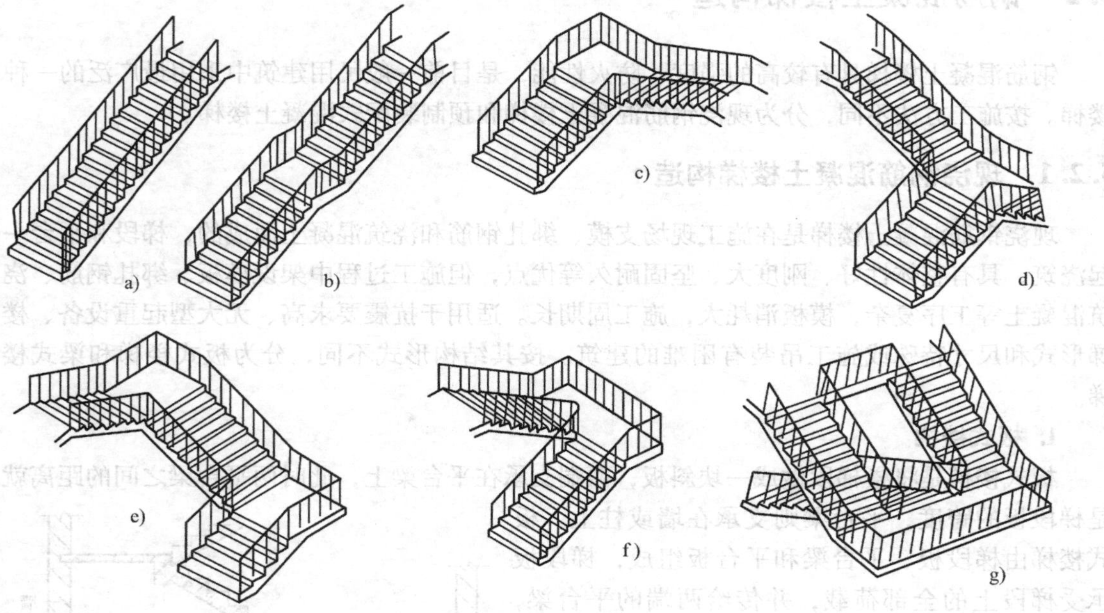

图 5-5　楼梯形式

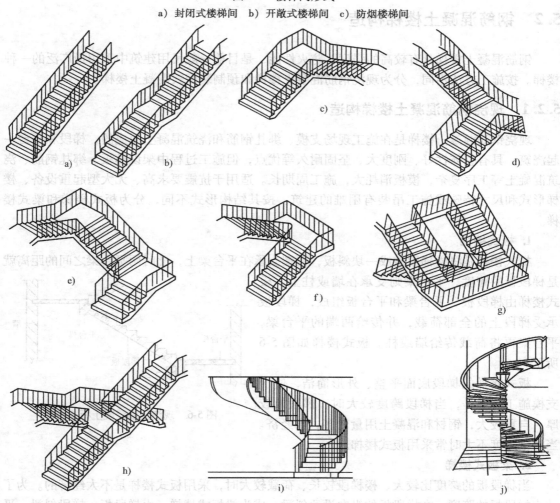

a）直行单跑楼梯　b）直行双跑楼梯　c）折行楼梯　d）双分转角楼梯　e）折行三跑楼梯
f）平行双跑楼梯　g）平行双分楼梯　h）剪刀楼梯　i）弧形楼梯　j）螺旋楼梯

直行单跑楼梯，仅用于层高不大的建筑；直行双（多）跑楼梯，用于层高较大的建筑。平行双跑楼梯，是最常用的楼梯形式之一。平行双分楼梯，常用作办公类建筑的主要楼梯。折行多跑楼梯，折行双跑楼梯常用于仅上一层楼的影剧院、体育馆等建筑的门厅中；折行三跑楼梯常用于层高较大的公共建筑中。剪刀楼梯由两个直行双跑楼梯交叉而成，适用于层高较大且有人流多向性选择要求的建筑。弧形楼梯具有明显的导向性和优美轻盈的造型，但其结构较复杂和施工难度较大，通常采用现浇钢筋混凝土结构。螺旋形楼梯通常是围绕一根单柱布置，平面呈圆形，不能作为主要人流交通和疏散楼梯。

[**实训练习**]

1. 在身边的建筑中寻找五种不同形式的楼梯，分析其交通功能及造型的特点。
2. 实际测量教学楼一部楼梯的踏步尺寸、梯段尺寸。

5.2 钢筋混凝土楼梯构造

钢筋混凝土楼梯具有较高的强度、防火性能，是目前一般民用建筑中采用最广泛的一种楼梯。按施工方法不同，分为现浇钢筋混凝土楼梯和预制装配式混凝土楼梯。

5.2.1 现浇钢筋混凝土楼梯构造

现浇钢筋混凝土楼梯是在施工现场支模、绑扎钢筋和浇筑混凝土而成的，梯段和平台一起浇筑，具有整体性好、刚度大、坚固耐久等优点，但施工过程中架设模板、绑扎钢筋、浇筑混凝土等工序复杂，模板消耗大，施工周期长。适用于抗震要求高、无大型起重设备、楼梯形式和尺寸特殊或施工吊装有困难的建筑。按其结构形式不同，分为板式楼梯和梁式楼梯。

1. 板式楼梯

板式楼梯是将楼梯段做成一块斜板，两端支承在平台梁上，此时两平台梁之间的距离就是梯段板的跨度，平台梁则支承在墙或柱上。板式楼梯由梯段板、平台梁和平台板组成，梯段板承受梯段上的全部荷载，并传给两端的平台梁，平台梁再将荷载传给墙或柱。板式楼梯如图 5-6 所示。

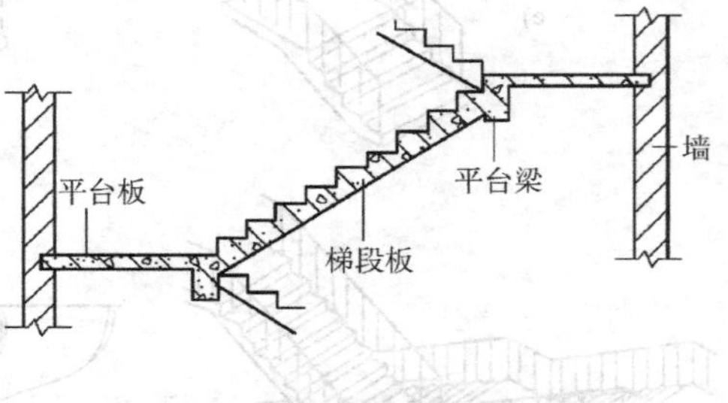

图 5-6　现浇钢筋混凝土板式楼梯

板式楼梯的梯段底面平整、外形简洁，便于支模施工。但是，当梯段跨度较大时，梯段板较厚，自重较大，钢材和混凝土用量较多，不经济。当梯段跨度不大时常采用板式楼梯。

2. 梁板式楼梯

当梯段板的跨度比较大、楼梯段较长、荷载较大时，采用板式楼梯是不太经济的。为了减小梯段板的跨度，在梯段板的纵向设置斜梁，成为梁板式楼梯。由梯段板、梯段斜梁、平台板和平台梁组成。梯段板承受梯段的全部荷载，并传给梯段斜梁，再由斜梁传给平台梁，并由平台梁将荷载传给墙或柱。梁式楼梯如图 5-7 所示。

斜梁与踏步板的关系有两种：踏步板在上，斜梁在下为正梁，即为正梁式梯段，如图

5-7a 所示。反之，踏步板在下，斜梁在上为反梁，即为反梁式梯段，如图 5-7b 所示。斜梁通常设两根，分别布置在踏步板的两端；也可设一根，此时通常有两种形式：一种是踏步板的一端设斜梁，另一端搁置在墙上，省去一根斜梁，可节省用料和模板，但施工不便；另一种是用单梁悬挑踏步板，即斜梁布置在踏步板中部或一端，踏步板悬挑，这种形式的楼梯结构受力较复杂，但外形独特，一般适用于通行量小、梯段宽度和荷载不大的楼梯。

梁板式楼梯由于有斜梁支承梯段板，则梯段板的厚度可以减薄，从而节省了材料，可适用于各种长度的楼梯段，但支承比较复杂，当斜梁截面尺寸较大时其造型显得笨重。

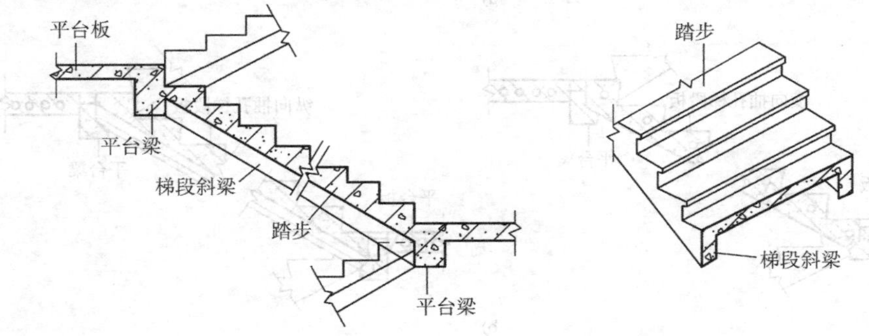

a)

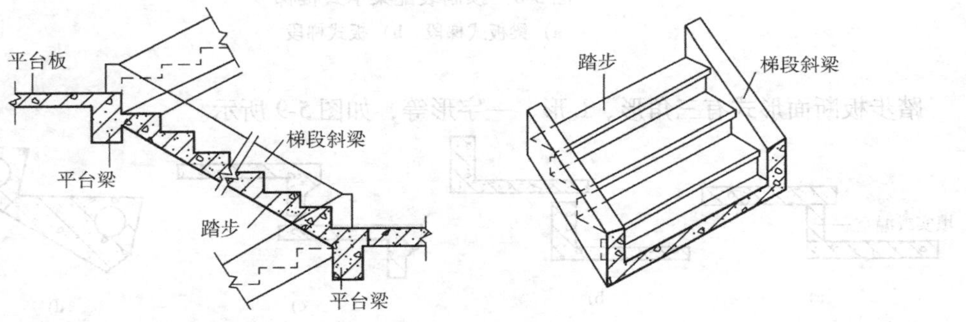

b)

图 5-7　现浇钢筋混凝土梁式楼梯

a）正梁式梯段　b）反梁式梯段

［实训练习］　观察你所在学校的楼梯结构形式并分析受力特点。

5.2.2　预制装配式钢筋混凝土楼梯构造

预制装配式钢筋混凝土楼梯按其构造方式可分为梁承式、墙承式和墙悬臂式等类型。

1. 预制装配梁承式钢筋混凝土楼梯

预制装配梁承式钢筋混凝土楼梯指梯段由平台梁支承的楼梯构造方式。预制构件可按梯段（板式或梁板式梯段）、平台梁、平台板三部分进行划分，如图 5-8 所示。

（1）梯段

1）梁板式梯段。梁板式梯段由梯斜梁和踏步板组成。一般在踏步板两端各设一根梯斜梁，踏步板支承在梯斜梁上。由于构件小型化，不需大型起重设备即可安装，施工简便。

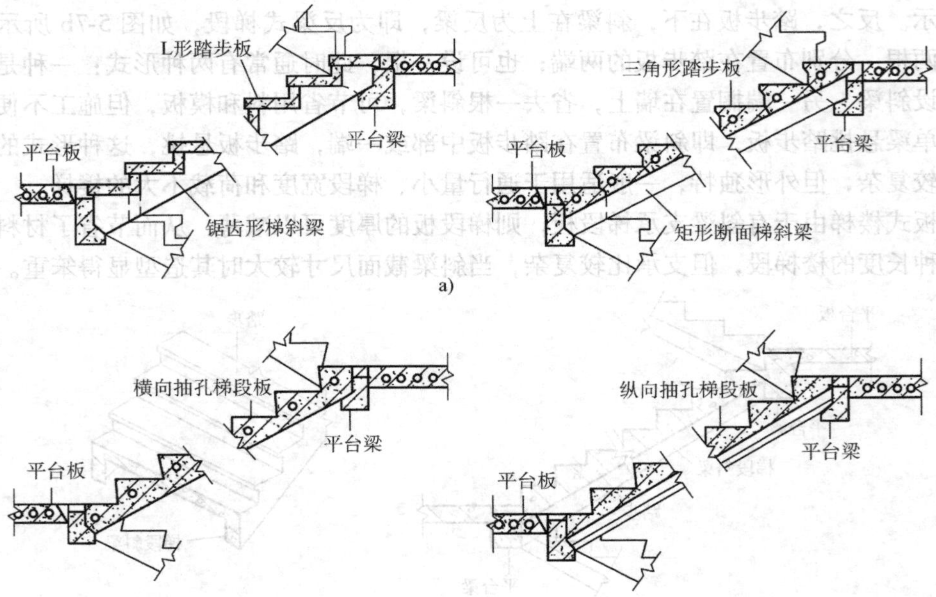

图 5-8　预制装配梁承式楼梯

a）梁板式梯段　b）板式梯段

踏步板断面形式有三角形、L 形、一字形等，如图 5-9 所示。

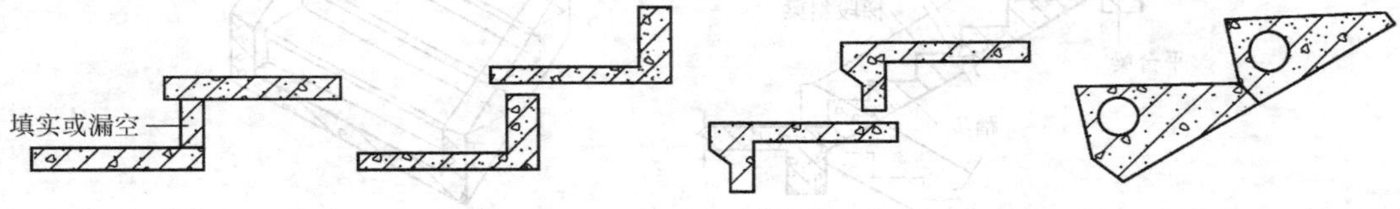

图 5-9　踏步板断面形式

a）一字形踏步板　b）正 L 形踏步板　c）倒 L 形踏步板　d）三角形踏步板

梯斜梁用于搁置一字形、L 形断面踏步板的梯斜梁为锯齿形变断面构件。用于搁置三角形断面踏步板的梯斜梁为等断面构件。预制梯段斜梁形式如图 5-10 所示。

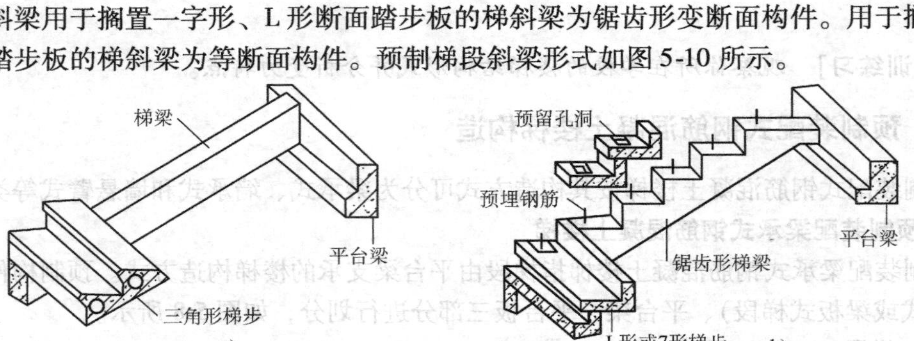

图 5-10　预制梯段斜梁的形式

a）等截面梯斜梁　b）锯齿形梯斜梁

2）板式梯段。板式梯段为整块或数块带踏步条板，如图 5-11 所示。

（2）平台梁 为了便于支承梯斜梁或梯段板，平衡梯段水平分力并减少平台梁所占结构空间，一般将平台梁做成 L 形断面，如图 5-12 所示。

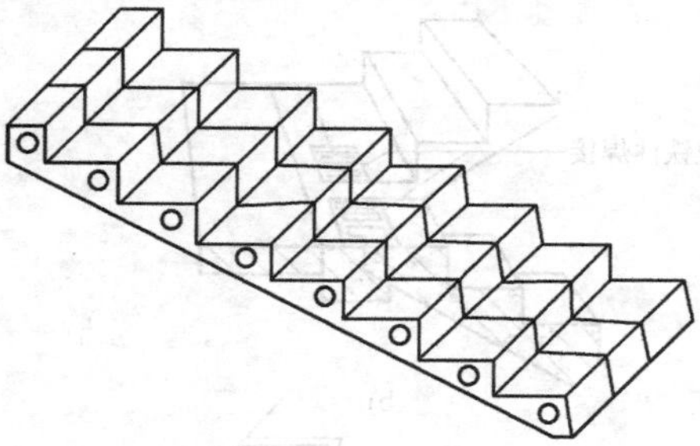

图 5-11 板式梯段

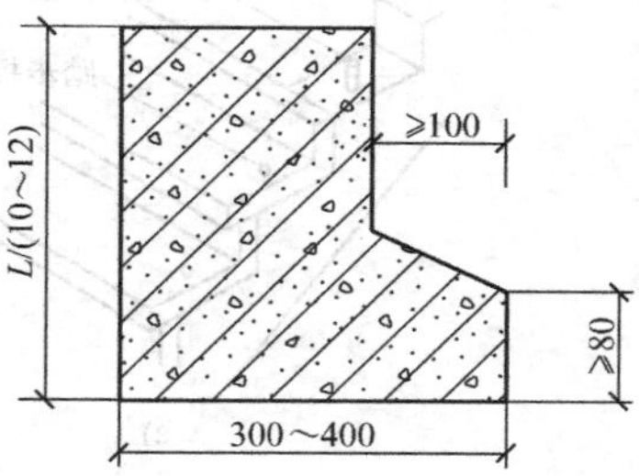

图 5-12 平台梁断面尺寸

（3）平台板 平台板可根据需要采用钢筋混凝土空心板、槽板或平板，如图 5-13 所示。

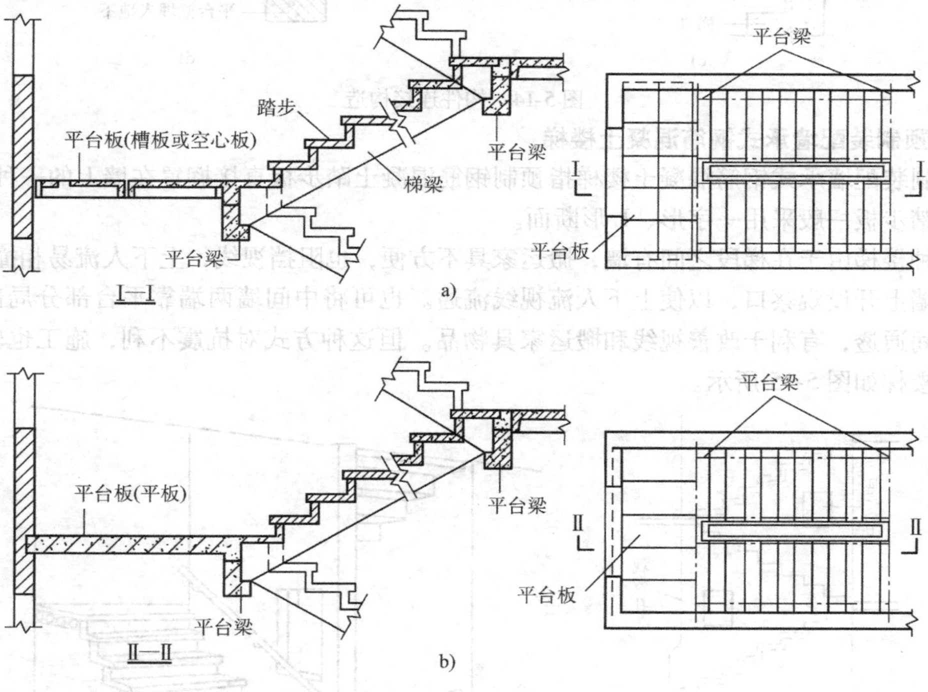

图 5-13 梁承式梯段与平台的结构布置

a）平台板两端支承在楼梯间侧墙上，与平台梁平行布置 b）平台板与平台梁垂直布置

（4）构件连接构造

1）踏步板与梯斜梁连接。一般在梯斜梁支承踏步板处用水泥砂浆坐浆连接。如需加强，可在梯斜梁上预埋插筋，与踏步板支承端预留孔插接，用高标号水泥砂装填实。

2）梯斜梁或梯段板与平台梁连接。在支座处除了用水泥砂浆坐浆外，应在连接端预埋钢板进行焊接。

3）梯斜梁或梯段板与梯基连接。在楼梯底层起步处，梯斜梁或梯段板下应作梯基，梯基常用砖或混凝土，也可用平台梁代替梯基。但需注意该平台梁无梯段处与地坪的关系。构件的连接构造如图 5-14 所示。

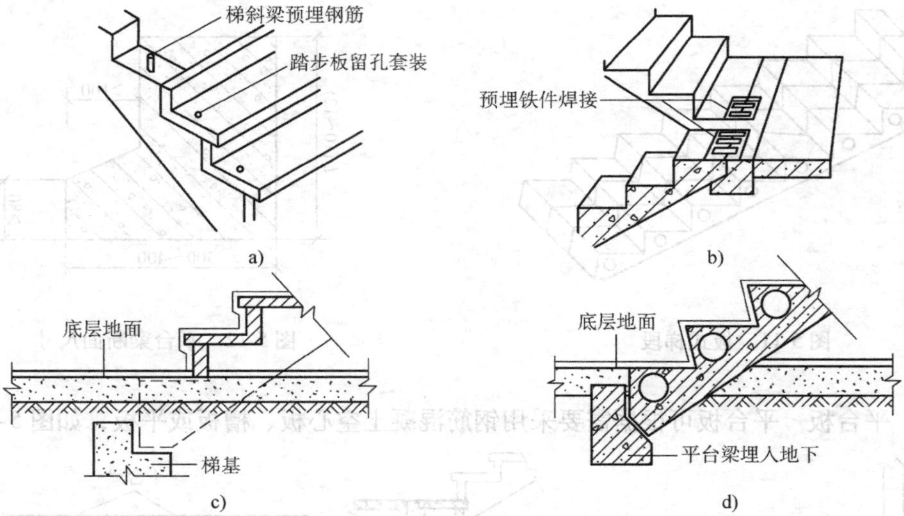

图 5-14　构件连接构造

2. 预制装配墙承式钢筋混凝土楼梯

预制装配墙承式钢筋混凝土楼梯指预制钢筋混凝土踏步板直接搁置在墙上的一种楼梯形式，其踏步板一般采用一字形、L 形断面。

这种楼梯由于在梯段之间有墙，搬运家具不方便，也阻挡视线，上下人流易相撞，通常在中间墙上开设观察口，以使上下人流视线流通。也可将中间墙两端靠平台部分局部收进，以使空间通透，有利于改善视线和搬运家具物品。但这种方式对抗震不利，施工也较麻烦。墙承式楼梯如图 5-15 所示。

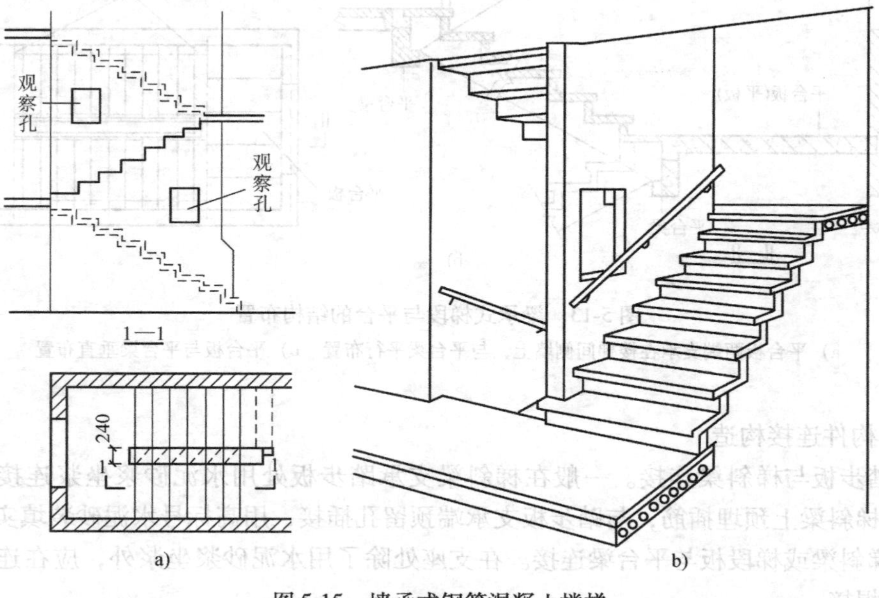

图 5-15　墙承式钢筋混凝土楼梯

3. 预制装配墙悬臂式钢筋混凝土楼梯

预制装配墙悬臂式钢筋混凝土楼梯指预制钢筋混凝土踏步板一端嵌固于楼梯间侧墙上，另一端凌空悬挑的楼梯形式。

预制装配墙悬臂式钢筋混凝土楼梯用于嵌固踏步板的墙体厚度不应小于240mm，踏步板悬挑长度一般小于或等于1800mm。踏步板一般采用L形带肋断面形式，其入墙嵌固端一般做成矩形断面，嵌入深度240mm。预制装配墙悬臂式楼梯如图5-16所示。

图5-16　预制装配墙悬臂式楼梯实例

5.3　楼梯细部构造

5.3.1　防滑条

为了增加踏步的行走舒适感，保证行走安全，表面应注意防滑处理。常用的做法是在踏步前缘附近的踏步上设置凹槽或凸起的防滑条，选用何种做法与踏步表面是否抹面有关。一般水泥砂浆抹面的踏步常不做防滑处理或留防滑凹槽；水磨石预制板或现浇水磨石面层一般采用水泥加金刚砂做的防滑条，防滑条一般要求表面粗糙、耐磨，材料有金属、金刚砂砂浆、橡胶、塑料、带槽缸砖等。常见踏步防滑处理如图5-17所示。

5.3.2　栏杆和扶手

栏杆、扶手是梯段上所设的安全措施，根据梯段宽度，可设在梯段的一侧或两侧。栏杆及扶手应做到坚固耐久、构造简单、造型美观。

1. 栏杆

常见栏杆按其构造不同有空花栏杆、栏板式栏杆及二者组合的栏杆三种。

（1）空花栏杆　空花栏杆一般采用15～25mm的方钢或$\phi16\sim25$的圆钢，也有用(30～50)mm×(3～6)mm的扁钢制作，表面喷刷油漆或镀铬。空花栏杆的空格间距应小于150mm。在儿童活动场所，如中小学校、住宅等建筑，为防止儿童穿过栏杆空档发生危险，栏杆垂直杆件间的净距不应大于110mm，且不应采用易于攀登的花饰。空花栏杆如图5-18所示。

栏杆与梯段应有可靠的连接，常采用以下几种方法：

1）预埋铁件焊接是将栏杆的立杆与梯段中预埋的钢板或套管焊接在一起，如图 5-19a 所示。

2）预留孔洞插接是将端部做成开脚或倒刺的栏杆插入梯段预留的孔洞内，用水泥砂浆或细石混凝土填实，如图 5-19b 所示。

3）螺栓连接是用螺栓将栏杆固定在梯段上，固定方式有若干种，如用板底螺栓紧贯踏板的栏杆等，如图 5-19c 所示。

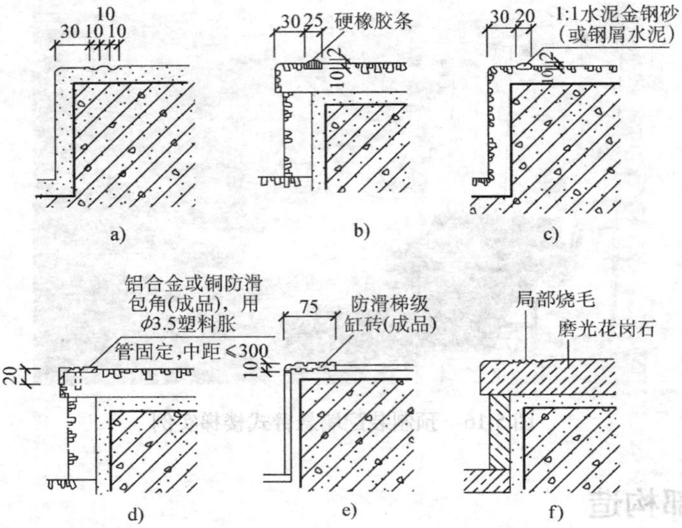

图 5-17　踏步防滑处理

a）水泥砂浆踏步留防滑槽　b）橡胶防滑条　c）水泥金刚砂防滑条　d）铝合金或铜防滑包角　e）缸砖面踏步防滑砖　f）花岗石踏步烧毛防滑条

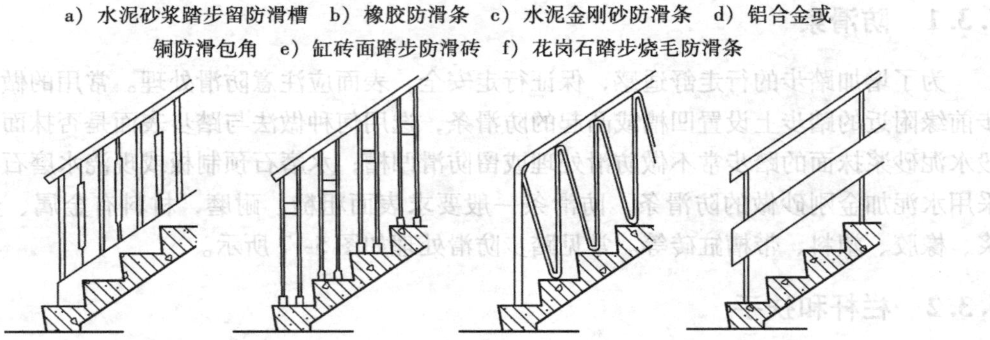

图 5-18　空花栏杆

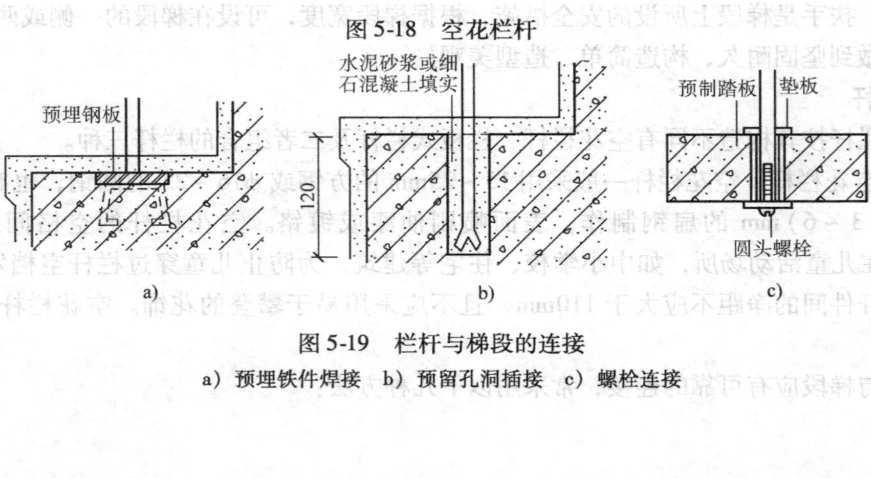

图 5-19　栏杆与梯段的连接

a）预埋铁件焊接　b）预留孔洞插接　c）螺栓连接

（2）栏板式栏杆　栏板式栏杆可用砖、钢筋混凝土、钢丝网水泥、有机玻璃、钢化玻璃等材料做成。砖砌栏板常用砖侧砌成1/4砖厚，多结合暗步楼梯斜梁砌成，为加强其整体性和稳定性，通常在栏板中加设钢筋网，并用现浇的钢筋混凝土扶手连成整体。钢丝网水泥栏板是在钢筋骨架的侧面先铺钢丝网，后抹水泥砂浆而成。栏板式栏杆如图5-20所示。

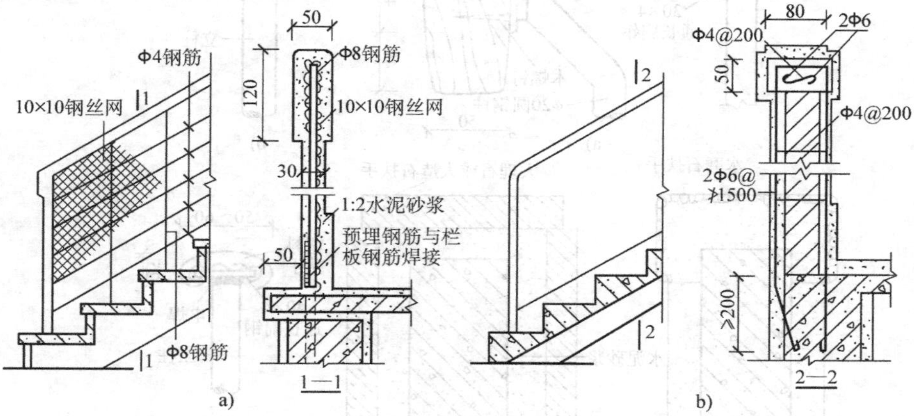

图5-20　栏板式栏杆

a）钢丝网水泥栏板　b）砖砌栏板（60mm厚）

（3）组合式栏杆　组合式栏杆是将空花栏杆与栏板组合在一起构成的一种栏杆形式。空花部分一般采用金属，栏板部分仍然用砖、钢筋混凝土、木材、有机玻璃、钢化玻璃等。组合式栏杆如图5-21所示。

2. 扶手

扶手位于栏杆顶面，供人们上下楼梯时依扶之用。扶手的尺寸和形状除考虑造型要求外，应以手握为宜。扶手顶面宽度一般不宜大于90mm，扶手一般用硬木、塑料、金属、水磨石、天然或人造石材等制作。扶手形式及与栏杆的连接构造如图5-22所示。

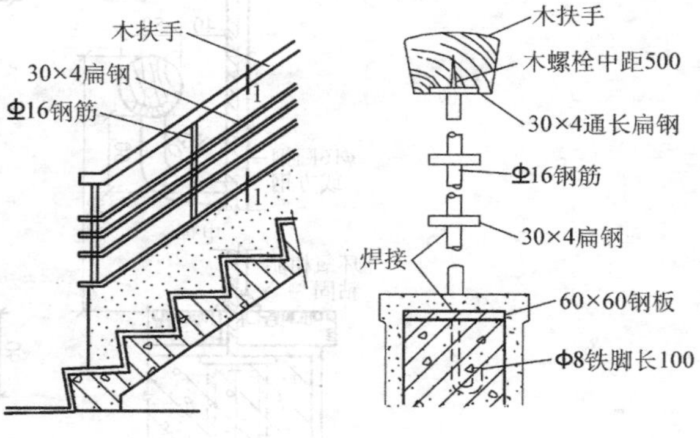

图5-21　组合式栏杆

扶手与栏杆间要可靠连接，不同材料其连接方法也不同。当采用金属栏杆和钢管扶手时，扶手和栏杆之间用焊接。用硬木时，可在栏杆柱顶部先焊一根通长扁钢，在扁钢上每隔300mm左右钻一小孔，然后用木螺栓通过小孔将木扶手和扁钢固定。塑料扶手则利用其弹性卡在扁钢上。天然石材扶手，一般在栏板式栏杆上采用，用水泥砂浆粘结即可。靠墙扶手是通过连接件固定于墙上，连接件通常直接埋入墙上的预留孔内，也可用预埋螺栓连接。楼梯顶层的楼层平台临空一侧，应设置水平栏杆扶手，扶手端部与墙应固定在一起。一般在墙上预留孔洞，将连接扶手和栏杆的扁钢插入洞内，用水泥砂浆或细石混凝土填实，如图5-23a所示。也可将扁钢用木螺栓固定于墙内预埋的防腐木砖上如图5-23b所示。若为钢筋混凝土墙或柱，则可预埋铁件焊接，如图5-23c所示。

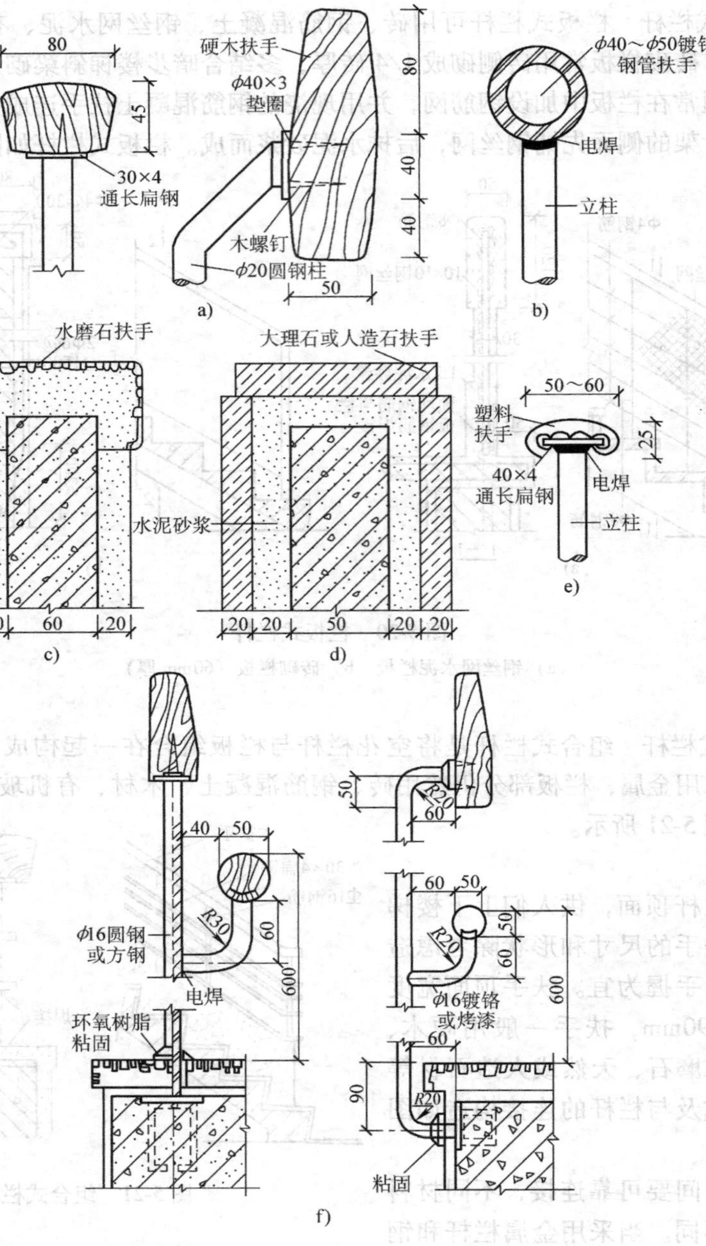

图 5-22　扶手形式及扶手与栏杆的连接构造

a）硬木扶手　b）镀锌钢管扶手　c）水磨石扶手

d）大理石或人造石材扶手　e）塑料扶手　f）木扶手

3. 栏杆扶手的转弯处理

在平行楼梯的平台转弯处，当上下行梯段的第一个踏步口相平齐时，为保持上下行梯段的扶手高度一致，常用的方法是将平台处的栏杆扶手内移至距踏步口约半步的地方，扶手连接较顺，但这样处理减少了平台的有效宽度，在平台深度不大时，会给人流通行和家具设备搬运带来不便，在必要时应加大楼梯间的进深；或将上下行梯段第一步踏步口错开一步布置，这样扶手的连接也较顺，但同样也是减少了平台的有效宽度或加大楼梯间的进深。若不改变平台的通行宽度，将上下行扶手在转弯处断开，各自收头，这种处理方法虽然较为简单，但处理不好会影响美观，楼梯栏杆的刚度也较差。转折处扶手高差处理如图5-24所示。

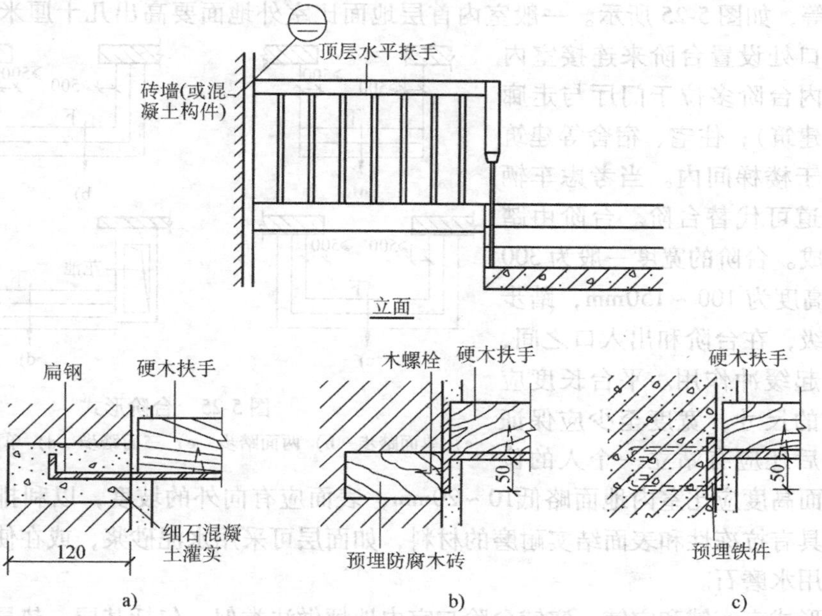

图5-23　扶手端部与墙（柱）的连接

a）预留孔洞插接　b）预埋防腐木砖木螺栓连接　c）预埋铁件焊接

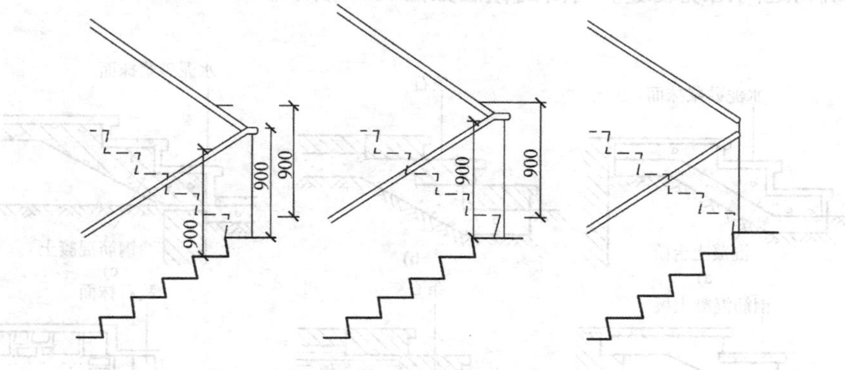

图5-24　转折处扶手高差处理

a）栏杆长出梯段　b）上下梯段错开一个踏步　c）上下扶手断开

[实训练习]　观察并分析你所在学校的楼梯的栏杆、扶手、防滑等构，并测量扶手高度。

5.4　台阶与坡道

由于建筑物外部和内部地面标高不同，在建筑物入口处常设置台阶或坡道。一般多采用台阶，当有车辆通行或室内外地面高差较小时，可采用坡道。

5.4.1 台阶

台阶有室外台阶和室内台阶。常见的台阶形式有单面踏步、两面踏步、三面踏步、单面踏步带花池等，如图 5-25 所示。一般室内首层地面比室外地面要高出几十厘米，按高差的大小在出入口处设置台阶来连接室内外地面。室内台阶多位于门厅与走廊之间（公共建筑）；住宅、宿舍等建筑中的台阶位于楼梯间内。当考虑车辆通行时，坡道可代替台阶。台阶由踏步和平台组成。台阶的宽度一般为 300 ~400mm，高度为 100 ~ 150mm，踏步数不少于 3 级，在台阶和出入口之间，设置平台，起缓冲作用。平台长度应大于门洞口的尺寸，宽度至少应保证在门扇开启后还应有站立一个人的位置。平台表面高度应比室内地面略低10 ~ 20mm，表面应有向外的坡度，以利排水。台阶选用的材料应具有抗冻性和表面结实耐磨的材料，如面层可采用水泥砂浆，或在使用要求较高的建筑物采用水磨石。

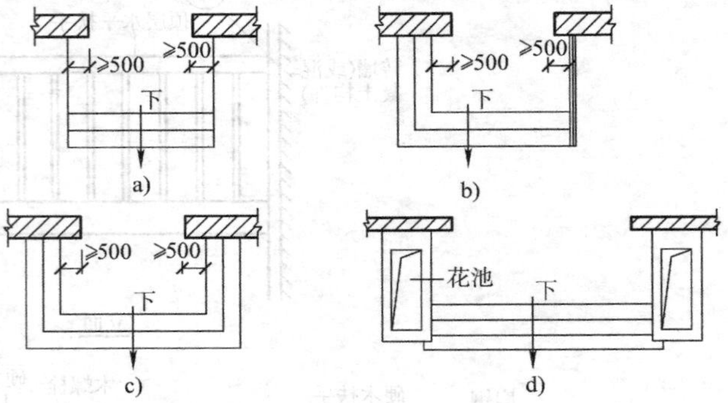

图 5-25　台阶形式

a）单面踏步　b）两面踏步　c）三面踏步　d）单面踏步带花池

台阶的形式有实铺和空铺。实铺台阶与室内地坪做法类似，包括基层、垫层、面层。台阶的施工一般情况下是在建筑物的主体结构施工完毕并有了一定的沉降以后再做，从而避免了台阶与建筑物之间出现裂缝。台阶的做法如图 5-26 所示。

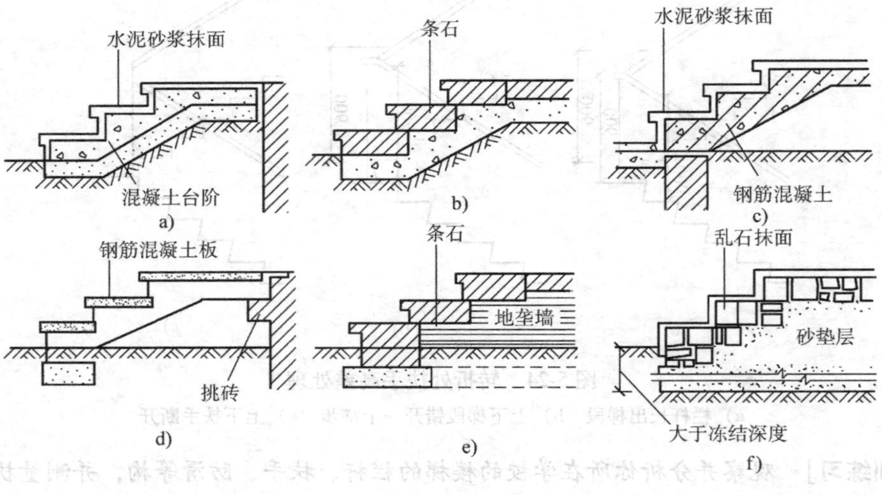

图 5-26　台阶的做法

a）混凝土台阶　b）条石台阶　c）钢筋混凝土台阶　d）钢筋混凝土架空台阶

e）条石架空台阶　f）考虑冻胀影响的台阶

5.4.2 坡道

为了在建筑物出入口便于车辆通行或在医院便于运送病人，常把台阶做成坡道。建筑物内部的高差在相当于两步及两步以上的台阶高度时宜用坡道；在相当于三步及三步以上台阶高度时，应采用台阶。有的建筑物为了满足人员和车辆出入的需要，同时设置台阶和坡道，人员和车辆各行其道。坡道形式如图5-27所示。坡道的坡度一般在1∶6～1∶12之间，以1∶10较为合适，当坡度大于1∶8时，须做防滑处理，一般做锯齿形或做防滑条。室内坡道的坡度宜采用1∶8，室外坡道宜用1∶10。坡道构造与台阶类似。表面防滑处理如图5-28所示。

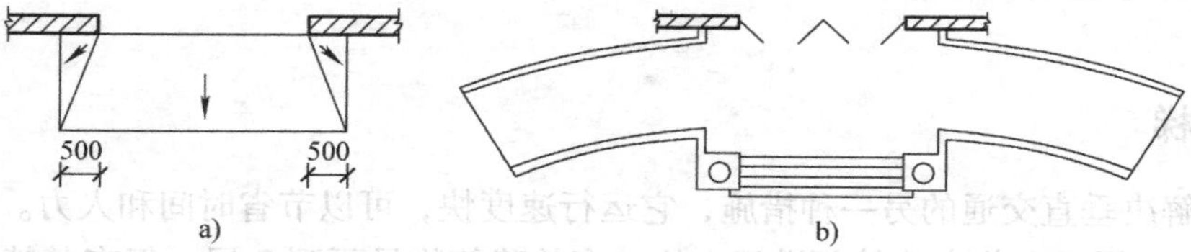

图5-27 坡道形式

a）单面坡道 b）台阶坡道结合

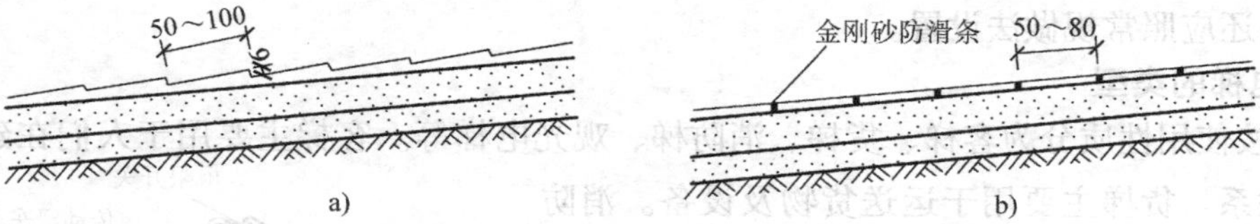

图5-28 坡道表面防滑处理

a）表面带锯齿形 b）表面带防滑条

在城市道路和建筑物设计中，采用无障碍坡道能帮助残疾人顺利通过高差，方便他们通行。无障碍坡道坡度不大于1∶12，与之相匹配的每段坡道的最大高度为750mm，最大坡段水平长度为9000mm。为便于残疾人使用的轮椅顺利通过，室内坡道的最小宽度应不小于900mm，室外坡道的最小宽度应不小于1500mm。为保证安全及残疾人上下坡道的方便，应在坡道两侧增设扶手，起步应设300mm长水平扶手。为避免轮椅撞击墙面及栏杆，应在扶手下设置护堤。坡道面层应作防滑处理。坡道应设上下双层扶手。在楼梯梯段（或坡道坡段）的起始及终结处，扶手应自其前缘向前伸出300mm以上，两个相邻梯段的扶手及梯段与平台的扶手应连通。鉴于安全方面的考虑，坡道的临空一面、室内外平台的临空边缘等，都应该向上翻起不低于50mm的安全挡台，这样对轮椅是一种安全保障。无障碍坡道构造、位置如图5-29、图5-30、图5-31所示。

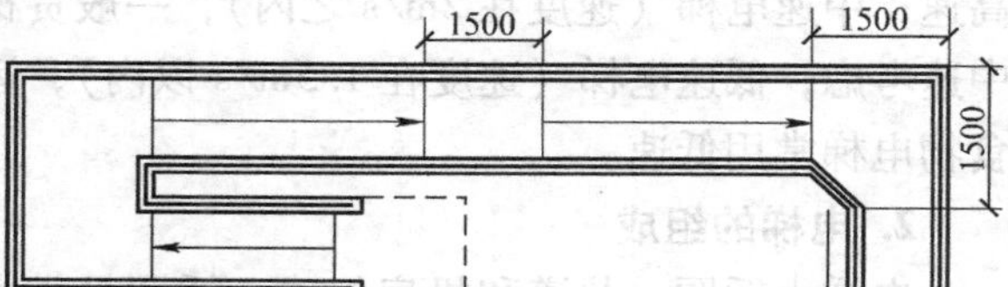

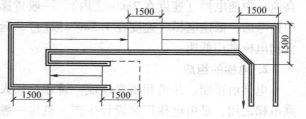

图5-29 室外无障碍坡道的平面尺寸

［实训练习］ 测量并绘制你所在学校教学楼室外台阶的平面图以及构造详图。

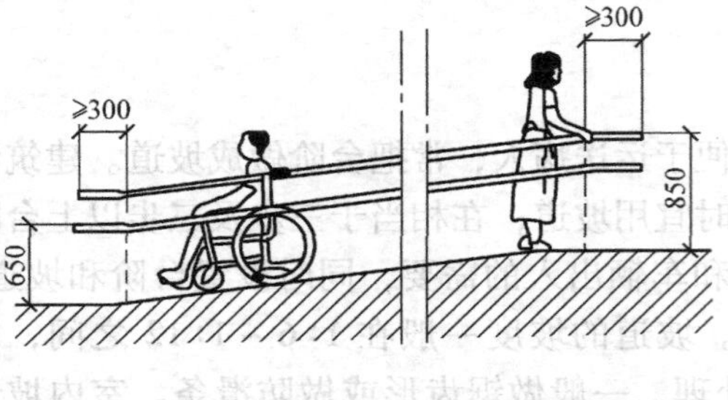

图 5-30 符合无障碍设计的楼梯坡道扶手高度

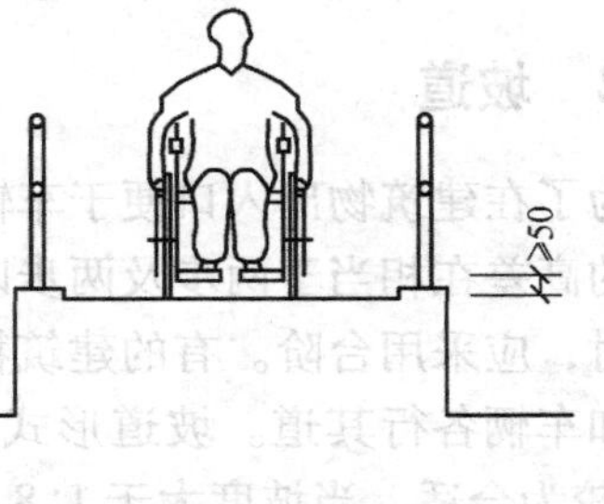

图 5-31 坡道侧边安全挡台的位置

5.5 电梯与自动扶梯

5.5.1 电梯

电梯是解决垂直交通的另一种措施，它运行速度快，可以节省时间和人力。相关建筑设计规范规定：7 层以上住宅建筑须设置电梯。有的建筑物虽不到 7 层，但有其特殊使用要求的，也应设置电梯，如大型宾馆、医院、商店、政府机关办公楼等。一台电梯的服务人数在 400 人以上，服务面积在 450 ~ 500m^2，建筑层数在 10 层以上时，比较经济。设置电梯的建筑，楼梯还应照常规做法设置。

1. 电梯的类型

1）按使用性质分为客梯、货梯、消防梯、观光电梯等。客梯主要用于人们在建筑物中的垂直联系。货梯主要用于运送货物及设备。消防电梯用于发生火灾、爆炸等紧急情况下作安全疏散人员和消防人员紧急救援使用。观光电梯是把竖向交通工具和登高流动观景相结合的电梯，透明的轿厢使电梯内外景观相互沟通。

2）按电梯行驶速度分为：高速电梯（速度大于 2m/s），梯速随层数增加而提高，消防电梯常用高速；中速电梯（速度在 2m/s 之内），一般货梯按中速考虑；低速电梯（速度在 1.5m/s 以内），运送食物电梯常用低速。

2. 电梯的组成

电梯由轿厢、井道和机房组成。轿厢是供人们乘电梯之用，是由电梯厂家设计生产。机房一般设置在井道的上方，既可砖砌，也可用钢筋混凝土浇筑。电梯井道内部如图 5-32 所示。

1）电梯井道。电梯井道是电梯运行的通道，内部安装有轿厢、导轨、平衡重、缓冲器等。井道可用砌块砌筑或用钢筋混凝土浇筑而成。井道内严禁铺设可燃气、液体管道。消防电梯的电梯井道及

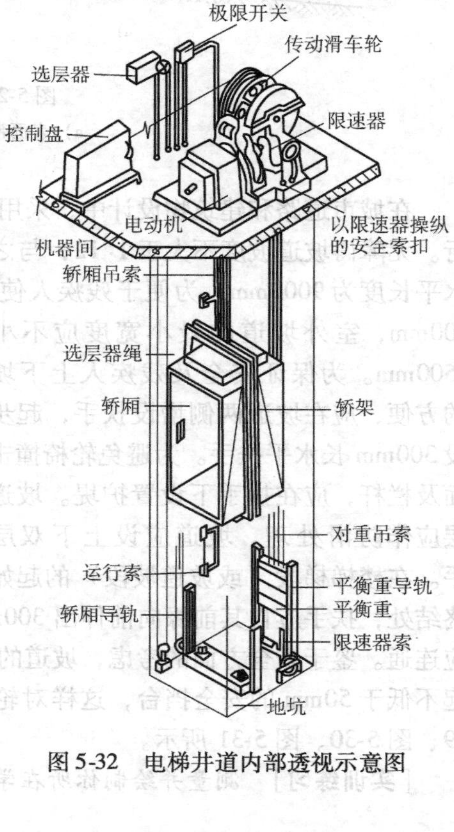

图 5-32 电梯井道内部透视示意图

机房与相邻的电梯井道及机房之间应用耐火极限不低于2.5h的隔墙隔开。高层建筑的电梯井道内，超过两部电梯时应用墙隔开。为了减轻机器运行时对建筑物产生振动和噪声影响，应采取适当的隔声和隔振措施，如在机房机座下设置弹性垫层或设隔声层。井道除排烟通风口外，还要考虑电梯运行中井道内空气流动问题。一般运行速度在2m/s以上的乘客电梯在井道的顶部和地坑应有不小于300mm×600mm的通风孔，上部可以和排烟口结合，排烟口面积不小于井道面积的3.5%。层数较多的建筑，中间也可酌情增加通风孔。井道内为了安装、检修和缓冲，上下均应留有必要的空间，其尺寸与运行速度有关。井道顶层高度一般为3.8～5.6m，地坑深度为1.4～3.0m。井道地坑的地面设有缓冲器，以减轻电梯轿厢停靠时与坑底的冲撞。坑底一般采用混凝土垫层，厚度按缓冲器反力确定，地坑壁及坑底均需考虑防水处理。消防电梯的井道地坑还应有排水设施。为便于检修，须考虑坑壁设置爬梯和检修灯槽，坑内预埋件按电梯厂要求确定。

2）电梯机房。电梯机房一般设置在电梯井道的顶部，少数设在顶端本层、底层或地下，如液压电梯的机房位于井道的底层或地下。机房尺寸须根据机械设备尺寸的安排和管理、维修等需要来决定，一般至少有两个面每边扩出600mm以上的宽度，高度多为2.5～3.5m。机房应有良好的采光和通风，其围护结构应具有一定的防火、防水和保温、隔热性能。

3. 电梯门套

电梯厅及电梯井道出入口处门套应进行装修，可用水泥砂浆抹灰、水磨石或木板装修，高级的还可采用大理石或金属装修。电梯门套装修如图5-33所示。

在升降过程中，轿厢门和每层专用门全部封闭，以保证安全。电梯门一般为双扇推拉门，宽800～1500mm，有中央分开推向两边的和双扇推向同一边的两种。推拉门的滑槽通常安置在门套下楼板边梁如牛腿状挑出的部分。电梯门牛腿部分构造如图5-34所示。

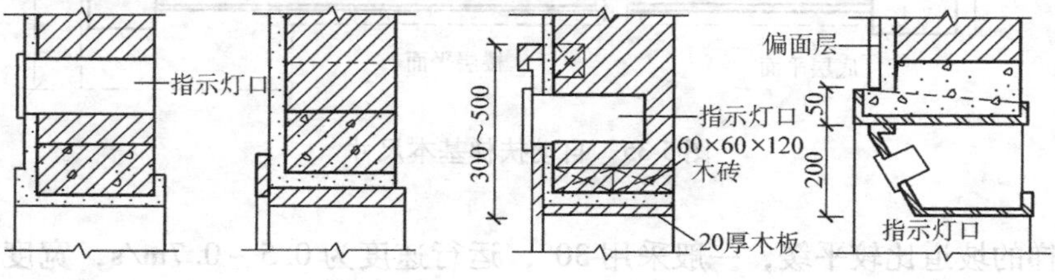

图5-33 电梯门套装修

a）水泥砂浆 b）大理石门套 c）木板门套 d）钢板门套

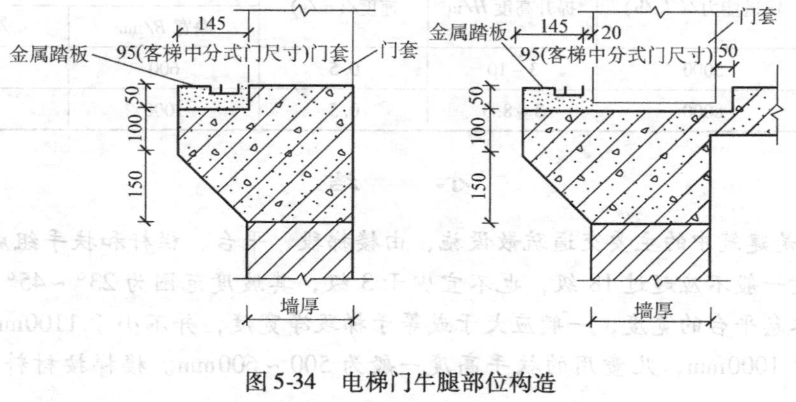

图5-34 电梯门牛腿部位构造

5.5.2 自动扶梯

自动扶梯适用于有大量人流上下的公共场所，如车站、超市、商场、地铁车站等。自动扶梯可正、逆两个方向运行，可作提升及下降使用，机器停转时可作普通楼梯使用。

自动扶梯是电动机械牵动梯段踏步连同栏杆扶手带一起运转的垂直运输设备。机房悬挂在楼板下面。自动扶梯基本尺寸如图5-35所示。

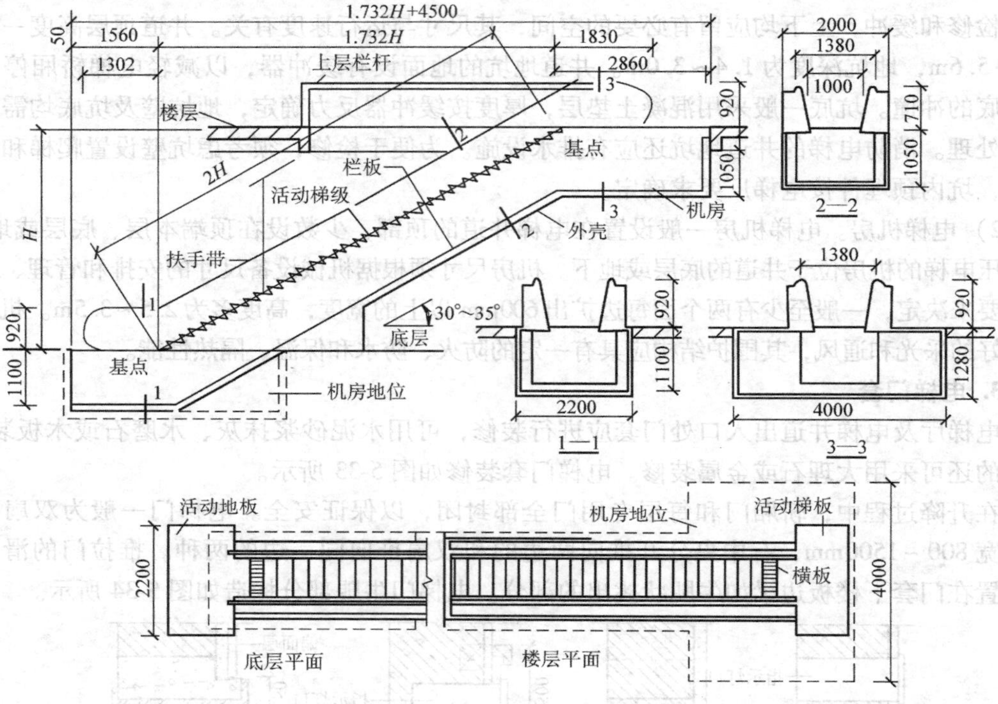

图5-35　自动扶梯基本尺寸

自动扶梯的坡道比较平缓，一般采用30°，运行速度为0.5～0.7m/s，宽度按输送能力有单人和双人两种。其型号规格见表5-2。

表5-2　自动扶梯型号规格

梯　　型	输送能力/(人/h)	提升高度 H/m	速度/(m/s)	扶梯宽度	
				净宽 B/mm	外宽 B_1/mm
单人梯	5000	3～10	0.5	600	1350
双人梯	8000	3～8.5	0.5	1000	1750

小　　结

1）楼梯是建筑中的主要交通疏散设施，由楼梯段、平台、栏杆和扶手组成。一个楼梯段的踏步数量一般不应超过18级，也不宜少于3级，其坡度范围为23°～45°，以30°左右为宜。楼梯休息平台的宽度，一般应大于或等于梯段净宽度，并不小于1100mm。楼梯扶手高度应不小于1000mm，儿童用的扶手高度一般为500～600mm。楼梯按材料分为木楼梯、钢筋混凝土楼梯、钢及其他金属楼梯；按使用性质分为主要楼梯、辅助楼梯、安全疏散楼梯和消防楼梯；按位置分为室外楼梯和室内楼梯；按承力结构分为墙承式楼梯、梁承式楼梯、板式楼梯、悬挑式楼梯、悬挂式楼梯；按构造形式分为单跑、双跑、三跑、弧形式、螺旋式等。

2）钢筋混凝土楼梯具有较高的强度、防火性能，是目前一般民用建筑中采用最广泛的一种楼梯。按施工方法分为现浇钢筋混凝土楼梯和预制装配式钢筋混凝土楼梯。现浇钢筋混凝土楼梯具有整体性好、刚度大、坚固耐久等优点，但施工过程中架设模板、绑扎钢筋、浇筑混凝土等工序复杂，模板消耗大，施工周期长。适用于抗震要求高、无大型起重设备、楼梯形式和尺寸特殊或施工吊装有困难的建筑。按其结构形式不同分为板式楼梯和梁式楼梯。预制装配式钢筋混凝土楼梯具有施工速度快，现场湿作业少，节约模板，适用于民用建筑。按构件尺度不同，可分为小型、中型、大型构件装配式三种。

3）为了增加踏步的行走舒适感，保证行走安全，常在踏步前缘附近的踏步上设置凹槽或凸起的防滑条，防滑条一般要求表面粗糙、耐磨，材料有金属、金刚砂砂浆、橡胶、塑料、带槽缸砖等。栏杆、扶手是梯段上所设的安全措施，应坚固耐久、构造简单、造型美观。栏杆按其构造不同有空花栏杆、栏板式栏杆及二者组合的栏杆三种。扶手位于栏杆顶面，供人们上下楼梯时依扶之用。扶手的尺寸和形状应以手握为宜，扶手一般用硬木、塑料、金属、水磨石、天然或人造石材等制作。

4）由于建筑物外部和内部地面标高不同，在建筑物入口处常设置台阶或坡道。一般多采用台阶，当有车辆通行或室内外地面高差较小时，可采用坡道。台阶由踏步和平台组成。台阶的宽度一般为300～400mm，高度为100～150mm，踏步数不少于3级。台阶应选用具有抗冻性和表面结实耐磨的材料，如面层可采用水泥砂浆，或在使用要求较高的建筑物采用水磨石。坡道的坡度一般在1:6～1:12之间，以1:10较为合适。

5）电梯是解决垂直交通的另一种措施，由轿厢、井道和机房组成。自动扶梯可以正逆运行，既可提升又可以下降，坡度通常为30°和35°。

思 考 题

1. 楼梯由哪几部分组成，其基本尺寸如何规定？
2. 楼梯是如何分类的？
3. 什么是楼梯净高？当建筑物将出入口设在休息平台的下方，而净高又不能满足使用上的要求时，如何处理？
4. 试说明现浇钢筋混凝土楼梯的两种主要形式和特点及其使用范围。
5. 预制踏步的支承结构有几种？说明其构造特点。
6. 在建筑中为何设有电梯、自动扶梯，还要设置楼梯？

第6章 屋顶

学习目标

通过本章学习，了解屋顶的分类和构造组成；熟悉屋面防水材料种类和保温隔热；掌握屋顶的主要组成部分及其作用和屋顶的细部构造处理。

关键词

屋顶作用与组成　屋面防水与排水　平屋顶　平屋顶构造与防水　坡屋顶　坡屋顶构造与防水　屋顶保温与隔热

6.1 概述

6.1.1 屋顶的作用与组成

屋顶是建筑物最上层起覆盖作用的围护构件。其作用是抵抗自然界的风霜雨雪、日晒雨淋、气温变化和其他外界不利因素，以使屋顶覆盖下的空间有一个良好的居住环境。

在组成上，屋顶主要由面层和承重结构两部分组成。根据需要，还可能包括各种功能层和顶棚层等。其中，承重结构应具有足够的刚度和强度，能承受积雪、上人以及自身的荷载，并顺利地传递给墙柱；其他各种功能层是根据解决屋顶防水、保温、隔热以及隔声、防火等需要设置的。

6.1.2 屋顶的分类

屋顶的类型根据建筑物的使用功能、屋面所用材料、结构类型以及建筑造型要求不同，大体可分为平屋顶、坡屋顶和其他形式屋顶，如图6-1所示。

1. 平屋顶

坡度在2%～5%的屋顶称为平屋顶。平屋顶的主要优点是节约材料、构造简单、屋顶便于利用，可做成露台、屋顶花园、屋顶游泳池等，是目前采用最为广泛的屋顶形式。

2. 坡屋顶

坡屋顶是指坡度较大的屋顶形式，屋面坡度一般大于10%。坡屋顶在我国有着悠久的历史，传统建筑中的小青瓦屋顶和平瓦屋顶均为坡屋顶。由于坡屋顶造型丰富多彩，满足人们的审美要求，便于就地取材，至今仍被广泛应用。

坡屋顶按其坡面的数量可分为单坡顶、双坡顶和四坡顶。双坡屋顶有硬山和悬山之分。硬山是指房屋两端山墙高出屋面，山墙封住屋面。悬山是指屋顶的两端挑出山墙面。古建筑中的庑殿顶和歇山顶属于四坡顶。

3. 其他形式的屋顶

这部分屋面坡度变化较大、类型也最多。常见的有曲面、壳体和折板等类型。其中曲面屋顶是由各种薄壳结构、悬索结构以及网架结构作为屋顶承重结构的屋顶。曲面屋顶结构受力合理，能充分发挥材料的力学性能，因而能节约材料。但是，曲面屋顶施工复杂，造价较高，故常用于大跨度的大型公共建筑中。

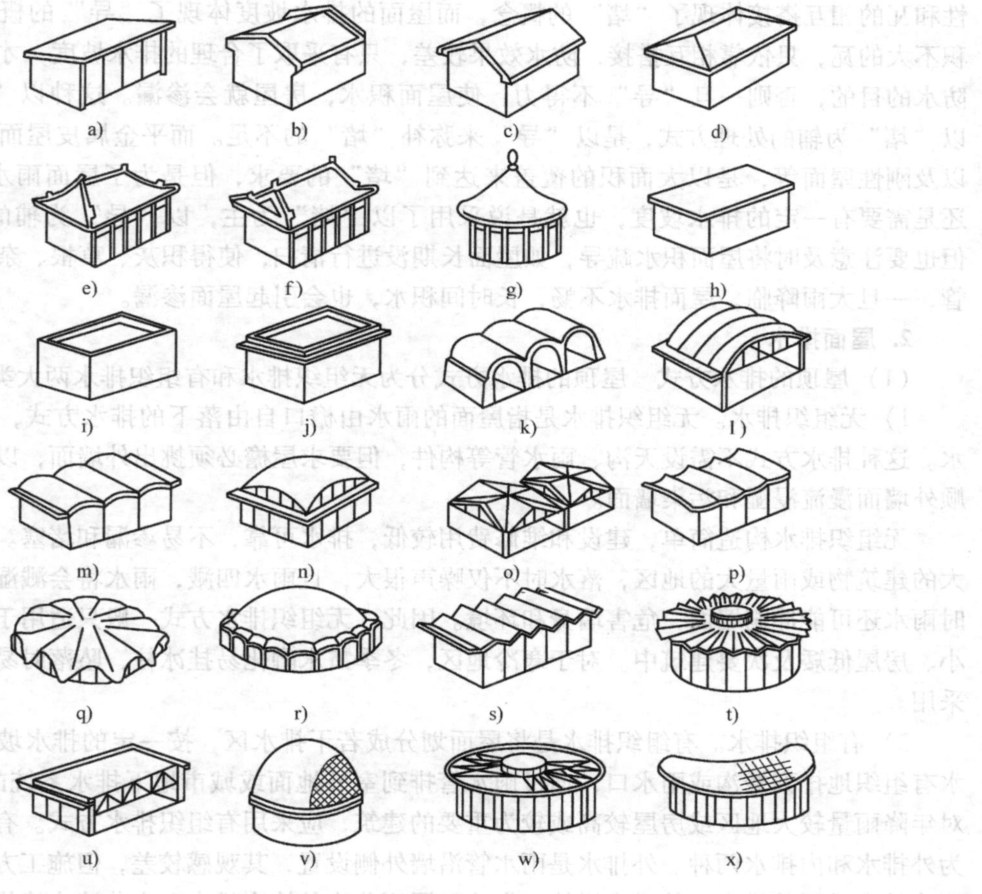

图 6-1 屋顶形式

a）单坡顶 b）硬山顶 c）悬山顶 d）四坡顶 e）庑殿 f）歇山 g）攒尖 h）、i）、j）平屋顶 k）拱顶 l）双曲拱顶 m）筒壳 n）扁壳 o）扭壳 p）鞍形壳 q）抛光面壳 r）球壳 s）折板 t）辐射折板 u）平板网架 v）曲面网架 w）轮辐式悬索 x）鞍形悬索

[实训练习] 观察你所在学校的一些建筑物的屋顶，指出哪些是平屋顶，哪些是坡屋顶？

6.1.3 屋面防水与排水

1. 屋面防水与排水原理

屋面的防排水功能主要是依靠选用合理的屋面防水材料和相适应的排水坡度，经过构造设计和精心的施工使屋顶能很快地排除积水，以防渗漏。故在处理屋面防排水时，可以从“导”和“堵”两个方面来进行。所谓“导”指的是排除屋面积水，因而应该有适当的排水坡度及相应的排水设施。所谓“堵”指的是防止屋面积水渗漏，因而应该使用适当的防水材料，利用其在上下左右的相互搭接，形成一个封闭的防水覆盖层，以达到防水的目的。

在屋面的防排水构造设计中，“导”和“堵”总是相辅相成和相互关联的。由于各种防水材料的特点和铺设的构造做法不同，处理方式也随之不同。例如，瓦屋面的瓦本身的密实性和瓦的相互搭接体现了“堵”的概念，而屋面的排水坡度体现了“导”的概念，一块面积不大的瓦，只依靠相互搭接，防水效果较差，只有采取了合理的排水坡度，才能达到屋面防水的目的，否则一旦“导”不得力，使屋面积水，房屋就会渗漏。这种以“导”为主，以“堵”为辅的处理方式，是以“导”来弥补“堵”的不足。而平金属皮屋面、卷材屋面以及刚性屋面等，是以大面积的覆盖来达到“堵”的要求，但是为了屋面雨水迅速排除，还是需要有一定的排水坡度，也就是说采用了以“堵”为主，以“导”为辅的处理方式，但也要注意及时将屋面积水疏导，如屋面长期没进行清扫，使得积灰、草根、杂物堵塞落水管，一旦大雨降临，屋面排水不畅，长时间积水，也会引起屋面渗漏。

2. 屋面排水

（1）屋顶的排水方式　屋顶的排水方式分为无组织排水和有组织排水两大类。

1）无组织排水。无组织排水是指屋面的雨水由檐口自由落下的排水方式，又称自由落水。这种排水方式不需设天沟、雨水管等构件，但要求屋檐必须挑出外墙面，以防屋顶雨水顺外墙面漫流浸湿和污染墙面。

无组织排水构造简单，建设和维修费用较低，排水可靠，不易渗漏和堵塞。但屋檐高度大的建筑物或雨量大的地区，落水时不仅噪声很大，且雨水四溅，雨水将会溅湿勒脚，有风时雨水还可能冲刷墙面，危害墙身和环境。因此，无组织排水方式一般只适用于年降雨量较小、房屋低矮及次要建筑中。对于寒冷地区，冬季雪水融化易挂冰柱，坠落时易伤人，不宜采用。

2）有组织排水。有组织排水是将屋面划分成若干排水区，按一定的排水坡度把屋面雨水有组织地排到檐沟或雨水口，通过雨水管排到室外地面或城市地下排水系统的排水方式。对年降雨量较大地区或房屋较高或较为重要的建筑，应采用有组织排水方式。有组织排水分为外排水和内排水两种。外排水是雨水管沿墙外侧设置，其观感较差，但施工方便。一般民用建筑多采用外排水。外排水视檐口做法不同可分为外檐沟排水和女儿墙内檐排水。内排水是雨水管沿室内墙或柱设置，施工较麻烦。

外檐沟排水。屋面可以根据房屋的跨度和外形需要，做成单坡、双坡或四坡排水，同时相应地在双面或四面设置排水檐沟（图6-2a、b）。雨水从屋面排至檐沟，沟内垫出不小于0.5%的纵向坡度，把雨水引向雨水口经水落管排泄到地面的明沟和集水井并排到地下的城市排水系统中。为了上人或造型需要也可在外檐内设置栏杆或易于泄水的女儿墙（图6-2c）。

女儿墙内檐排水。设有女儿墙的平屋顶，可在女儿墙里面设内檐沟（图6-3），雨水口可穿过女儿墙，在外墙外面设水落管，也可由设在外墙的里面管道井内的水落管排除。

内排水。对观感要求较高和冬季严寒地区的建筑、高层建筑和大跨度建筑的屋顶应优先采用内排水方式（图6-4）。雨水经过雨水口流入室内水落管，再由地下管道把雨水排到室外排水系统。

有组织排水在屋面上要设檐（天）沟，其净宽度不小于200mm，沟内坡度一般不小于0.5%，坡向雨水口。雨水口的位置和间距要尽量使其排水负荷均匀，有利于雨水管的安装和建筑美观。雨水口的数量主要应根据屋面集水面积、不同直径雨水管的排水能力计算确定。一般直径为100mm的雨水管，可排集水面积为150～200m^2的雨水。雨水口的间距宜为18～24m。

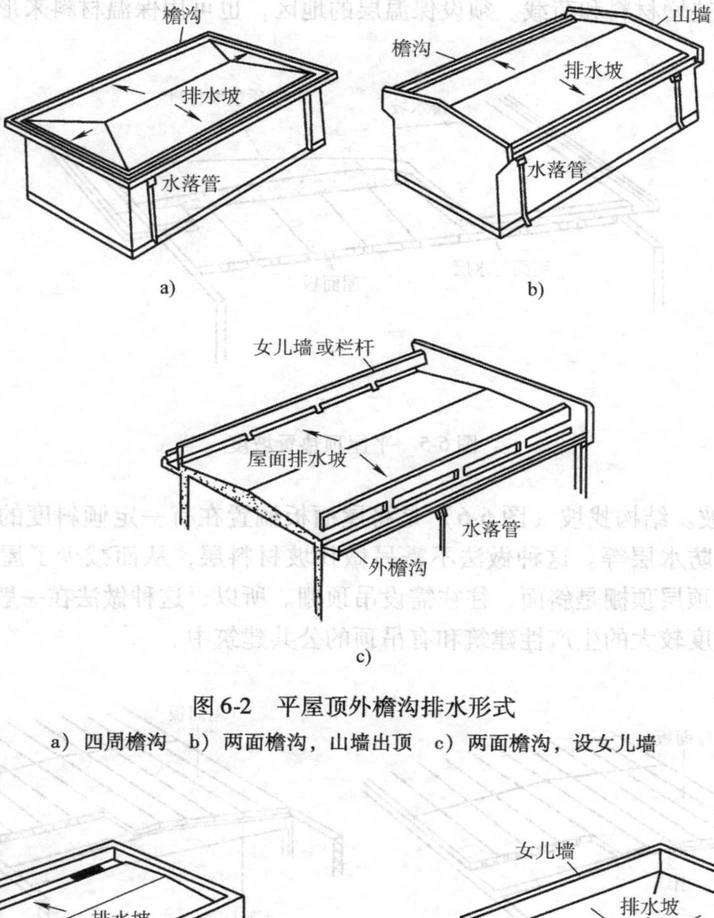

图6-2 平屋顶外檐沟排水形式

a）四周檐沟 b）两面檐沟，山墙出顶 c）两面檐沟，设女儿墙

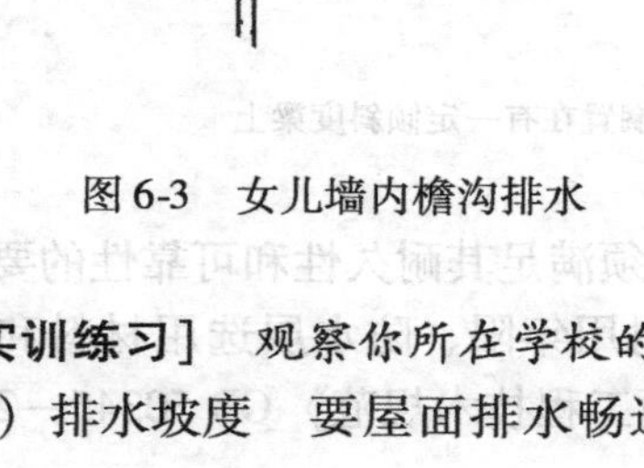

图6-3 女儿墙内檐沟排水

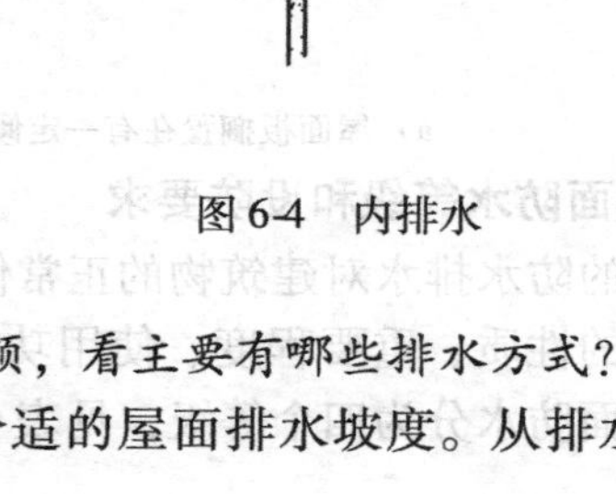

图6-4 内排水

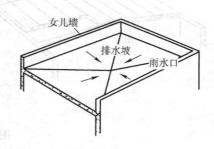

［实训练习］ 观察你所在学校的一些建筑物的屋顶，看主要有哪些排水方式？

（2）排水坡度 要屋面排水畅通，首先是选择合适的屋面排水坡度。从排水角度讲，

要求排水坡度越大越好；但从结构上、经济上以及上人活动等角度考虑，又要求坡度越小越好，因为坡度越大，要求屋顶的覆盖材料面积越大，这样会使得屋面设计不经济。一般视屋面材料的粗糙程度和功能需要，坡度的形成一般可通过两种方法来实现，即材料找坡（垫置坡度）和结构找坡（搁置坡度）。

1）材料找坡。材料找坡是在水平放置的屋面板上，利用找坡材料厚度变化形成一定的坡度。找坡材料多用炉渣等价廉质轻的材料加水泥或石灰构成（如1∶1∶6～1∶1∶8水泥石灰焦渣），一般设在承重层与保温层之间（图6-5），其最薄处厚度不得小于30mm。垫置坡度不宜过大，避免徒增材料和荷载。须设保温层的地区，也可用保温材料来形成坡度。

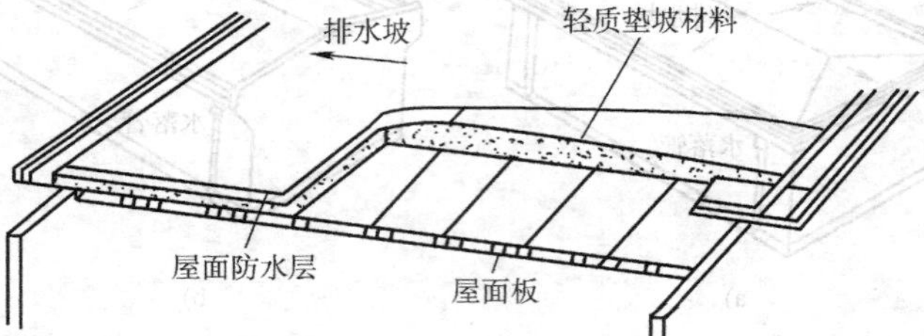

图6-5　平屋顶垫置坡度

2）结构找坡。结构找坡（图6-6）是将屋面板搁置在有一定倾斜度的梁或墙上形成屋面坡度，再铺设防水层等。这种做法不需另做找坡材料层，从而减少了屋顶荷载，施工简单，造价低。但顶层顶棚是斜面，往往需设吊顶棚。所以，这种做法在一般民用建筑中采用较少，多用于跨度较大的生产性建筑和有吊顶的公共建筑中。

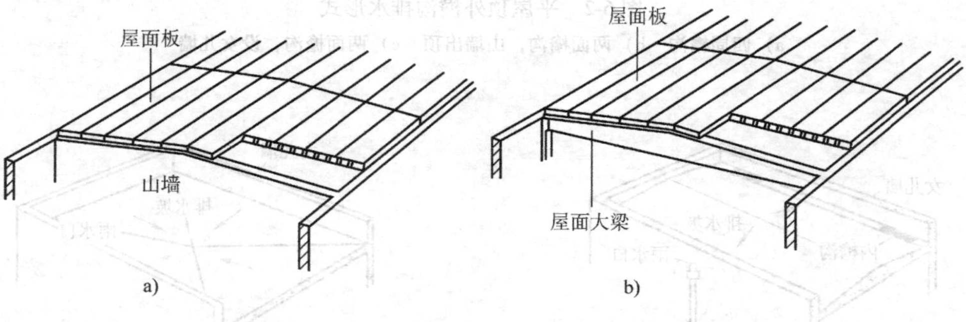

图6-6　结构找坡

a）屋面板搁置在有一定倾斜度墙上　b）屋面板搁置在有一定倾斜度梁上

3. 屋面防水等级和设防要求

屋顶的防水排水对建筑物的正常使用影响甚大，必须满足其耐久性和可靠性的要求。根据建筑物的性质、重要程度、使用功能要求、防水层耐用年限、防水层选用材料和设防要求，将屋面防水分为四个等级，见表6-1。（摘自《屋面工程技术规范》GB 50345—2004）。

表 6-1 屋面防水等级和设防要求

项 目	屋面防水等级			
	Ⅰ	Ⅱ	Ⅲ	Ⅳ
建筑物类别	特别重要的民用建筑和对防水有特殊要求的工业建筑	重要的工业与民用建筑、高层建筑	一般的工业与民用建筑	非永久性的建筑
防水层耐用年限	25年	15年	10年	5年
防水层选用材料	宜选用合成高分子防水卷材、高聚物改性沥青防水卷材、金属板材、合成高分子防水涂料、细石防水混凝土等材料	宜选用高聚物改性沥青防水卷材、合成高分子防水卷材、金属板材、合成高分子防水涂料、高聚物改性沥青防水涂料、细石防水混凝土、平瓦、油毡瓦等材料	应选用高聚物改性沥青防水卷材、合成高分子防水卷材、三毡四油沥青防水卷材、金属板材、高聚物改性沥青防水涂料、合成高分子防水涂料、细石防水混凝土、平瓦、油毡瓦等材料	可以选用二毡三油沥青防水卷材、高聚物改性沥青防水涂料等材料
设防要求	三道或三道以上防水设防	二道防水设防	一道防水设防	一道防水设防

注：1. 表中所指提沥青均指石油沥青，不包括煤沥青和煤焦油等材料。
2. 石油沥青纸胎油毡和沥青复合胎柔性防水卷材，系限制使用材料。
3. 在Ⅰ、Ⅱ级屋面防水设防中，如仅做一道金属板材时，应符合有关技术规定。

［课堂讨论］ 在物业维修管理中，及时做好屋面的排水工作对屋面的维修保养有何重要意义？

［实训练习］ 观察你所在学校的一些建筑物的屋顶，看主要有哪些排水方式？

6.2 平屋顶构造

6.2.1 平屋顶构造组成

平屋顶构造简单、节省材料、价格较低，能提高预制装配化程度，施工方便、节省空间，并能适应各种平面形状，屋顶表面便于利用。因此，平屋顶应用广泛，是目前建筑屋顶的主要形式。

平屋顶的组成可分为基本构造层次和辅助构造层次。基本构造层次包括顶棚、承重层、找平层、防水层和保护层，辅助构造层次视建筑功能及构造的具体要求，可包含找坡层、结合层、保温层、隔热层、隔汽层等。

6.2.2 平屋顶防水构造

由前述可知，平屋顶的构造层次较多，除防水层（含与之相邻层）构造做法差异较大外，其余构造层做法变化不大。根据防水层材料不同，屋面可分为卷材防水屋面、涂膜防水屋面、刚性防水屋面等。这里只介绍卷材防水屋面和刚性防水屋面。

1. 卷材防水屋面（柔性防水屋面）

卷材防水屋面是指将柔性的防水卷材或片材用胶结材料粘贴在屋面上，形成一个大面积的封闭防水覆盖层，是典型以“堵”为主的防水构造。这种防水层具有一定的延伸性，能适应暴露在大气层的屋面和结构由温度变化而引起的屋面变形。

（1）防水面层构造层次　由于目前油毡防水屋面构造处理上较典型，这里还是以其为主进行讲述。其防水面层构造层次如图6-7所示。

1）找平层。防水卷材应铺设在表面平整的找平层上，位置一般设在结构层或保温层（保温屋面）上面，常用1∶3水泥砂浆进行找平，找平层的厚度为15～20mm，待表面干燥后作为卷材屋面的基层。

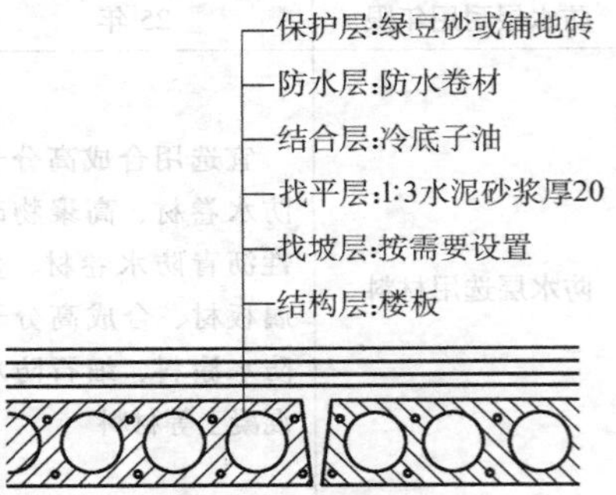

图6-7　防水面层构造层次

2）结合层。由于砂浆找平层表面存在因水分蒸发形成的孔隙和小颗粒粉尘，很难使防水卷材（或粘结剂）与找平层粘结牢固。当防水卷材为沥青类防水卷材时，为了解决这个问题，应在找平层上预先涂刷一层既能和沥青胶粘结，又容易渗入水泥砂浆的稀释沥青溶液，通称冷底子油，作为结合层。高分子卷材多采用配套基层处理剂作结合层。

3）防水层。屋面油毡防水层是沥青胶合油毡层交替粘合而成。一般平屋顶采用三毡四油，在屋面重要部位和严寒地区采用四毡五油。

平屋顶铺贴卷材，一般有垂直屋脊和平行屋脊两种做法（图6-8）。通常以平行屋脊铺设较多，即从屋檐开始平行于屋脊由下向上铺设，上下边搭接80～120mm，左右边搭接100～150mm，并在屋脊处用整幅油毡压住坡面油毡，左右边接头应顺着主导风向。沥青胶的厚度应控制在1～1.5mm之间，过厚易发生龟裂。

合成高分子卷材铺贴时，先在找平层上涂刮基层处理剂（如CX—404胶等），要求薄而均匀，干燥不粘手后即可铺贴卷材。卷材可垂直或平行于屋脊方向铺贴。卷材铺贴时要求保持自然松弛状态，不能拉得过紧。卷材长边应保持搭接50mm，短边保持搭接70mm，铺好后立即用工具滚压密实，搭接部位用胶粘剂均匀涂刷粘合。

高聚物改性沥青防水卷材铺贴方法有冷粘法和热熔法两种。冷粘法是用胶粘剂将卷材粘结在找平层上。铺贴卷材时注意平整顺直，搭接尺寸准确，不扭曲，应排除卷材下面的空气并辊压粘结牢固。热熔法施工时用火焰加热器将卷材均匀加热至表面光亮发黑，然后立即滚铺卷材使之平展，并辊压牢固。

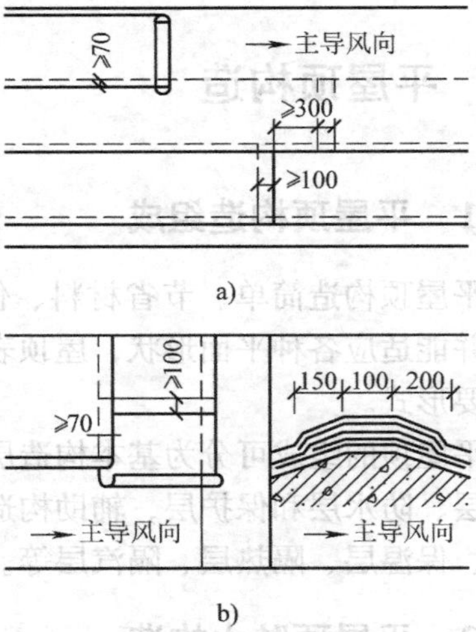

图6-8　油毡铺设
a）平行屋脊铺设　b）垂直屋脊铺设

4）保护层。当屋面为不上人屋面时，可涂刷反光涂料，覆盖粗砂、绿豆石等。如油毡防水层的表面呈黑色，最容易吸热，夏季在太阳辐射下，屋面综合温度可达60～80℃，容易使沥青胶流淌和油毡老化。一般多在表面撒粒径为3～6mm的小石子（需加热，以便石子与沥青胶粘结，防止被雨水冲走）作为保护层。高聚物改性沥青防水卷材和合成高分子卷材屋面的保护层在防水层铺贴结束，清扫干净，经检查和淋（蓄）水试验合格，待防水层表面干燥后，可粘附矿物粉粒或中砂保护层，做法是在干净的防水层上边涂胶，边撒石砂、云母片、蛭石等浅色材料，撒匀轻拍，隔24h后扫除没有粘结的浮料。

当屋面为上人屋面时，需要在防水层上再加面层，既保护防水层又是地面面层，起着双重作用。保护层的构造做法通常有铺贴缸砖、大阶砖、混凝土板等块材或在防水层上现浇30～40mm厚细石混凝土。整体保护层均应设分格缝，位置是：屋顶坡面的转折处，屋面与突出屋面的女儿墙、烟囱等交接处。保护层分格缝应尽量与找平层分格缝错开，缝内用油膏嵌封。

（2）平屋顶防水节点构造　卷材防水屋面，大面积范围内发生渗漏的可能性较小，而在屋面与垂直墙体交接处、檐口、变形缝、雨水口及高出屋面的构件（烟囱，女儿墙等）根部易发生渗漏。因此，应加强这些部位的防水处理。

1）泛水。泛水是指屋面与高出屋面的构件相交处的防水处理。女儿墙、山墙、烟囱及变形缝等部位，均需作泛水处理，以防止交接缝出现漏水。泛水的一般构造做法是：①将屋面的卷材继续铺至垂直墙面上250mm；②在屋面与垂直墙面的交接缝处，用砂浆在转角处做成弧形或45°度斜面，并应加铺一层卷材；③做好泛水上口的卷材收头固定，防止卷材沿垂直墙面下滑。一般做法是：在垂直墙中设通长凹槽，将卷材收头压入凹槽内，用防水压条钉压后再用密封材料嵌封，外抹水泥砂浆保护，如图6-9所示。

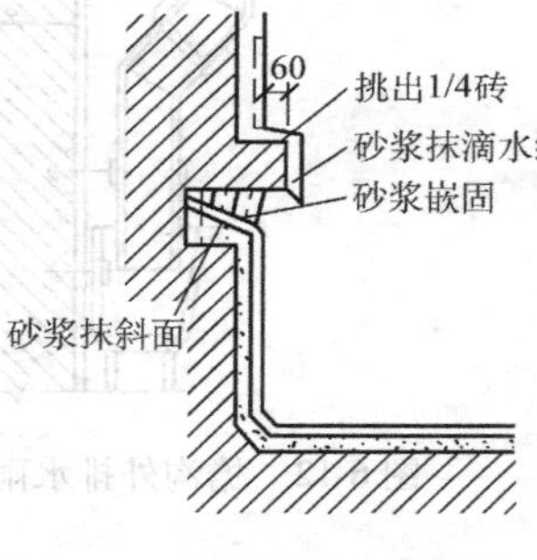

图6-9　女儿墙泛水构造处理

2）檐口构造。防水屋面的檐口有自由落水、挑檐沟、女儿墙带檐沟、女儿墙外排水和内排水等多种。这里着重讲述防水卷材在檐口处的收头构造。

自由落水檐口的油毡收头极易开裂渗水（图6-10）。采用油膏嵌缝上面再洒绿豆砂保护，可有所改进（图6-11）。

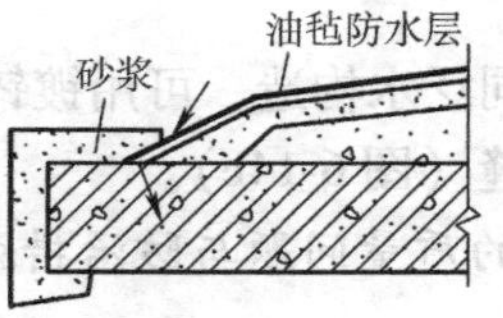

图6-10　油毡收头渗水

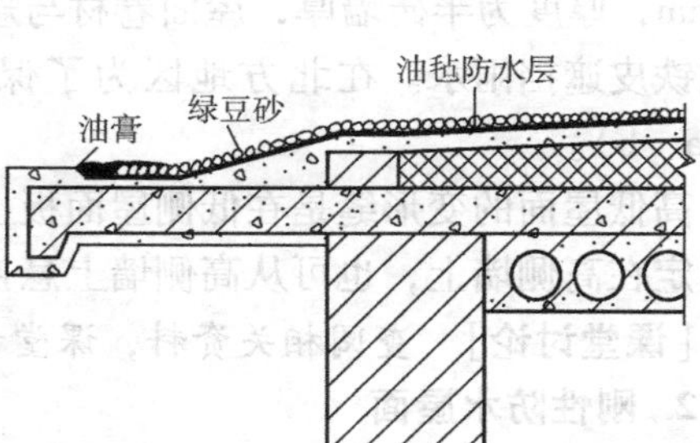

图6-11　油膏嵌缝压檐

带挑檐沟的檐口，卷材收头处理通常是在檐沟边缘钉压条将卷材压住，再用油膏或砂浆收口。此外，檐沟内转角处水泥砂浆应抹成圆弧形，沟内应加铺一层卷材以增强防水能力，以防卷材断裂，檐沟外侧应做好滴水。

3）雨水口构造。雨水口是屋面雨水汇集并排至水落管的关键部位，构造上要求排水通畅、防止渗漏和堵塞。

①檐沟外排水雨落口构造。在檐沟板预留的孔中安装铸铁或塑料雨水口，并将防水卷材铺入雨水口内100mm，周围用油膏嵌缝。雨水口上用定型铸铁罩或铁丝球罩住，防止杂物落入水落口中（图6-12）。

②女儿墙外排水雨落口构造。在女儿墙上的预留孔洞中安装雨水口，使屋面雨水穿过女儿墙排至墙外的雨水斗中。为防止雨水口与屋面交接处发生渗漏，也需将屋面卷材铺入雨水口内100mm，雨水口还应安装铁篦子，以防杂物进入造成堵塞，如图6-13所示。

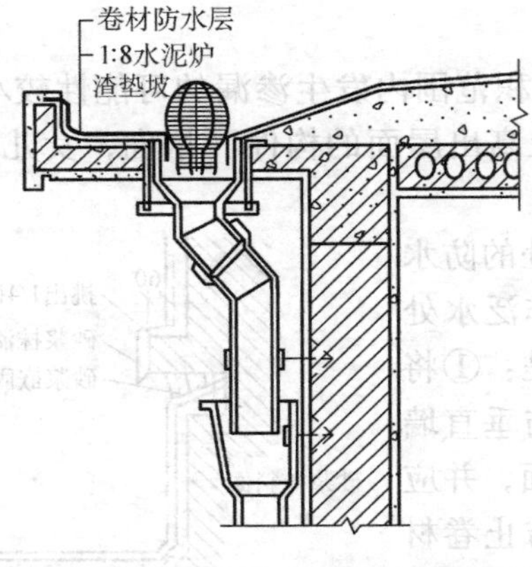

图6-12　檐沟外排水雨落口构造

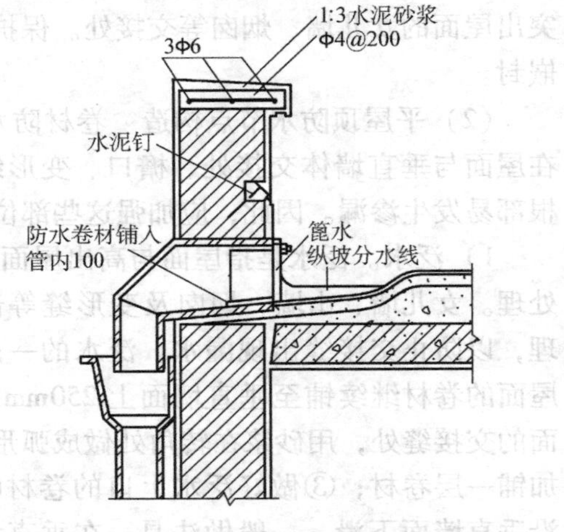

图6-13　女儿墙外排水雨落口构造

所有雨水口处都应尽可能比屋面或檐沟面低一些，有垫坡层或保温层的屋面，可在雨水口直径500mm周围减薄，形成漏斗形，使之排水通畅、避免积水。

4）屋面变形缝构造。屋面变形缝构造原则是既要满足屋面变形的需要，又要满足防水的要求。

平屋顶上等高屋面的变形缝的两侧应该砌筑一定高度的防水矮墙，矮墙的高度应大于180mm，厚度为半砖墙厚，屋面卷材与矮墙的连接处理类似于泛水构造。矮墙顶部用混凝土板或铁皮遮挡雨水。在北方地区为了保温，在变形缝内还应该填塞沥青麻丝等材料（图6-14a、b）。

高低屋面的变形缝是在低侧屋面板上砌筑矮墙，做法同泛水构造，可用镀锌薄钢板盖缝并固定在高侧墙上，也可从高侧墙上悬挑钢筋混凝土板盖缝（图6-14c）。

［课堂讨论］　查阅相关资料，课堂讨论卷材防水屋面的质量问题与防治措施。

2. 刚性防水屋面

刚性防水屋面是指以水泥砂浆抹面或细石混凝土浇捣而成的屋面。其主要优点是构造简单，施工方便，造价较低和维修较为方便；缺点是对温度变化和结构变形较为敏感、施工技术要求高、易开裂、防水层易起砂、起壳。所以刚性防水多用于我国日温差较小的南方地区，防水等级为Ⅲ级的屋面防水，也可用作防水等级为Ⅰ、Ⅱ级的屋面多道设防中的一道防水层（表6-1）。

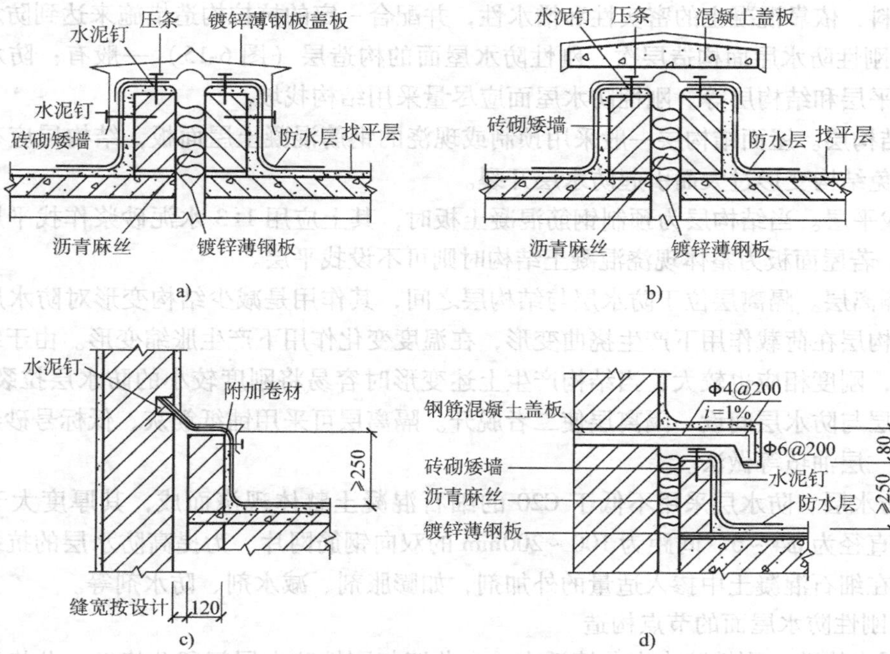

图6-14 屋面变形缝构造

a）横向变形缝泛水（一） b）横向变形缝泛水（二）

c）高低屋面变形缝（一） d）高低屋面变形缝（二）

刚性防水屋面一般适用于无保温层的屋面（倒置屋面除外），因为保温层多采用轻质多孔材料，其上不宜进行浇筑混凝土的湿作业，且混凝土防水层铺设在这种较松软的基层上容易产生裂缝。此外，混凝土刚性防水屋面也不宜用于高温、有振动和基础有较大不均匀沉降的建筑。

（1）刚性防水屋面的防水混凝土　刚性屋面的水泥砂浆和混凝土在施工时，当用水量超过水泥水凝过程所需的用量，多余的水逐渐蒸发形成许多空隙和互相贯连的毛细通道，这会使砂浆和混凝土失水干缩时表面开裂和形成渗水通道。因此，普通的水泥砂浆和混凝土必须经过以下几种防水措施，才能作为屋面的刚性防水层。

1）增加防水剂。防水剂通常为憎水性物质，掺入砂浆或混凝土后，能与之生成不溶性物质，填塞毛细孔道，提高密实性。

2）采用微膨胀。在普通水泥中掺入少量矾土水泥和二水石粉等所配置的细石混凝土，在硬结时产生微膨胀效应，抵消混凝土原有的收缩性，以提高抗裂性。

3）提高密实性。控制水灰比，加强浇筑时的振捣，均可提高砂浆和混凝土的密实性。细石混凝土屋面在初凝前表面用铁滚碾压，使余水压出，初凝后加少量干水泥，待收水后用铁板压平、表面打毛，然后盖席浇水养护，从而提高面层密实性和避免了表面的龟裂。

刚性防水屋面的最严重的问题是防水层容易出现裂缝而漏水。这是因为细石混凝土作防水材料的最大特点是抗压强度高，极限拉应变小，抗拉强度低，混凝土的抗拉只有抗压强度的1/10～1/16，抗压极限应变约20倍于抗拉极限应变，在各种不利因素如热胀冷缩以及结构变位的作用下，都将引起屋面开裂。故刚性防水屋面常见的做法是细石混凝土和冷拉钢筋为主体材料，依靠混凝土的密实性和憎水性，并配合一定的抗拉构造措施来达到防水目的。

（2）刚性防水屋面构造层次　刚性防水屋面的构造层（图6-15）一般有：防水层、隔离层、找平层和结构层等。刚性防水屋面应尽量采用结构找坡。

1）结构层。屋面结构层一般采用预制或现浇的钢筋混凝土屋面板，结构层应有足够的刚度，以免结构变形过大而引起防水层开裂。

2）找平层。当结构层为预制钢筋混凝土板时，其上应用1∶3水泥砂浆作找平层，厚度为20mm。若屋面板为整体现浇混凝土结构时则可不设找平层。

3）隔离层。隔离层位于防水层与结构层之间，其作用是减少结构变形对防水层的不利影响。结构层在荷载作用下产生挠曲变形，在温度变化作用下产生胀缩变形。由于结构层较防水层厚，刚度相应也较大，当结构产生上述变形时容易将刚度较小的防水层拉裂。因此，宜在结构层与防水层间设一隔离层使二者脱开。隔离层可采用铺纸筋灰、低标号砂浆，或薄砂层上铺一层油毡等做法。

4）防水层。防水层采用不低于C20的细石混凝土整体现浇而成，其厚度大于40mm，并应配置直径为$\phi4\sim6$、间距为100～200mm的双向钢筋网片。为提高防水层的抗裂和抗渗性能，可在细石混凝土中掺入适量的外加剂，如膨胀剂、减水剂、防水剂等。

（3）刚性防水屋面的节点构造

1）泛水构造。刚性防水女儿墙泛水：女儿墙与刚性防水层间留分格缝，分格缝内用油膏嵌缝，缝外用附加卷材铺贴至泛水所需高度并做好压缝收头处理，以免雨水渗进缝内（图6-16）。

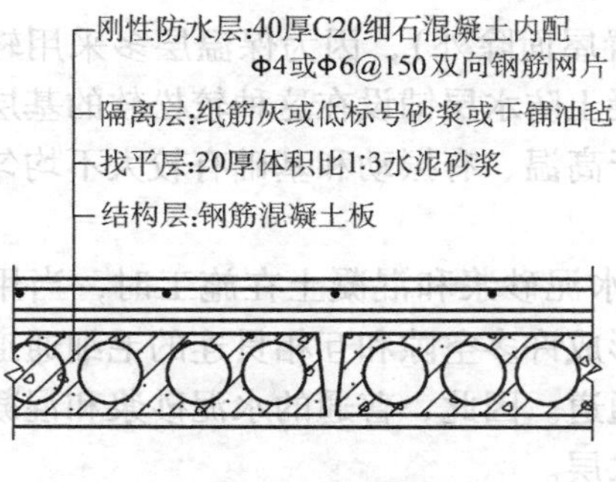

图6-15　刚性防水屋面的构造层

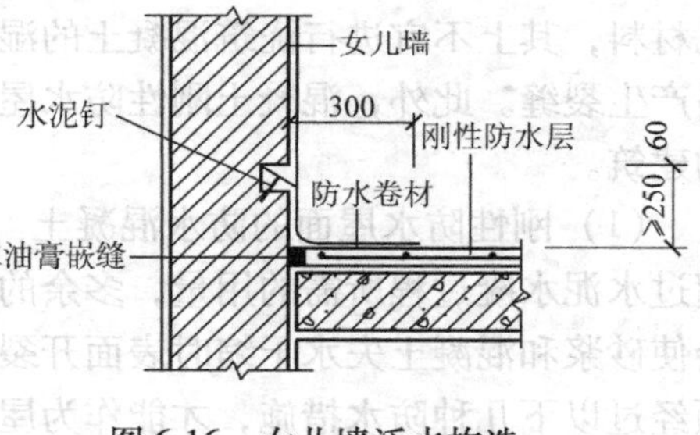

图6-16　女儿墙泛水构造

2）管道出屋面构造。伸出屋面的管道（如厨房、卫生间等房间的透气管等）与刚性防水层间亦应留设分格缝，缝内用油膏嵌填，然后用卷材或涂膜防水层在管道周围做泛水，如图6-17所示。

3）檐口构造。刚性防水屋面常用檐口形式有自由落水挑檐口、挑檐沟檐口及女儿墙檐口等，其构造如图6-18所示。

4）分格缝构造。分格缝是一种设置在刚性防水层中的变形缝，其作用有两种。

作用一：大面积的整体现烧混凝土防水层受气温影响产生的温度变形较大，容易导致混凝土开裂。设置一定数量的分格缝将单块混凝土防水层的面积成小，从而减少其伸缩变形，可有效地防止和限制裂缝的产生。

作用二：屋面在荷载作用下屋面板会产生挠曲变形，支承端翘起，易于引起混凝土防水层开裂，如在这些部位预留分格缝就可避免防水层开裂。

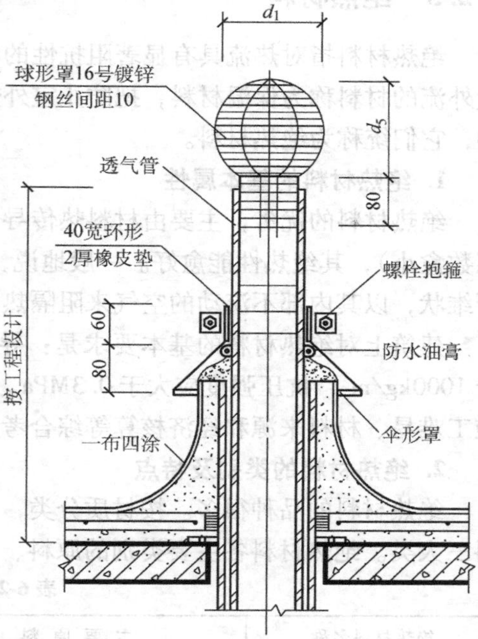

图6-17 透气管出屋面

分格缝应设置在装配式结构屋面板的支承端、屋面转折处、与立墙的交接处。分格缝的纵横间距不宜大于6m。分格缝的位置如图6-19所示：屋脊处应设一纵向分格缝；横向分格缝每开间设一道，并与装配式屋面板的板缝对齐；沿女儿墙四周也应设分隔缝。其他突出屋面的结构物四周均应设置分格缝。

分格缝宽度可做成20mm左右，为了有利于伸缩，缝内不可用砂浆填实，一般用油膏嵌缝，厚度约为20～30mm，为不使油膏下落，缝内用弹性材料、泡沫塑料或沥青麻丝填底（图6-20）。

为了施工方便，近来混凝土刚性屋面防水层施工中，常将大面积细石混凝土防水层一次性浇筑，然后用电锯切割分缝。这种做法，切割缝宽度只有5～8mm，对温差的膨胀尚可适应，但无法用油膏，只能按图6-20用干铺卷材的方式进行防水。

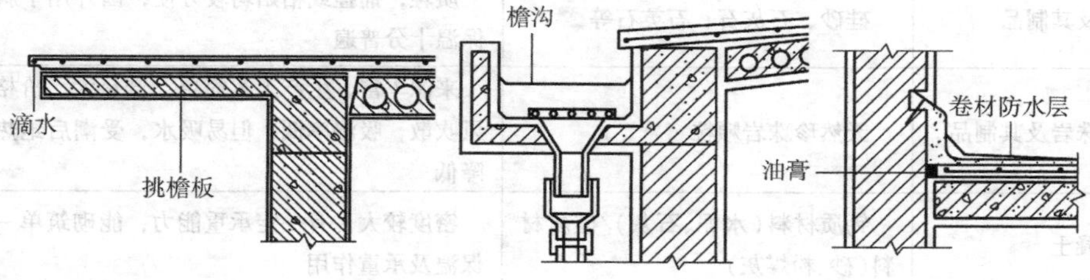

图6-18 刚性防水屋面檐口构造

a）自由落水挑檐口 b）挑檐沟檐口 c）女儿墙檐口

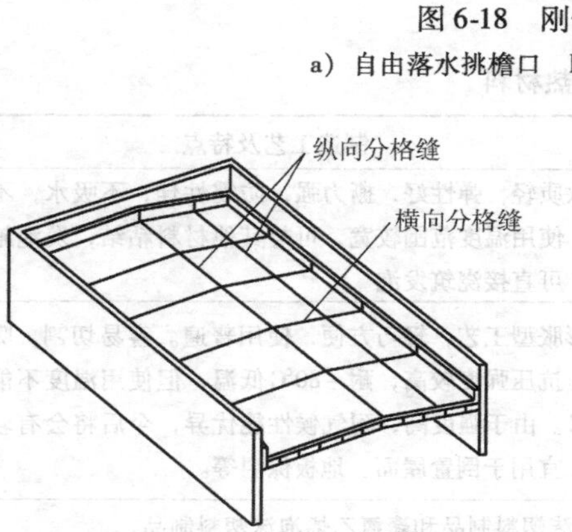

图6-19 屋顶分格缝

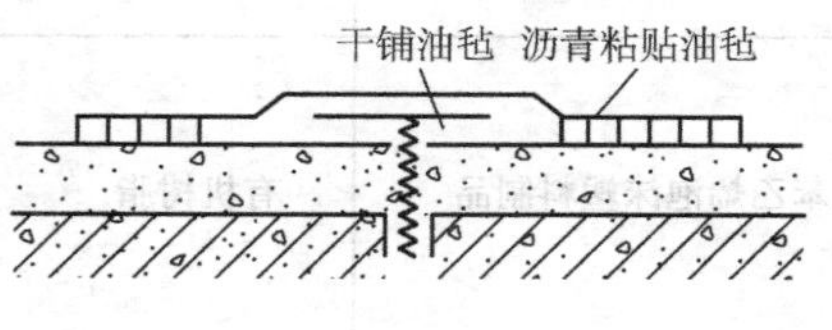

图6-20 油毡盖缝

6.2.3 绝热材料

绝热材料指对热流具有显著阻抗性的材料或材料复合体。在建筑中，把用于控制室内热量外流的材料称为保温材料，把防止室外热量进入室内的材料称为隔热材料。其本质是一样的，它们统称为绝热材料。

1. 绝热材料的基本属性

绝热材料的优劣，主要由材料热传导性能的高低所决定。材料的热传导愈难（即导热系数愈小），其绝热性能愈好。一般地说，绝热材料的共同特点是轻质、疏松，呈多孔状或纤维状，以其内部不流动的空气来阻隔热的传导。

建筑上对绝热材料的基本要求是：导热系数不宜大于0.17W/(m·K)，表观密度应小于1000kg/m^3，抗压强度应大于0.3MPa。选用时，应结合建筑物的用途、围护结构的构造、施工难易、材料来源和经济核算等综合考虑。

2. 绝热材料的类别及特点

绝热材料的品种很多。按材质分类，可分为无机绝热材料、有机绝热材料和金属绝热材料三大类。绝热材料各主要类别的原料、制造工艺及特点见表6-2、表6-3。

表6-2 无机绝热材料

绝热材料名称	主要原料	制造工艺及特点
矿（岩）棉及其制品	工业废料、矿渣、玄武岩、辉绿岩等天然岩石	耐热性能好，一般使用温度达350℃，特别适用于窑炉及管道保温
玻璃棉及其制品	硅砂、石灰石、石英石等	质轻，铺挂或粘贴均较方便，国外用于斜屋顶天棚保温十分普遍
膨胀珍珠岩及其制品	天然珍珠岩颗粒	来源丰富，生产工艺简单，产量大，价格低。易被风吹散，吸湿率低，但易吸水，受潮后绝热效果大大降低
加气混凝土	钙质材料（水泥、石灰）/硅质材料（砂、粉煤灰）	密度较大，有一定承重能力，能砌筑单一墙体兼作保温及承重作用
除上外，其他常见的还有泡沫石棉及其制品、硅酸铝纤维及其制品、蛭石及其制品和泡沫玻璃及其制品。		

表6-3 有机绝热材料

绝热材料名称	主要原料	制造工艺及特点
聚氨酯泡沫塑料制品	有机树脂	软质轻，弹性好，撕力强，防震性佳，不吸水，不易变形，使用温度范围较宽，可与其他材料粘结，发泡施工方便，可直接浇筑发泡
聚苯乙烯泡沫塑料制品	有机树脂	膨胀型工艺，轻巧方便，使用普遍。容易切割，吸水率低、抗压强度较高，耐-80℃低温，但使用温度不能高于75℃。由于强度高，耐气候性能优异，今后将会有较大发展，宜用于倒置屋面、地板保温等。
除上外，其他常见的还有脲醛树脂泡沫塑料制品、酚醛树脂泡沫塑料制品和聚氯乙烯泡沫塑料制品。		

常见的金属绝热材料有铝箔、锡箔、铝箔，它们常作为夹层墙体或屋面的绝热材料，具有体轻、防潮、保温和保冷性能好的特点。

6.2.4 平屋顶保温与隔热

屋顶与外墙均属于建筑物的外围护结构，除遮风避雨要求外，还应具有足够的保温和隔热能力。

1. 屋顶保温

冬季室内采暖时，气温较室外高，热量通过维护结构向外散失。为了防止热量散失过多、过快，应在屋顶中设置保温层。保温层的构造方案及材料做法是根据使用要求、气候条件、屋顶结构形式、防水处理方法、施工条件等综合考虑确定的。

（1）屋面保温材料　屋面保温材料一般多选用多孔、质轻、导热系数小的材料。一般可分为松散、整体和板状保温材料等三大类。

1）松散保温材料。常用的松散保温材料有炉渣、矿渣、膨胀蛭石、膨胀珍珠岩、矿棉、岩棉等。

2）整体保温材料。一般在结构层上用轻骨料（矿渣、陶粒、蛭石、珍珠岩等）与沥青或水泥拌和、浇筑而成的轻质混凝土或泡沫混凝土。

3）板状保温材料。常见的有水泥、沥青、水玻璃等胶结的预制膨胀珍珠岩（蛭石）板、加气混凝土板、泡沫塑料等块材或板材。

（2）保温层的位置　平屋顶坡度较缓，保温层宜设在屋顶结构层上部，通常其位置有两种处理方案：

1）正置式保温屋面。保温层位于结构层之上、防水层之下被封闭的形式称为正置式（亦称内置式）保温屋面，一般的屋面常采用这种做法，此时保温材料可选用多孔的材料（图6-21）。

2）倒置式保温屋面。倒置式保温屋面是将密度小，抗压强度较高且吸湿性小的憎水性保温材料（如挤塑聚苯乙烯泡沫板等）做在防水层之上的保温屋面。这种构造不仅解决了刚性防水层铺在松软基层上易开裂的问题，而且对防水层（无论是卷材还是刚性防水层）起到屏蔽和防护作用，使之受阳光和气候变化的影响减弱而温度变形较小，提高了防水层的耐久性，是一种值得推广的保温屋面。由于保温层在上，故在保温材料选择上必须选吸湿性低、耐气候性强的保温材料。经实践，聚氨酯和聚苯乙烯发泡材料可作为倒铺屋面的保温层，但须用较重的覆盖层压住。

（3）平屋顶保温构造

1）正置式保温屋面构造。正置式保温屋面构造如图6-21所示。在屋顶中设置保温层后，因材料吸湿后导热系数急剧增大，保温性能降低，所以在北纬40°以上地区和湿度较大的房间屋顶中应增设隔汽层。

隔汽层除可以防止冬季室内水蒸气随热气流从屋面板孔隙渗透进保温层，降低保温性能外，还可防止水分在夏季高温时转化为蒸汽而体积膨胀，引起卷材防水层起鼓。隔汽层一般位于保温层下。其做法为：在屋面板（或找坡层）上设1∶3水泥砂浆找平层，涂刷两道冷底子油结合层，再做一毡二油隔汽层。

保温层的下面设了隔汽层后，其上下两个面都被绝缘层封住，内部的湿气反而排不出去，导致保温层吸水保温性能降低。为解决这个问题，可以在保温层内设排气道，排汽道应纵横连通，间距6m，并与排汽口相通。

2）倒置式保温屋面构造。倒置式保温屋面的做法如图6-22所示。倒置式保温屋面的保护层应选择有一定重量的材料，以防止下雨时漂浮或起风时被吹走。一般用大粒径的石子（不上人屋面）或预制混凝土板（上人屋面，其他块料上人屋面材料亦可）。

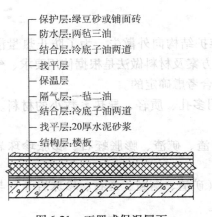

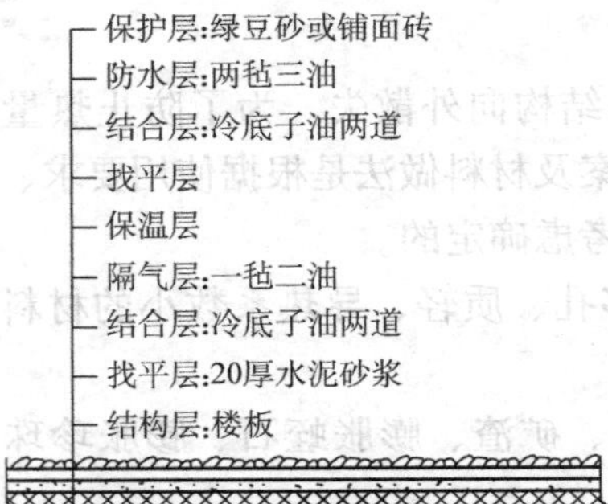

图6-21　正置式保温屋面

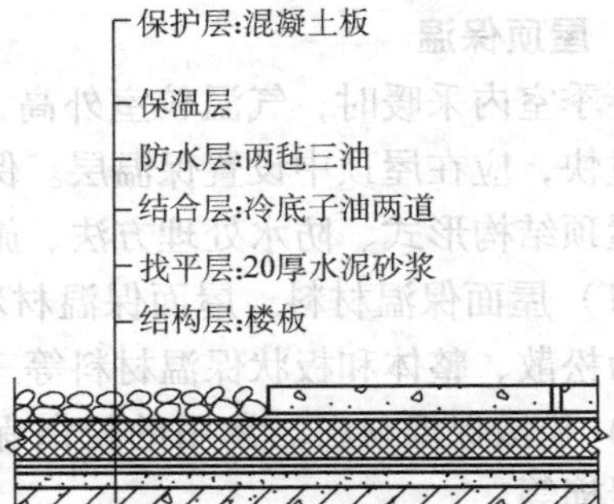

图6-22　倒置式保温屋面

2. 屋顶隔热

夏季在太阳辐射热和室外空气温度的综合作用下，屋面的温度急剧上升，从屋顶传入大量的热量进入顶层房间，严重影响了室内的生活和工作条件。在我国南方地区，屋顶的隔热问题尤为突出，必须从构造上采取隔热措施。

屋顶隔热的基本原理是减少太阳辐射热直接作用于屋顶表面。隔热的构造做法主要有通风隔热、反射隔热、植被隔热、蓄水隔热等。

（1）通风隔热屋顶　通风隔热屋顶是在屋顶中设置通风间层，使上层表面起着遮挡太阳辐射热，利用风压和热压作用使间层中的热空气被不断带走，从而下层板面传至室内的热量大为减少，以达到隔热目的的屋顶形式。平屋顶通风隔热的做法一般是在屋面上设架空通风隔热层（图6-23）。

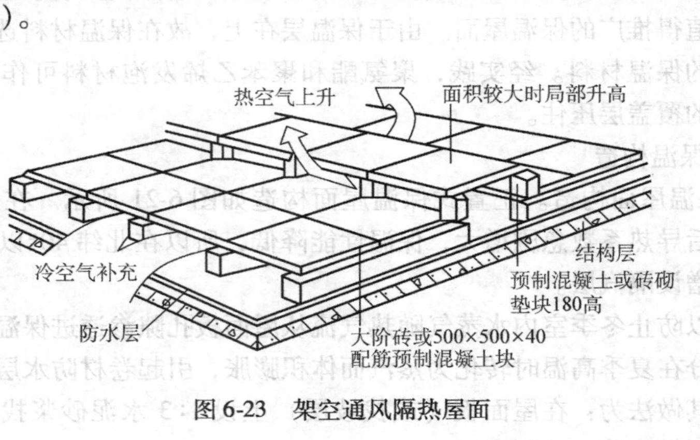

图6-23　架空通风隔热屋面

（2）反射隔热屋顶　反射隔热屋顶是利用表面材料的颜色和光滑度对热辐射的反射作

用，如屋面采用石灰水刷白对反射降温都有一定效果。

（3）植被隔热屋顶　在屋面防水层上覆盖种植土，种植各种植物，利用植物的蒸腾作用和光合作用吸收太阳辐射热，可达到隔热的目的，如图6-24。

图6-24　瑞典某示范住宅区植被屋顶

（4）蓄水隔热屋顶　蓄水隔热屋顶是在平屋顶上蓄积一层水，利用水蒸发时吸收大量太阳辐射和室外气温的热量，以减少屋顶吸收的热量，从而达到降温隔热。

［实训练习］　在所在学校中，选一个典型的平屋顶进行现场实训，观察其屋顶细部构造（檐口、泛水、屋顶突出物、变形缝）是如何处理的，并将其记录下来。

6.3 坡屋顶构造

6.3.1　坡屋顶组成与分类

1. 坡屋顶的组成

坡屋顶一般由承重结构和屋面两大部分组成，必要时还配有保温层、隔热层、防水层及顶棚等。

（1）承重结构　坡屋顶承重结构一般由檩条、椽子、屋架（或大梁）等构件组成，主要是承受屋面荷载并把它传递到墙或柱上。

1）檩条。檩条一般支承在屋架上弦上，根据所用材料可分成木檩条、钢檩条和钢筋混凝土檩条（图6-25）。注意当用木檩条时，要注意搁置处的防腐处理，一般在端头涂以沥青并在搁置点下设有混凝土垫块，以便荷载的分布。

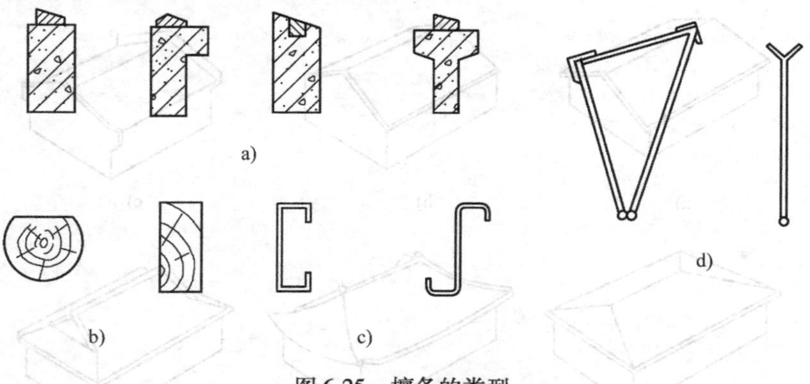

图6-25　檩条的类型

a）钢筋混凝土檩条　b）木檩条　c）薄壁钢檩条　d）钢桁架檩条

2）椽子。当檩条间距较大时，需要在檩条上铺放椽子。椽子的间距一般为500mm左右，其截面尺寸一般为50mm×50mm或$\phi 50$的圆木。

3）屋架。屋架是用来架设檩条以支撑屋面荷载的。通常屋架搁置在房屋纵向外墙或柱墩上，使建筑物有一较大的使用空间（图6-26）。屋架一般按照房屋的开间为相等间距排列，大量民用建筑通常采用3～4.5m；大跨度建筑可达6m或更多。

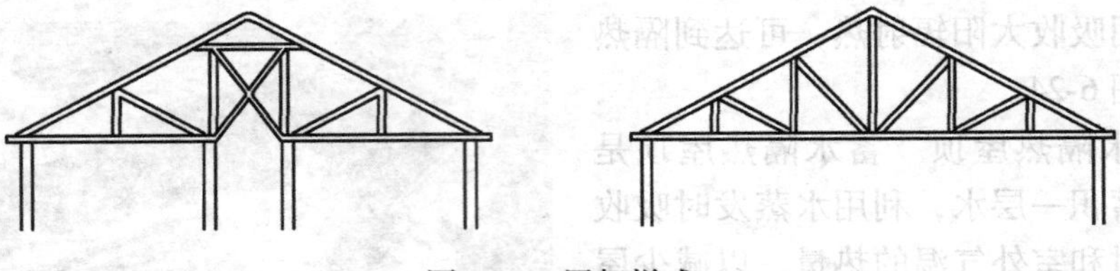

图6-26 屋架样式

（2）屋面 屋面是屋顶的上覆盖层，直接承受风雨、冰冻和太阳辐射等。根据屋面盖料包括屋面板、顺水条、挂瓦条、屋面盖料（平瓦、石棉瓦、瓦垄铁皮等）等。

2. 坡屋顶的分类

坡屋顶的分类形式较多，如根据坡面组织的不同，主要分为双坡顶、四坡顶及其他形式屋顶；根据屋面防水材料不同主要分为瓦屋面、金属屋面和大型钢筋混凝土构件自防水屋面。

（1）根据坡面组织不同划分

1）双坡顶

①悬山屋顶，即山墙挑檐的双坡屋顶。挑檐可保护墙身，有利于排水，并有一定的遮阳作用，常用于南方多雨地区（图6-27a）。

②硬山屋顶，即山墙不出檐的双坡屋顶。北方少雨地区采用较广（图6-27b）。

③出山屋顶，即山墙超出屋顶，作为防火墙或装饰之用。防火规范规定，山墙超出屋顶500mm以上，易燃体不砌入墙体者，可作为防火墙（图6-27c）

2）四坡顶。四坡顶亦称四坡落水屋顶。古代宫殿庙宇中的四坡顶称为庑殿（图6-27e），四面挑檐有利于保护墙身。四坡顶两面形成两个小山尖，古代称为歇山（图6-27f）。

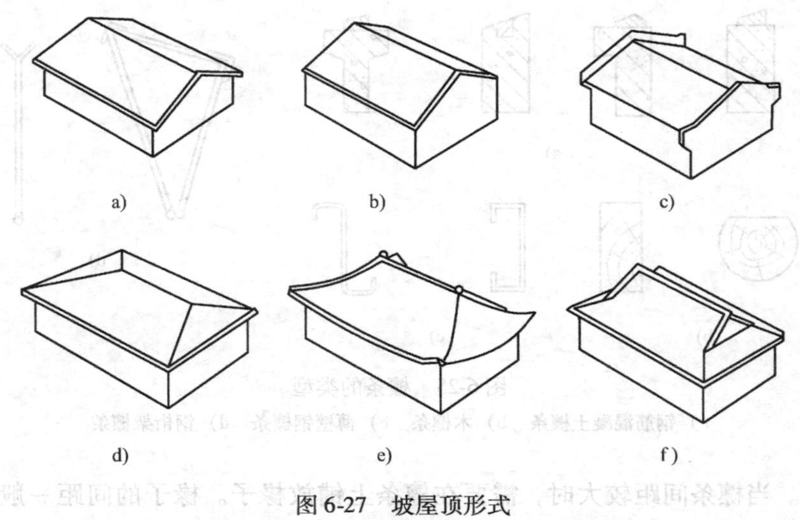

图6-27 坡屋顶形式

a）双坡悬山屋顶 b）双坡硬山屋顶 c）双坡出山屋顶

d）四坡屋顶 e）庑殿屋顶 f）歇山屋顶

（2）根据屋面防水材料不同划分

1）瓦屋面。瓦屋面因为施工简便，可因地制宜就地取材，故在过去及现在的农村应用较多。但瓦屋面防水层接缝较多，易渗漏，一般坡度较大，通常在30°左右，屋顶结构高度大，消耗材料较多，故目前在大中城市中较少应用。

2）金属屋面。金属屋面（图6-28）相对于瓦屋面具有单片面积大、接缝较严密、防水性能好、有利于工业化生产，如彩钢屋面板由于色彩丰富、重量轻、防水性能好、施工简便等优点，在城市的民用、工业建筑中就应用较为广泛。

图6-28 金属屋面

金属屋面材料主要有铝镁锰板、钛锌板、不锈钢板、镀铝锌板、太古铜板等多种高级金属材料。

3）大型钢筋混凝土构件自防水屋面。其主要适合于工业厂房或仓库等建筑类型，在民用建筑中应用较少。

6.3.2 坡屋顶防水构造层次

1. 瓦屋面

在木屋架上常做瓦层面，其构造做法依次为：在檩条上铺设屋面板，在屋面板上铺放油毡、固定顺水压毡条、固定挂瓦条，最外层一般为瓦（图6-29）。在钢筋混凝土结构屋面上，平瓦屋面的铺瓦方式为水泥砂浆卧瓦、挂瓦条挂瓦。采用水泥砂浆卧瓦，在基层上设置一层涂膜防水层，用30～50mm厚1:3水泥砂浆粘瓦，内设Φ6@500×500钢筋网。

（1）屋面板　屋面板也称“望板”，通常采用15～20mm厚的木板直接铺钉在檩条（或椽子）上。屋面板的接头应该在檩条（或椽子）上，不得悬空。屋面板的接头应该错开布置，避免集中于一根檩条（或椽子）上。为了使屋面板结合严密，可以采用企口缝。此外，也可用现浇整体式施工方法，将屋面板与其他屋面支撑构件浇筑成一体化钢筋混凝土结构屋面，结构布置参考现浇钢筋混凝土楼板，结构整体性要优于装配式坡屋面。

（2）油毡　屋面板上应该干铺油毡一层。油毡应该平行于屋檐，自下而上铺设，纵横搭接宽度应该大于或等于100mm，用热沥青粘严。遇有屋面突出物时，油毡必须沿墙上卷，钉在预先砌筑的木砖上，距屋面高度应该大于或等于200mm。油毡在屋檐处应该搭入天沟内。

（3）顺水条　这是钉于望板上的木条，断面一般为24mm×6mm，其目的是压油毡。因其方向一般为顺水流方向，故常被称为“顺水条”、“压毡条”。顺水条的间距一般为400～500mm。

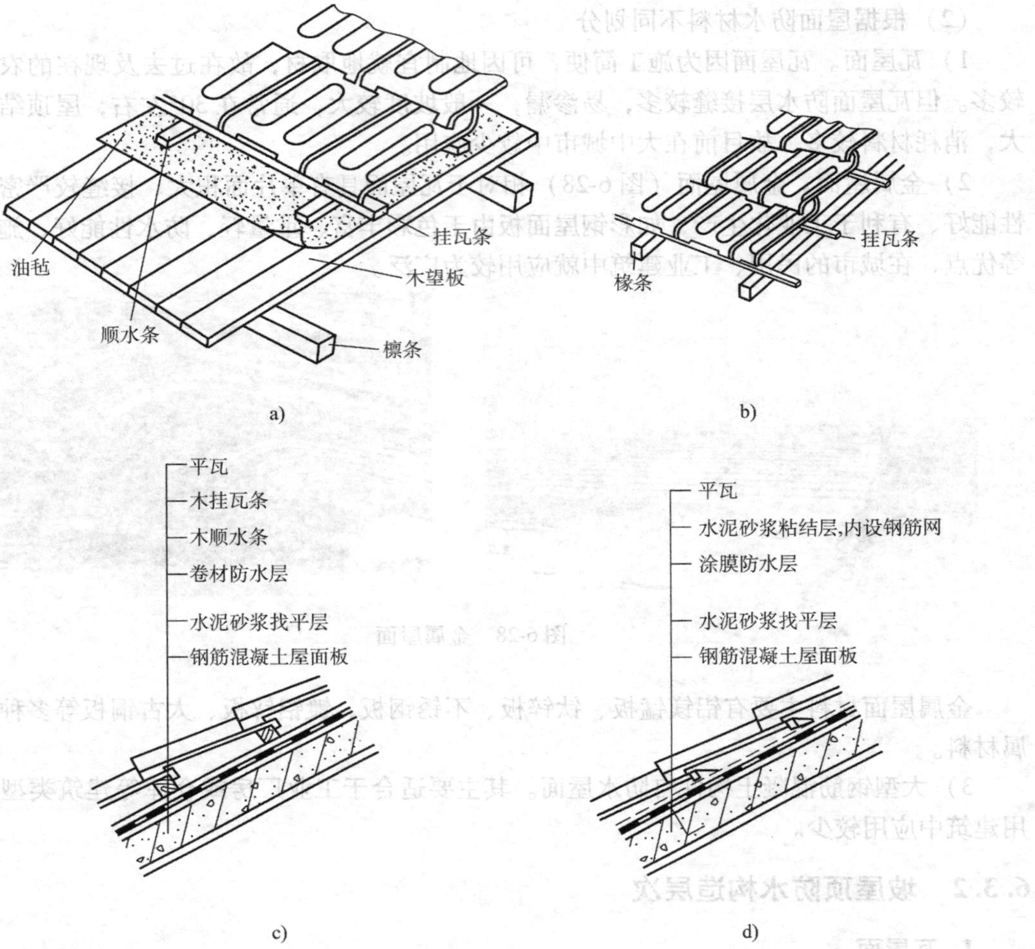

图6-29 平瓦屋面构造

a）无椽方案 b）有椽方案 c）挂瓦条挂瓦 d）水泥砂浆卧瓦

（4）挂瓦条 挂瓦条位置在顺水条上方，方向与顺水条方向垂直。其断面一般为20mm×30mm，采用钉的方法直接与顺水条固定。挂瓦条间距应该与瓦的尺寸相适应，通常为280～330mm。

（5）屋面盖料 常见的屋面盖料有平瓦、石棉水泥瓦和彩钢瓦等，简单介绍如下：

1）平瓦。平瓦有陶瓦和水泥瓦（颜色为灰白色）两种。青、红陶瓦尺寸为240mm×380mm×20mm（宽×长×高）。青、红陶瓦的脊瓦尺寸为190mm×445mm×20mm（宽×长×高）。水泥瓦尺寸为235mm×385mm×15mm（宽×长×高）。水泥脊瓦尺寸为190mm×445mm×20mm（宽×长×高）。

2）石棉水泥瓦。石棉水泥瓦是在坡屋顶中经常使用的一种屋面材料。它的特点是自重轻、面积大、接缝少、价格低、防水性能好。这种板瓦的表面呈波浪形，可以用于坡度较小的屋顶。水泥石棉瓦可以直接铺钉在檩条上，因此檩条的间距应该与瓦的尺寸相适应。如檩条上有屋面板，则可不受此限制。

3）彩钢瓦。彩钢瓦是采用0.5～0.8mm厚镀锌钢板涂上颜色后，成为彩板，彩板再经过冷轧机压型后所成型的板材称为彩钢瓦。这种瓦使用自攻螺钉或拉铆钉固定。彩钢瓦是屋面的新型盖料，具有重量轻、色彩丰富艳丽、防水性能好、施工简便等特点。

2. 金属压型板屋面

压型钢板是将镀锌钢板轧制成型，表面涂刷防腐涂层或彩色烤漆而成的屋面材料，具有多种规格，有的中间填充了保温材料，成为夹芯板，可提高屋顶的保温效果。这种屋顶具有自重轻，施工方便、装饰性与耐久性强的优点。压型钢板屋面一般与钢屋架相配合。先在钢屋架上固定工字形或槽形檩条，然后在檩条上固定钢板支架，彩色压型钢板与支架用自攻螺栓连接。压型钢板屋面构造如图6-30所示。

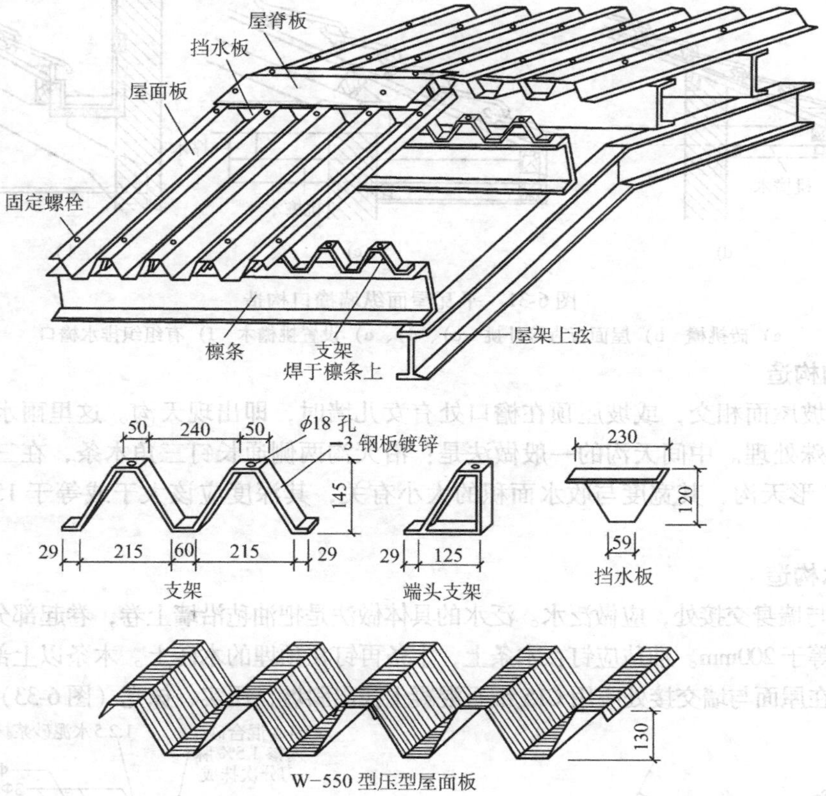

图6-30 压型钢板屋面构造

[实训练习] 观察压型钢板屋面的构造，绘制节点图

6.3.3 坡屋顶防水节点构造

坡屋顶的屋面坡度一般较大，雨水容易排除，因此其屋面防水问题主要要注意檐口、天沟、泛水处节点的处理。下面以平瓦屋面为例来讲述坡屋面的节点防水。

1. 檐口构造

一般平瓦屋面建筑中，屋面多采用无组织排水方式，檐口应伸出外墙一定长度，以便雨水顺利排下不至淋湿墙体。图6-31a为砖挑檐，即在檐口处将砖逐皮外挑，每皮挑出1/4砖，挑出总长度不大于墙厚的1/2。图6-31b是将屋面板直接外挑，适用于较小的出挑长度。图6-31c为承重墙中设置挑檐木的做法。当出挑长度较大时，可利用挑檐木支托檐口檩条的构造方法，如图6-31d所示。图6-31f为檐沟有组织排水檐口构造。

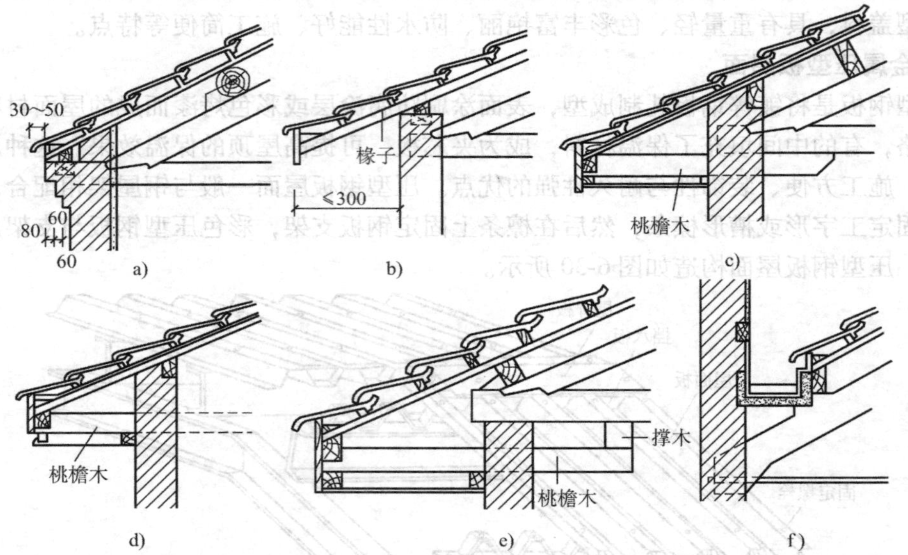

图6-31　平瓦屋面纵墙檐口构造

a）砖挑檐　b）屋面板直接外挑　c）、d）、e）设置挑檐木　f）有组织排水檐口

2. 天沟构造

当两个坡屋面相交，或坡屋顶在檐口处有女儿墙时，即出现天沟。这里雨水集中，对防水问题应特殊处理。中间天沟的一般做法是：沿天沟两侧通长钉三角木条，在三角木条上放26号铁皮V形天沟，其宽度与收水面积的大小有关，其深度应该大于或等于150mm，如图6-32所示。

3. 泛水构造

在屋面与墙身交接处，应做泛水。泛水的具体做法是把油毡沿墙上卷，卷起部分高出屋面高度应大于或等于200mm。油毡应钉在木条上，木条再钉在预埋的木砖上。木条以上部分墙体上可以做滴水。在屋面与墙交接处应用C15细石混凝土找出斜坡，压实、抹光（图6-33）。

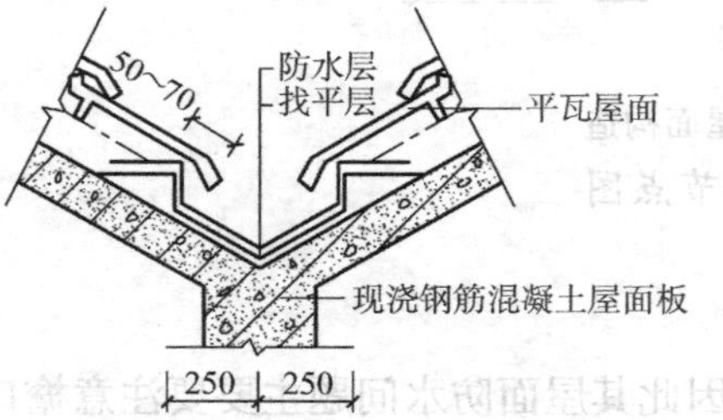

图6-32　天沟构造

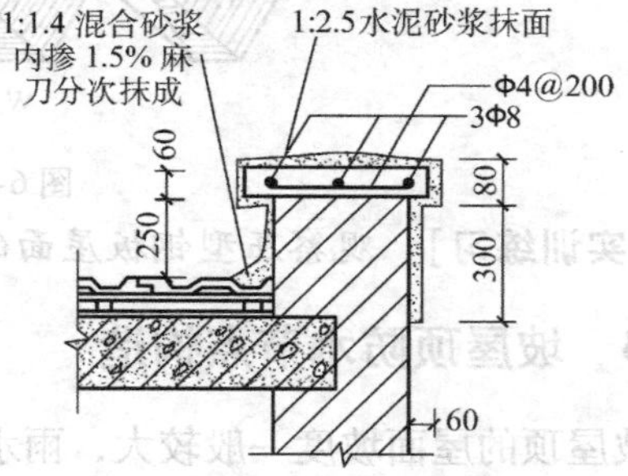

图6-33　泛水构造

6.3.4　坡屋顶保温与隔热

1. 坡屋顶保温

坡屋顶的保温层一般可位于瓦材下面，檩条之间或吊顶棚上面。其材料可选用松散材

料、整体材料或板状材料，做法如图 6-34 所示。

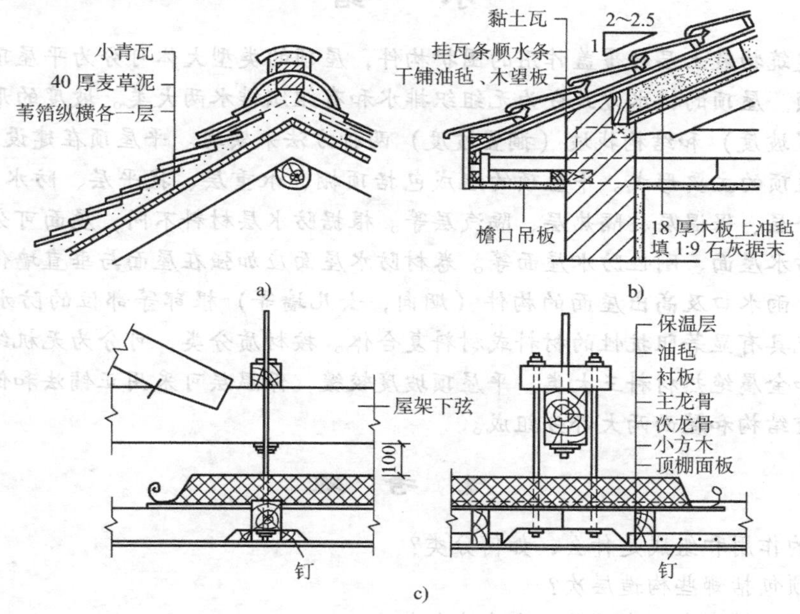

图 6-34 坡屋顶保温构造

a）小青瓦保温屋面 b）平瓦保温屋面 c）保温顶棚构造

2. 坡屋顶隔热

坡屋顶设吊顶时，可在山墙上、屋顶的坡面、檐口以及屋脊等处设通风口，由于吊顶空间大，可利用吊顶内部组织穿堂风来达到隔热降温的效果，如图 6-35a、c、d 所示。炎热地区可将坡屋面做成双层，由檐口处进风，屋脊处排风，利用空气流动带走一部分热量，以降低瓦屋面的温度，如图 6-35b 所示。

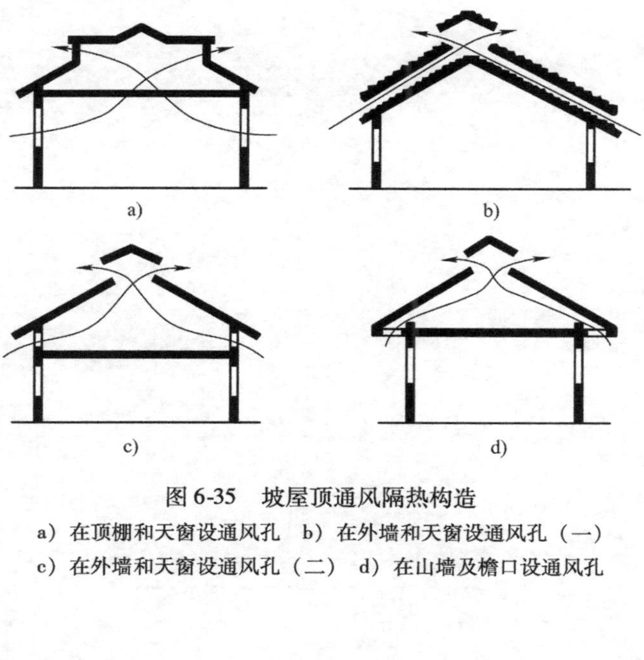

图 6-35 坡屋顶通风隔热构造

a）在顶棚和天窗设通风孔 b）在外墙和天窗设通风孔（一）

c）在外墙和天窗设通风孔（二） d）在山墙及檐口设通风孔

小　结

屋顶是建筑物最上层起覆盖作用的围护构件，屋顶的类型大体可分为平屋顶、坡屋顶和其他形式屋顶。屋顶的排水方式分为无组织排水和有组织排水两大类。坡度的形成可通过材料找坡（垫置坡度）和结构找坡（搁置坡度）两种方法来实现。平屋顶在建设中应用广泛，是目前建筑屋顶的主要形式。平屋顶的组成包括顶棚、承重层、找平层、防水层、保护层、找坡层、结合层、保温层、隔热层、隔汽层等。根据防水层材料不同，屋面可分为卷材防水屋面、涂膜防水屋面、刚性防水屋面等。卷材防水屋面应加强在屋面与垂直墙体交接处、檐口、变形缝、雨水口及高出屋面的构件（烟囱，女儿墙等）根部等部位的防水处理。绝热材料指对热流具有显著阻抗性的材料或材料复合体。按材质分类，可分为无机绝热材料、有机绝热材料和金属绝热材料三大类。平屋顶坡度较缓，保温层可采用正铺法和倒铺法。坡屋顶一般由承重结构和屋面两大部分组成。

思　考　题

1. 屋顶的作用和组成是什么，如何分类？
2. 平屋顶包括哪些构造层次？
3. 平屋顶的排水方式有哪些，各自有何特点？
4. 常见的屋面防水材料有哪些？
5. 平屋顶檐部做法的主要特点是什么？
6. 平屋顶屋顶有突出物时在屋面处理上要注意什么问题？
7. 简述影响绝热材料导热系数的主要因素。
8. 简述坡屋顶的组成及分类。
9. 简述平屋顶、坡屋顶的保温和隔热有哪些方法。

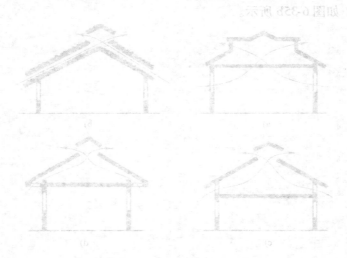

第7章 门窗

学习目标

通过本章学习，熟悉门窗的作用及分类，掌握木门窗的构造、组成及常用尺寸，了解各种门窗材料的特点。

关键词

门窗　门窗分类　门窗构造　塑钢门窗　铝合金门窗

门和窗是房屋建筑中的两个重要组成部分，是建筑物中的围护构件，和房屋的其他基本组成部件比较，它们的最大特点就是可启闭，其面积约占外墙面积的1/5。

7.1 门

7.1.1 门的作用与分类

1. 门的作用

门是人们进出房间和室内外的通行口，起交通出入、疏散的作用，兼起通风、采光、防火的作用。建筑主要出入口处的门，其造型、颜色对建筑立面还起到重要的装饰作用。门也是围护结构中的一部分，故要求门要具有保温、隔热的作用。

2. 门的分类

（1）按开启方式分　门可分为平开门（内开、外开、单开、双开等）、推拉门、折叠门、转门、卷帘门、弹簧门等。部分门的开启方式如图7-1所示。

平开门是指水平开启的门，分为单扇、双扇和多扇，有内开和外开两种。居室门一般内开，起安全疏散作用的门一般应外开。平开门构造简单，制作方便，开启容易，噪声极小，关闭时密封性好，是最常见的一种开启方式，但占用了开启半径范围内的面积。

弹簧门的形式同平开门，只是侧边用弹簧铰链或下面用地弹簧传动，开启后可自动关闭。有单面弹簧门和双面弹簧门两种。这种门用于人流出入频繁的地方，如公共建筑门厅的门。弹簧门有较大缝隙，冬季冷风容易吹入，不利于保温。双向弹簧门必须安装透明的玻璃，便于出入的人们互相察觉和礼让。纱门也常用弹簧门。

推拉门的门扇可在上或下轨道上左右滑行。有单扇和双扇两种，单扇多用于内门，双扇多用于人流大的公共建筑外门，如宾馆、饭店、办公楼等，也用于内门。滑动的门扇或靠在墙的内外，或藏于夹层墙内。推拉门占用空间较小，但封闭性不严，开关有噪声，配件较多，比平开门复杂，造价较高，寒冷地区还常在外门的内侧、两道门之间设暖风幕。推拉门对疏散不利，在人流众多的地方，可以采用光电管或触动式设施使推拉门自动启闭。

折叠门指多扇折叠后可拼合折叠推移到侧边的门。当两个房间相连的洞口较大，或大房间需要临时分隔成两个小房间时，可用多扇折叠门。折叠门可折叠推移到洞口一侧或两侧。传动方式同平开门类似，只在门的侧边装铰链；亦可在门的上下安装轨道及传动五金配件。

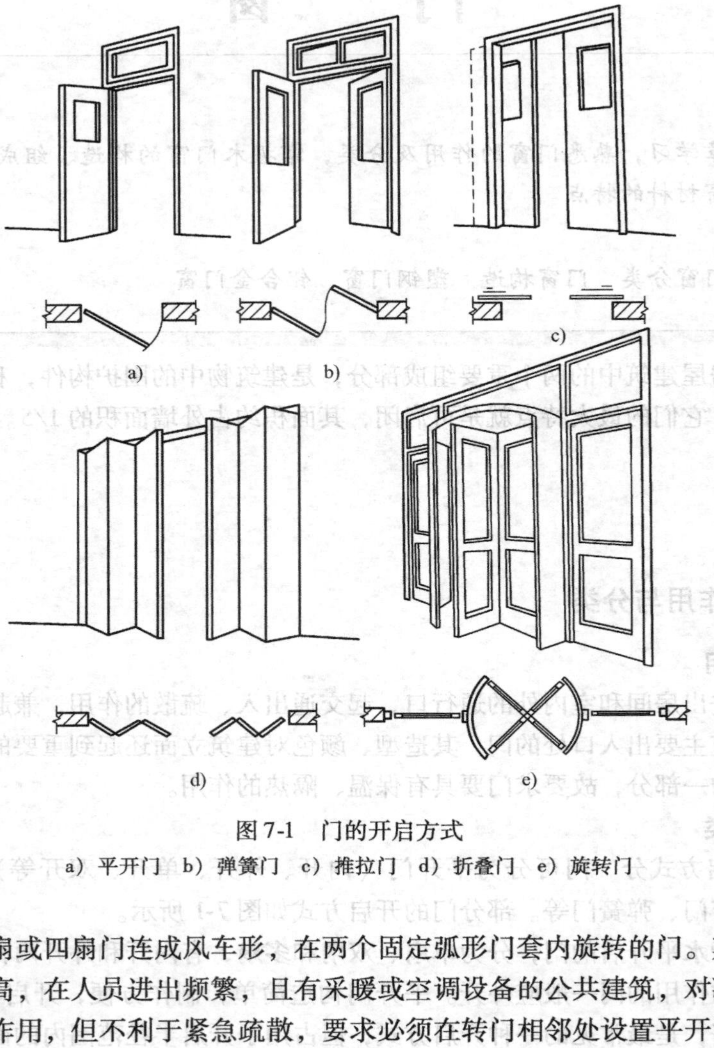

图 7-1　门的开启方式

a）平开门　b）弹簧门　c）推拉门　d）折叠门　e）旋转门

转门是使三扇或四扇门连成风车形，在两个固定弧形门套内旋转的门。其装置与配件较为复杂，造价较高，在人员进出频繁，且有采暖或空调设备的公共建筑，对减弱或防止内外空气对流有一定作用，但不利于紧急疏散，要求必须在转门相邻处设置平开门，以备紧急之用。

（2）按材料分　门可分为木门、钢门、铝合金门、塑钢门等。

木门，加工方便，价格低廉，是目前我国用量最大的类型，但多用优质木材，木材耗量大，不防火，受到一定限制。居室内采用木门较普遍，有拼板门、镶板门、夹板门等。

钢门，料型小、挡光少、强度高、能防火，但易生锈、关闭不严、空隙大、热导率数高，在严寒地区易结霜露，成本高于木门。渗铝空腹钢门、镀塑钢门、彩板钢门可大大改善钢门的防蚀性能。彩板门有实腹、空腹、钢木等。空腹钢门具有省料、刚度好等优点，但由于运输、安装产生的变形又很难调直，致使关闭不严。

铝合金门，强度大、刚度好，密闭性优于钢门，水密性好、开闭省力、隔声力强，但铝的热导率比钢更高，保温差、成本高。用绝缘性能较好的材料，如塑料做隔离层制成的塑铝门则能大大提高铝合金的热工性能。

塑钢门，质轻、气密性好、水密性好、隔声性好、美观光洁，不需油漆保养，质感好、热工性能好、加工精密、耐腐蚀，便于清洗、安装方便、不老化、不变形，节约木材和金属材料，难燃且能自熄，造价中等，目前在我国大力推广使用。

（3）按使用要求和制作分类　为满足建筑的特殊需要，门可分为保温门、隔音门、防风沙门、防火门、防X射线门、防爆门等。

［实训练习］　寻找你所在学校建筑物中五种不同形式的门。

7.1.2　木门构造

1. 木门的组成和尺寸

木门主要由门框、门扇、五金、亮子四部分组成。由于门扇构造不同，门又分为镶板门、纱门、镶玻璃门、夹板门、实拼门、百叶门等种类。平开木门的各部分组成如图7-2所示。

门的具体尺寸应考虑以下因素：

（1）使用因素　人的高度和流量，搬运家具、设备高度尺寸以及特殊要求的尺寸。如正厅前的外门往往由于美观及造型需要，考虑加高、加宽门的尺度。同时还要考虑安全与建筑物的立面造型。

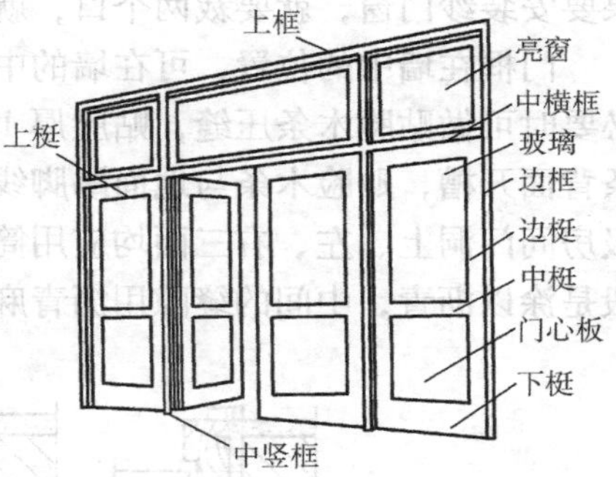

图7-2　平开木门和各部名称

（2）符合门洞尺寸系列　应遵守国家标准《建筑门窗洞口尺寸系列》（GB/T 5824—2008）。门洞口宽和高的标准尺寸规定为：600mm，700mm，800mm，900mm，1000mm，1200mm，1400mm，1500mm，1800mm等。对于外门，在不影响使用的条件下，应符合节能原则，特别是住宅的门不应随意扩大尺寸。一般供人们日常生活活动进出的门，门扇高度常在1900～2100mm左右；单扇门的宽度为800～1000mm，辅助房间，如浴厕、储藏室的门为600～800mm；双扇门为1200～1800mm；亮子的高度一般为300～600mm。公共建筑的门可根据需要适当提高，外门可能是四扇或更多，其中有开启的，有固定的，高度可达3000mm多，门洞的宽度为门的构造尺寸加上门框与墙间的缝隙尺寸，具体尺寸可见各地标准。

2. 木门构造

（1）门框　内门的门框由上框、边框、中横框、中竖框组成，一般不设下框。门扇下边缘距地面5mm，以方便室内地面清扫。外门门框，为了增加门的严密性可设下框，下框高出地面15～20mm。木门的上方有亮子时，门框上应设中横框。

门框的断面尺寸主要按材料的强度和接榫的需要确定，如图7-3所示。门的自重及碰撞力较大，门框四周的抹灰极易开裂，甚至振落，因此抹灰一定要嵌入门框靠墙一侧的灰口内。

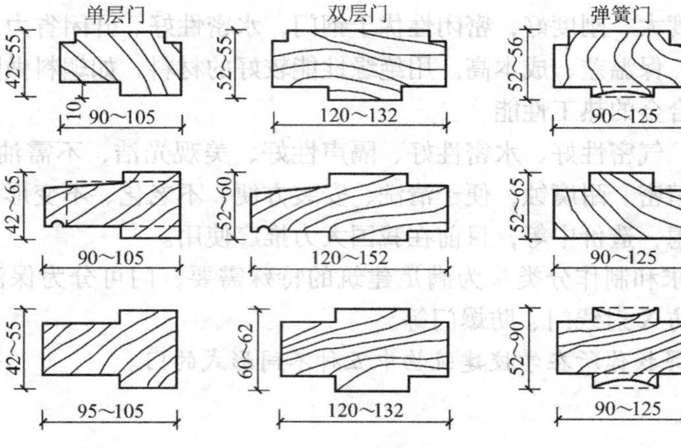

图 7-3 平开门门框的断面形状及尺寸

门安装好后，门和门框之间的缝隙要设置门窗框裁口。木制的门窗框横断面原本是矩形，为了门窗扇和门窗框的密封，在门窗框裁出一个缺口，这个缺口就是木门窗框裁口。如果要安装纱门窗，就要裁两个口，就是双裁口。

门框在墙中的位置，可在墙的中间或与墙的一边平。为了遮挡门框与墙面之间的缝隙，必要时可做贴脸木条压缝，贴脸厚 15 ~ 25mm，宽 30 ~ 70mm，为了避免木条挠曲，应在木条背面开槽，贴脸木条与地面踢脚线收头处一般做有比贴脸木条放大的木块，称为门蹬。高级房间门洞上、左、右三面均应用筒子板包住。所有与墙接触的木料均需经过防腐处理，一般是涂以沥青，中间的缝隙用沥青麻刀填塞，如图 7-4 所示。

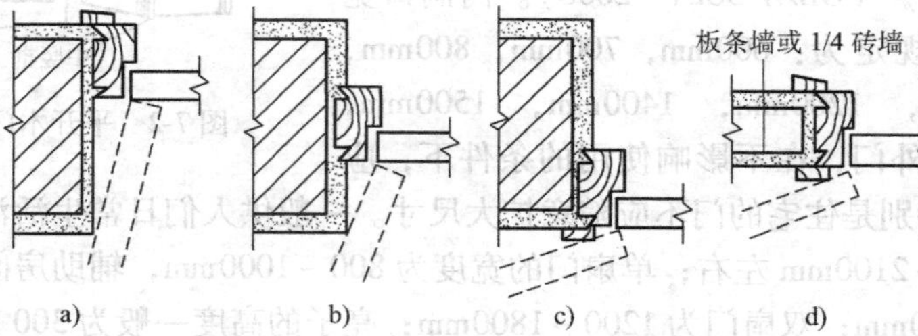

图 7-4 门框位置、门贴脸板及筒子板
a）外平 b）立中 c）内平 d）内外平

（2）门扇 根据门扇构造不同，民用建筑常用门有镶板门、夹板门、弹簧门等。

1）镶板门。由上、下冒头和两根边梃组成骨架，有时中间还有一条或几条横向中冒头，内镶门芯板，构造简单。镶板可用木板、胶合板、玻璃、门纱、百叶等，如图 7-5 所示。镶板门门窗骨架截面的厚度一般为 40 ~ 45mm，纱门的厚度可薄一些，多为 30 ~ 35mm。上冒头、中间冒头和边梃的截面宽度一般为 75 ~ 120mm，下冒头的截面宽度习惯上同脚踢板高度，一般为 200mm 左右。较大的下冒头，对减少门扇变形和保护门芯板不被行人撞坏有较大的作用。中冒头为了便于开槽装锁，其宽度可适当增加，以弥补开槽对中冒头材料的削弱。

2）夹板门。夹板门为中间有轻型骨架、双面贴薄板的门。这种门省料，外形简洁美观，门扇自重小，节约木材，保温隔声性能好，对制作工艺要求较高，便于工业化生产。一般广泛用于房间的内门，作为外门及潮湿环境的门则须采用防水胶合板。

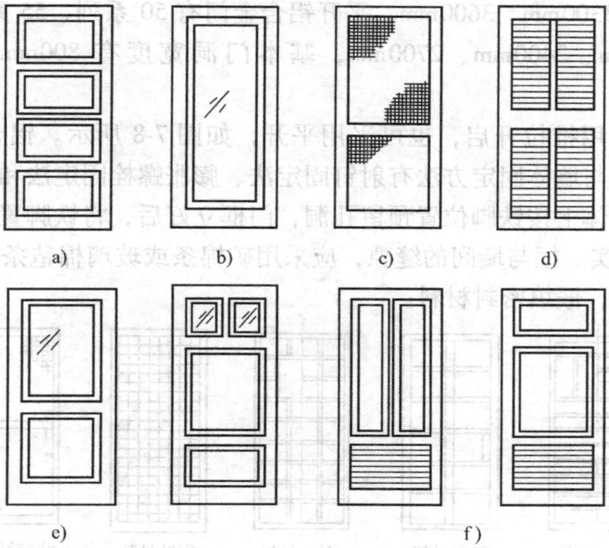

图 7-5 镶板门门扇

a）镶木板门 b）玻璃门 c）纱门 d）百叶门

e）上部玻璃下部镶板门 f）上部玻璃下部百叶门

夹板门的骨架是由厚 32 ~ 35mm，宽 34 ~ 60mm 的木方做成的。内为格形肋条，肋的宽度同骨架料，厚度较小，装锁处需另加附木，肋间距约 200 ~ 400mm。为使门扇保持干燥，可做透气孔贯穿上下框格，还可用浸塑纸粘成整齐的蜂窝形网格，填在框格内，两面贴板，成为蜂窝纸夹板门。夹板门骨架如图 7-6 所示。

3）弹簧门。弹簧门的构造由门框、门扇和五金等组成，另外装有弹簧铰链，可使门自行关闭，一般都采用双面弹簧双扇门。弹簧门的构造如图 7-7 所示。弹簧门的开启一般都比较频繁，对门扇的强度和刚度要求比较高，门扇一般要用硬木，用料尺寸应比普通镶板门大一些，弹簧门门扇的截面厚度一般为 42 ~ 50mm，上冒头、中冒头和边梃的截面宽度一般为 100 ~ 120mm，下冒头的截面宽度一般为 200 ~ 300mm。

[实训练习] 识读你所在地区的木窗图。

7.1.3 铝合金门及塑钢门构造

1. 铝合金门构造

铝合金耐腐蚀，能加工成各种复杂的断面形状，不仅美观、耐久，而且密封性很好，但目前造价较高，应用受到一定的限制。为了改善铝合金门的热桥散热，目前已采用一种内外铝合金、中间夹泡沫塑料的新型材料。

铝合金门的型材截面形式和规格是随开启方式和门面积划分的，门的开启方式有平开门、推拉门、弹簧门、自动门等。铝合金门按门框截面厚度构造尺寸分为 40 系列、50 系列、60 系列、70 系列、90 系列、100 系列。例如，门框厚度构造尺寸为 90mm 的铝合金门，则称为 90 系列铝合金门。推拉铝合金门有 70 系列和 90 系列两种，基本门洞高度有 2100mm、2400mm、2700mm、3000mm，基本门洞宽度有 1500mm、1800mm、2100mm、2700mm、3000mm、3300mm、3600mm。平开铝合金门有 50 系列、55 系列、70 系列。基本门洞高度有 2100mm、2400mm、2700mm，基本门洞宽度有 800mm、900mm、1200mm、1500mm、1800mm。

铝合金门可以采用推拉开启，也可采用平开，如图 7-8 所示。铝合金门安装一般为塞口。门框上的锚固板与墙体固定方法有射钉固定法、膨胀螺栓固定法和燕尾铁脚固定法。燕尾铁脚固定法是在墙体上按铁脚位置预留孔洞，门框立好后，将铁脚置入预留孔洞内，即用 1∶2 水泥砂浆嵌填密实。框与墙间的缝隙，应采用矿棉条或玻璃棉毡条分层填实，缝隙表面留 5 ~ 8mm 的深槽口，嵌填密封材料。

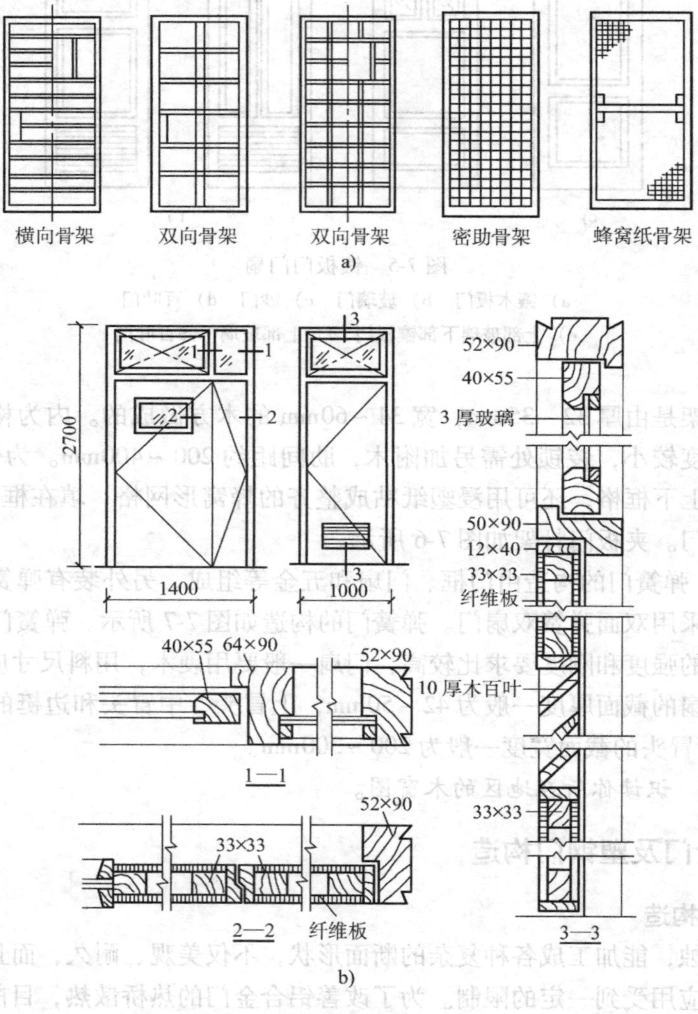

图 7-6　夹板门的骨架及夹板门

a）夹板门骨架形式　b）夹板门构造

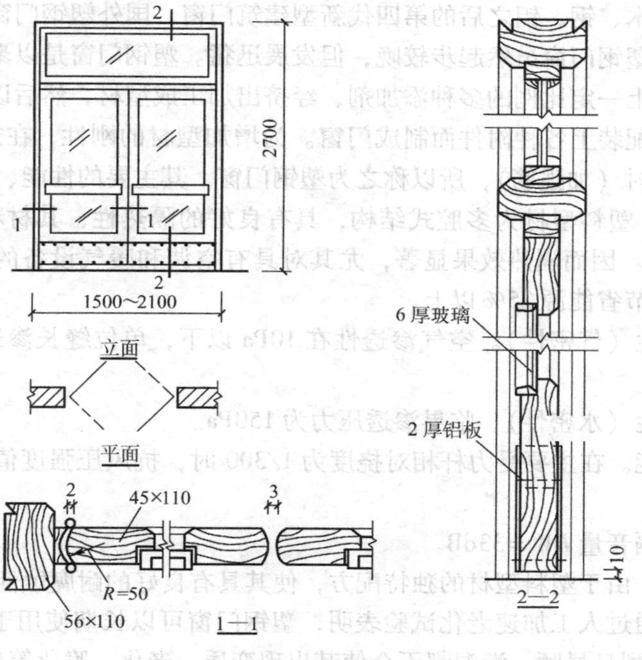

图7-7 弹簧门构造

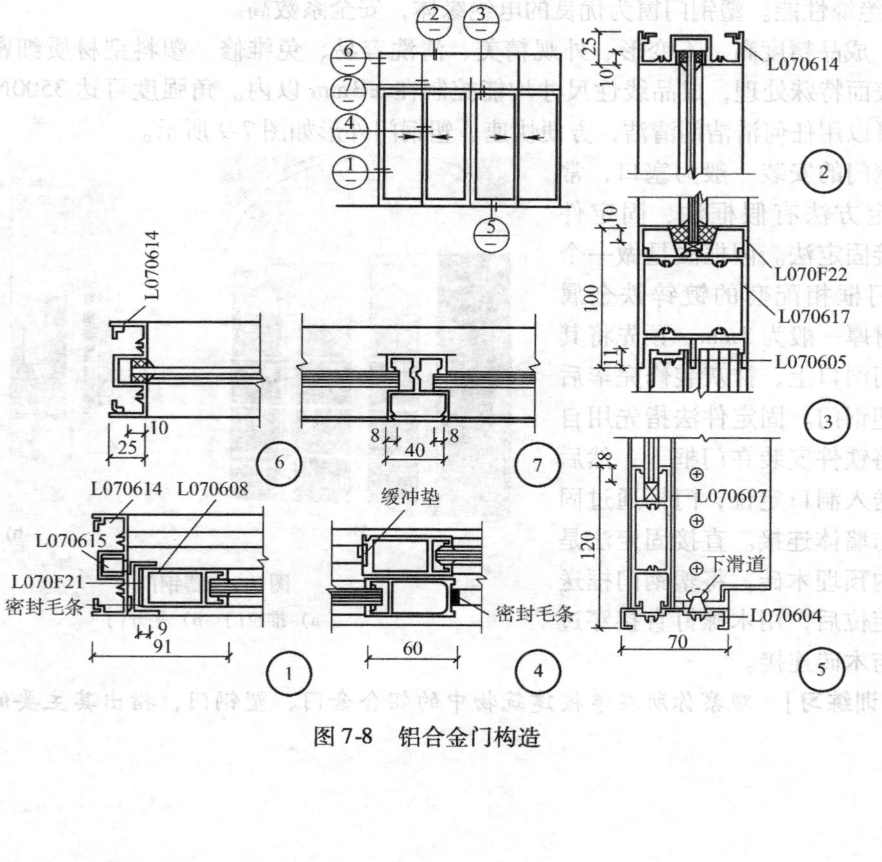

图7-8 铝合金门构造

2. 塑钢门构造

塑钢门窗是继木、钢、铝之后的第四代新型建筑门窗，国外塑钢门窗的发展已有三十多年的历史，在我国塑钢门窗虽然起步较晚，但发展迅猛。塑钢门窗是以聚氯乙烯（PVC）树脂为主要原料，加上一定比例的多种添加剂，经挤出加工成型材，然后以切割、熔接的方式制成窗框、扇，再配装上各种附件而制成门窗。为增加型材的刚性，在规定的长度范围内，型材空腔需填加钢衬（加强筋），所以称之为塑钢门窗。其主要的性能、特点如下：

1）保温节能。塑料型材为多腔式结构，具有良好的隔热性，其材料的传热系数甚小，仅为铝材的1/1250。因而隔热效果显著，尤其对具有空调和暖气设备的现代化建筑更加适用。与铝窗相比可节省能源25%以上。

2）空气渗透性（气密性）。空气渗透性在10Pa以下，单位缝长渗透量小于0.5m^3/(m·h)。

3）雨水渗透性（水密性），临界渗透压力为150Pa。

4）抗风压性能。在主要受力杆相对挠度为1/300时，抗风压强度值为1400Pa，安全检测结果为3500Pa。

5）隔音性。隔音量$RW=33$dB。

6）耐腐蚀性。由于塑料型材的独特配方，使其具有良好的耐腐蚀性能。

7）耐候性。通过人工加速老化试验表明，塑钢门窗可以长期使用于温差较大（$-30\sim70$℃）的环境中。烈日暴晒，潮湿都不会使其出现变质、老化、脆化等现象。

8）防火性能。塑钢门窗不自燃、不助燃、能自熄、安全可靠。

9）绝缘性能。塑钢门窗为优良的电绝缘体，安全系数高。

10）成品精度高、不变形、外观精美、清洗容易、免维修。塑料型材质细密平滑，无需进行表面特殊处理，成品线性尺寸均能控制在±3mm以内。角强度可达3500N以上，不变形。可以用任何清洁剂清洁，方便快速。塑钢门外形如图7-9所示。

塑钢门的安装一般为塞口，常见的固定方法有假框法、固定件法、直接固定法。假框法是做一个与塑钢门框相配套的镀锌铁金属框，框材厚一般为3mm，预先将其安装在门洞口上，抹灰装修完毕后再安装塑钢门。固定件法指先用自攻螺钉将铁件安装在门框上，然后将门框送入洞口定位，门框通过固定铁件与墙体连接。直接固定法是在墙体内预埋木砖，将塑钢门框送入洞口定位后，用木螺钉直接穿过门型材与木砖连接。

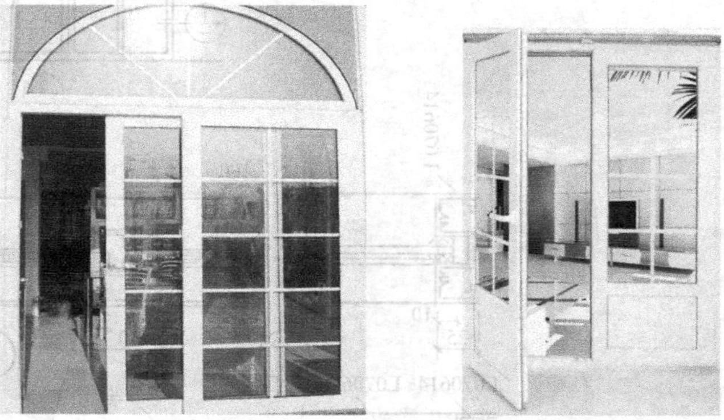

a)　　b)

图7-9　塑钢门

a）推拉门　b）平开门

［实训练习］　观察你所在学校建筑物中的铝合金门、塑钢门，指出其主要的组成部分及特点。

7.2 窗

7.2.1 窗的作用与分类

1. 窗的作用

窗的主要功能是采光、通风、观测眺望、隔声、阻挡风沙雨雪和递物的作用，还对建筑立面起一定的装饰作用。窗的散热量约为围护结构散热量的2~3倍。窗的面积越大，散热量也随之加大，因此窗兼起隔热作用。

2. 窗的分类

（1）按开启方式分　窗有固定窗、平开窗、推拉窗、悬窗等，如图7-10所示。

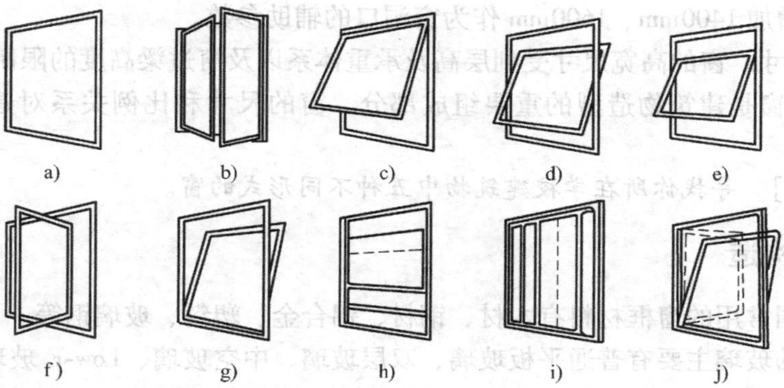

图7-10　窗的开启方式

a）固定窗　b）平开窗　c）上旋窗　d）中旋窗　e）下滑旋窗　f）立转窗　g）下旋窗　h）垂直推拉窗　i）水平推拉窗　j）下旋—平开窗

1）固定窗没有开启的窗扇，仅作采光和眺望用，玻璃尺寸可以较大。

2）平开窗有内开和外开之分。内开窗为窗扇开向室内，纱扇向外开。外开窗为窗扇向外开，纱扇向室内开，这种做法的优点是窗扇开启后，窗扇不占室内空间，但这种窗的修理、擦洗较困难，易受风的袭击，高层建筑中较少采用。平开窗构造简单，制作、安装、维修、开启都比较方便，在一般建筑中应用最广泛。

3）推拉窗分水平推拉窗和垂直推拉窗。水平推拉窗需要在窗扇上下设轨道，垂直推拉窗要有滑轮及平衡措施。推拉窗开启时不占空间，窗扇和玻璃尺寸可以较大，构造简单，但是由于不能全部开启，影响通风效果。推拉窗对铝合金窗和塑钢窗较适用。

4）悬窗按旋转轴的位置不同，分为上悬窗、中悬窗、下悬窗。上、中悬窗向外开，防雨效果好，且有利于通风，尤其用于高窗，开启较为方便；下悬窗不能防雨，且开启时占据较多的室内空间，或与上悬窗组成双层窗用于有特殊要求的房间。多用于生产建筑房屋中，如侧窗、气窗等；民用建筑中常用于高窗、亮窗上。

（2）按材料分　窗有木窗、钢窗、塑钢窗、铝合金窗，其材料性能与门相同。

（3）按镶嵌材料分　窗有玻璃窗、百叶窗、纱窗、防火窗、防爆窗、保温窗、隔音窗等。

3. 窗的尺寸

窗的具体尺寸应考虑以下因素：

1）采光。从采光要求考虑，窗的面积应与房间面积有一定的比例关系。

2）使用。窗的尺寸以及窗台高度取决于人的行为和身高。

3）节能。根据国家的相关规定，按地区不同，北向，东、西向，以及南向的窗墙面积比应分别控制在25%，30%，40%。窗墙面积比是窗户洞口面积与房间的立面单元面积（即建筑层高与开间定位线围成的面积）之比。

4）符合模数。符合窗洞口尺寸系列应遵守国家标准《建筑门窗洞口系列》（GB/T 5824—2008）。窗洞口的基本尺度一般多以300mm为扩大模数，高为900mm、1200mm、1500mm、1800mm、2100mm，宽为600mm、900mm、1200mm、1500mm、1800mm、2100mm、2400mm。但考虑到某些建筑的层高不大，以300mm进位作为窗洞高度，尺寸变化过大，所以增加1400mm、1600mm作为窗洞口的辅助参数。

5）结构尺寸。窗的高宽尺寸受到层高及承重体系以及窗过梁高度的限制。

6）美观。窗是建筑物造型的重要组成部分，窗的尺寸和比例关系对建筑立面影响极大。

[实训练习] 寻找你所在学校建筑物中五种不同形式的窗。

7.2.2 窗的构造

目前，我国常用的窗框材料有木材、钢材、铝合金、塑料、玻璃钢等。

用于窗户的玻璃主要有普通平板玻璃、双层玻璃、中空玻璃、Low-E玻璃等。普通平板玻璃的传热系数大，一般仅起隔断气流防风的作用，不能保温隔热；双层玻璃是在窗扇上安装两层玻璃，利用玻璃间的空气层来提高保温、隔声能力。双层玻璃的间隙由于扇料尺寸和构造原因，不能太大，但过小也会影响空气间层热阻值的提高，一般控制在10～15mm之间，四周密封。玻璃密闭主要采用橡胶或橡胶密闭条和密封膏。中空玻璃是由两层或三层平板玻璃，四周用夹条粘结密封而成，中间抽换干燥空气或惰性气体，因此确切地应称中空密封玻璃。为保证低温下不产生蒸汽凝结，需要在边缘夹条内侧覆以干燥剂，或混合于夹条粘结材料中。中空玻璃所用平板玻璃的厚度视玻璃面积大小而定，多为3～5mm，其间层多为10～15mm。中空玻璃工艺复杂，成本高，但它是保温窗的发展方向之一，随造价的降低，已经得到推广。Low-E玻璃，是利用真空沉积技术，在玻璃表面沉积一层低辐射涂层，一般由若干金属或金属氧化物薄层和衬底层组成。而Low-E玻璃能反射80%以上的红外能量，由于镀上Low-E膜的玻璃表面具有很低的长波辐射

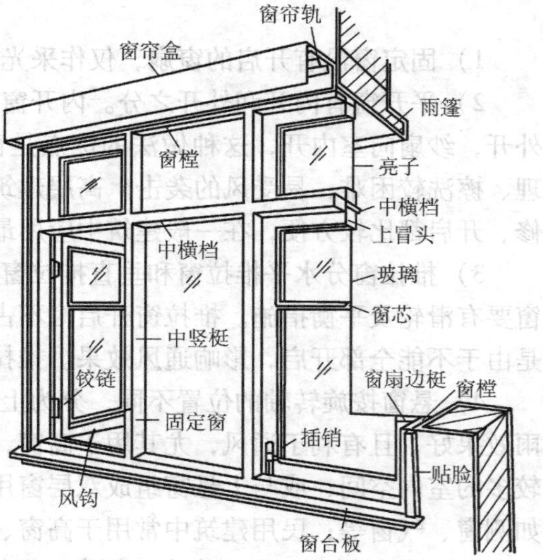

图7-11 木窗的组成

率，可以大大增加玻璃表面间的辐射换热热阻而具有良好的保温性能。

1. 木窗

木窗一般是由窗框、窗扇、五金零件、亮子等组成，有的木窗还有贴脸、窗台板等附件。如图7-11所示。

（1）窗框　窗框固定在窗洞口上用以安装窗扇。它由上框、中横框、下框、边框、中竖框等榫接而成。窗框的断面形状和尺寸与窗扇的层数、厚度、开启方式及当地的风力、洞口大小等因素有关。窗框内侧应做裁口，以安装窗扇。窗框在墙洞中的位置应根据房间的使用要求、墙身材料和厚度确定，有窗框内平、窗框居中、窗框外平三种情况，如图7-12所示。

（2）窗扇　窗扇由边梃、上冒头、下冒头、窗芯组成。窗扇的厚度约为35～42mm，多为40mm。上、下冒头及边梃的宽度一般为50～60mm，窗芯宽度一般为27～40mm。下冒头若加披水板，应比上冒头加宽10～25mm。有亮子的窗扇可以平开，也可固定，也可做成悬窗，其构造与平开窗扇相同。为镶嵌玻璃，在冒头、边梃及窗芯的外侧应做裁口，裁口深8～12mm，裁口的另一侧做成一定坡度的线形以减少光线的遮挡。普通窗大多采用无色透明的平板玻璃，若为了满足保温隔声、遮挡视线、使用安全以及防晒等方面的要求，可采用双层中空玻璃、磨砂玻璃或压花玻璃、夹丝玻璃、钢化玻璃等。玻璃的安装，一般先用小铁钉固定在窗扇上，然后用油灰或玻璃密封膏镶嵌成斜角形，也可以采用小木条镶钉。

（3）窗用五金零件　常用的五金零件有合页（铰链）、插销、风钩、拉手、铁三角等。

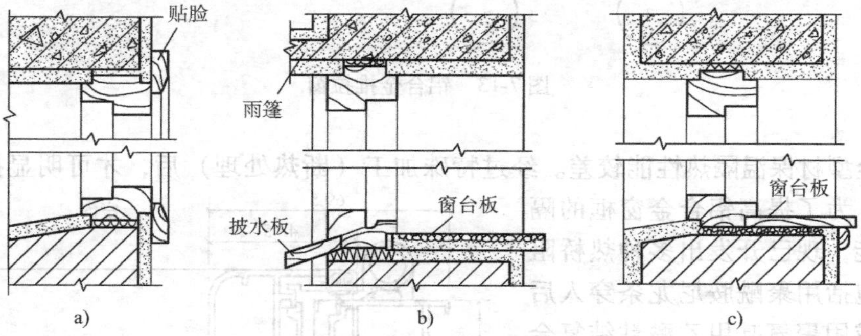

图7-12　窗框在墙洞中的位置

a）窗框内平　b）窗框外平　c）窗框居中

2. 铝合金窗

铝合金推拉窗外形美观、采光面积大、开启不占空间、防水及隔声效果均佳，并具有很好的气密性和水密性，广泛用于宾馆、住宅、办公、医疗建筑等。铝合金窗开启方式有平开、推拉、立转、固定等，多采用推拉窗。水平推拉铝合金窗由窗框、窗扇、五金件构成。窗扇由上横、下横、边框、带钩边框、密封条组成，窗框由上滑道、下滑道、两侧边封组成。铝合金窗构造如图7-13所示。推拉窗可用拼樘料（杆件）组合其他形式的窗或门连窗。推拉窗可装配各种形式的内外纱窗，纱窗可拆卸，也可固定（外装）。推拉窗在下框或中横框两端铣切100mm，或在中间开设其他形式的排水孔，使雨水及时排除。推拉窗常用的有90系列、70系列、60系列、55系列等。其中90系列是目前广泛采用的品种。

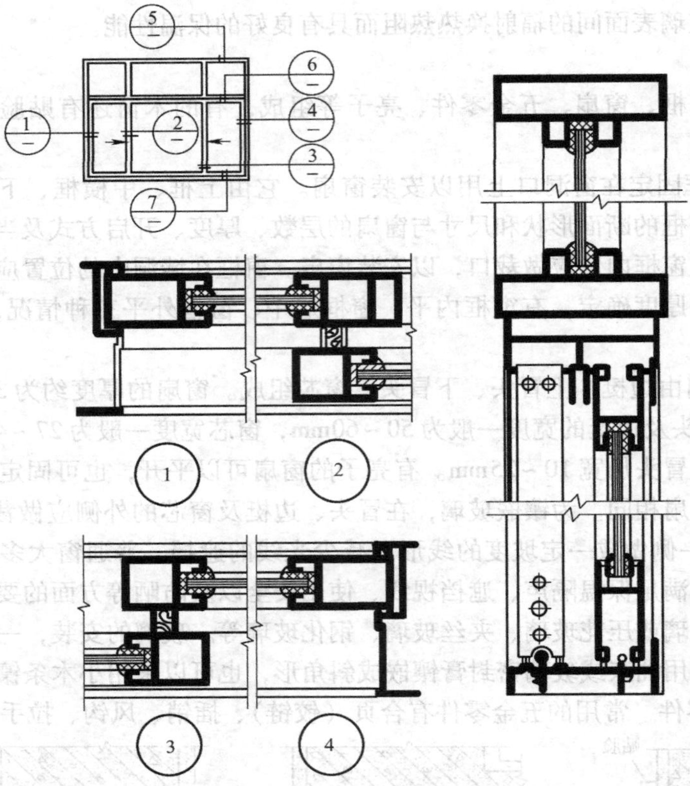

图 7-13　铝合金推拉窗

铝合金型材保温隔热性能较差。经过特殊加工（断热处理）后，才可明显提高其隔热保温性能。为了提高铝合金窗框的隔热保温性能，现已开发出多种热桥阻断技术，包括用聚酰胺尼龙条穿入后滚压复合或用聚氨基甲乙酰粘结复合等，形成断桥铝合金窗框。其中以穿入尼龙条方法优点较多。经过断热处理后，窗框的保温性能可提高 30% ~ 50%，一些断热处理好的铝框其传热系数甚至要优于一些塑钢窗框。为保证窗的传热系数，可选用 LOW-E 中空玻璃或三玻中空玻璃。断桥铝合金窗如图 7-14 所示。铝合金窗安装方法与铝合金门类似。

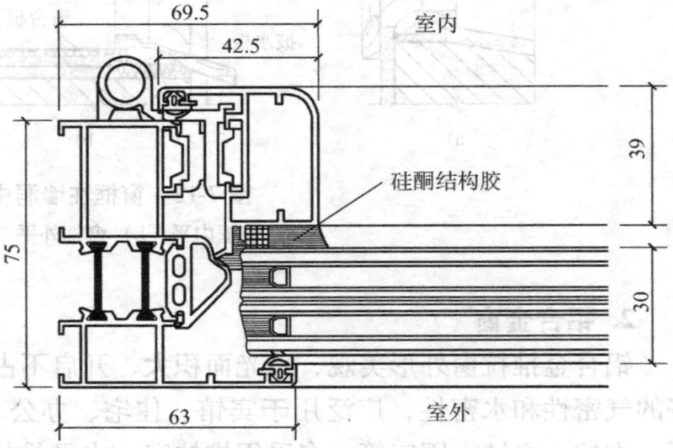

图 7-14　断桥铝合金窗示意

3. 塑钢窗

塑钢窗由窗框、窗扇、五金组成，开启方式包括平开、推拉、立转、固定、平开推拉综合等。塑钢窗中，由于塑料型材的拉伸强度是铝型材的 1/3，弹性模量是铝型材的 1/36，因此，塑料型材的截面尺寸和壁厚设计的比铝型材要大，而且还要在其型材空腔中加增钢衬，以满足窗的抗风压强度和装配五金附件的需要。为提高节能效果，寒冷地区主要采用塑钢中空玻璃窗。塑钢窗外形如图7-15所示。塑钢窗安装方法与塑钢门类似，如图7-16所示。

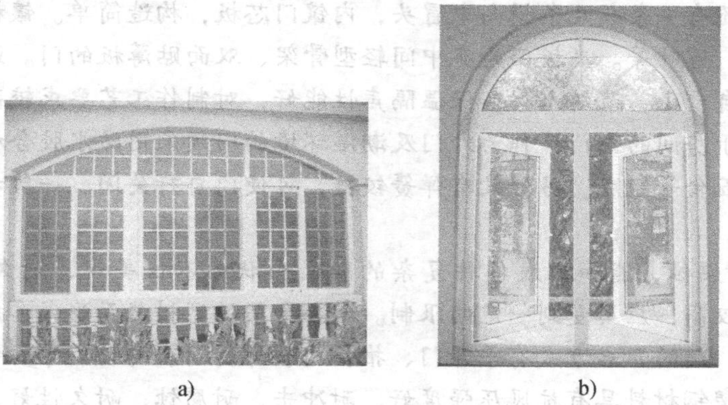

图7-15 塑钢窗

a）推拉塑钢门 b）平开塑钢门

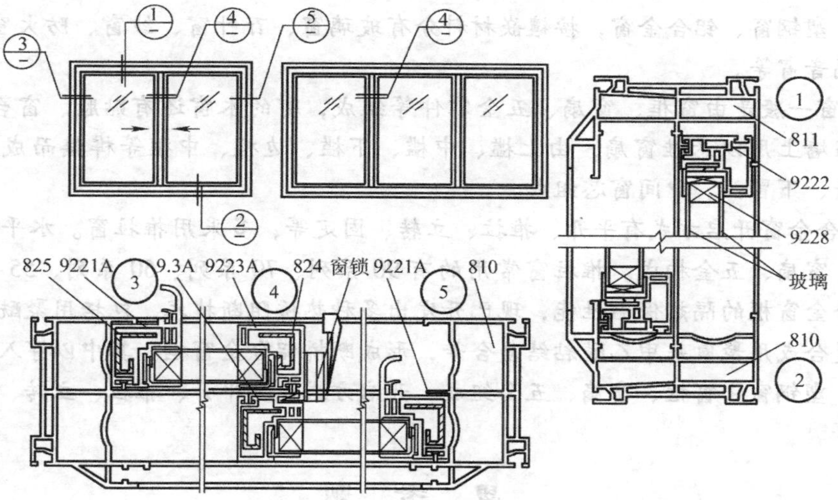

图7-16 塑钢窗

［课堂讨论］ 建筑外窗在雨天出现渗水、漏水现象的原因及解决方法。

［实训练习］ 观察你所在学校建筑物中的铝合金窗、塑钢窗，指出其主要的组成部分及特点。

小 结

1）门是人们进出房间和室内外的通行口，起交通出入、疏散的作用，兼起通风、采光、防火的作用。按开启方式分有平开门（内开、外开、单开、双开等）、推拉门、折叠门、转门、卷帘门、弹簧门等；按材料分有木门、钢门、铝合金门、塑钢门等；按使用要求、制作及满足建筑的特殊需要，门可分为保温门、隔音门、防风砂门、防火门、防X射线门、防爆门等。

2）木门主要由门框、门扇两部分组成。门框的断面尺寸主要按材料的强度和接榫的需要确定；常用门扇主要有镶板门、夹板门、弹簧门等。镶板门由上、下冒头和两根边框组成骨架，有时中间还有一条或几条横向中冒头，内镶门芯板，构造简单。镶板可用木板、胶合板、玻璃、门纱、百叶等。夹板门为有中间轻型骨架、双面贴薄板的门。这种门省料，外形简洁美观，门扇自重小，节约木材，保温隔声性能好，对制作工艺要求较高，便于工业化生产。一般广泛用于房间的内门，作为外门及潮湿环境的门须采用防水胶合板。弹簧门的构造由门框、门扇和五金等组成，另外装有弹簧铰链，可使门自行关闭，一般都采用双面弹簧双扇门。

3）铝合金耐腐蚀，能加工成各种复杂的断面形状，不仅美观、耐久，而且密封性很好，但目前造价较高，应用受到一定的限制。铝合金门的型材截面形式和规格是随开启方式和门面积划分的，门的开启方式有平开门、推拉门、弹簧门、自动门等。钢门刚度好，自重轻、造价适宜。塑钢材料具有抗风压强度好、耐冲击、耐腐蚀、耐久性好、使用寿命长的特点。

4）窗的主要功能是采光、通风、观测眺望、隔声、阻挡风沙雨雪和递物的作用，对建筑立面起一定的装饰作用。按开启方式分有固定窗、平开窗、推拉窗、悬窗。按材料分有木窗、钢窗、塑钢窗、铝合金窗，按镶嵌材料分有玻璃窗、百叶窗、纱窗、防火窗、防爆窗、保温窗、隔音窗等。

5）木窗一般是由窗框、窗扇、五金零件等组成，有的木窗还有贴脸、窗台板等附件。窗框固定在墙上用以悬挂窗扇，由上槛、中槛、下槛、边框、中框等榫接而成。窗扇由边梃、上冒头、下冒头、中间窗芯组成。

6）铝合金窗开启方式有平开、推拉、立转、固定等，多采用推拉窗。水平推拉铝合金窗由窗框、窗扇、五金构成。推拉窗常用的有90系列、70系列、60系列、55系列等。为了提高铝合金窗框的隔热保温性能，现已开发出多种热桥阻断技术，包括用聚酰胺尼龙条穿入后滚压复合或用聚氨基甲乙酰粘结复合等，形成断桥铝合金窗框。其中以穿入尼龙条方法优点较多。塑钢窗由窗框、窗扇、五金组成，开启方式包括平开、推拉、立转、固定、平开推拉综合等。

思 考 题

1. 门按开启方式分有哪几种类型？试说明其特点。
2. 门按材料分有哪几种类型？
3. 木门的门扇常用的有哪几种？试说明其特点。
4. 塑钢门窗、木门窗、钢门窗、铝合金门窗的优缺点各是什么？
5. 窗的尺寸大小应考虑哪些因素？
6. 双层窗根据窗扇和窗框的构造不同，可分为几种？

第 8 章

房屋建筑装修

学习目标

通过本章学习，了解房屋建筑装修的作用，常用的建筑装修材料；掌握墙面装修、楼地面装修和顶棚装修的分类及构造做法。

关键词

建筑装修　墙面装修　楼地面装修　顶棚装修

8.1 房屋建筑装修分类

房屋建筑装修按部位不同主要分为墙面装修、楼地面装修和顶棚装修。

1. 墙面装修

墙面装修包括建筑物外墙饰面和内墙饰面两大部分。它是建筑和装修主要的立面设计部分，这部分构造处理是否得当对空间的环境气氛和美观影响很大。不同的墙面有不同的使用和装修要求，应根据不同的使用和装修要求选择相应的材料、构造方法和施工工艺，以达到实用、经济、美观的要求。

2. 楼地面装修

楼地面是楼层地面和底层地面的总称。它是建筑中直接承受荷载，经常受到摩擦、清扫和冲洗的部位。楼地面装修设计和选材上除了要满足使用功能的要求外，还要做到美观、舒适。

3. 顶棚装修

顶棚又称天棚、天花板，是位于楼板和屋顶最下面的装修层。顶棚的构造设计与选择应从建筑功能、建筑声学、建筑照明、建筑热工、设备安装、管线敷设、维护检修、防火安全等多方面综合考虑，以满足室内使用功能和美观要求。

8.2 建筑装修材料

8.2.1 建筑装修材料的分类

建筑装修材料的品种繁多，可从各种角度进行分类，如按建筑装修材料的使用部位分可分为外墙装修材料、内墙装修材料、地面装修材料、吊顶装修材料等；如按建筑材料的化学成分分类见表 8-1。

表 8-1 建筑装修材料按化学成分分类

无机材料	金属材料	黑色金属	普通钢材、不锈钢、彩色不锈钢
		有色金属	铝及铝合金、铜及铜合金、金、银
	非金属材料	天然石材	天然大理石、天然花岗石
		陶瓷制品	釉面砖、彩釉砖、陶瓷锦砖
		玻璃制品	装饰玻璃、安全玻璃、节能装饰型玻璃
		胶凝材料及制品	石膏装饰制品、装饰混凝土、装饰砂浆、白水泥、彩色水泥
		无机纤维材料	矿棉、珍珠岩装饰制品
有机材料	植物材料		木材、竹材、植物纤维及制品
	合成高分子材料		塑料装饰制品、装饰涂料
复合材料	有机与非金属复合材料		钙塑泡沫装饰吸声板、人造大理石、人造花岗石
	金属与有机复合材料		PVC 钢板、彩色涂层钢板

8.2.2 常用建筑装修材料

常用建筑装修材料见表 8-2。

表 8-2 常用建筑装修材料

类 别	装 修 位 置	常用装修材料
外墙装修材料	包括外墙墙面、阳台、雨篷等建筑物全部外露部位所用装修材料	天然花岗石、陶瓷制品、玻璃制品、金属制品、外墙涂料、装饰混凝土、装饰砂浆
内墙装修材料	包括内墙墙面、墙裙、踢脚线、隔断等内部构造所用装修材料	墙纸、墙布、内墙涂料、织物饰品、塑料饰面板、大理石、人造石材、内墙釉面砖、人造板材、玻璃制品、隔热吸声板
地面装修材料	指地面、楼面、楼梯、台阶等部位所用装修材料	天然石材、人造石材、陶瓷地砖、木地板、塑料地板、地面涂料、地毯
顶棚装修材料	指室内顶棚装修材料	石膏板、矿棉装饰吸声板、珍珠岩装饰吸声板、玻璃棉装饰吸声板、钙塑泡沫装饰吸声板、聚苯乙烯泡沫塑料装饰吸声板、纤维板、涂料

8.3 墙面装修

8.3.1 墙面装修分类

1. 按装修部位分类

按装修部位分类，墙面装修可分为外墙面装修和内墙面装修两类。

（1）外墙面装修　外墙面装修位于室外，受到阳光、风、雨、雪的侵蚀和大气中腐蚀气体的影响，因此外墙面装修层要采用强度高、抗冻性强、耐水性好及具有抗腐蚀性的材料。

（2）内墙面装修　内墙面装修层由室内使用功能决定，区别不同房间和部位，要求有一定强度和耐水性，不要求抗冻和耐大气侵蚀。

2. 按材料和施工工艺分类

按装修所用材料和施工方法分类，墙面装修可分为抹灰类、贴面类、涂刷类、裱糊类和镶钉类等。

（1）抹灰类装修　抹灰类装修是以水泥、石灰或石膏等为胶结材料，加入砂或石渣，用水拌和成砂浆或石渣浆作为墙体的饰面层，如图8-1所示。这种做法的优点是材源广泛、取材较易、施工方便、造价较低、广泛应用于内墙和外墙装修。但这类做法也存在不少缺点，如抹灰饰面层的耐久性低，年久易产生龟裂、粉化、剥落等现象，且多数为手工操作，工效较低，湿作业量大，劳动强度高。

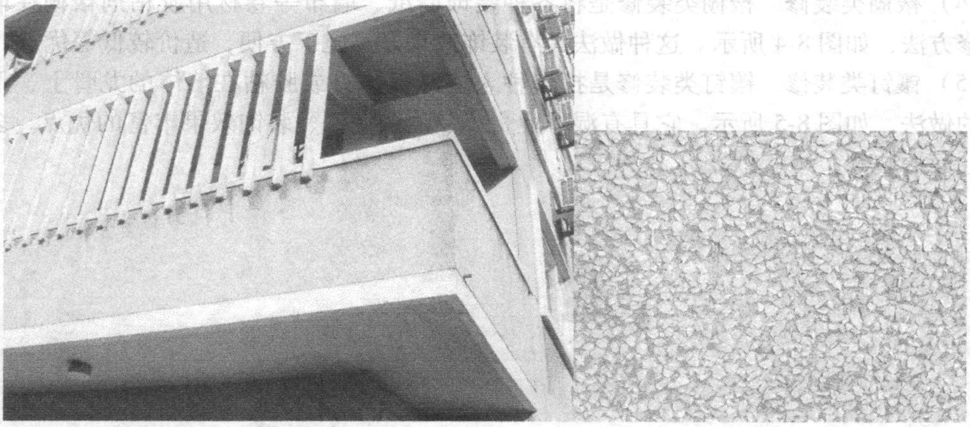

图8-1　抹灰类装修

（2）贴面类装修　贴面类装修是以各种天然或人造板材、块材，通过构造连接或直接镶贴于墙体表面的装修方法，如图8-2所示。它具有耐久性强，色泽稳定、防水、易清洗、装饰效果好等优点，广泛用于外墙装修和潮湿房间的墙面装修。

（3）涂刷类装修　涂刷类装修是采用各种涂料涂刷墙面而形成牢固膜层，是装修面层做法中较简便的一种方法，如图8-3所示。它的优点是施工方便、省工省料、工期短、工效高、自重轻、更新方便和造价低，可用于室内、外墙。它的缺点是涂层薄、抗蚀能力差、耐久年限短。

图 8-2　贴面类装修

图 8-3　涂刷类装修

（4）裱糊类装修　裱糊类装修是将各种装饰墙纸、墙布等卷材用胶粘剂裱糊在墙面上的装修方法，如图 8-4 所示。这种做法具有装饰效果好，施工方便，造价较低等优点。

（5）镶钉类装修　镶钉类装修是把各种人造薄板铺钉或胶粘在墙体的龙骨上，形成装修层的做法，如图 8-5 所示。它具有湿作业量小、耐久性好、装饰效果丰富的优点，多用于墙、柱面的装修。

图 8-4　裱糊类装修

图 8-5　镶钉类装修

8.3.2 墙面装修构造

1. 抹灰类

（1）抹灰的构造层次　为了保证抹灰平整、牢固，防止开裂、脱落，抹灰前应先将基层表面清除干净，洒水湿润后，分层进行抹灰。一般由底层、中层、面层三部分组成，如图8-6所示。底层抹灰主要起与墙体基层粘结和初步找平的作用，厚度为10～15mm；中层抹灰的作用主要是进一步找平和弥补底层砂浆的干缩裂缝，厚度为5～12mm；面层抹灰的主要作用是装饰，使表面光洁、美观，厚度为3～5mm。抹灰层的总厚度依位置不同而异，一般外墙抹灰厚度为20～25mm，内墙抹灰为15～20mm。

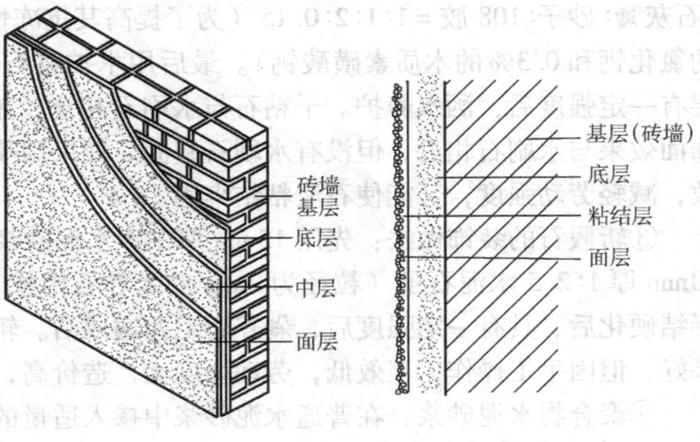

图8-6　墙面抹灰的分层构造

抹灰类墙面的质量等级分为普通抹灰和高级抹灰两级：

1）普通抹灰。一层底层抹灰、一层中层抹灰、一层面层抹灰。

2）高级抹灰：一层底层抹灰、多层中层抹灰、一层面层抹灰。

（2）抹灰类型　根据抹灰面层所用材料和施工工艺的不同，抹灰类型可分为一般抹灰和装饰抹灰。

1）一般抹灰。一般抹灰有石灰砂浆、水泥砂浆、混合砂浆、麻刀灰、纸筋灰等抹灰装修，做法见表8-3。

表8-3　一般抹灰做法

抹灰名称		构造做法	应用范围
混合砂浆		12mm厚1:1:6水泥石膏砂浆找平 8mm厚1:1:6水泥石膏砂浆面层	砖基层的内墙面
水泥砂浆	(1)	10mm厚1:3水泥砂浆打底扫毛或划出纹道 8mm厚1:3水泥砂浆刮平扫毛 6mm厚1:2.5水泥砂浆罩面	砖基层的外墙面或有防水要求的内墙面、建筑物阳角
	(2)	刷一道108胶水溶液 6mm厚1:0.5:4水泥石灰膏砂浆打底扫毛或划出纹道 6mm厚1:1:6水泥石膏砂浆刮平扫毛 6mm厚1:2.5水泥砂浆罩面	加气混凝土等轻型基层外墙面
纸筋灰麻刀灰		14mm厚1:3石灰膏砂浆打底 2mm厚纸筋(麻刀)灰罩面	砖基层的内墙面

2）装饰抹灰。装饰抹灰有水刷石、干粘石、斩假石、拉毛灰、弹涂等抹灰装修做法。

①水刷石的装饰做法：采用15mm厚1:3水泥砂浆打底刮毛，刷素水泥浆一道，然后再用10mm厚1:1.5水泥石子（小八厘）罩面，铁抹子压光，待面层半凝固时，用棕刷沾水或

喷水器刷去表面的水泥浆，使石子半露，再用清水将墙面冲洗干净。所用石屑是石英石、白云石或大理石的石屑。水刷石饰面效果好，耐久性也好，适用于外墙面装修。

②干粘石的装饰做法：采用 12mm 厚 1:3 水泥砂浆打底扫毛或划出纹道，中层用 6mm 厚 1:3 水泥砂浆，然后作粘结砂浆，其常用配合比为：水泥:砂:108 胶 =1:1.5:0.15 或水泥:石灰膏:砂子:108 胶 =1:1:2:0.15（为了提高其抗冻性和防止析白，还应加入占水泥量 2% 的氯化钙和 0.3% 的木质素磺酸钙）。最后用木拍将石子甩到粘结层上，再轻轻拍平，待面层有一定强度后，洒水养护。干粘石与水刷石相比，施工方便，减少湿作业，又节省材料，饰面效果与水刷石相近，但没有水刷石坚固。如果用喷粘石的方法代替手工操作，既提高工效，减轻劳动强度，又能使石渣粘结牢固。

③斩假石的装饰做法：先用 15mm 厚 1:3 水泥砂浆打底，然后刷素水泥浆一道，随即抹 10mm 厚 1:2.5 水泥石子（粒径为 2mm 的米粒石内掺 30% 粒径在 0.3mm 左右的石屑），待凝结硬化后、具有一定强度后，剁斧斩毛两遍成活。斩假石质朴大方、具有真实感、装饰效果好，但因手工操作，工效低，劳动强度大，造价高，故一般用于公共建筑重点装饰部位。

④聚合物水泥砂浆，在普通水泥砂浆中掺入适量的有机聚合物，以改善原来材料性能方面的某些不足。

聚合物水泥砂浆饰面的做法有喷涂、滚涂及弹涂。喷涂是用挤压砂浆泵或喷斗将砂浆喷到墙体表面而形成的饰面层。有表面呈波纹状的波面喷涂和点状的粒状喷涂。滚涂是在聚合物水泥砂浆抹面后立即用特制的滚子在表面滚压出花纹，再用甲醛硅酸钠疏水剂溶液罩面而形成。弹涂是在墙体表面刷一遍聚合物水泥色浆后，用弹涂器分几遍将不同色彩的聚合物水泥浆弹在已涂刷的涂层上，形成 3~5mm 大小的扁圆花点，再喷罩甲醛硅树脂或聚乙烯醇缩丁醛酒精液而形成饰面。不同颜色的组合和浆点形成不同的质感，并与干粘石有相似的装饰效果。

⑤拉毛、甩毛、喷毛饰面。拉毛是过去采用较多的传统饰面作法，分为用棕刷操作的小拉毛和用铁抹子操作的大拉毛两种。拉毛面层一般采用普通水泥掺适量石灰膏的素浆或掺入适量砂子的砂浆。素浆拉毛强度较高但易产生龟裂，掺入砂子后可以克服龟裂问题。这种饰面为手工操作，工效较低，易污染，但装饰质感强，有较好的装饰效果。

甩毛是用工具将面层灰浆甩在墙面上的一种饰面做法。也有先在底层抹灰上刷水泥色浆，再甩上不同颜色的罩面灰浆，然后用抹子轻轻压平。

喷毛是把 1:1:6 水泥石灰膏混合砂浆，借助喷浆机连续均匀地喷涂于墙面而形成饰面层。

（3）抹灰过程中应注意的问题

1）外墙面引条分格。外墙面因抹灰面积较大，由于材料干缩和温度变化，容易产生裂缝，常在抹灰面层作分格，称为引条线。引条线的做法是在底灰上埋放不同形式的木引条，面层抹灰完毕后及时取下引条，再用水泥砂浆勾缝，以提高抗渗能力，如图 8-7 所示。

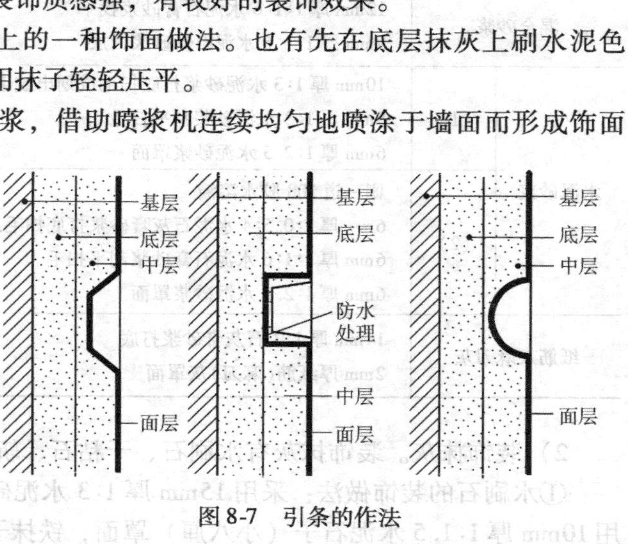

图 8-7　引条的作法

2）内墙阳角护角。内墙抹灰中，对于容易受到碰撞的内墙阳角、门洞两侧，应用1∶2水泥砂浆做护角，护角高不应小于2m，每侧宽度不应小于50mm，如图8-8所示。

2. 贴面类

（1）面砖、瓷砖、陶瓷锦砖墙面装修　面砖分上釉和不上釉两种，这两种又都有平滑、有一定纹理的两类。面砖是高档饰面材料，主要用于装饰高级工程的室外饰面或一般工程室外重点部位的饰面。

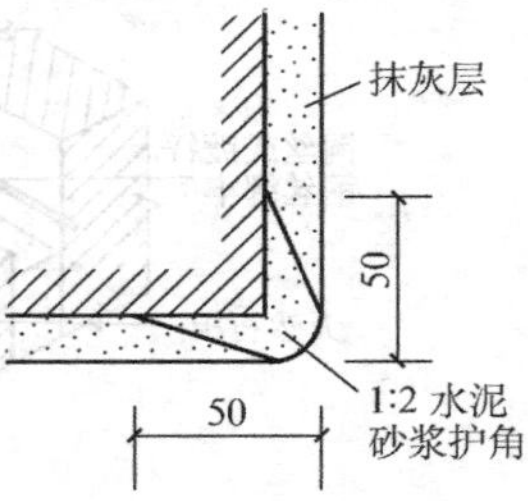

图8-8　内墙阳角的护角构造

瓷砖又称釉面瓷砖。它的底胎为白色，表面釉可以是白色，也可以为各种颜色。瓷砖主要用于室内需经常擦洗的墙面，但不能用于室外饰面。

陶瓷锦砖又称“陶瓷马赛克”，有挂釉和不挂釉两类。它的质地坚硬、经久耐用、色泽多样、耐污染，广泛用于地面和内、外墙饰面。

这三种贴面材料的共同特点是单块尺寸小、重量轻，通常是直接用水泥砂浆将它们粘贴于墙上。具体做法是将墙面清理干净后，先抹15mm厚1∶3水泥砂浆打底，再抹5mm厚1∶1水泥细砂砂浆粘贴面层材料，如图8-9所示。

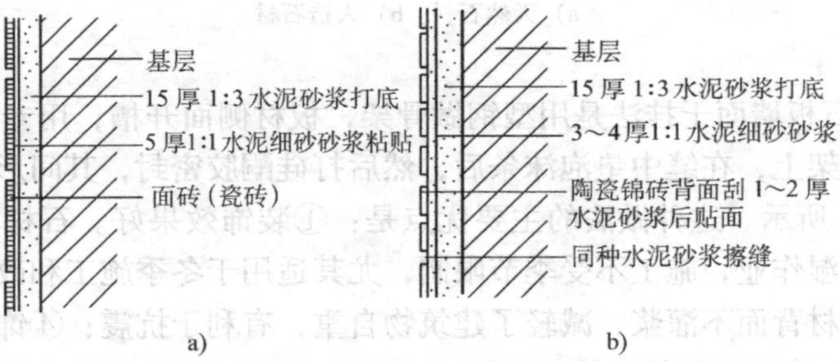

图8-9　瓷砖、面砖、陶瓷锦砖墙面
a）瓷砖、面砖墙面　b）陶瓷锦砖墙面

（2）天然石板及人造石板墙面装修　天然石板主要指花岗石板和大理石板。花岗石板质地坚硬，不易风化变质，且能适应各种气候变化，故多用于室外装修。大理石的表面经磨光后，其纹理雅致，色彩鲜艳，具有自然山水图案，但抗风化能力差，故多用于室内装修。

1）拴挂法。天然石板安装时，多采用拴结与砂浆粘结相结合的“双保险”做法，即先在墙身或柱内预埋U形钢筋，并在其上立竖筋，间距为500～1000mm，然后按面板位置在竖筋上绑扎横筋，构成一个ϕ6～8的钢筋网，再用铜丝或镀锌铁丝穿过石板上下边预凿的小孔，将石板绑扎在钢筋网上。石板与墙之间保持30～50mm宽的缝隙，缝中用1∶2.5水泥砂浆分层浇灌，每次灌缝高度应低于板口50mm左右，如图8-10a所示。

人造石板常见有仿大理石、水磨石等，其构造做法与天然石板相同，但人造石板是在板的背面预埋钢筋挂钩，用铜丝或镀锌铁丝将其绑扎在水平钢筋上，再用水泥砂浆填缝，如图8-10b所示。

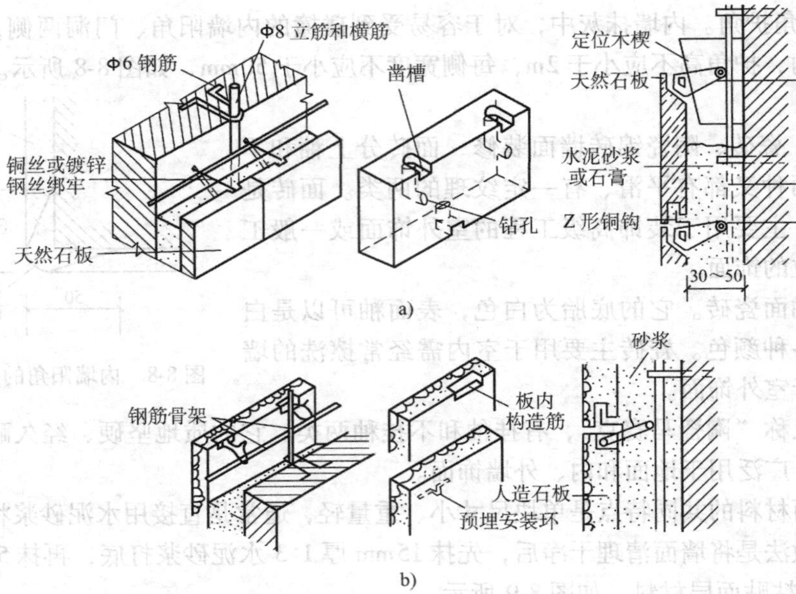

图 8-10　石材拴挂法

a）天然石材　b）人造石材

2）干挂法。石板墙面干挂法是用型钢做骨架，板材侧面开槽，用专用的不锈钢或铝合金挂件连接于角钢架上，在缝中垫泡沫条后，然后打硅酮胶密封，其间形成空气间层不作灌浆处理，如图 8-11 所示。这种做法的主要优点是：①装饰效果好。石材在作用过程中表面不会泛碱；②没有湿作业，施工不受季节限制，尤其适用于冬季施工和改造工程，施工速度快、效率高；③石材背面不灌浆，减轻了建筑物自重，有利于抗震；④饰面石材与结构连接（或与预埋件焊接）构成有机的整体，可用于八级地震区和大风地区。但采用干挂石材造价较高。

干挂石材在我国是一种较新的建筑装饰技术，将会是今后高级装修中石材饰面的主导做法。

随着新材料的不断出现，安装石材饰面还可以采用聚酯砂浆（胶砂比为 1:4.5 ~1:5.0，固化剂的掺加量随要求而定）粘结法和树脂胶粘结法，施工时将板材就位、挤紧、找平、找正、找直后，应立即进行钉、卡固定，以防止脱落伤人。

3. 涂刷类

涂刷装修采用的材料有无机涂料和有机涂料，装修时多以抹灰层为基层，也可以直接涂刷在砖、混凝土、木材等基层上。具体施工工艺应根据装修要求，采取刷涂、滚涂、弹涂、喷涂等方法完成。按涂刷材料种类不同，涂刷饰面可分为刷浆类、涂料类、油漆类三类。

（1）刷浆类　刷浆类指在表面喷刷浆料的做法，这类涂料是一些传统材料，主要有以下几种：

1）石灰浆。石灰浆是将生石灰加水经过充分消解后形成的熟石灰膏，再加水拌成石灰浆，根据需要可掺入颜料。为增强灰浆与基层的粘结力，可掺入 108 胶等，其掺入量约 20% ~30%。石灰浆涂料和施工要待墙面干燥后进行，一般喷或刷两遍。石灰浆耐久性、耐候性以及耐污染性均较差，主要用于室内墙面及顶棚。

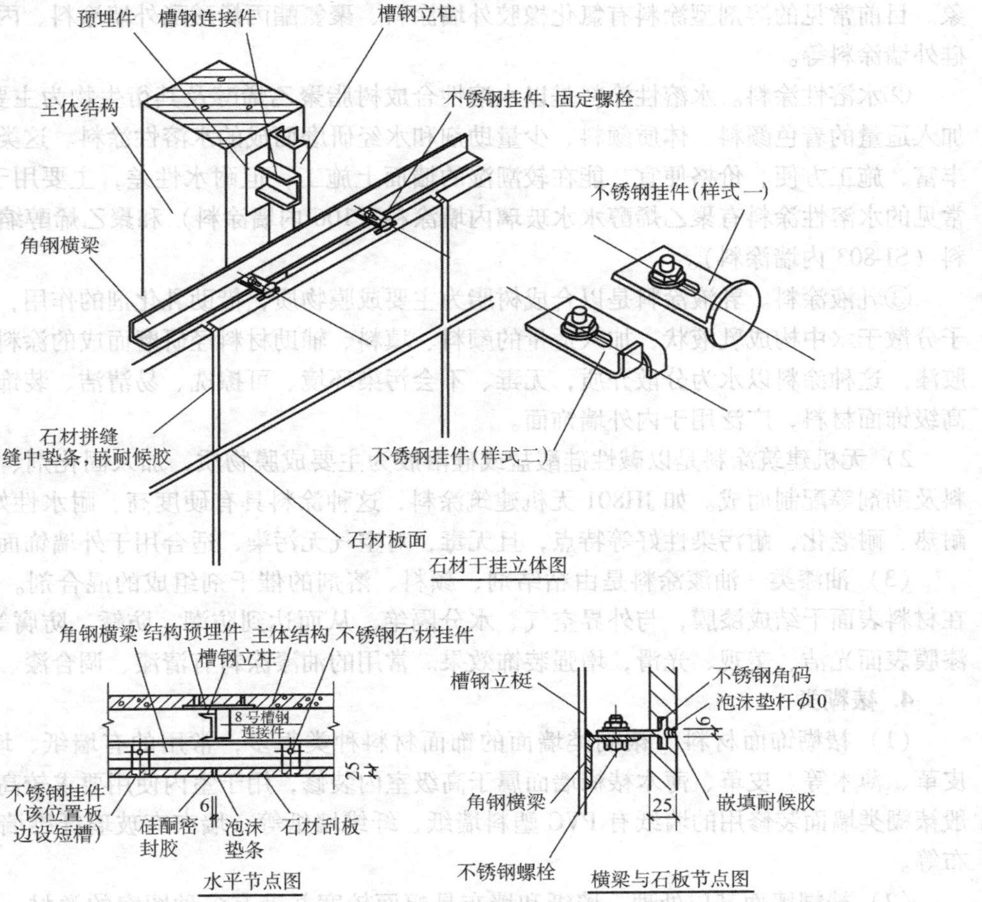

图 8-11　石材干挂法

2）大白浆。大白浆又称胶白，是由大白粉掺入适量胶料配制而成。大白粉为一定细度的碳酸钙粉末。常用胶料有 108 胶（掺入量为 15%）等。大白浆可掺入颜料而成色浆。大白浆附着力强，涂层细腻洁白，且货源充足，造价低，施工方便，广泛应用于室内墙面及顶棚。

3）可赛银浆。可赛银浆是由碳酸钙、滑石粉与酪素胶配制而成的粉末状材料。使用时先用温水将粉末充分浸泡，使酪素胶充分溶解，再用水调制成需要浓度即可使用。可赛银浆质细、颜色均匀，其附着力以及耐磨、耐碱性均较好，主要用于室内墙面及顶棚。

（2）涂料类　随着高分子材料在建筑上的应用，建筑涂料有了极大的发展，按成膜物质的化学成分可分为有机涂料、无机涂料、有机无机复合涂料。

1）有机涂料按所用分散介质和主要成膜物质的溶解状态分为溶剂型涂料、水溶性涂料、乳液型涂料。

①溶剂型涂料。溶剂型涂料是以高分子合成树脂为主要成膜物质，有机溶剂为稀释剂。这类涂料一般有较好的硬度、光泽、耐水性、耐污染性以及耐老化性，主要用于外墙饰面。

但有机溶剂在施工时挥发出有害气体、污染环境，同时在潮湿的基层上施工易产生脱皮现象。目前常见的溶剂型涂料有氯化橡胶外墙涂料、聚氨酯丙烯酸酯外墙涂料、丙烯酸酯有机硅外墙涂料等。

②水溶性涂料。水溶性涂料是以水溶性合成树脂聚乙烯醇及其衍生物为主要成膜物质，加入适量的着色颜料、体质颜料、少量助剂和水经研磨而成的水溶性涂料。这类涂料原材料丰富，施工方便、价格便宜，能在较潮湿的墙面上施工，但耐水性差，主要用于内墙饰面。常见的水溶性涂料有聚乙烯醇水水玻璃内墙涂料（106 内墙涂料）和聚乙烯醇缩甲醛内墙涂料（SJ-803 内墙涂料）。

③乳液涂料。乳液涂料是以合成树脂为主要成膜物质，借助乳化剂的作用，以极细微粒子分散于水中构成乳液状，加入适量的颜料、填料、辅助材料经研磨而成的涂料，又称为乳胶漆。这种涂料以水为分散介质，无毒、不会污染环境、可擦洗、易清洁、装饰效果好，属高级饰面材料，广泛用于内外墙饰面。

2）无机建筑涂料是以碱性硅酸盐或硅溶胶为主要成膜物质，加入固化剂、颜料、填充料及助剂等配制而成。如 JH801 无机建筑涂料，这种涂料具有硬度高、耐水性好以及耐光、耐热、耐老化，耐污染性好等特点，且无毒，对空气无污染，适合用于外墙饰面。

（3）油漆类　油漆涂料是由粘结剂、颜料、溶剂的催干剂组成的混合剂。油漆涂料能在材料表面干结成漆膜，与外界空气、水分隔绝，从而达到防潮、防锈、防腐等保护作用。漆膜表面光洁、美观、光滑，增强装饰效果。常用的油漆涂料有清漆、调合漆、防锈漆等。

4. 裱糊类

（1）裱糊饰面材料　裱糊类墙面的饰面材料种类很多，常用的有墙纸、墙布、锦缎、皮革、薄木等。皮革、薄木裱糊墙面属于高级室内装修，用于室内使用要求较高的场所。一般裱糊类墙面装修用的墙纸有 PVC 塑料墙纸、纤维墙纸等，墙布有玻璃纤维墙布、无纺墙布等。

（2）裱糊墙面基层处理　墙纸和墙布是幅面较宽并带有多种图案的卷材，它要求粘贴在具有一定强度、表面平整、无裂缝、不掉粉的洁净基层上，如水泥砂浆、混合砂浆、石灰砂浆、木质板、石膏板以及质量达到标准的现浇或预制混凝土墙体等。

裱糊前，应先在基层刮腻子，视基层的实际情况采取局部刮腻子、满刮一遍或两遍腻子，然后用砂纸磨平，以使基层表面达到平整光滑、颜色一致。

（3）裱糊的施工及接缝处理　墙纸或墙布在施工前要先作浸水或润水处理，使其发生自由膨胀变形。同时为了避免基层吸水过快，还应在基层上刷一道清漆封底，然后按幅宽弹线，再刷专用胶液粘贴。粘贴应自上而下缓缓展开，排除空气，并一次成活，以防出现气泡。如果是不干胶墙纸，可直接裱贴在做好的墙面基层或家具表面上。

相邻面材处若无拼花要求，可在接缝处使两幅材料重叠 20mm，用钢直尺压在搭接宽度的中部，用工具刀沿钢直尺进行裁切，然后将多余部分揭去，再用刮板刮平接缝。当饰面有拼花要求时，应使花纹重叠搭接。阴阳转角应垂直，棱角分明。阴角处墙纸或墙布搭接顺光，阳面处不得有接缝，并应包角压实。

5. 镶钉类

镶钉类装修的墙面由龙骨和面板组成，龙骨骨架有木骨架和金属骨架，面板有硬木板、胶合板、纤维板、石膏板、金属薄板等。

镶钉类装修的基本构造做法，主要是在墙体或结构主体上部固定龙骨骨架，形成面板的结构层，然后利用粘贴、紧固件连接、嵌条定位等手段，将面板安装在骨架上。有的面板还需要在骨架上先设垫层板（如纤维板等），再装饰面板，这要根据饰面板的特性和装饰部位来确定。

常见的镶钉木墙面的装修构造，如图 8-12 所示。

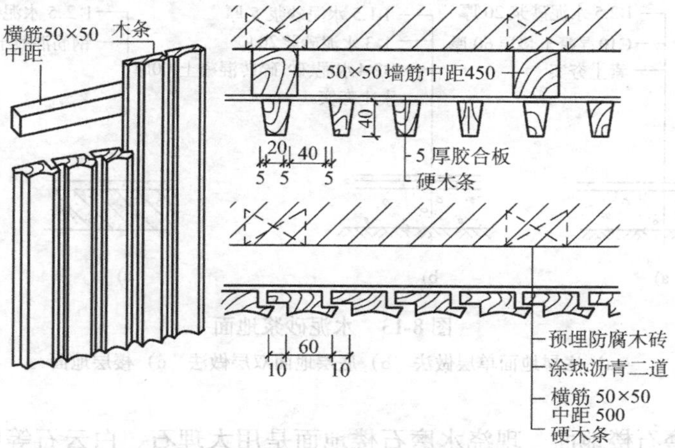

图 8-12 镶钉木墙面的装修构造

8.4 楼地面装修

8.4.1 楼地面装修分类

1. 按面层材料分类

楼地面根据面层材料的不同可分为水泥砂浆楼地面、水磨石楼地面、大理石楼地面、缸砖楼地面、木楼地面等。这种分类方法比较直观易懂，但由于材料品种繁多，因而显得过细过多，缺乏归纳性。

2. 按构造及施工方法分类

楼地面按构造及施工方法可分为整体楼地面、块材楼地面和木楼地面三种。常见的整体楼地面如水泥砂浆楼地面、水磨石楼地面等。块材楼地面如缸砖楼地面、大理石楼地面、陶瓷锦砖楼地面等。木楼地面按构造方式可分为粘贴式、空铺式和实铺式；若按材料不同可分为实木地板楼地面和复合木地板楼地面。

本书以后一种方法归类，再在分类中根据面层材料的不同，有选择地加以介绍。

8.4.2 楼地面装修构造

1. 整体楼地面

整体楼地面是采用现场拌和的湿料整体浇抹形成面层，具有构造简单、施工方便、造价较低的特点，是应用较广泛的一种类型。

（1）水泥砂浆楼地面　水泥砂浆楼地面是直接在混凝土垫层或楼板上抹水泥砂浆形成

面层的一种传统整体楼地面，其特点是构造简单、坚固、耐磨、防水、造价低廉，但导热系数大，易结露、起砂、起灰，不易清洁，是一种被广泛采用的低档楼地面。

水泥砂浆楼地面通常有单面层和双面层两种做法。单面层做法是在面层抹一层 15～25mm 厚 1∶2.5 水泥砂浆；双面层做法是先抹一层 15～20mm 厚的 1∶3 水泥砂浆找平层，再抹 5～7mm 厚 1∶1.5 水泥砂浆面层，如图 8-13 所示。

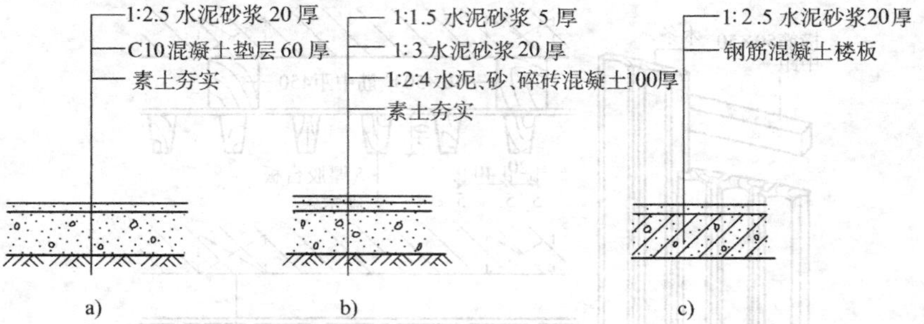

图 8-13　水泥砂浆地面

a）底层地面单层做法　b）底层地面双层做法　c）楼层地面

（2）现浇水磨石楼地面　现浇水磨石楼地面是用大理石、白云石等中等硬度的石屑与水泥拌和，浇抹硬结后经人工或机器磨光而成。水磨石楼地面坚固、耐磨、耐腐蚀、防水、光洁、易清洗、不起尘、装饰效果好，但导热系数偏大、弹性小，多用于公共建筑。

现浇水磨石楼地面为双层构造：底层是在混凝土垫层或楼板上用 10～15mm 厚 1∶3 水泥砂浆找平，为实现装饰图案，防止面层开裂，在找平层上用 1∶1 水泥砂浆固定分格条（铜条、铝条或玻璃条），然后用 10～15mm 厚 1∶1.5～1∶2.5 水泥石渣浆抹面，经养护一周后磨光打蜡形成，如图 8-14 所示。

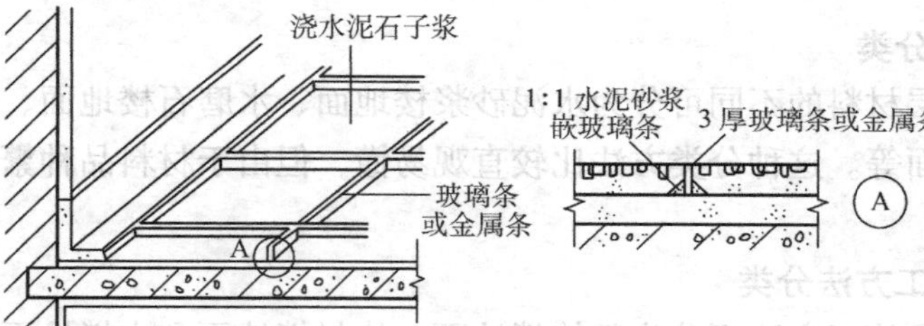

图 8-14　水磨石地面

2. 块材楼地面

块材楼地面是利用各种天然或人造的预制块材或板材，通过铺贴形成面层的楼地面。这种楼地面经久耐用、花色品种多、装饰效果好、易清洁，但工效偏低，造价偏高，属于中高档的楼地面，一般适用于人流量大，装饰要求高和清洁要求高、有用水的场所。

（1）缸砖、瓷砖、陶瓷锦砖楼地面　缸砖、瓷砖、陶瓷锦砖均为高温烧成的小型块材，它们的共同特点是表面致密光洁、耐磨、防水性好、不易变色。其构造做法为：在混凝土垫层或楼板上抹 15～20mm 厚 1∶3 水泥砂浆找平，再用 5～8mm 厚 1∶1 水泥砂浆或水泥胶（水泥:108 胶:水 =1:0.1:0.2）粘贴，最后用素水泥浆擦缝。陶瓷锦砖（马赛克）在整张铺贴后，用滚筒压平，使水泥砂浆挤入缝隙，待水泥砂浆硬化后，用草酸洗去牛皮纸，然后用白水泥浆擦缝。缸砖地面、陶瓷砖地面如图 8-15 所示。

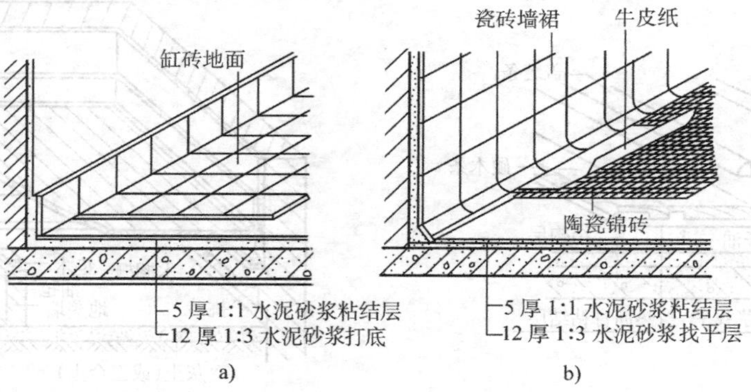

图 8-15 缸砖、陶瓷锦砖地面

a）缸砖地面 b）陶瓷锦砖地面

（2）大理石板、花岗岩板楼地面 大理石板、花岗岩板是从天然岩体中开采出来，经过加工成块材或板材，再经粗磨、细磨、抛光、打蜡等工序，加工成各种不同质感的高级装饰材料，一般用于宾馆及大型公共建筑的门厅、休息厅、营业厅和要求较高的卫生间等房间楼地面。

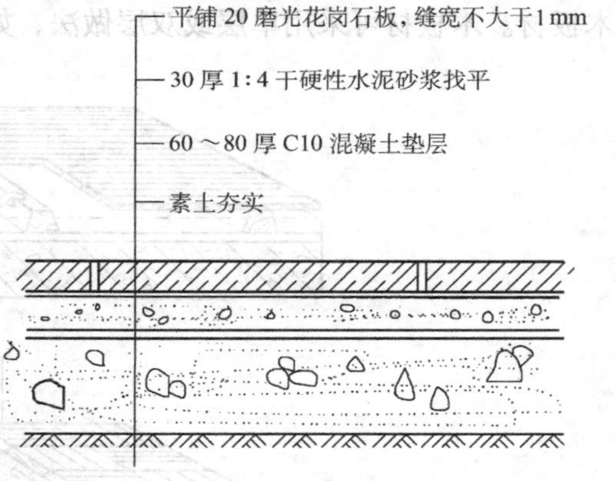

图 8-16 花岗石地面

大理石板、花岗岩板的尺寸一般为 300mm × 300mm ~ 600mm × 600mm，厚度为 20 ~ 30mm。铺设前应按房间尺寸预定制做，铺设时需预先试铺，合适后再开始正式粘贴，其构造做法为：先在混凝土垫层或楼板上抹 30mm 厚 1:3 ~ 1:4 干硬性水泥砂浆，上面撒素水泥面（洒适量清水），然后铺贴楼地面板材，轻轻敲实后用素水泥浆擦缝，如图 8-16 所示。

3. 木楼地面

木楼地面是面层由木板铺钉或粘贴而成的地面。木楼地面弹性好、不起尘、易清洁、自然美观、导热系数小，但造价较高，是一种高级楼地面的类型。实木面层也存在耐火性差、易腐蚀、不耐磨、易产生裂缝和翘曲变形等缺点。木楼地面常用于高级住宅、宾馆、剧院舞台等室内楼地面。

（1）粘贴式木楼地面 粘贴式木楼地面是在混凝土垫层或楼板上先用 20mm 厚 1:2.5 水泥砂浆找平，干燥后用专用胶粘剂将木板直接粘贴上，如图 8-17 所示。这是木楼地面施工中最简便实用的构造做法，由于省去了搁栅，节约了木材，降低了造价，又提高了工效，并充分利用了空间高度，故应用广泛。

（2）空铺式木楼地面 空铺式木楼地面是将木楼地面架空铺设，使板下有足够的空间便于通风，以保持干燥，其突出优点是富有弹性、脚感舒适、隔声和防潮。由于其构造复杂，耗费木材较多，故一般用于要求环境干燥、对楼地面有较高的弹性要求的房间。木楼地面架空是通过地垄墙或砖墩的支撑来实现的，如图8-18所示。

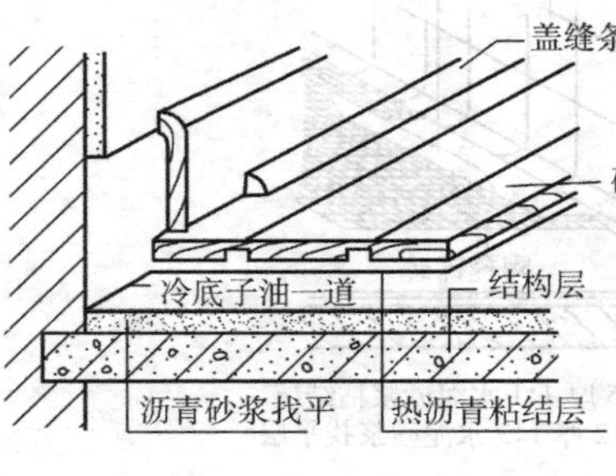

图8-17　粘贴式木地面

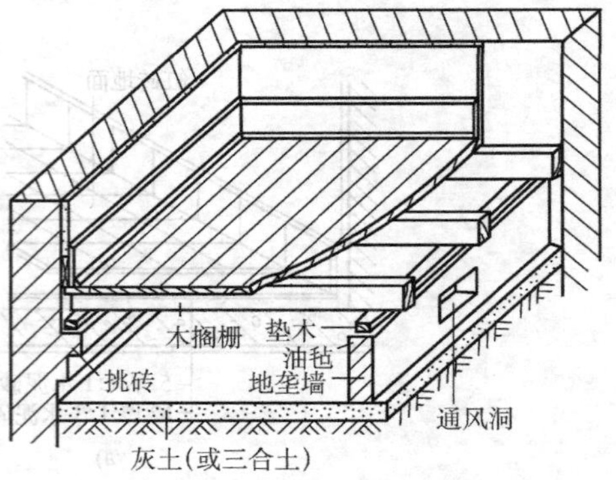

图8-18　空铺式木地面

(3) 实铺式木楼地面　实铺式木楼地面是在混凝土垫层或楼板上固定木搁栅，木搁栅的断面尺寸一般为50mm×50mm或50mm×70mm，间距400~500mm，然后在木搁栅上铺钉木板材。木板材可采用单层或双层做法，如图8-19所示。

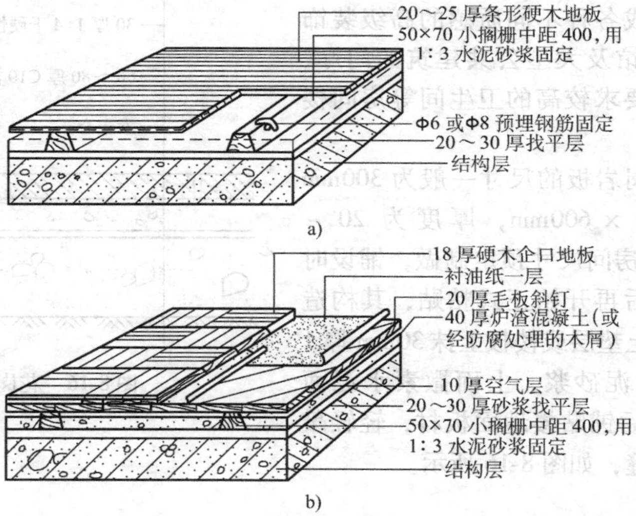

图8-19　实铺式木地面
a) 单层　b) 双层

当在地坪层上采用实铺式木地面时，须在混凝土垫层上设防潮层。

(4) 复合木地板楼地面　复合木地板一般由四层复合而成。第一层为透明人造金刚砂的超强耐磨层；第二层为木纹装饰层；第三层为高密度纤维板的基材层；第四层为防水平衡层，经过高性能合成树脂浸渍后，再经高温、高压压制，四边开榫而成。这种木地板精度高，特别耐磨，阻燃性、耐污性好，而且在感观上及保温、隔热等方面可与实木地板相媲美。

复合木地板一般采用悬浮铺设，不能将木地板直接粘固或者钉在楼地面上。铺装前需要先铺设一层聚乙烯薄膜作为防潮层，被铺装的基层必须平整，在1m的距离内高差不应超过3mm。铺设时，复合木地板四周的榫槽用专用的防水胶密封，以防止地面水分向下浸入。

4. 楼地面的细部构造

（1）踢脚板 踢脚板是地面与墙面相交处的构造处理，其主要作用是遮盖墙面与楼地面的接缝，防止碰撞墙面或擦洗地面时弄脏墙面。踢脚板可以看作是楼地面在墙面上的延伸部分，所用材料一般与楼地面材料相同，其高度一般为120～150mm，可凸出墙面、凹进墙面或与墙面相平，如图8-20所示。

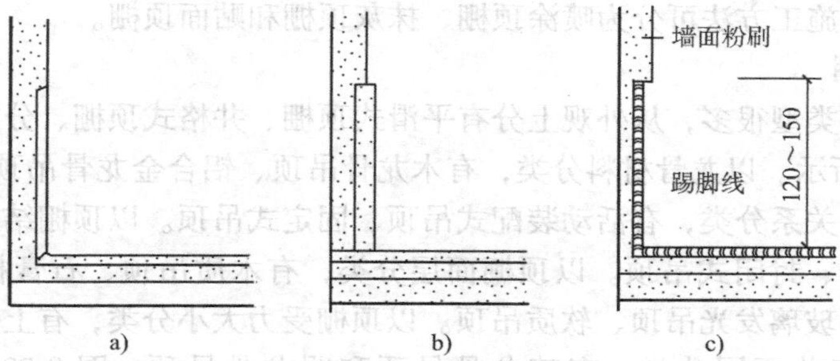

图8-20 踢脚线构造

a）与墙平齐 b）凸出墙面 c）凹进墙面

（2）墙裙 墙裙是对容易受碰撞和有防潮、防水要求的内墙面（如浴厕、门厅等）装修层在下部的处理，其主要作用是保护墙面并起一定的装饰作用。墙裙应采用有一定强度、耐污染、方便清洗的材料，如水泥砂浆、瓷砖、木材、油漆等，通常为粘贴瓷砖的做法。墙裙的高度一般为900～2000mm，如图8-21所示。

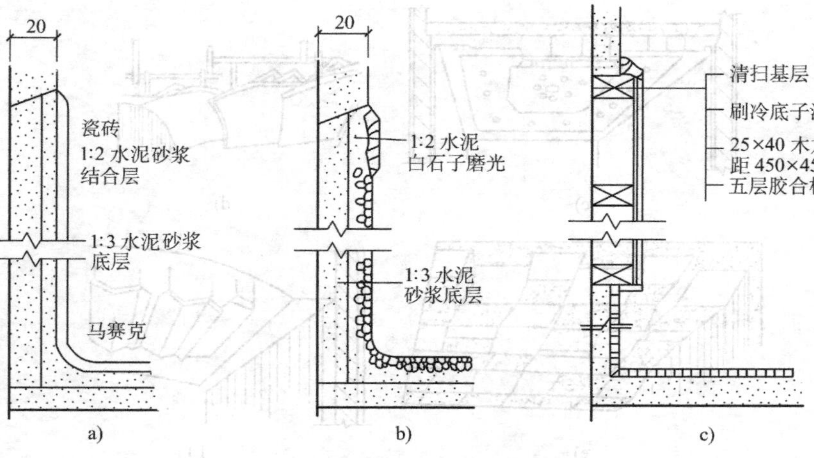

图8-21 墙裙构造

a）瓷砖墙裙 b）磨石墙裙 c）木墙裙

8.5 顶棚装修

8.5.1 顶棚装修分类

顶棚又称天棚、天花板，是位于楼板和屋顶最下面的装修层，目的是满足室内使用功能和美观要求。顶棚装修根据不同的功能要求可采用不同的类型，顶棚按饰面与基层的关系可分为直接式顶棚与悬吊式顶棚两大类。

1. 直接式顶棚

直接式顶棚按施工方法可分为喷涂顶棚、抹灰顶棚和贴面顶棚。

2. 悬吊式顶棚

悬吊式顶棚的类型很多，从外观上分有平滑式顶棚、井格式顶棚、分层式顶棚、悬浮式顶棚，如图 8-22 所示。以龙骨材料分类，有木龙骨吊顶、铝合金龙骨吊顶、轻钢龙骨吊顶。以饰面层和龙骨的关系分类，有活动装配式吊顶、固定式吊顶。以顶棚结构层的显露状况分类，有开敞式吊顶、封闭式吊顶。以顶棚面层分类，有木质吊顶、石膏板吊顶、矿棉板吊顶、金属板吊顶、玻璃发光吊顶、软质吊顶。以顶棚受力大小分类，有上人式吊顶、不上人式吊顶。以施工工艺不同分类，有暗龙骨吊顶和明龙骨吊顶。图 8-23 是悬吊式顶棚实例。

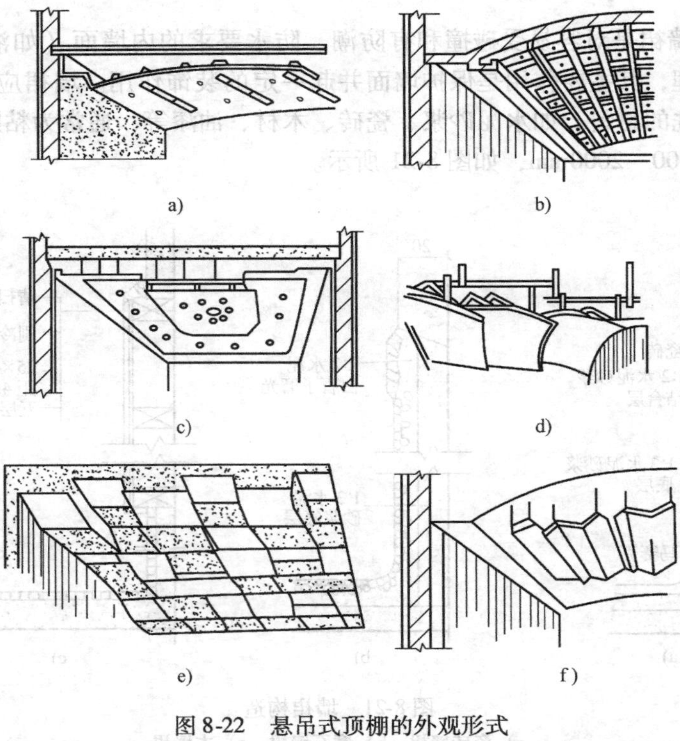

图 8-22　悬吊式顶棚的外观形式

a）平滑式　b）井格式　c）、d）分层式　e）、f）悬浮式

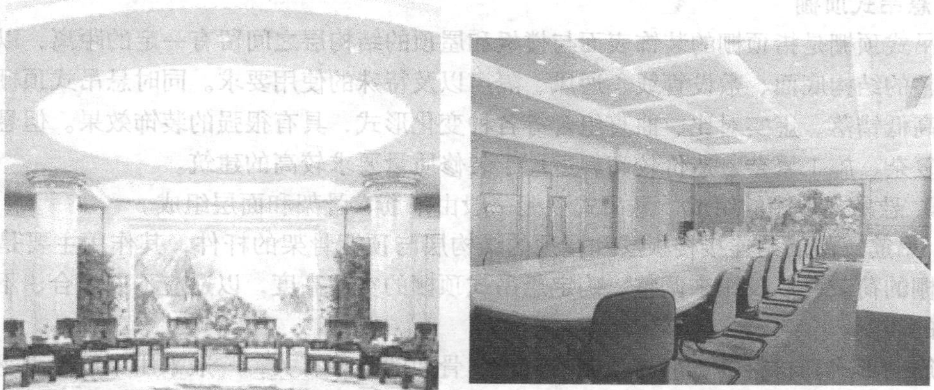

图8-23 悬吊式顶棚实例

8.5.2 顶棚装修构造

1. 直接式顶棚

直接式顶棚是直接在楼板层和屋顶结构层下面喷涂、抹灰或贴面形成装修层。直接式顶棚一般和室内墙面的做法相同，与上部结构层之间不留空隙，具有取材容易、构造简单、施工方便、造价较低的优点，所以得到广泛的应用。

（1）喷涂顶棚　喷涂顶棚是在楼板或屋面板的底面填缝刮平后，直接喷、涂大白浆、石灰浆等涂料形成的顶棚。喷涂顶棚的厚度较薄，装饰效果一般，适用于底面平整、可不用抹灰、对观瞻要求不高的建筑。

（2）抹灰顶棚　抹灰顶棚是在楼板或屋面板的底面勾缝或刷素水泥浆后，先用水泥砂浆或混合砂浆打底，再用混合砂浆或纸筋石灰浆罩面，有的还在抹灰层的上面再喷涂乳胶漆等涂料形成顶棚，其装饰效果优于喷涂顶棚，适用于室内装饰要求一般的建筑，如图8-24a所示。

（3）贴面顶棚　贴面顶棚是在楼板或屋面板的底面用砂浆找平后，用胶粘剂粘贴墙纸、泡沫塑料板或装饰吸声板等形成顶棚。贴面顶棚的材料丰富，能满足室内不同的使用要求，如保温、隔热、吸声等，如图8-24b所示。

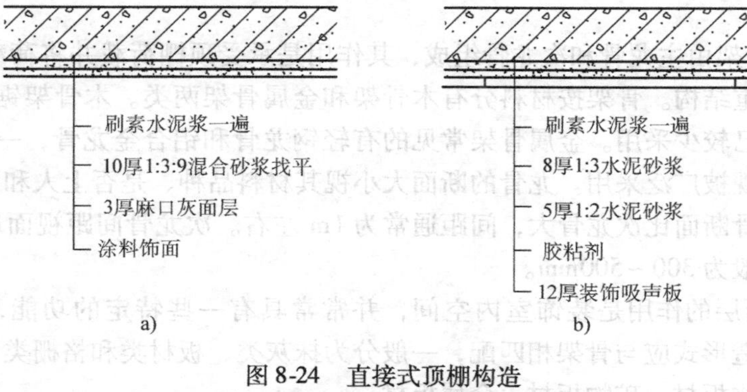

图8-24 直接式顶棚构造

a）抹灰顶棚 b）贴面顶棚

2. 悬吊式顶棚

悬吊式顶棚是指顶棚的装饰表面与楼板和屋顶的结构层之间留有一定的距离，以满足遮挡不平整的结构底面、敷设管线、通风、隔声以及特殊的使用要求。同时悬吊式顶棚的面层可做成高低错落、虚实对比、曲直组合等各种变化形式，具有很强的装饰效果。但悬吊式顶棚构造复杂、施工繁杂、造价较高，适用于装修质量要求较高的建筑。

（1）悬吊式顶棚的组成　悬吊式顶棚一般由吊筋、骨架和面层组成。

1）吊筋。吊筋是连接楼板层和屋顶的结构层与顶棚骨架的杆件，其作用主要是承受和传递顶棚的荷载，以及用来调整、确定悬吊式顶棚的空间高度，以适应不同场合、不同艺术处理上的需要。

吊筋的形式和材料的选用与顶棚的重量、骨架的类型有关，一般采用钢筋、型钢或方木等加工制作。如采用钢筋做吊筋，一般用Φ6～8 的钢筋与楼板或屋顶结构层连接牢固，钢筋与骨架可采用螺栓连接。木骨架也可以用 50mm×50mm 的方木作吊筋。吊筋与楼板和屋面板的连接方式与楼板和屋面板的类型有关，如图 8-25 所示。

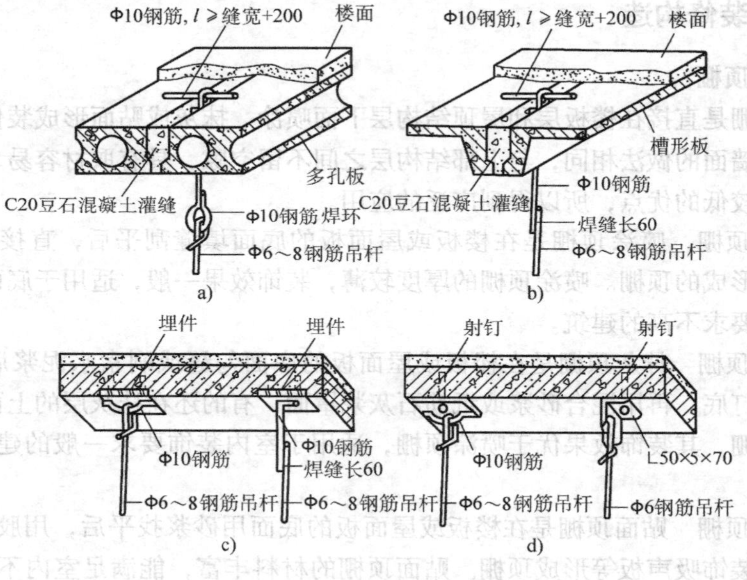

图 8-25　吊筋与楼板的连接

a）空心板吊筋　b）槽形板吊筋　c）现浇板预埋件　d）现浇板射钉安装铁件

2）骨架。骨架由主龙骨和次龙骨组成，其作用是承受顶棚荷载并将荷载通过吊筋传给楼盖或屋顶的承重结构。骨架按材料分有木骨架和金属骨架两类。木骨架锯解加工较方便，但耐火性差，现已较少采用。金属骨架常见的有轻钢龙骨和铝合金龙骨，一般为定型产品，装配化程度高，现被广泛采用。龙骨的断面大小视其材料品种、是否上人和面层构造做法等因素而定。主龙骨断面比次龙骨大，间距通常为 1m 左右。次龙骨间距视面层材料而定，间距不宜太大，一般为 300～500mm。

3）面层。面层的作用是装饰室内空间，并常常具有一些特定的功能，如吸声、反射等。其材料和构造形式应与骨架相匹配，一般分为抹灰类、板材类和格栅类等。最常用的是各类板材，如植物板材、矿物板材、金属板材。

（2）悬吊式顶棚构造

1）木骨架悬吊式顶棚顶构造如图8-26所示。

2）铝合金龙骨悬吊式顶棚构造如图8-27所示。

3）轻钢龙骨悬吊式顶棚构造如图8-28所示。

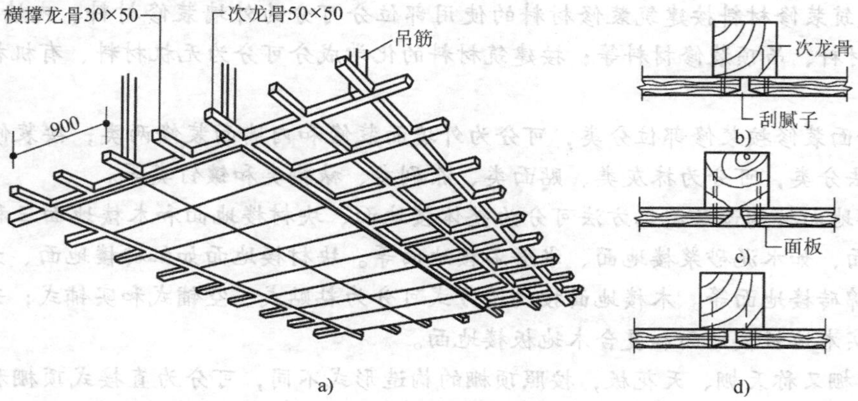

图8-26　木骨架悬吊式顶棚顶构造

a）仰视图　b）密缝　c）斜槽缝　d）立缝

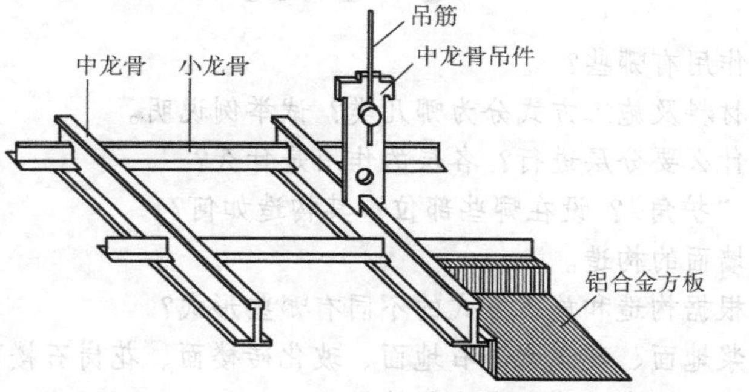

图8-27　铝合金龙骨悬吊式顶棚构造

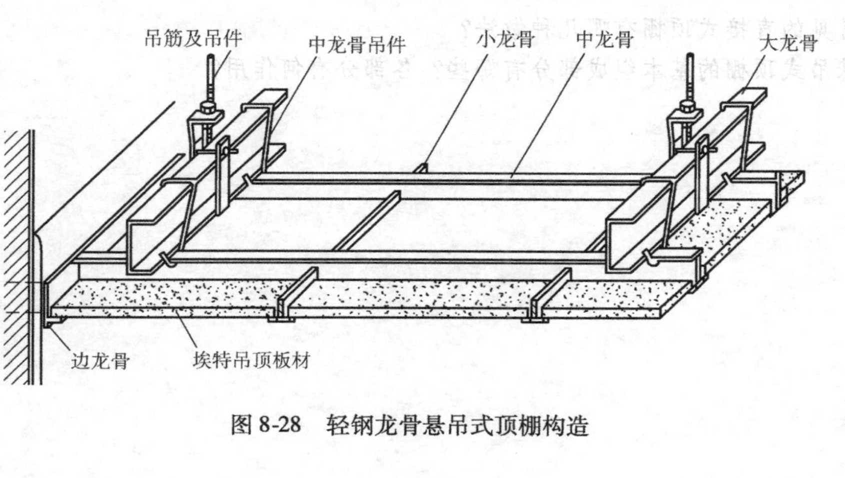

图8-28　轻钢龙骨悬吊式顶棚构造

小 结

1）房屋建筑装修是指建筑主体工程完成后所进行的装潢与修饰处理，它具有保护建筑构件；改善建筑物物理性能，创造良好环境；美观建筑环境，提高艺术效果等作用。

2）建筑装修材料按建筑装修材料的使用部位分可分为外墙装修材料、内墙装修材料、地面装修材料、吊顶装修材料等；按建筑材料的化学成分可分为无机材料、有机材料和复合材料。

3）墙面装修按装修部位分类，可分为外墙面装修和内墙面装修两类；按装修所用材料和施工方法分类，可分为抹灰类、贴面类、涂刷类、裱糊类和镶钉类等。

4）楼地面按构造及施工方法可分为整体楼地面、块材楼地面和木楼地面三种。常见的整体楼地面，如水泥砂浆楼地面、水磨石楼地面等。块材楼地面如缸砖楼地面、大理石楼地面、陶瓷锦砖楼地面等。木楼地面按构造方式可分为粘贴式、空铺式和实铺式；若按材料不同可分为实木地板楼地面和复合木地板楼地面。

5）顶棚又称天棚、天花板，按照顶棚的构造形式不同，可分为直接式顶棚和悬吊式顶棚。直接式顶棚又分为喷涂顶棚、抹灰顶棚和贴面顶棚等做法。悬吊式顶棚一般由吊筋、骨架和面层组成。

思 考 题

1. 墙面装修的作用有哪些？
2. 墙面装修按材料及施工方式分为哪几类？试举例说明。
3. 墙面抹灰为什么要分层进行？各层的作用是什么？
4. 为什么要设“护角”？设在哪些部位？其构造如何？
5. 图示贴面类墙面的构造。
6. 楼地面装修根据构造和施工方式的不同有哪些形式？
7. 图示水泥砂浆地面、现浇水磨石地面、玻化砖楼面、花岗石楼面的构造。
8. 木地面的构造做法有哪些？各有何特点？
9. 顶棚根据构造形式不同分为几类？各有何特点？
10. 常见的直接式顶棚有哪几种做法？
11. 悬吊式顶棚的基本组成部分有哪些？各部分有何作用？

第 9 章

建筑工程图的基础知识

学习目标

通过本章学习，掌握投影图的基本知识，掌握投影法（主要是正投影法）的基本原理及工程图的表达方法。

关键词

投影　投影法　正投影　轴测图　剖面图　断面图

9.1　投影原理

9.1.1　投影的基本知识

我们生活在一个三维空间里，一切物体都有长度、宽度和高度（或厚度），建筑工程中所使用的图样，必须能准确地表达建筑物的真实形状和大小。那么如何在一张只有长度和宽度的图纸上，准确又全面地表达出物体的形状和大小呢？可以采用投影的方法。

1. 投影的形成

在日常生活中看到这样一些现象：物体在灯光或日光照射下，会在地面、墙面或其他物体的表面上产生影子，如图 9-1 所示。

我们都知道，物体的影子仅仅是形体边缘的一个轮廓，是灰黑的一片，而且随着光线照射角度或距离的改变，影子的位置和大小也会改变，所以，影子是不能真实反映物体空间形状的。

如图 9-2 所示，光线从某一方向照射物体，假想光线可以穿透物体，但不能穿透物体的棱点和棱线，将物体各个棱点和各条棱线都在承影面上投落出影子，这些点和线的影子将组成一个能够反映出物体形状的图形，这个图形通常称为物体的投影。

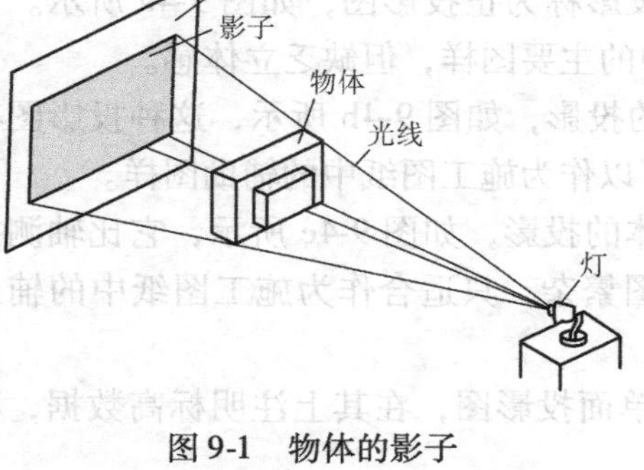

图 9-1　物体的影子

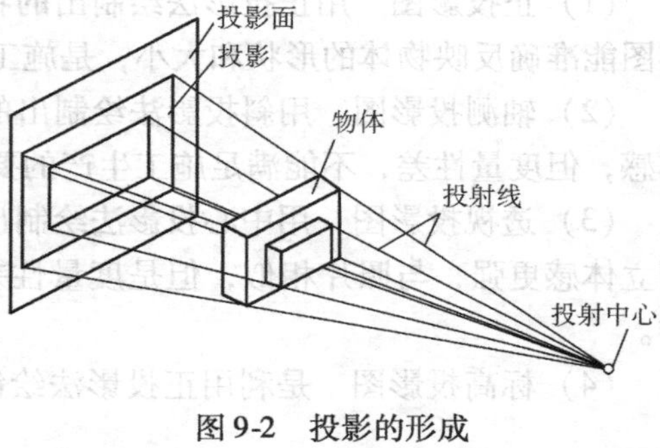

图 9-2　投影的形成

在投影理论中，我们把光源 S 称为投射中心，把光线称为投射线，把承影平面称为投影面，把产生的影子称为投影图。由此可见，产生投影必须具备三个条件：投射线、投影面、形体（或几何元素），这三者称为投影三要素。

投影法：光线通过物体，向投影面投射，并在投影面上获得投影的方法，称为投影法。

2. 投影的分类

根据投射中心和投影面位置的不同，投影可分为中心投影和平行投影两大类。

（1）中心投影　投射中心 S 距离投影面为有限远时，发出锥状的投射线，用这样的投射线作出的物体的投影，称为中心投影，如图 9-3a 所示。

中心投影的特征是：投射线集中于一点 S，投影的大小与物体离投影面的距离有关，在投影中心 S 与投影面距离不变时，物体距离 S 越近，投影越大，反之则小。显然，中心投影与原物体的大小不相等，不能正确度量出物体的尺寸大小。

（2）平行投影　当投射中心 S 移至无限远时，投射线可以看成是按一定的方向平行地投射下来，用平行投射线作出物体的投影，称为平行投影。平行投影的大小与物体离投影面的距离无关。

在平行投影中由于投射线与投影面夹角的不同，可以分为两种：正投影和斜投影。

1）正投影。投射线垂直于投影面时所作出的物体的平行投影，称为正投影。如图 9-3b 所示，正投影是平行投影的特例，它的形状虽然直观性较差，但是能反映物体的真实形状和大小，度量性好，作图方便，是工程绘图中采用的一种主要图示方法。

2）斜投影。投射线倾斜于投影面时所作出的物体的平行投影，称为斜投影，如图 9-3c 所示。斜投影一般在作轴测投影图时应用。

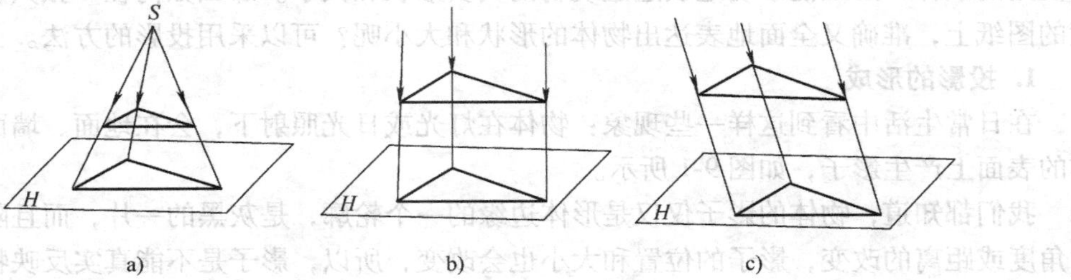

a)　　b)　　c)

图 9-3　各种投影

a）中心投影　b）正投影　c）斜投影

3. 工程上常用的投影图

（1）正投影图　用正投影法绘制出的物体的投影称为正投影图，如图 9-4a 所示。正投影图能准确反映物体的形状和大小，是施工生产中的主要图样，但缺乏立体感。

（2）轴测投影图　用斜投影法绘制出的物体的投影，如图 9-4b 所示，这种投影图有立体感，但度量性差，不能满足施工生产的要求，可以作为施工图纸中的辅助图样。

（3）透视投影图　用中心投影法绘制出的物体的投影，如图 9-4c 所示，它比轴测投影图立体感更强，与照片相似，但是度量性差，作图繁杂，只适合作为施工图纸中的辅助图样。

（4）标高投影图　是利用正投影法绘制出的单面投影图，在其上注明标高数据，称为标高投影，如图 9-4d 所示，它是绘制地形图等高线的主要方法。

由于正投影图是工程图中应用最广泛的投影图，所以学习投影理论以学习正投影为主，在以后的叙述中如不特别指明，所述投影均为正投影。

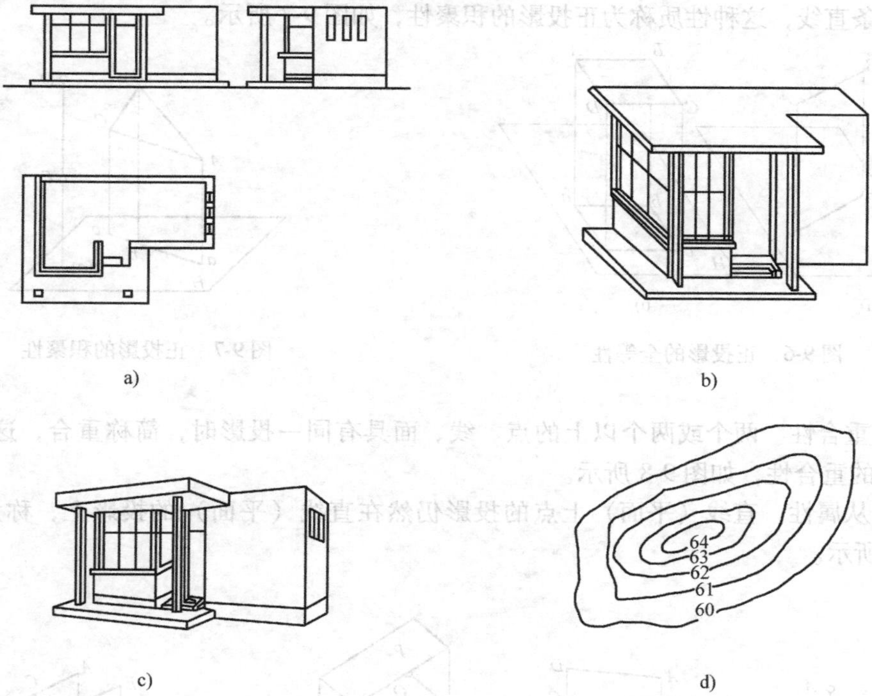

图 9-4　工程上常用的投影图

a）正投影图　b）轴测投影图　c）透视投影图　d）标高投影图

9.1.2　正投影特性

正投影特性如下：

（1）类似性　当线段或平面图形与投影面倾斜时，在该投影面上的投影小于实长或实形，但仍保留其空间几何形状，这种性质称为正投影的类似性。如图 9-5b 所示，空间四边形平面 *ABCD* 倾斜于投影面 *H*，*ABCD* 在 *H* 面上的正投影为 *abcd*，显然平面的投影仍然是四边形平面，但是投影图形的面积小于空间平面的面积。

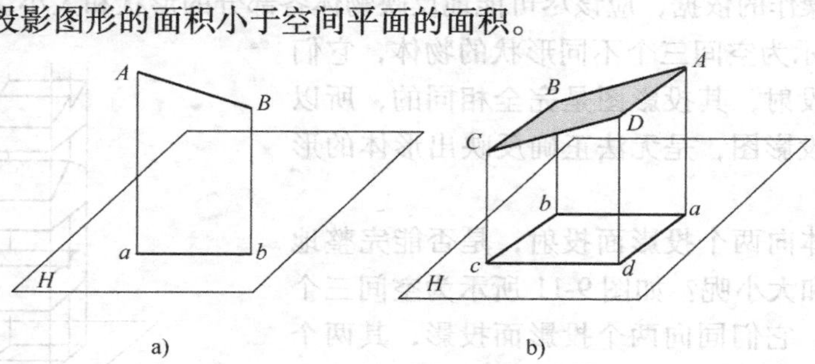

图 9-5　正投影的类似性

（2）全等性（可度量性） 当空间直线、平面图形与投影面平行时，在该投影面上的投影反映实长或实形，这种性质称为正投影的全等性，如图 9-6 所示。

（3）积聚性 空间直线、平面垂直于投影面时，在该投影面上的正投影分别积聚成一个点和一条直线，这种性质称为正投影的积聚性，如图 9-7 所示。

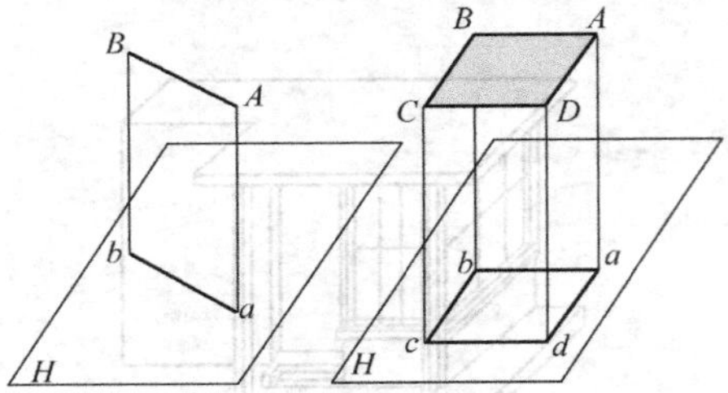

a) b)

图 9-6 正投影的全等性

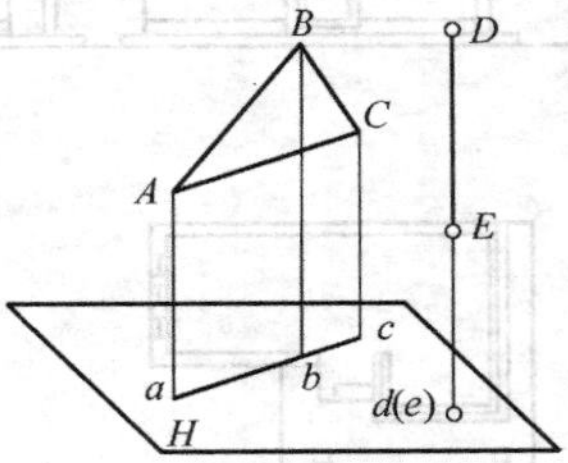

图 9-7 正投影的积聚性

（4）重合性 两个或两个以上的点、线、面具有同一投影时，简称重合，这种性质称为正投影的重合性，如图 9-8 所示。

（5）从属性 直线（平面）上点的投影仍然在直线（平面）的投影上，称为从属性，如图 9-9 所示。

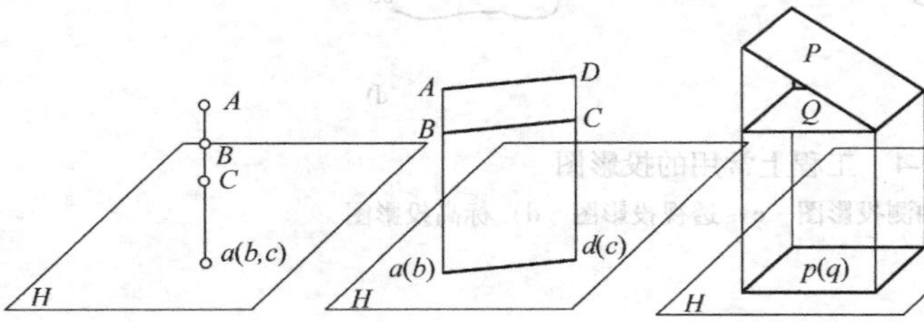

a) b) c)

图 9-8 正投影的重合性

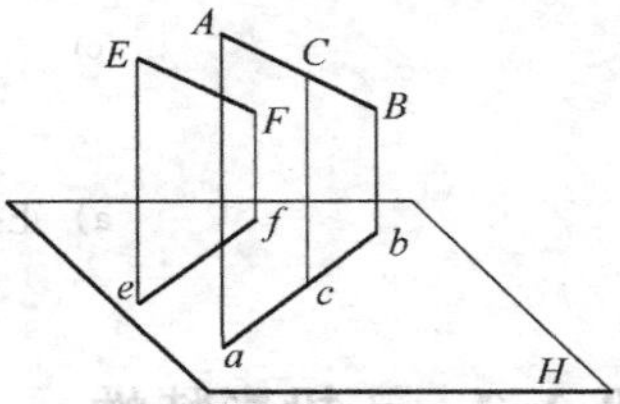

图 9-9 正投影的从属性

9.1.3 投影图的形成

图样是施工操作的依据，应该尽可能地反映物体各部分的形状和大小。

如图 9-10 所示为空间三个不同形状的物体，它们同向一个投影面投射，其投影图是完全相同的，所以如果只用一个正投影图，是无法正确反映出形体的形状和大小的。

如果一个物体向两个投影面投射，是否能完整地表示出它的形状和大小呢？如图 9-11 所示为空间三个不同形状的物体，它们同向两个投影面投影，其两个投影图都是相同的，所以一个物体只向两个投影面投影时，也不能完整地表示出它的形状和大小。

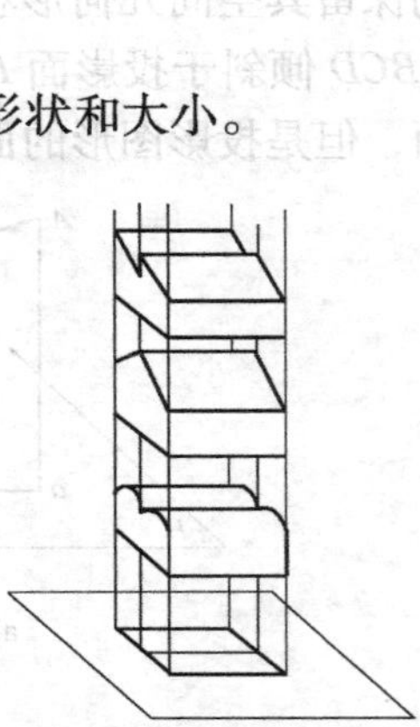

图 9-10 一个投影相同的不同物体

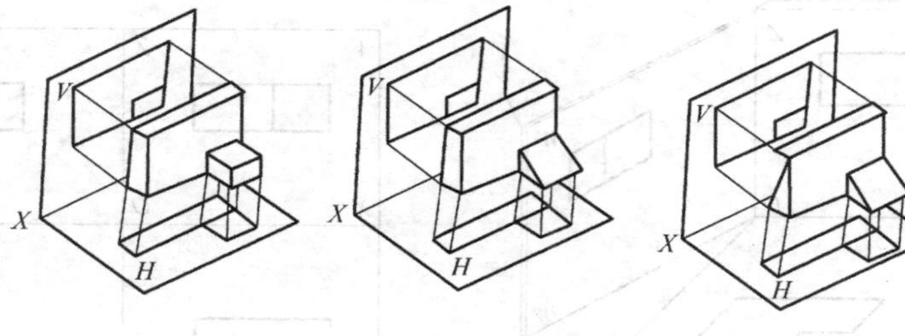

图9-11　两投影相同的不同物体

如果物体放在三个相互垂直的投影面之间，用三组分别垂直于三个投影面的平行投射线投影，则可以得到物体三个不同方向的正投影图，如图9-12所示，这样就可以唯一确定物体的形状了。

（1）三面投影体系的建立　三个相互垂直的投影面，构成了三面投影体系。如图9-12所示，在三面投影体系中，呈水平位置的投影面称为水平投影面，用字母H表示，简称水平面或H面；与水平投影面垂直相交呈正立位置的投影面称为正立投影面，用字母V表示，简称正面或V面；与上述水平投影面及正立投影面同时垂直相交的投影面称为侧立投影面，用字母W表示，简称侧面或W面。

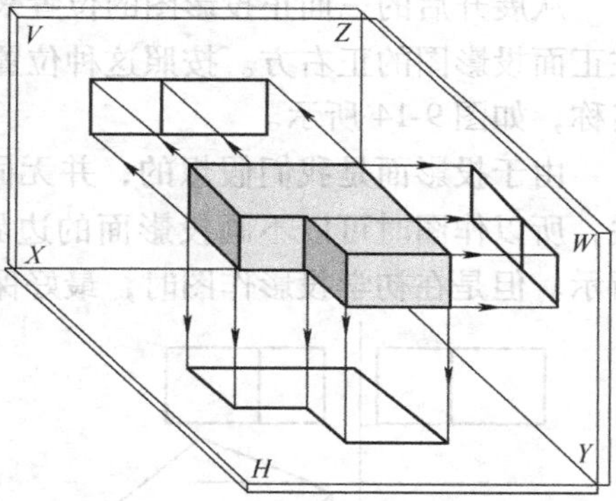

图9-12　形体的三个不同方向的正投影

平行的投射线由上向下垂直于H面，在H面上产生的投影，称为水平投影图或H面投影图。平行的投射线由前向后垂直于V面，在V面上产生的投影，称为正面投影图或V面投影图。平行的投射线由左向右垂直于W面，在W面上产生的投影，称为侧面投影图或W面投影图。

H、V、W三个投影面两两相交，其交线称为投影轴，它们互相垂直，分别是OX、OY、OZ投影轴。三条投影轴相交于一点O，O点称为原点。

（2）三面投影体系的展开　由于三个投影面是互相垂直的，所以三个投影图不在一个平面上，而我们平常所见的建筑工程图，都是二维图，如何把三个投影图画在同一平面上呢？这就需要将三个互相垂直的投影面连同三个投影图展开。

展开三个投影面时，规定：V面固定不动，将H面绕OX轴向下旋转90°，W面绕OZ轴向右旋转90°，如图9-13a所示。旋转后使H面和W面和V面处在同一平面上，三个投影面展开后，三条投影轴成为两条垂直相交的直线，原OX、OZ轴的位置不变，原OY轴则分为两条：一条随H面转到与OZ轴在同一铅直线上，标注为OY_H，另一条则随W面转到与OX轴在同一水平线上，标注为OY_W，以示区别，如图9-13b所示。正面投影（V投影）、水平投影（H投影）、侧面投影（W投影）组成的投影图，称为三面投影图。

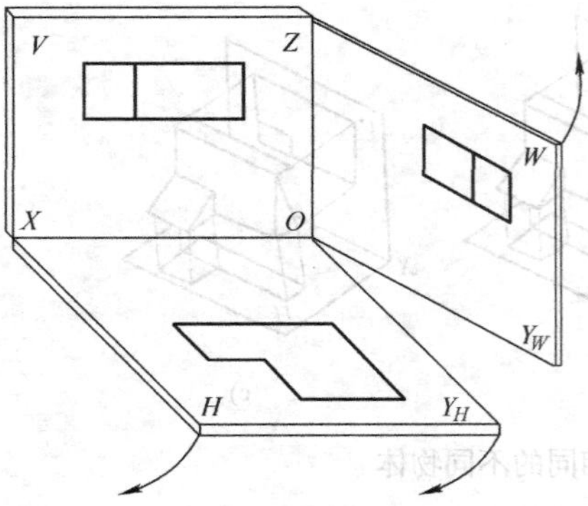

a)

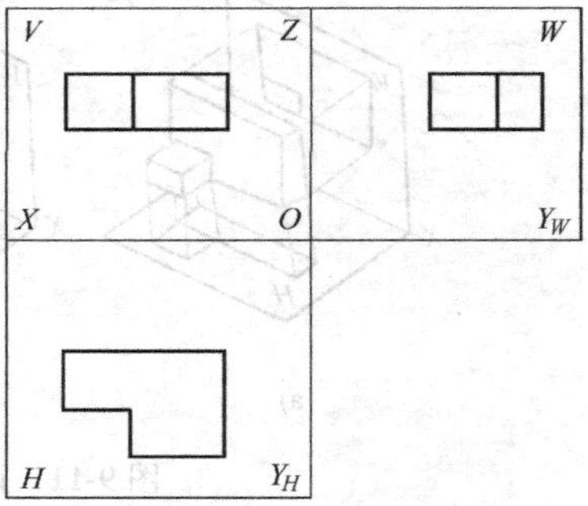

b)

图 9-13　三面投影体系的展开

从展开后的三面正投影图的位置来看：水平投影图在正面投影图的正下方，侧面投影图在正面投影图的正右方。按照这种位置画投影图时，在图纸上可以不标注投影面和投影图的名称，如图 9-14 所示。

由于投影面是我们假想的，并无固定的大小边界范围，而投影图与投影面的大小也无关，所以作图时可以不画投影面的边界，在工程图样中投影轴一般也不画出来，如图 9-15 所示。但是在初学投影作图时，最好保留投影轴，并用细实线画出。

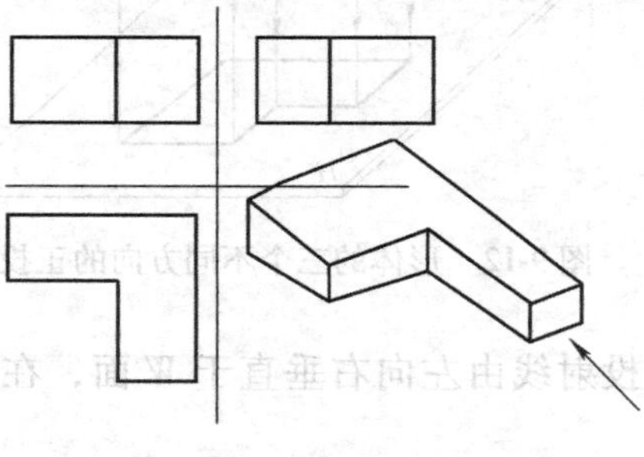

图 9-14　图形的三面正投影

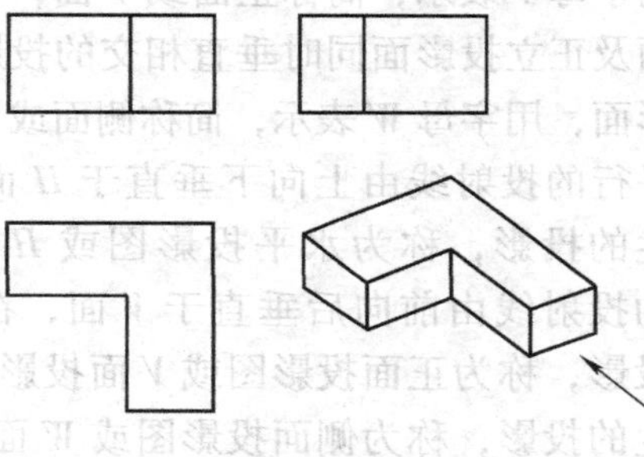

图 9-15　略去投影轴的三面正投影

（3）三面正投影图的投影关系和方位关系　一个物体可以用三面正投影图来表示它的整体形状和大小。如果我们将三个投影图综合起来进行分析，并根据标注尺寸和符号及一定的说明，就可以准确地了解物体的真实形状和大小了。

物体的三个投影图之间既有区别又互相联系。

1）任何一个形体都有上、下、左、右、前、后六个方向的形状和大小。在三个投影图中，每个投影图各反映其中四个方向的情况，如图 9-16 所示。

2）同一物体的三个投影图之间具有“三等”关系。从图 9-16 中我们可以看出，正面投影图与水平投影图左右对正，长度相等；正面投影图与侧面投影图上下看齐，高度相等；水平投影图与侧面投影图前后对应，宽度相等。这一投影规律我们把它称为“三等”关系，即“长对正，高平齐，宽相等”。

（4）三面投影图的作图方法　绘制三面投影图时，一般先绘制 H 面或 V 面投影图（因为这两个投影图反映了物体形状的主要特征），然后再绘制 W 面投影图，熟练地掌握物体的三面正投影图的画法是绘制和识读工程图样的重要基础。

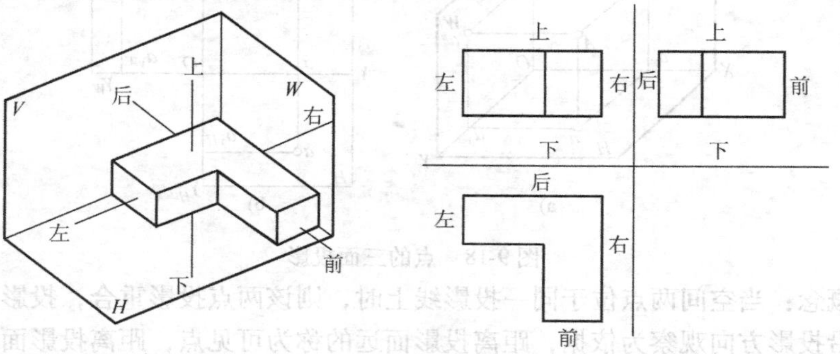

图 9-16　在投影图上形体方向的反映

（5）三面正投影图中的点、线、面所用符号　为了作图准确和便于校核，作图时一般可以把所画形体上的点、线、面用符号标注出来，如图 9-17 所示。

1）点。一般规定空间形体上的点用汉语拼音大写字母 A、B、C……或者大写罗马字母Ⅰ、Ⅱ、Ⅲ……来表示，其 H 面投影用相应的小写字母 a、b、c……或数字 1、2、3……来表示；V 面投影用相应的 a'、b'、c'……或 $1'$、$2'$、$3'$……来表示；W 面投影用相应的 a''、b''、c''……或 $1''$、$2''$、$3''$……来表示。

2）线。投影图中的直线段，用直线段两端的符号表示，如空间直线段 AB 的 H 面投影图标注为 ab，V 面投影图标注为 $a'b'$，W 面投影图标注为 $a''b''$。

3）面。空间的面通常用 P、Q、R……来表示，其 H 面投影图、V 面投影图、W 面投影图分别用 p、q、r……，p'、q'、r'……，p''、q''、r''……来表示。

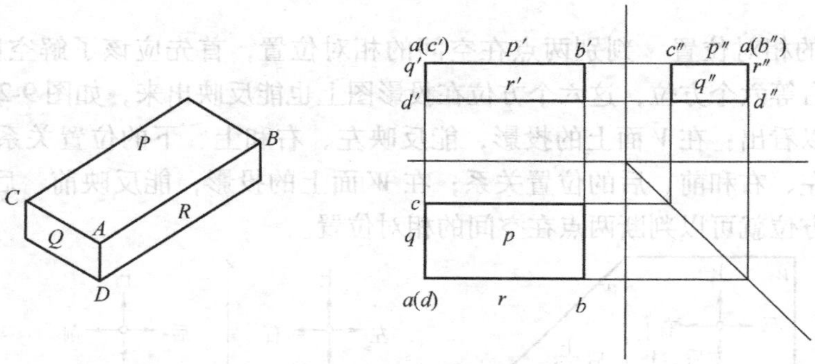

图 9-17　点、线、面符号

9.1.4　点、直线、平面的投影

1. 点的投影

（1）点的三面投影　在三面投影体系中，作出点 A 的三面正投影 a、a'、a''，并将三个投影面展平在一个平面上，如图 9-18a、b 所示，空间点 A 与其三面投影 a、a'、a''具有一一对应关系。

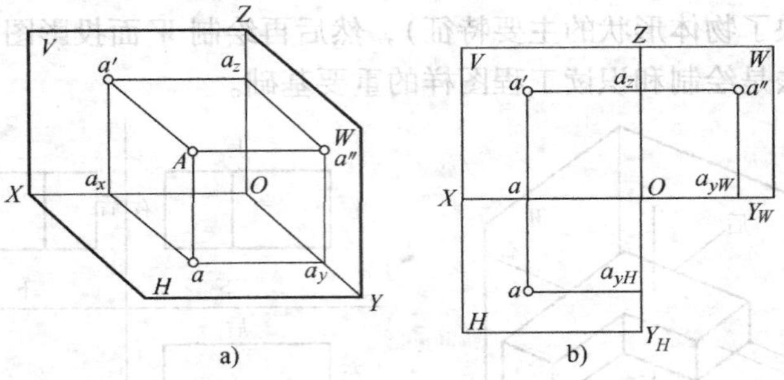

图 9-18　点的三面投影

重影点概念：当空间两点位于同一投影线上时，则该两点投影重合，投影重合点称为重影点。以人沿投影方向观察为依据，距离投影面远的称为可见点，距离投影面近的点称为不可见点，在投影图中，将不可见点的投影加括号表示，如图 9-19 所示，A、B 两点对 H 面而言为重影点。

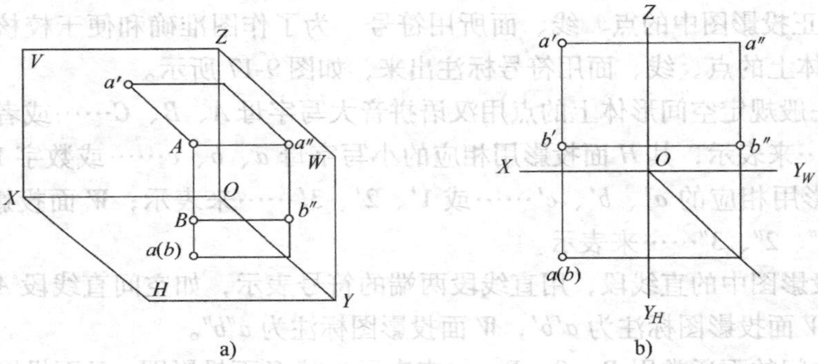

图 9-19　重影点

（2）两点的相对位置　判别两点在空间的相对位置，首先应该了解空间点有前、后、上、下、左、右等六个方位，这六个方位在投影图上也能反映出来，如图 9-20 所示。

从图中可以看出：在 V 面上的投影，能反映左、右和上、下的位置关系；在 H 面上的投影，能反映左、右和前、后的位置关系；在 W 面上的投影，能反映前、后和上、下的位置关系。根据方位就可以判断两点在空间的相对位置。

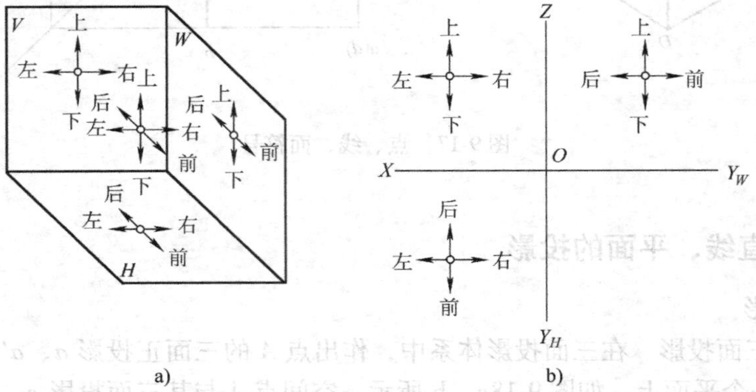

图 9-20　投影图上的方向

2. 直线的投影

（1）直线投影的形成　两点确定一条直线，所以作直线的三面正投影图应该首先做出直线上任意两点在三个投影面上的投影，然后分别连接两点的同面投影即可，如图 9-21 所示。

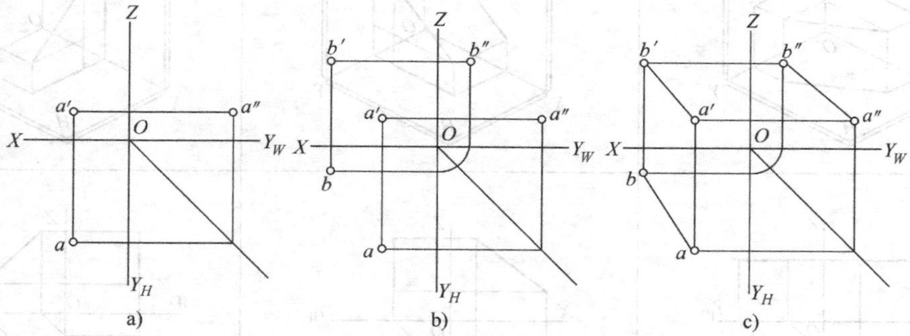

图 9-21　直线的投影

（2）各种位置直线的投影　空间直线对投影面的相对位置可以分为三种：一般位置直线、投影面平行线、投影面垂直线。其中后两种又称为特殊位置直线。

1）一般位置直线指倾斜于三个投影面的直线，其投影如图 9-22 所示，它在三个投影面上的投影都是倾斜于投影轴的缩短线段。

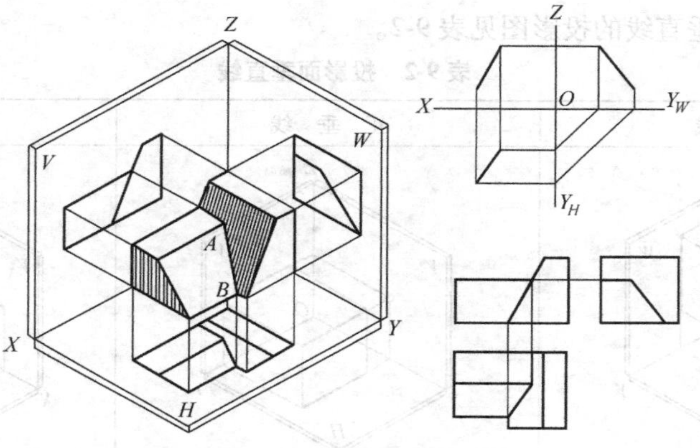

图 9-22　一般位置直线的投影

2）投影面平行线指平行于一个投影面，倾斜于另两个投影面的直线。投影面平行线可以分为三种：①与 H 面相平行的线为水平线；②与 V 面相平行的线为正平线；③与 W 面相平行的线为侧平线。

三种投影面的平行线的投影图见表 9-1。

从上表中可以看出投影面平行线的投影特性：投影面平行线在其平行的投影面上的投影反映实长，其他两个投影面上投影垂直于相应的投影轴，且投影线段的长小于空间线段的实长。

表 9-1 投影面平行线

水 平 线	正 平 线	侧 平 线

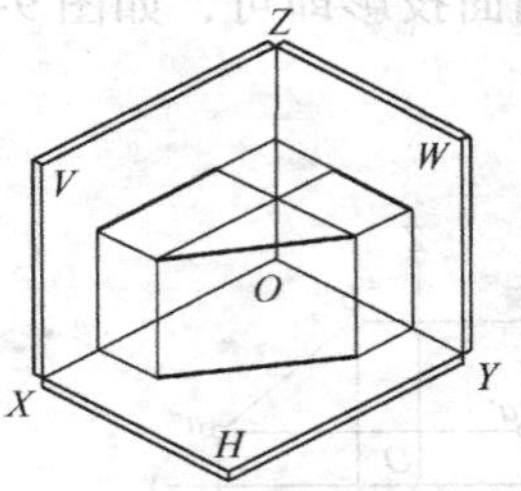

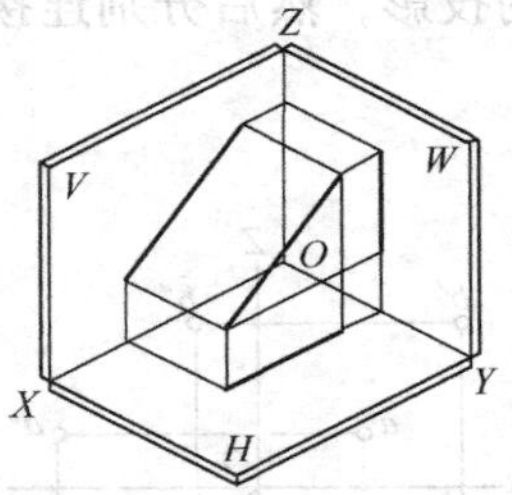

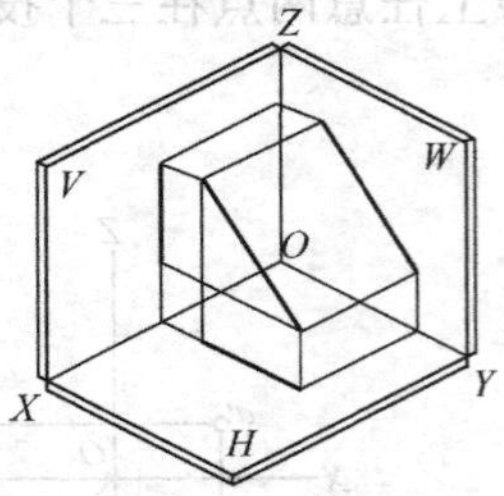

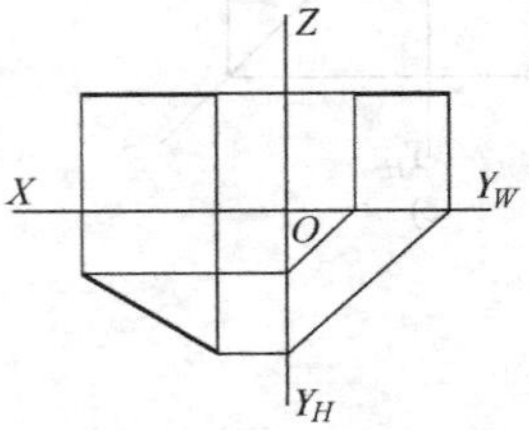

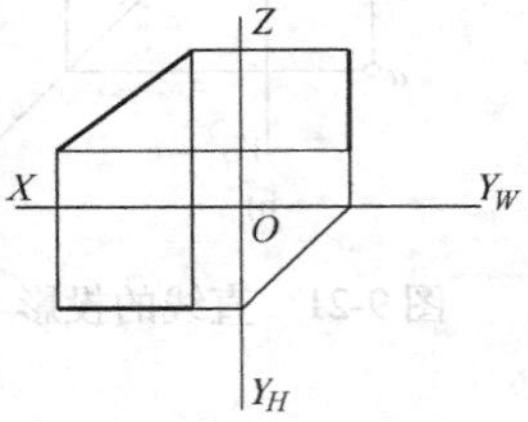

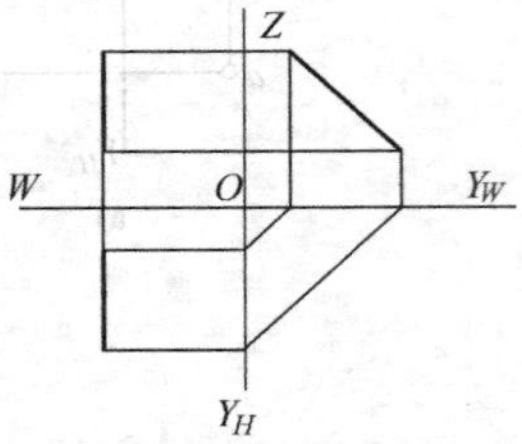

3）投影面垂直线：垂直于一个投影面，而平行于其他两个投影面的直线。投影面垂直线可以分为三种：①与 H 面相垂直的线为铅垂线；②与 V 面相垂直的线为正垂线；③与 W 面相垂直的线为侧垂线。

三种投影面的垂直线的投影图见表 9-2。

表 9-2 投影面垂直线

铅 垂 线	正 垂 线	侧 垂 线

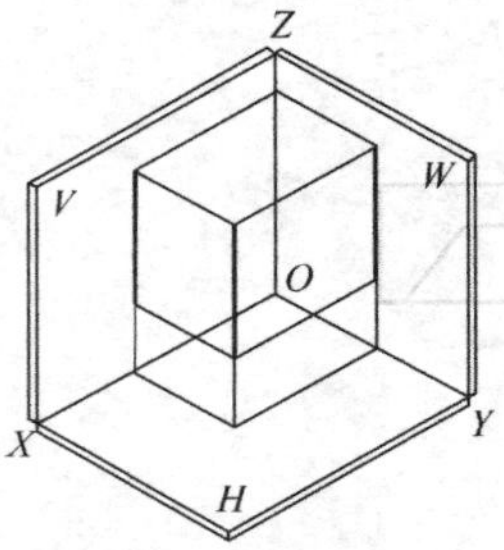

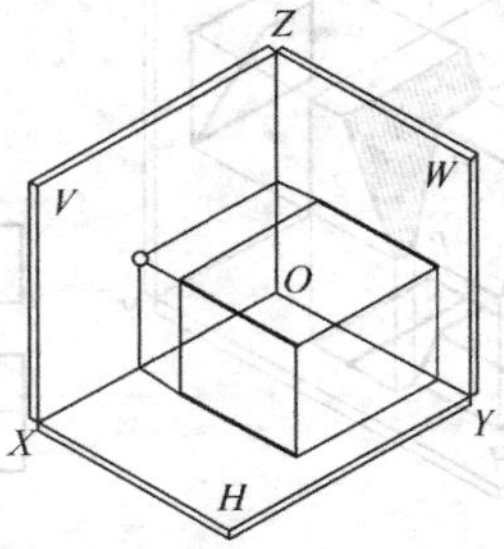

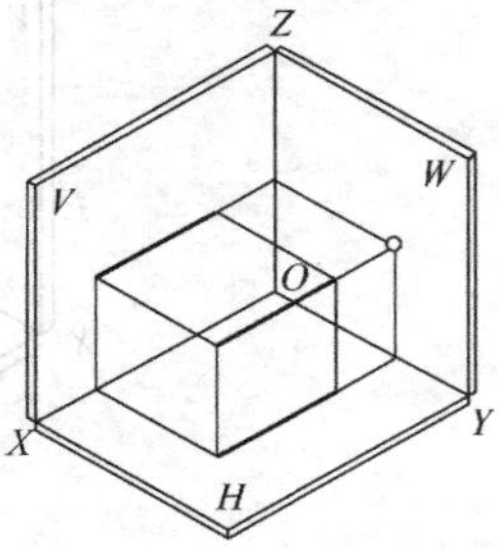

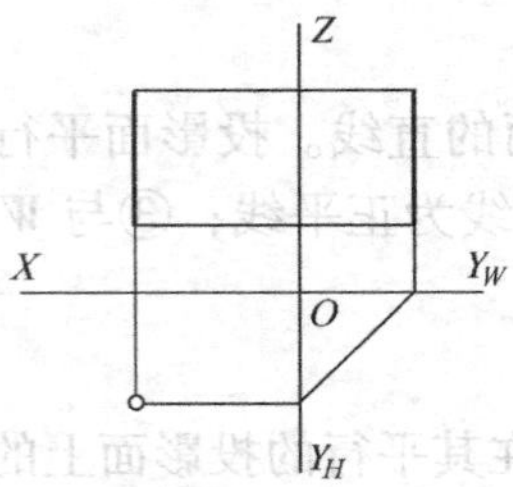

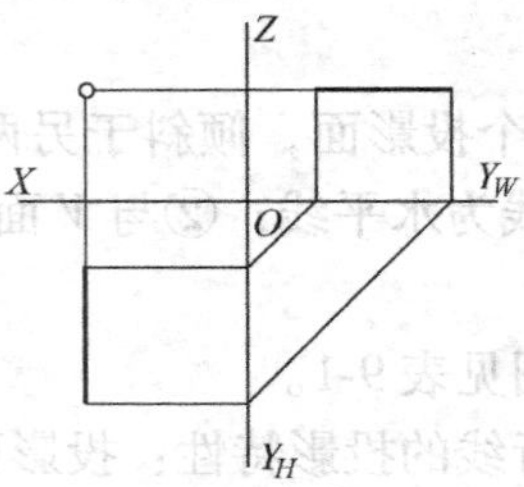

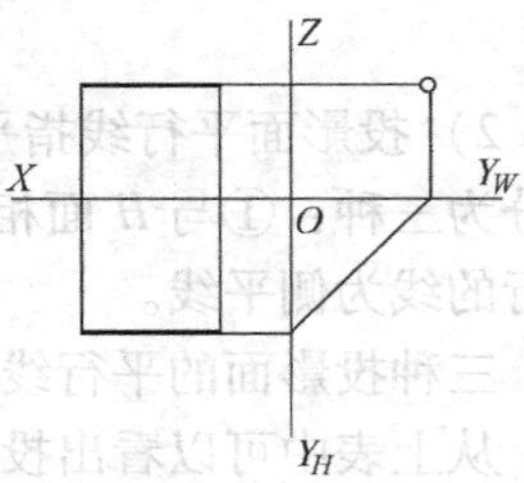

从上表中可以看出投影面垂直线的投影特性：投影面垂直线在其垂直的投影面上的投影积聚为一个点，其他两个投影面上投影垂直于相应的投影轴，且反映实长。

直线的空间位置的识读就是根据各种位置直线的投影特征来判断的。如果直线的投影积聚为一点，该直线就是投影面垂直线；如果直线只有一个投影倾斜于投影轴，该直线一定是投影面平行线；如果直线有两个投影倾斜于投影轴，该直线就是一般位置直线。

3. 平面的投影

（1）平面投影图的形成　平面一般是由若干轮廓线围成的，而轮廓线可以由其上的若干点来确定，所以求作平面的投影，实质上可以看作是求点和线的投影。

（2）各种位置平面的投影　平面相对投影面来说可以分为三种：一般位置平面、投影面平行面、投影面垂直面。其中后两种又称为特殊位置平面。

1）一般位置平面是倾斜于三个投影面的平面，其投影如图9-23所示，它在三个投影面上的投影均为缩小的类似图形。

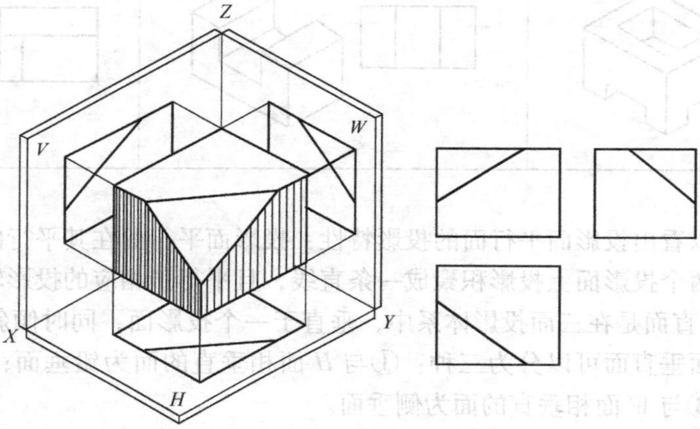

图9-23　一般位置平面

2）投影面平行面是在三面投影体系中，平行于一个投影面，同时垂直于另外两个投影面的平面。投影面平行面可以分为三种：①与 H 面相平行的面为水平面；②与 V 面相平行的面为正平面；③与 W 面相平行的面为侧平面。

三种投影面的平行面的投影图见表9-3。

表9-3　投影面平行面

水　平　面	正　平　面	侧　平　面
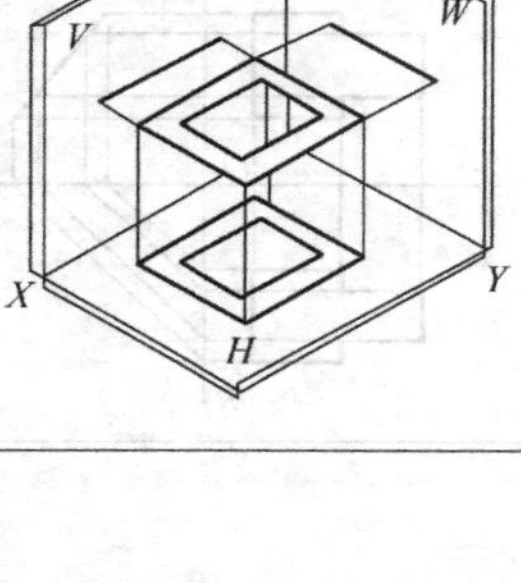	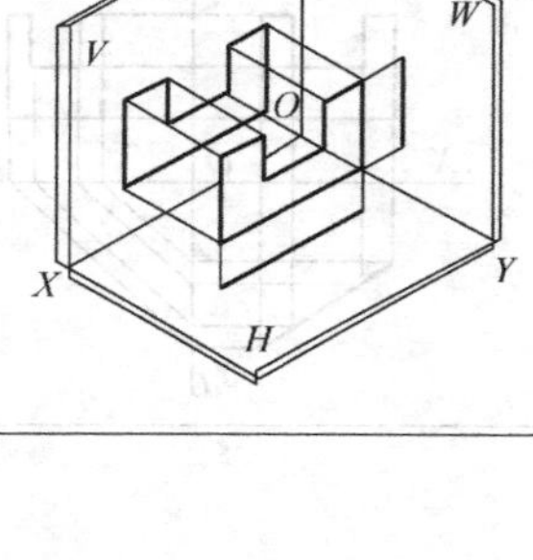	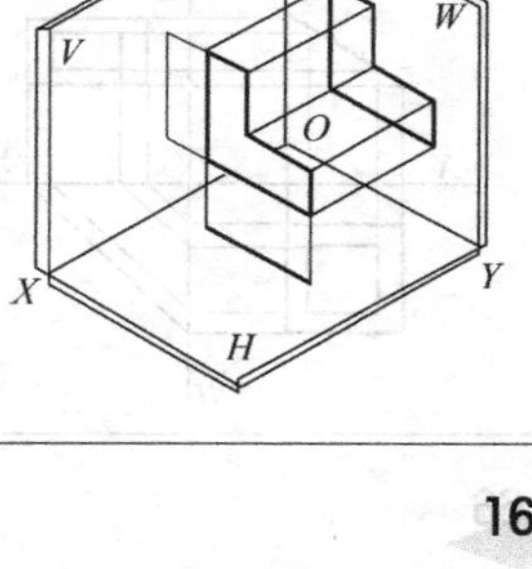

（续）

水平面	正平面	侧平面
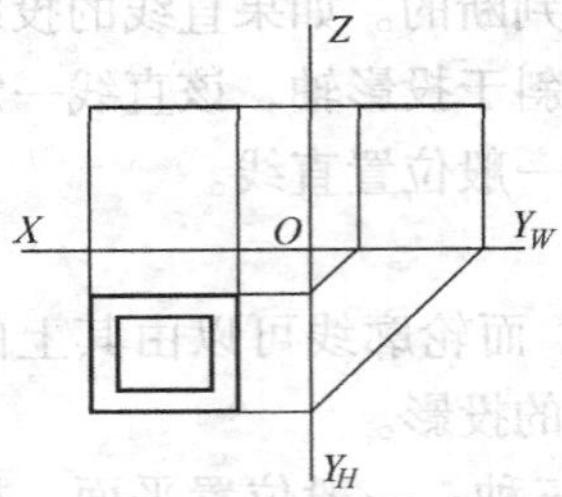	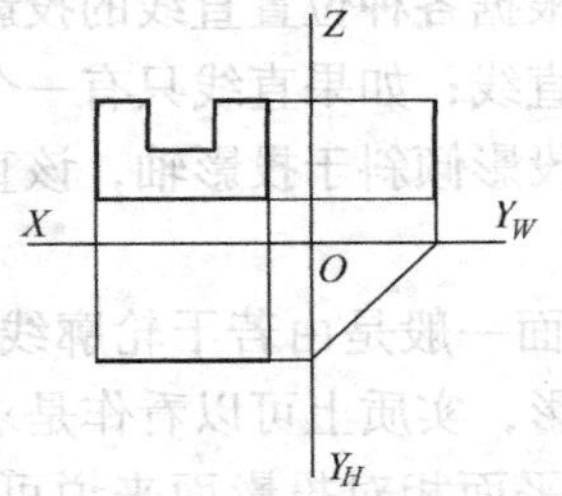	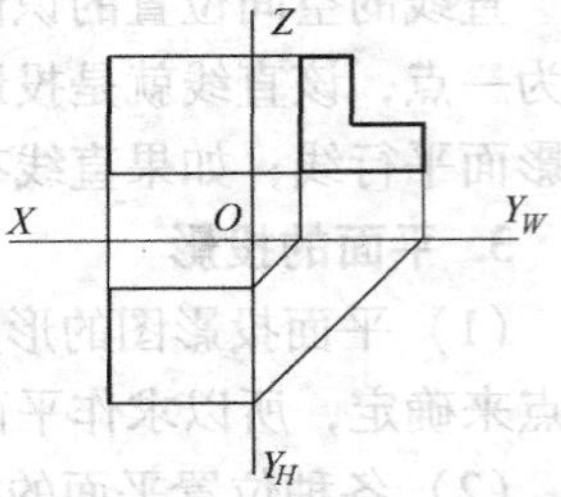
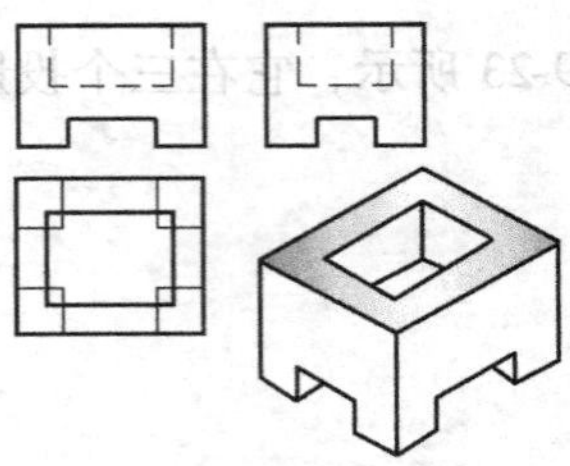	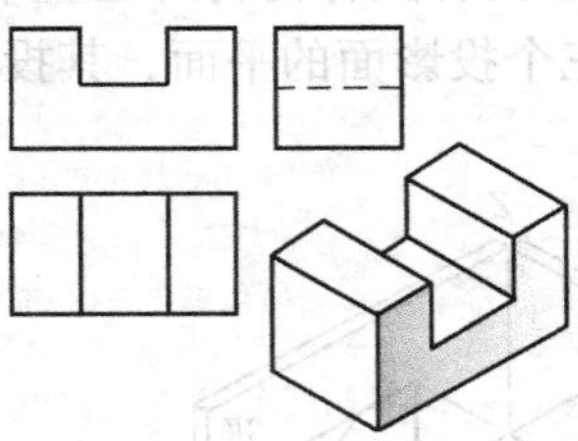	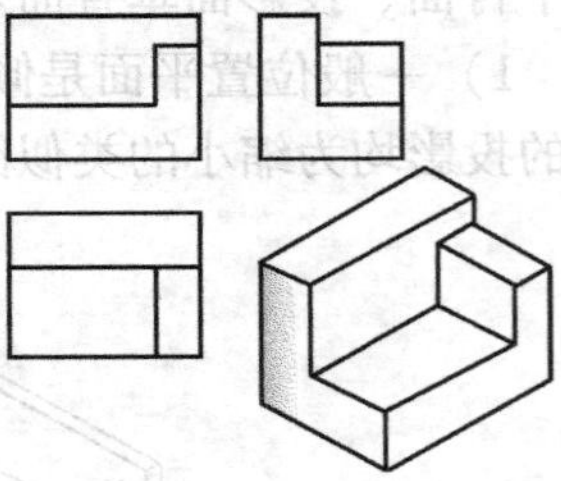

从上表中可以看出投影面平行面的投影特性：投影面平行面在其平行的投影面上的投影反映实形，其他两个投影面上投影积聚成一条直线，且平行于相应的投影轴。

3）投影面垂直面是在三面投影体系中，垂直于一个投影面，同时倾斜于另外两个投影面的平面。投影面垂直面可以分为三种：①与 *H* 面相垂直的面为铅垂面；②与 *V* 面相垂直的面为正垂面；③与 *W* 面相垂直的面为侧垂面。

三种投影面的垂直面的投影图见表9-4。

表 9-4

正垂面	铅垂面	侧垂面
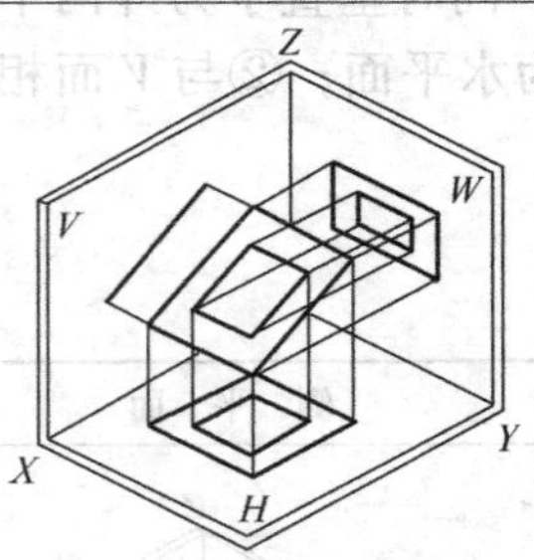	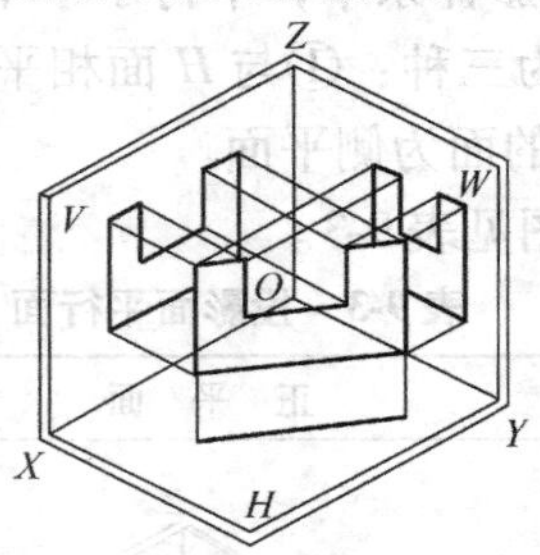	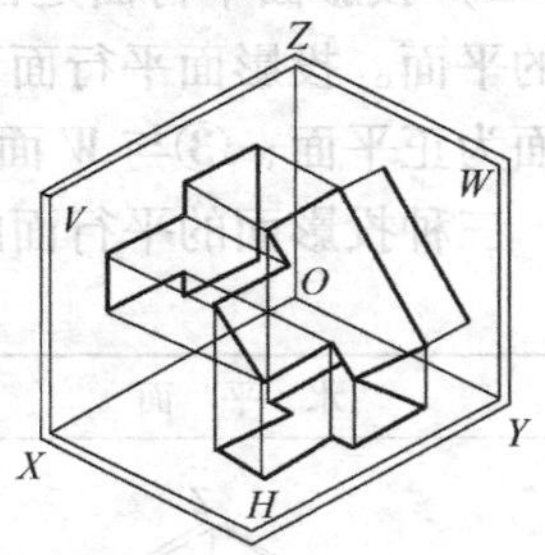
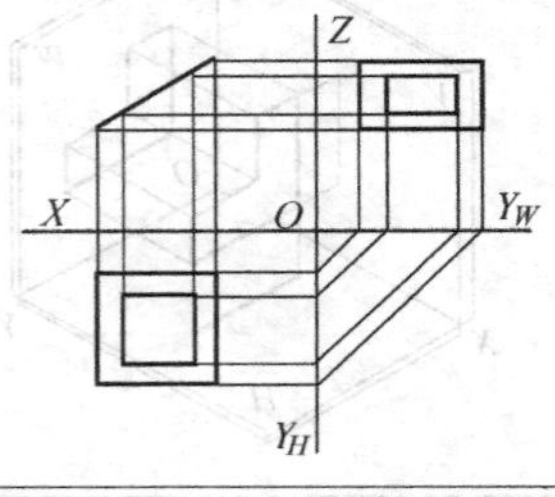	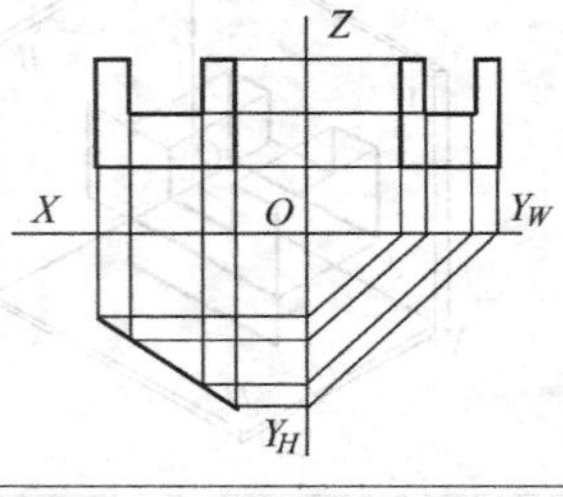	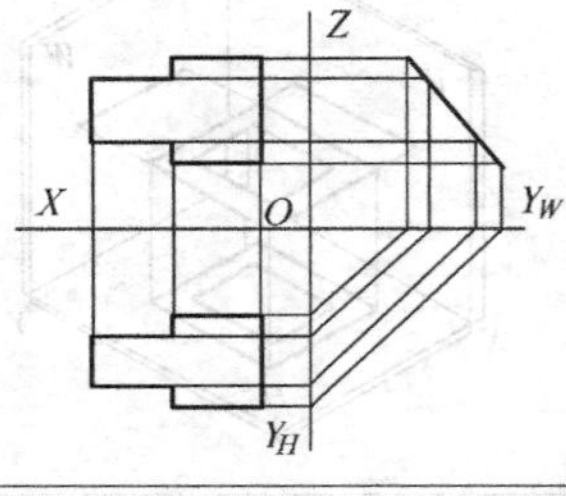

（续）

正　垂　面	铅　垂　面	侧　垂　面
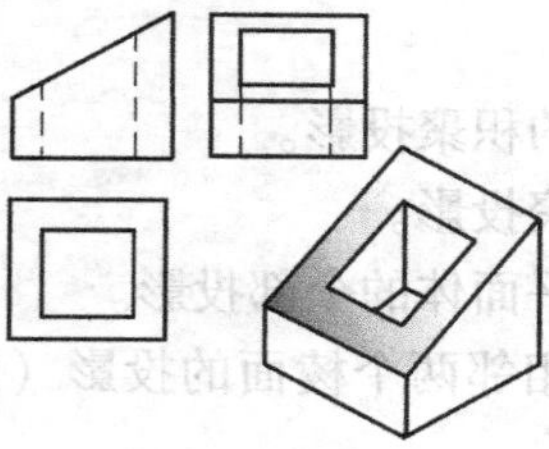	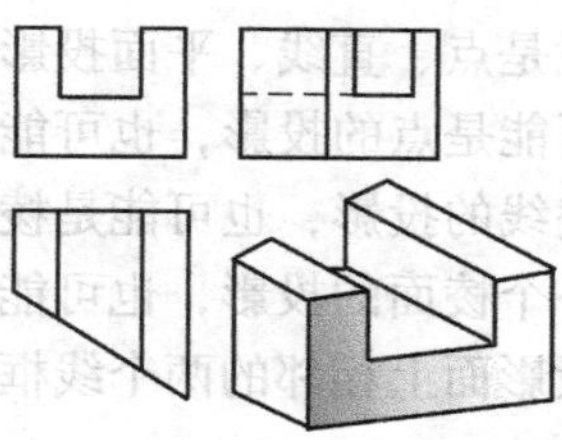	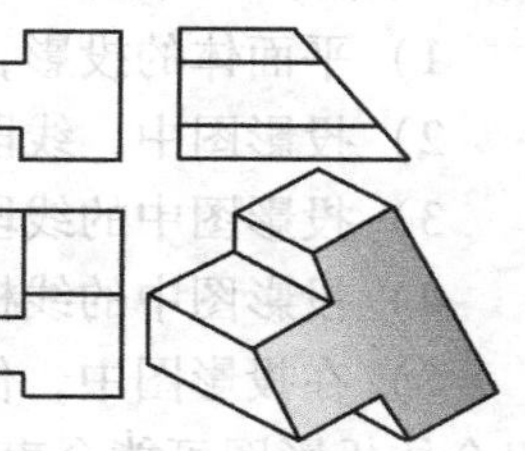

从上表中可以看出投影面垂直面的投影特性：投影面垂直面在其垂直的投影面上的投影积聚成一条直线，该直线和投影轴的夹角反映了空间平面和其他两个投影面所成的二面角，其他两个投影面上的投影为类似形。

平面的空间位置的识读就是根据各种位置平面的投影特征来判断的。例如，一个平面的一个投影为平面图形，而另外两个投影积聚成平行于投影轴的直线，该平面就是投影面平行线；如果平面只有一个投影积聚且倾斜于投影轴，该平面一定是投影面垂直面；如果平面的三个投影面均为类似形，该平面就是一般位置平面。

9.1.5　基本形体的投影图

不同的建筑物，不管它的形状如何复杂多变，只要细加分析，就可以看出，它们都是由一些基本形体组成的，如图9-24a所示的两坡顶房屋，它的形体可以看成由棱锥、棱柱等组成的，而图9-24b中的水塔，则可以看成是由圆锥、圆台、圆柱等组成的。所以，只要能熟练掌握基本形体的投影图的画法和读法，对于一些复杂的建筑形体的投影图的画法和读法就可以迎刃而解了。

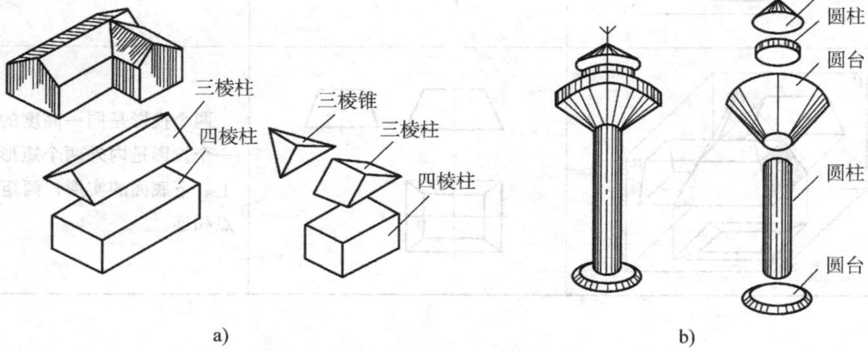

图9-24　建筑形体

a）两坡顶房屋形体分析　b）水塔形体分析

基本形体按其表面的几何性质，可以分为平面体和曲面体两大类。

1. 平面体

由若干平面所围成的立体称为平面体。工程上常见的平面体有：棱柱、棱锥、棱台等。表 9-5 列出了三种常见的平面体及其投影特性。从表中可以看出：

1）平面体的投影，实质上就是点、直线、平面投影的集合。

2）投影图中，线段的交点可能是点的投影，也可能是棱线的积聚投影。

3）投影图中的线段可能是棱线的投影，也可能是棱面的积聚投影。

4）投影图中的线框可能是一个棱面的投影，也可能是一个平面体的全部投影。

5）在投影图中，位于同一投影面上相邻的两个线框肯定是相邻两个棱面的投影（对于组合体投影图可能会表示其他内容）。

表 9-5　平面体的投影特性

名称	形体在三投影面体系中的投影	投影图	投影特点
长方体	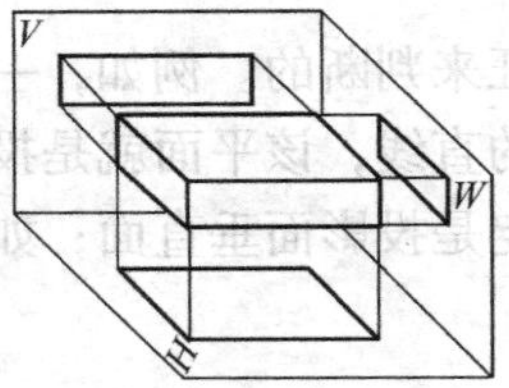	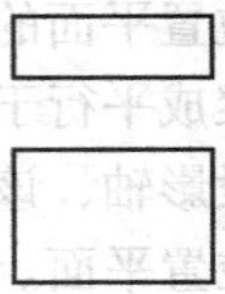	三个投影都是矩形
六棱锥	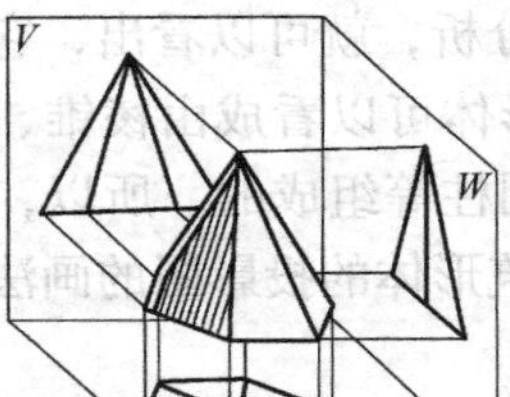	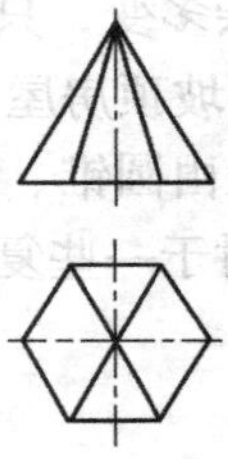	两个投影的外形是同一高度的等腰三角形，另一个投影的外形是正六边形，反映六棱锥底面的实形
四棱台	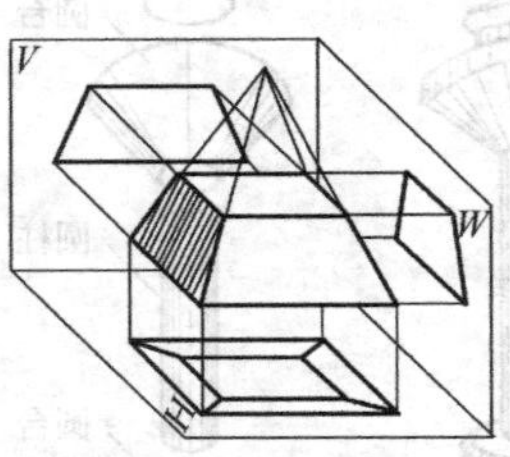	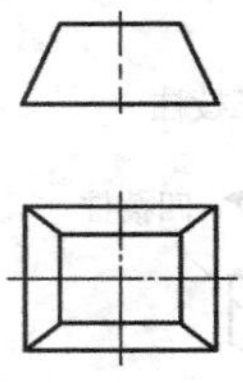	两个投影是同一高度的正梯形，另一个投影是内外两个矩形，分别反映上、下底面的实形，两矩形的对应顶点相连

【例 9-1】　求图 9-25a 所示四棱柱的 *W* 面投影及其表面上 *A* 点和 *B* 点的 *H*、*W* 面投影。

解： 1）分析。如立体图 9-25b 所示，该四棱柱的棱线垂直于 *H* 面，都会积聚成点，四个棱面均为铅垂面，上、下底面为水平面，*A* 点在后左棱面上，*B* 点在右前棱面上。

2）作图。根据三等原则，作出 *W* 面投影。

3）判别可见性。如图 9-25c 所示。

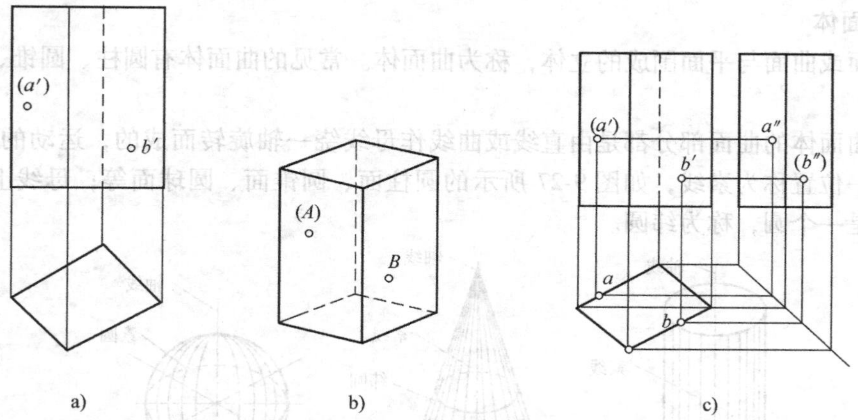

图9-25　求四棱柱表面上的点
a）已知条件　b）立体图　c）绘制步骤

【例9-2】 已知如图9-26a所示五棱台表面上 *A* 点、*C* 点的 *V* 面投影 *a′c′* 和 *B* 点的 *H* 面投影 *b′*，求它们的其他两面投影。

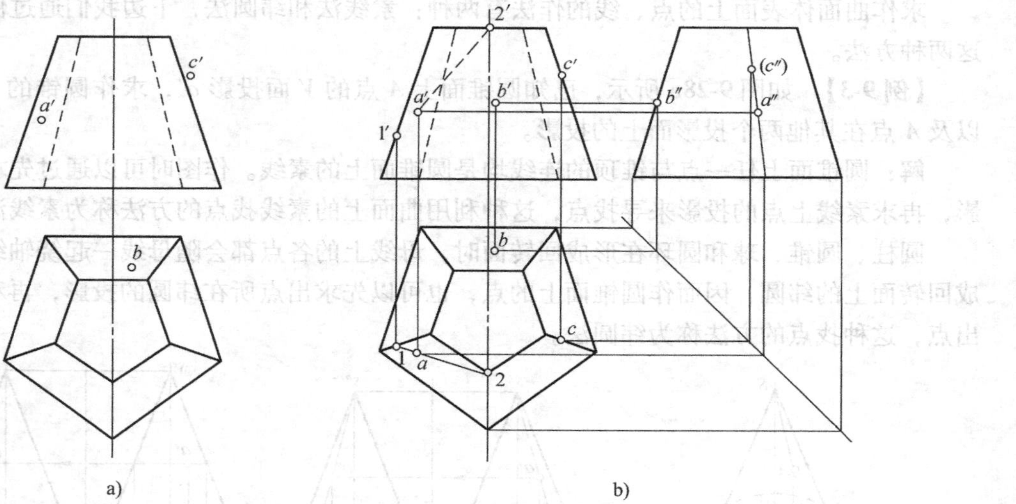

图9-26　求五棱柱表面上的点
a）已知条件　b）绘图步骤

解： 1）分析。五棱台的上下底面均为水平面；除了后棱面是侧垂面外，其他四个棱面与三个投影面既不垂直，也不平行，为一般位置平面。*A* 点位于左前棱面上，*C* 点位于右前棱线上，*B* 点位于后棱面上，*C* 点可以“长对正”、“高平齐”直接找出另外两个投影，*B* 点可以根据面的积聚性找出另外两个投影，*A* 点则需要在所在的棱面内作辅助线来求解。

2）作图。根据“长对正”作出 *c* 点，根据“高平齐”作出 *c″*；根据积聚性和“高平齐”作出 *b″*，然后根据“长对正”、“宽相等”作出 *b′*；过 *a′* 点作辅助线 1′2′，按照投影关系，由于 *a′* 点在直线 1′2′ 上，故 *a* 点必在 12 上，因此可以作出 *a*，从而可作出 *a″*。

3）判别可见性。如图 9-26b 所示。

2. 曲面体

由曲面或曲面与平面围成的立体，称为曲面体。常见的曲面体有圆柱、圆锥、圆台、球等。

这些曲面体的曲面部分都是由直线或曲线作母线绕一轴旋转而成的，运动的线称母线，母线的任一位置称为素线，如图 9-27 所示的圆柱面、圆锥面、圆球面等；母线上任意一点的轨迹都是一个圆，称为纬圆。

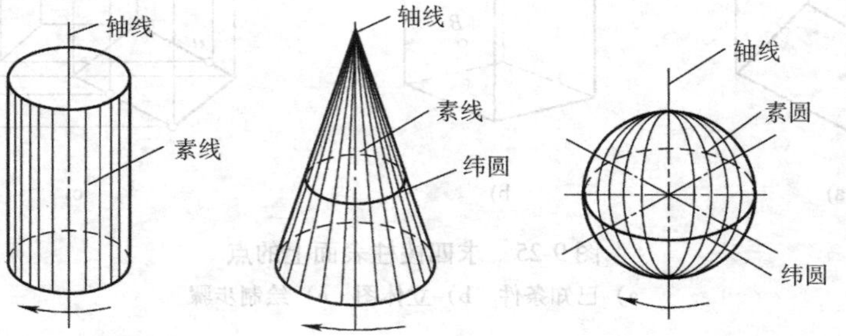

图 9-27　曲面体

求作曲面体表面上的点、线的作法有两种：素线法和纬圆法，下边我们通过例题来讲解这两种方法。

【例 9-3】　如图 9-28a 所示，已知圆锥面上 A 点的 V 面投影 a'，求作圆锥的 W 面投影，以及 A 点在其他两个投影面上的投影。

解：圆锥面上任一点与锥顶的连线均是圆锥面上的素线。作图时可以通过先求素线的投影，再求素线上点的投影来寻找点，这种利用曲面上的素线找点的方法称为素线法。

圆柱、圆锥、球和圆环在形成回转面时，母线上的各点都会随母线一起绕轴线旋转，形成回转面上的纬圆，因而作圆锥面上的点，也可以先求出点所在纬圆的投影，再利用纬圆找出点，这种找点的方法称为纬圆法。

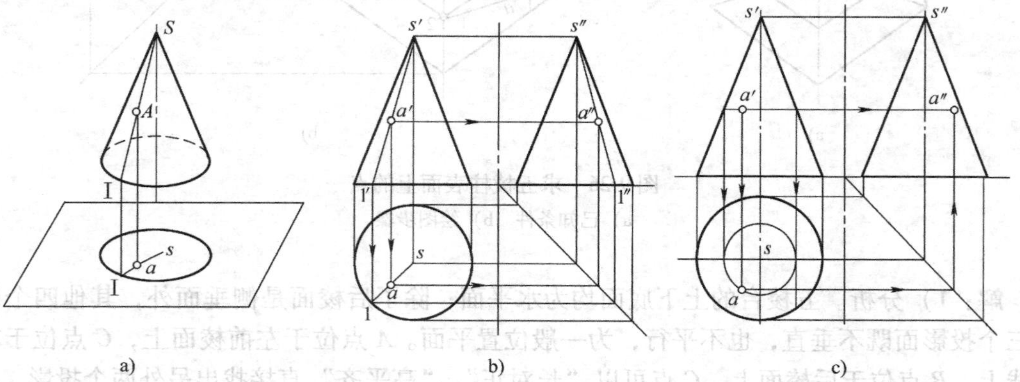

图 9-28　求圆锥表面上点的投影

a）已知条件　b）素线法　c）纬圆法

（1）素线法　如图 9-28b 所示。

1）连接$s'a'$，将其延长，与底圆的V面投影交于$1'$，$s'1'$就是圆锥面上包含A点的素线SⅠ的V面投影。A点在前半个圆锥面上，素线SⅠ也在前半个圆锥面上，Ⅰ点必在前半底圆周上，由$1'$向H面引投影连线，与前半圆周在H面上相交得1，在根据点的投影特征，由$1'$和1得到$1''$。分别将1和$1''$与s、s''相连，就得到A点所在素线SⅠ的三面投影。

2）由点的投影规律可知，直线上点的投影必在直线的投影上，那么由a'分别向H面和W面引投影连线，分别与$s1$和$s''1''$相交就得到a和a''。

3）判别可见性。点a可见，a''也可见。

（2）纬圆法 如图9-28c所示。

1）由图可知，圆锥轴线垂直于H面，包含A点的纬圆就是一个水平圆，V面投影就是圆锥面V面投影轮廓线之间的一段过a'的水平线，水平线的长度就是这个纬圆的直径。那么我们就可以根据纬圆直径，在H面上直接作出这个纬圆的实形。

2）因为a'可见，A点在前半圆锥面上，a也必在前半个纬圆上，于是由a'向H面引投影连线，与纬圆的投影相交就得到a。然后由a'和a，在纬圆的W面投影上作出a''。

3）判别可见性。

9.1.6 组合体的投影

1. 组合体的分类

由若干基本形体组合而成的形体称为组合体。按形体的组合特点，组合体可以分为三大类：

（1）叠加型（图9-29） 叠加型组合体由若干个基本形体叠砌而成，所以必然存在着基本形体相交问题。

如图9-30所示，两立体相交称为相贯，两相交的立体称为相贯体，它们的交线称为相贯线。由图中可知相贯线是两个立体表面的共有线。相贯线Ⅰ-Ⅱ-Ⅲ-Ⅳ-Ⅴ-Ⅵ是一条封闭的空间折线，而相贯线Ⅶ-Ⅷ-Ⅸ-Ⅹ则是一条不封闭的平面折线。组成这些折线的各个转折点，称为相贯点，在作图时可以先求出相贯点，然后连接各相贯点即为相贯线。

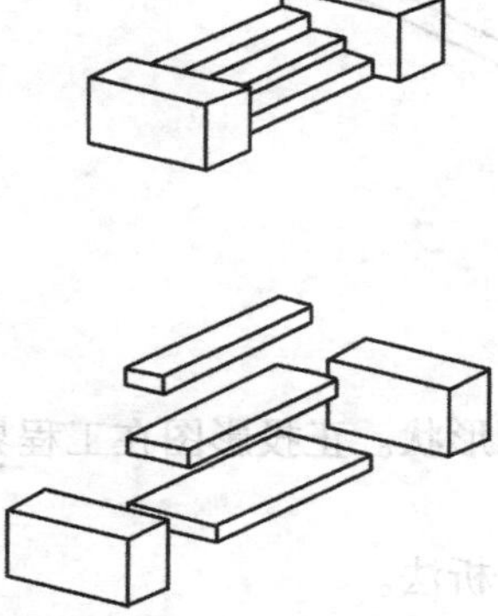

图9-29 叠加型组合体

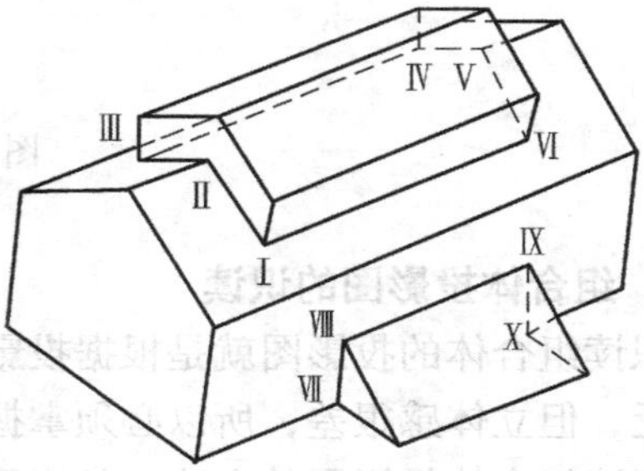

图9-30 相贯线的产生

（2）切割型（图9-31） 切割型组合体由基本形体切去一个或若干个小基本形体而成，

也可以看成用一个或几个切平面将基本形体割去某些部分而形成，这就遇到了平面与立体相交的问题。

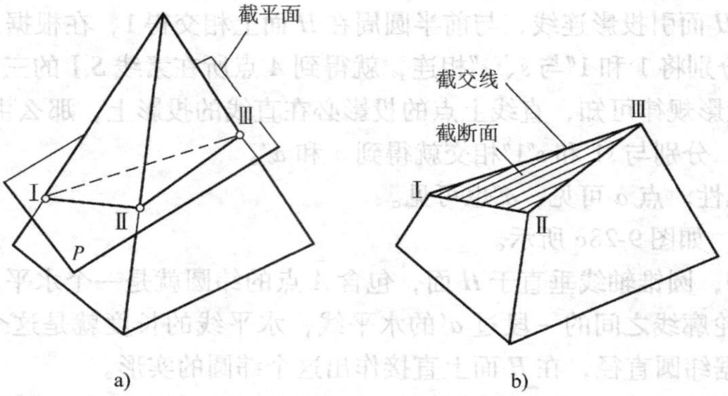

图 9-31　切割型组合体

如图 9-31a 所示为一个三棱锥被一个切平面 P 切割，平面与立体相交，如同平面截切立体。此平面称为截平面，所得的交线称为截交线，由截交线围成的平面图形称为截断面，如图 9-31b 所示。

截交线可能是平面折线，也可能是平面曲线，在实际作图中，可以先求出截平面和被截立体的交点，再依次相连即可，这种方法称为交点法。

（3）综合型（图 9-32）　既有叠砌又有切割的形体称为综合型组合体。

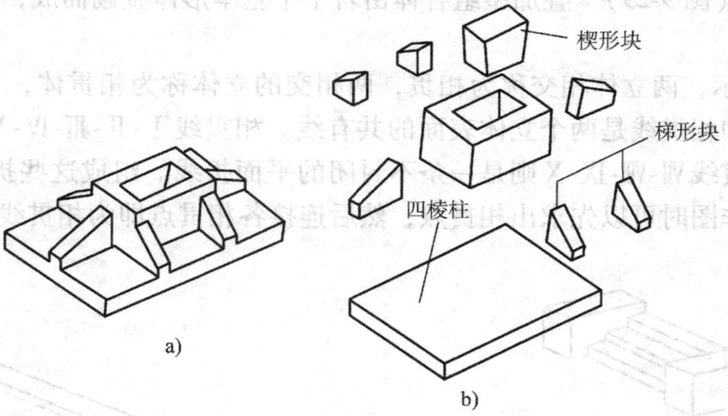

图 9-32　综合型组合体

2. 组合体投影图的识读

识读组合体的投影图就是根据投影图想象形体的空间形状。正投影图在工程界中运用最为广泛，但立体感很差，所以必须掌握正确的识读方法。

识读组合体投影图的方法，常用形体分析法和线面分析法。

（1）形体分析法　形体的三面投影图具有“三等”关系，那么组合体的各个基本形体的三面正投影图也具有“三等”关系。形体分析法就是将形体的三面投影图分解为若干符合“三等”关系的基本形体的投影图，根据这些投影图想象出它们各自代表的基本形体，把这些基本形体再按原来的位置进行组合，从而想象出三面投影图所示的组合体的形状。

（2）线面分析法　形体是由若干点、线、面组成的，形体的三面正投影就是这些点、线、面的三面正投影的组合。线面分析法就是将形体的三面投影图分解为若干符合“三等”关系的线、面的三面正投影图，根据这些投影图想象出它们表示的线或面，再根据原投影图表示的空间位置进行组合，从而想象出三面投影图所示的组合体的形状。

【例9-4】　识读图9-33a所示组合体投影图。

解：识读过程如图9-33b所示，最后想象出该组合体的空间形状，如图9-33c所示。

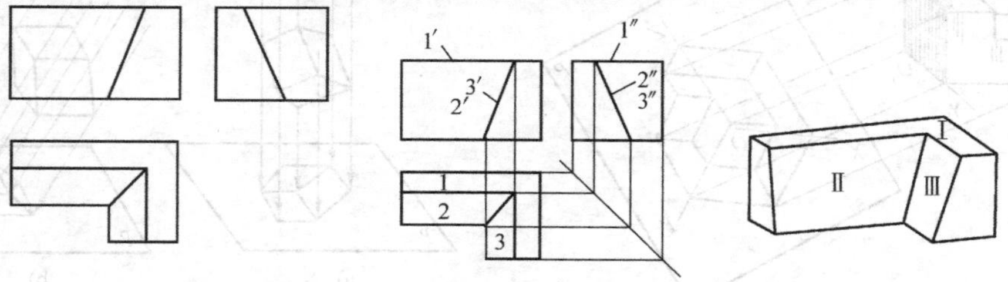

a)　b)　c)

图9-33　识读组合体

a）投影图　b）分线框、对投影　c）空间形状

9.1.7　轴测投影

正投影的优点是能够完整、准确地表示出形体的形状和大小，而且作图简便，所以它是工程图纸的主要图样。但是，这种图缺乏立体感，要有一定的读图能力才能看懂。例如图9-34a所示，形体的每一个正投影图都只能反映形体的长、宽、高三个向度中的两个，不易看出形体的形状，如果画出形体的轴测图，如图9-34b所示，立体感就比较好，能比较容易地看出形体各部分的形状。

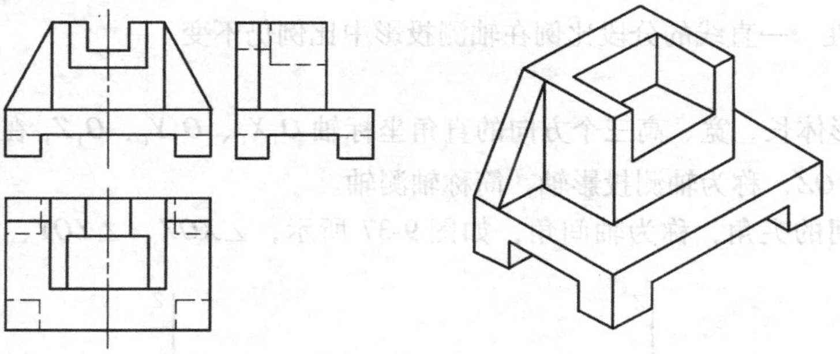

a)　b)

图9-34　正投影图与轴测图

a）正投影图　b）轴测图

轴测图作图比较麻烦，因此，在工程图纸中，轴测图一般只作为辅助图样，用以帮助阅读正投影图。

1. 轴测投影的形成

轴测投影也属于平行投影，它是用一组平行的投射线沿不平行于任一坐标面的方向将形体连同三个坐标轴一起投射到一个投影面上而形成的投影图，如图 9-35 所示。

P 称为轴测投影面，当投射方向 *S* 与投影面 *P* 垂直时，所得到的轴测投影称为正轴测投影，如图 9-36a 所示，常用的正轴测图有正等测和正二测；当投射方向 *S* 与投影面 *P* 倾斜时，所得到的轴测投影称为斜轴测投影，如图 9-36b 所示，常用的斜轴测图有正面斜二测和水平斜二测。

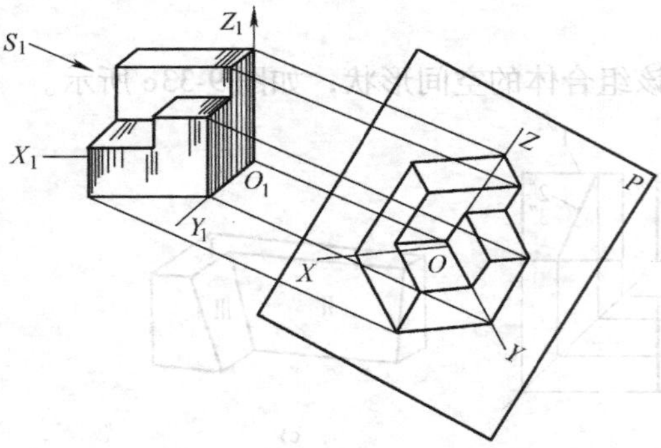

图 9-35　轴测投影的形成

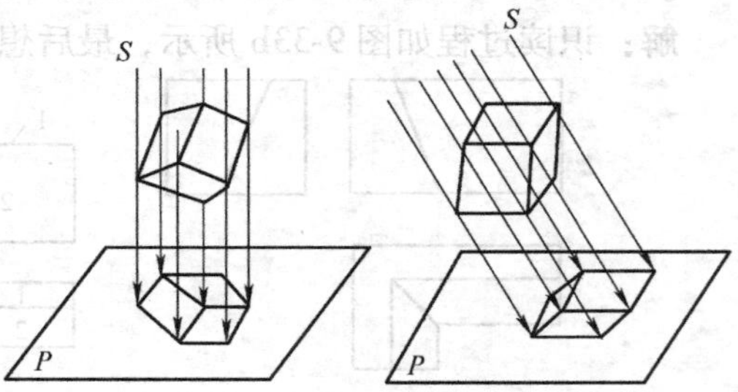

a)　　b)

图 9-36　正轴测与斜轴测

a）正轴测　b）斜轴测

2. 轴测投影的特性

（1）平行性　空间互相平行的直线，其轴测投影仍然互相平行。空间平行于投影轴的直线，其轴测投影必平行于相应的轴测投影轴。

（2）度量性　凡形体上与三个坐标轴平行的直线尺寸，在轴测图中均可沿轴的方向进行测量。

（3）变形性　形体上与坐标轴不平行的直线，其投影会缩短或变长，不能在图上直接量取。

（4）定比性　一直线的分段比例在轴测投影中比例仍不变。

3. 概念

表示空间形体长、宽、高三个方向的直角坐标轴 O_1X_1、O_1Y_1、O_1Z_1 在轴测投影面上的投影 OX、OY、OZ，称为轴测投影轴，简称轴测轴。

轴测轴之间的夹角，称为轴间角，如图 9-37 所示，$\angle XOZ$、$\angle ZOY$、$\angle YOX$ 即为轴间角。

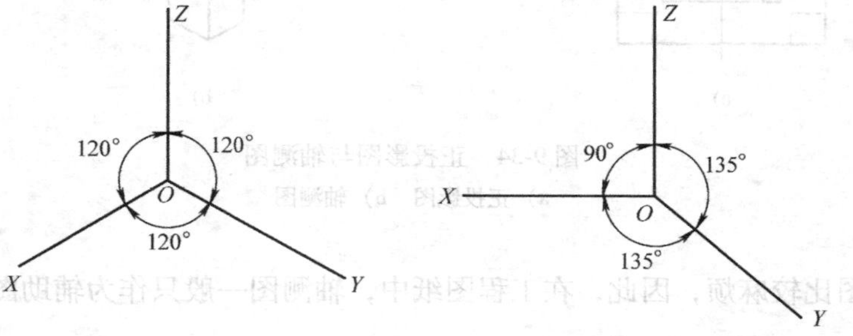

a)　　b)

图 9-37　轴测坐标系

a）正轴测　b）斜轴测

轴测投影轴的长度与空间坐标轴的长度的比值，称为轴向伸缩系数，OX、OY、OZ 上的伸缩系数分别用 p_1、q_1、r_1 来表示，实际作图中常用简化伸缩系数，分别用 p、q、r 来表示。

在画图时，规定把 OZ 轴画成铅垂方向，轴测轴 OX 和 OY 与水平线的夹角称作轴倾角，分别用 ε_1、ε_2 表示。

4. 常用轴测图的特点

常用轴测图的特点见表 9-6 所示。

表 9-6　轴测图的特点

种类	特　点	轴间角	轴向伸缩系数	轴测投影图
正等测	1. 三根投影轴与轴侧投影面倾角相同 2. 作图较方便	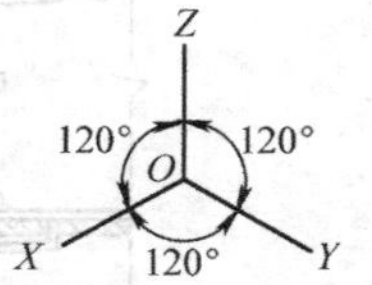	$p_1=q_1=r_1=0.82$ 实际作图取简化系数 $p=q=r=1$	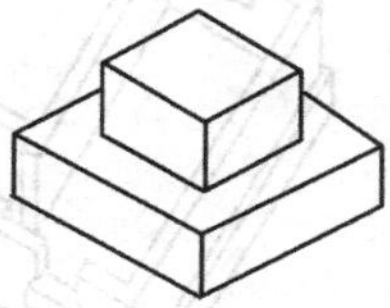
正二测	1. 三根投影轴中两根投影轴（OX 与 OZ）与轴侧投影面倾角相同 2. 作图较繁，比较富有立体感	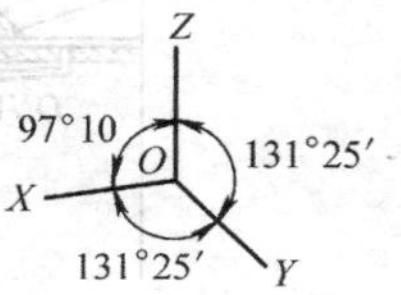	$p_1=r_1=0.94$ $q_1=0.47$ 实际作图取简化系数 $p=r=1$　$q=0.5$	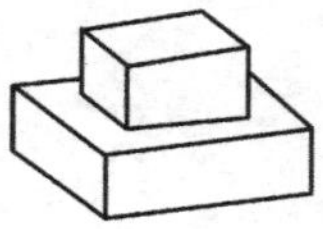
正面斜二测	1. 形体中正平面平行于轴侧投影面 2. 形体中正平面为实形	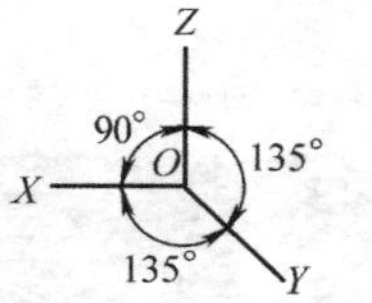	$p_1=r_1=1$ $q_1=0.5$	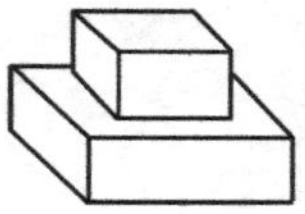
水平斜二测	1. 形体中水平面平行于轴侧投影面 2. 用作俯视图	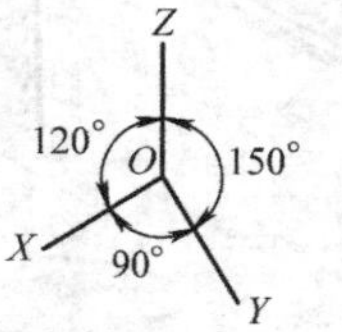	$p_1=q_1=1$ $r_1=0.5$ （或 $r=1$）	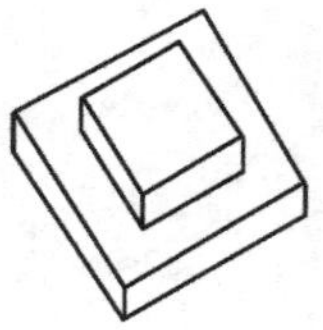

5. 工程上常用的轴测图

轴测图适宜绘制一幢房屋的水平剖面图、一个区域的总平面图等。图 9-38 所示为房屋水平面斜轴测图。

在给排水和采暖通风等专业图中，常用轴测图表达各种管道系统。图 9-39 所示为排水管网组成。

在其他专业图中，还可用来表达局部构造，用于直接生产。近年来产品的广告画、商品交易会上的展览画、居民区规划图等都用到轴测图，如图 9-40 所示。

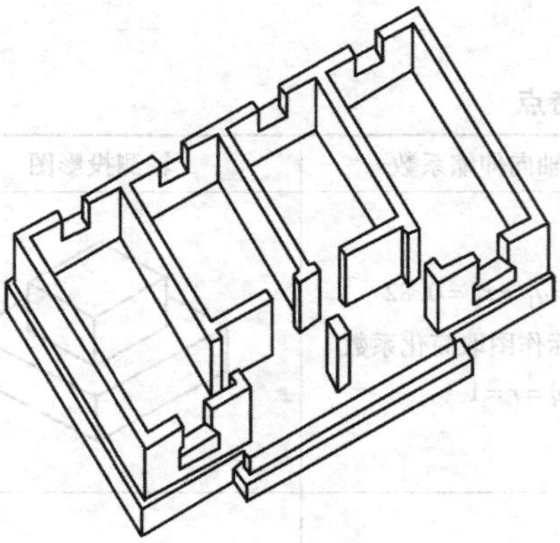

图 9-38　房屋水平面斜轴测图

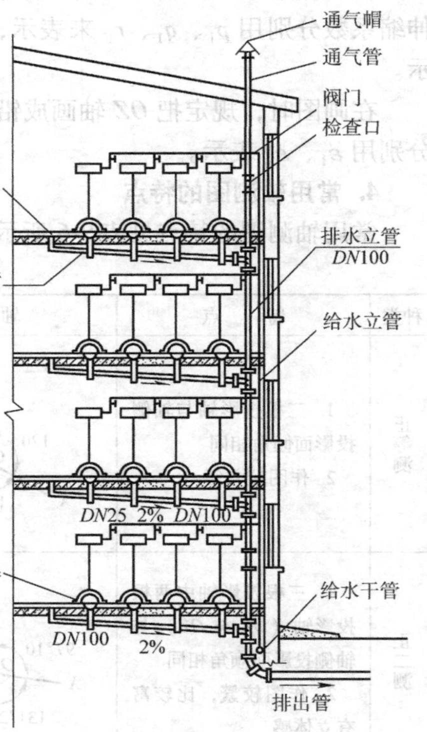

图 9-39　某室内给排水管网的组成

图 9-40　某居民区规划图

9.2　工程图的表达方法

在生产实践中，对于实际的建筑形体，仅仅用前面所述的三面投影图有时难以将复杂形体的外部形状和内部结构简单、清晰地表示出来，为此，制图标准规定了多种表达方法，画图时可以根据具体情况适当选用。

9.2.1　基本投影图

1. 六面投影

形体的形状，一般用三面投影图即可表示，但是当形体比较复杂时，为了便于画图和读图，可以采取增画投影图的方法。

如图9-41所示，在原来三个投影面（*H*、*V*、*W*）的基础上，再增加与*H*面、*V*面、*W*面各自平行的三个投影面，在空间构成一个方箱式的六个投影面，把形体放在其中，向各投影面进行正投影。

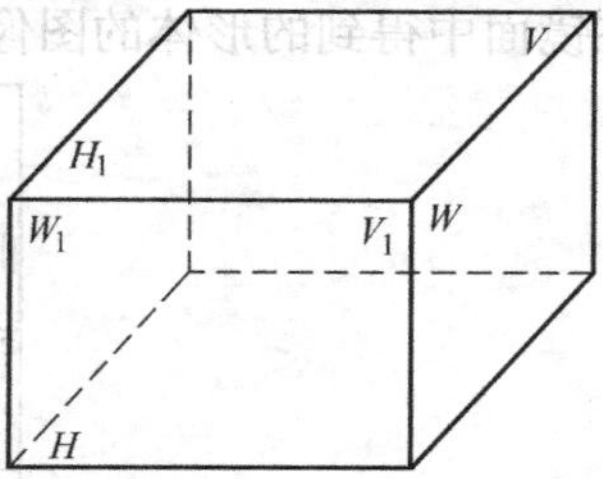

图9-41　六面投影体系

如图9-42所示，将形体得到的投影图展开摊平在与*V*面共面的平面上，得到六个基本投影图。

基本投影图的名称以及投射方向如下：自前方*A*投影称为正立面图；自上方*B*投影称为平面图；自左方*C*投影称为左侧立面图；自右方*D*投影称为右侧立面图；自下方*E*投影称为底面图；自后方*F*投影称为背立面图。

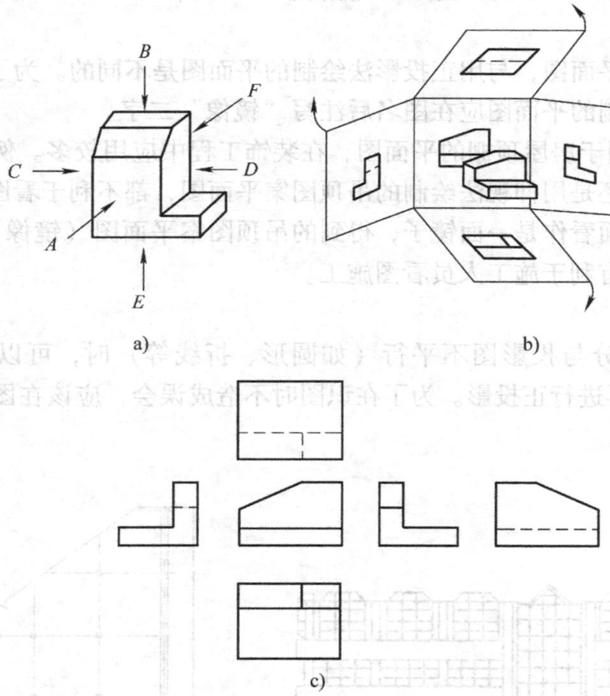

图9-42　六面投影图

a）形体直观图　b）展开图　c）六面投影图

当六面投影按图9-42c所示位置排列时，可以不加注名称，不符合上述位置时，均要加注名称。《房屋建筑制图统一标准》（GB/T 50001—2001）中规定了六个基本投影图，不是指每个建筑形体都要用六个基本投影图来表示，应该根据需要适当选择投影图的数量。

2. 镜像投影法

在建筑工程中，建筑物的有些部位的构件的图样用正投影法绘制时，不易表达出其真实形状，甚至会出现与实际相反的情况，施工中会造成误会。而采用镜像投影法来绘制投影图就可以解决这类问题。

镜像投影法就是把镜面放在形体的下面，代替水平投影面，在镜面中得到形体的图像。在镜面中得到的形体的图像称为镜像投影图，如图9-43所示。

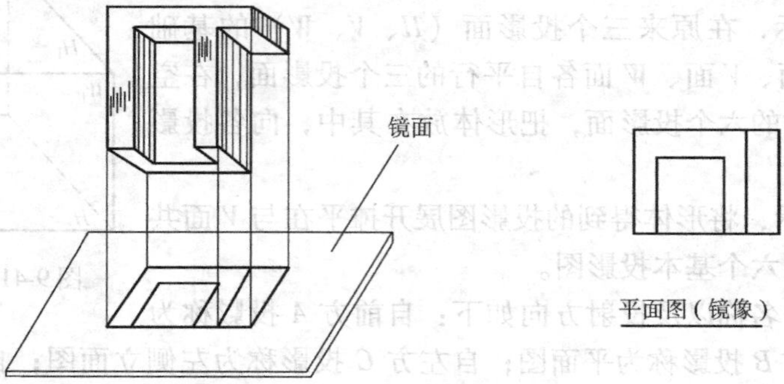

图9-43　镜像图

用镜像投影法绘制的平面图，与用正投影法绘制的平面图是不同的。为了在识图时不造成误会，用镜像投影法绘制的平面图应在图名后注写“镜像”二字。

“镜像”投影图一般用于房屋顶棚的平面图，在装饰工程中应用较多。例如吊顶图案的施工图，无论用正投影法还是用仰视法绘制的吊顶图案平面图，都不利于看图施工。如果我们采用镜像投影法，把地面看作是一面镜子，得到的吊顶图案平面图（镜像），就能如实反映吊顶图案的实际情况，有利于施工人员看图施工。

3. 展开投影图

当物体立面的某些部分与投影图不平行（如圆形、折线等）时，可以将该部分展至（旋转）与投影面平行后再进行正投影。为了在识图时不造成误会，应该在图名后加注“展开”字样，如图9-44所示。

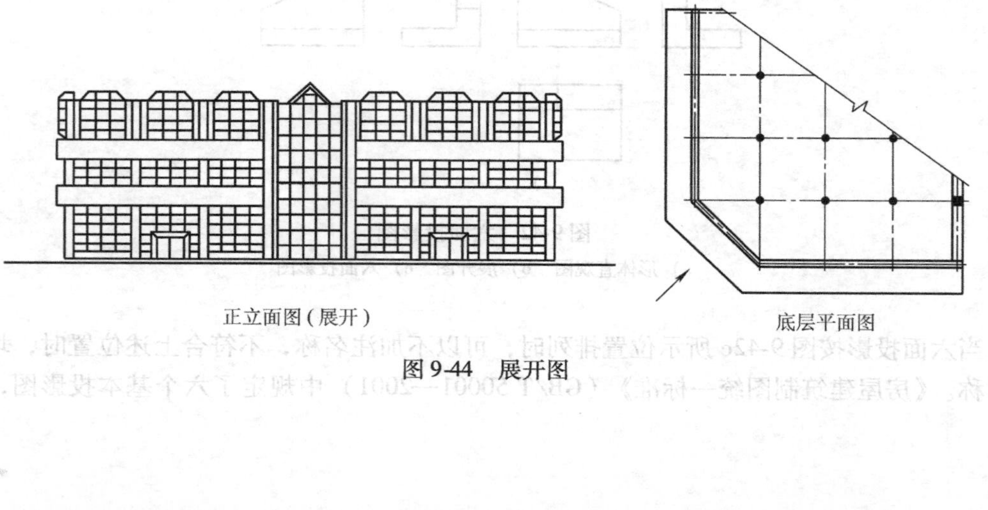

图9-44　展开图

9.2.2　剖面图

正投影图中，可见的轮廓线用实线表示，不可见的轮廓线用虚线表示。当形体内部构造比较复杂时，图中将出现很多虚线、实线重叠，很难将形体的内部构造表达清楚，不易识读，同时也给尺寸的标注带来很大的麻烦，因此，在绘图时采用了“剖切”的方法来解决形体内部结构形状的表达问题。

1. 剖面图的形成

假想用剖切面（平面或者曲面）将形体剖开，移去观察者和剖切面之间的那部分，而将其余部分向与剖切面平行的投影面投影，并将剖切面与形体相接触的部分画上剖面线或材料图例，这样得到的投影图称为剖面图。

如图9-45所示，假想用一个通过杯形基础的平面 P 将基础剖开，移去观察者与平面之间的那部分，将其余部分向 V 面投射，得到的即为基础的一个剖面图。剖开基础的平面 P 称为剖切平面。

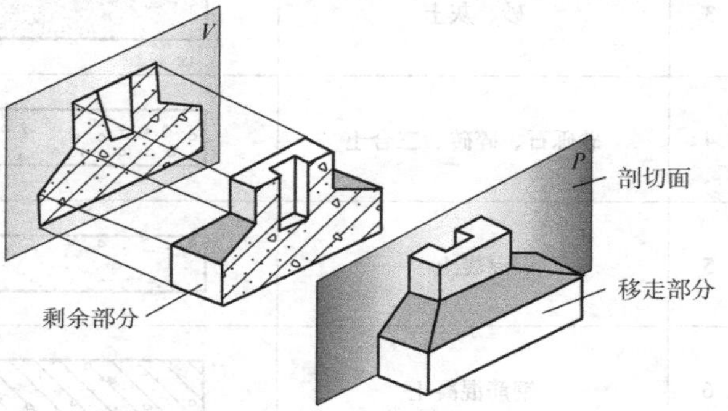

图9-45　剖面图的形成

2. 剖面图的标注

用剖面图配合其他投影图表达物体时，为了便于读图，要将剖面图中的剖切位置和投影方向在图样中加以说明，这就是剖面图的标注。

（1）剖切符号　剖切符号是由剖切位置线和剖视方向线两部分组成的，如图9-46所示。

1）剖切位置线。一般把剖切面设置成平行于某一投影面，这样，剖切面在它所垂直的投影面上就会积聚成一条直线，这条直线表示剖切位置，称为剖切位置线。在投影图中用不穿越图形的两段粗实线表示，长为6～10mm。

2）剖视方向线。为了表明剖切后剩余部分形体的投射方向，在剖切线两端的同侧各画一段与之垂直的短粗实线表示投影方向，长度为4～6mm。

（2）剖切符号编号　对于结构复杂的形体，有时可能要同时剖开几次，为了便于区分，对每一次剖切要进行编号，编号采用阿拉伯数字从小到大连续编写，书写在表示投射方向的短粗实线一侧，如图9-46a中所示的“1—1”。如果剖切位置线需要转折时，应在转角处标上相同的数字，如图9-46a中所示的“3—3”。在所得剖面图的下方，标注剖面图名称，如“X—X剖面图”，同时在图名下方绘一与图名等长的粗实横线，如图9-46b所示。

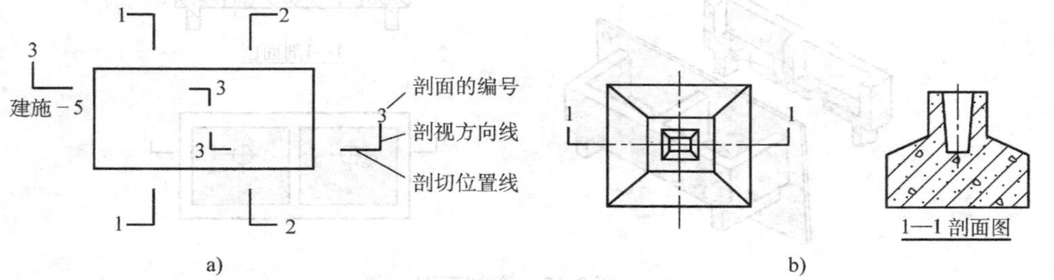

图9-46　剖面图的标注

(3) 材料图例　剖面图中剖切面与形体接触部分的投影应画上表示材料类型的图例，见表9-7。如果没有指明材料图例时，要用剖面线表示。剖面线用45°方向等间距的平行线表示，线型为细实线。

表9-7　材料图例

序号	名称	图例	说明
1	自然土壤		包括各种自然土壤
2	夯实土壤	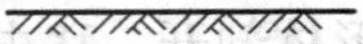	
3	砂、灰土		靠近轮廓线点较密
4	砂砾石、碎砖、三合土	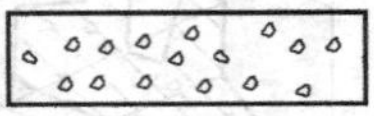	
5	混凝土		1. 本图例仅适用于能承重的混凝土及钢筋混凝土 2. 包括各种等级、骨料、添加剂的混凝土
6	钢筋混凝土	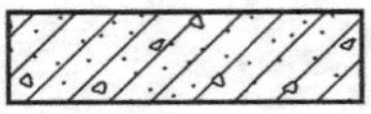	3. 在剖面图上画出钢筋时不画图例线 4. 断面较窄，不易画出图例线时，可涂黑
7	天然石材	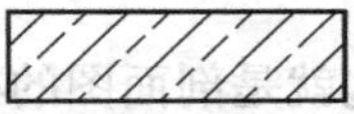	包括岩层、砌体、铺地贴面等材料
8	毛石		
9	木材		横断面、左为垫木、木砖、木龙骨
10	普通砖	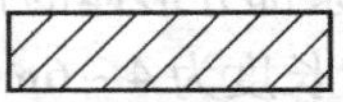	1. 包括砌体、砌块 2. 断面较窄，不易画出图例线时，可涂红

3. 剖面图的分类

根据剖面图中被剖切的范围划分，剖面图可以分为：

(1) 全剖面图　用剖切面完全地剖切物体所得的剖面图称为全剖面图，如图9-47所示。

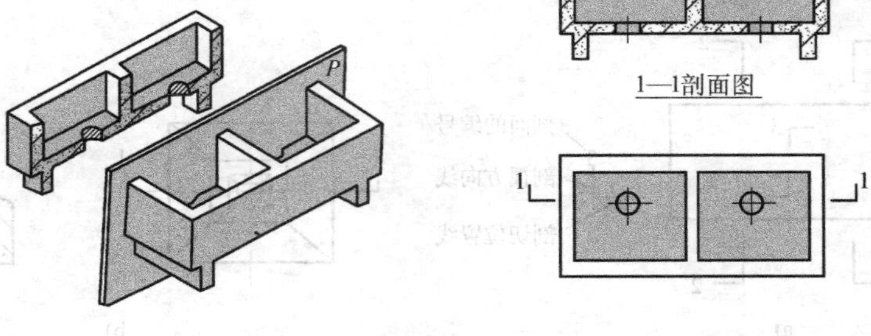

图9-47　全剖面图

全剖面图适用于不对称形体，或者虽然对称但外形简单、内部比较复杂的形体。在剖面图中，被剖切后形成断面图形的轮廓线用粗实线画出，断面画图例线，未剖切到的但是在剖视方向仍然可见到的轮廓线用中实线画出，不可见的虚线一般不用再画。

（2）半剖面图 当形体具有对称平面时，在垂直于对称平面的投影面上所得的投影，可以以对称中心为界线，一半画成投影图，一半画成剖面图。对称线用细点画线表示，当对称线为竖直时，将外形投影图绘制在对称线左方，剖面图绘制在对称线右方，当对称线为水平时，将外形投影图绘制在对称线上方，剖面图绘制在对称线下方。这种投影图和剖面图各占一半的图，称为半剖面图，如图9-48所示。由于在剖切前投影图是对称的，因此在剖切后半个剖面图已经清楚表达了内部结构形状，所以在另半个视图中虚线一般不用画出。

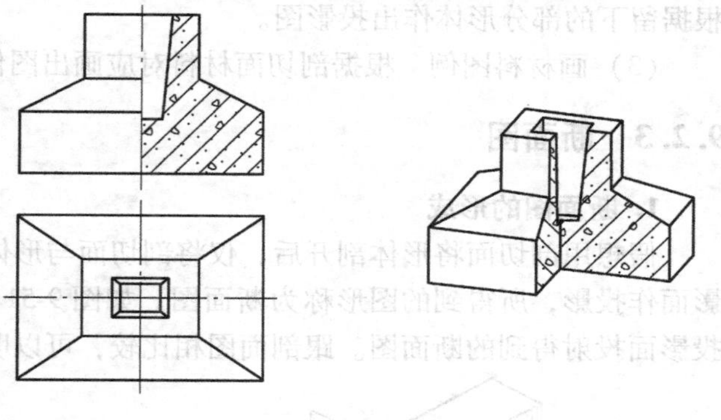

图9-48 半剖面图

（3）局部剖面图 用剖切平面局部地剖开形体所得的剖面图称为局部剖面图，作局部剖面图时，剖切平面的范围与位置应根据物体需要而定，剖面图与原投影图用波浪线分开，波浪线表示物体断裂处的边界线的投影，因而应该画在形体的实体部分，不得与轮廓线重合，也不得超出轮廓线之外，如图9-49所示。在工程图中，为了表示形体局部的构造层次，用分层剖切的方法画出各构造层次的剖面图，称为局部分层剖面图，如图9-50所示。

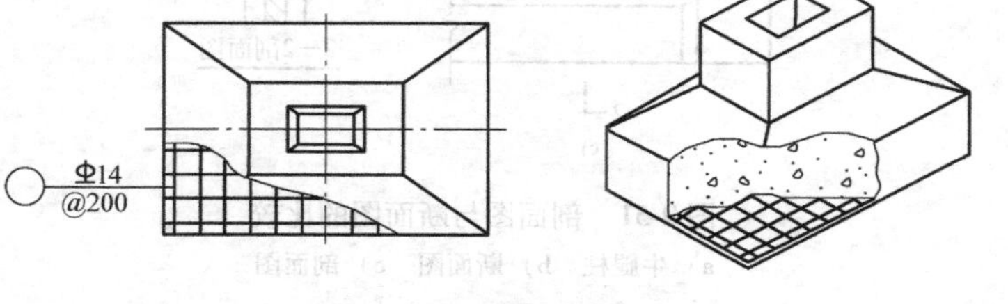

图9-49 局部剖面图

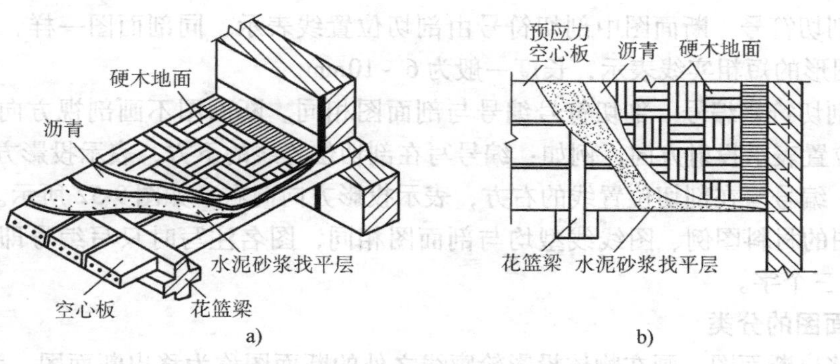

图9-50 局部分层剖面图

a）立体图 b）平面图

4. 剖面图的画法

（1）确定剖切面的位置　画剖面图时，应将剖切面设在形体需要剖切的部位，使剖面图尽可能清楚地反映出所要表达部分的真实形状。形体在构造上有对称面的，剖切面最好选择通过对称面或者孔的轴线，并与投影面平行。

（2）画剖面图　按照剖切面的剖切位置，假想移去形体在观察者和剖切面之间的部分，根据留下的部分形体作出投影图。

（3）画材料图例　根据剖切面材料对应画出图例。

9.2.3　断面图

1. 断面图的形成

假想用剖切面将形体剖开后，仅将剖切面与形体接触部分即截断面向与剖切面平行的投影面作投影，所得到的图形称为断面图。如图 9-51 所示为一 T 形梁，用剖切面剖开后，向投影面投射得到的断面图。跟剖面图相比较，可以明显看出，剖面图中包含了断面图。

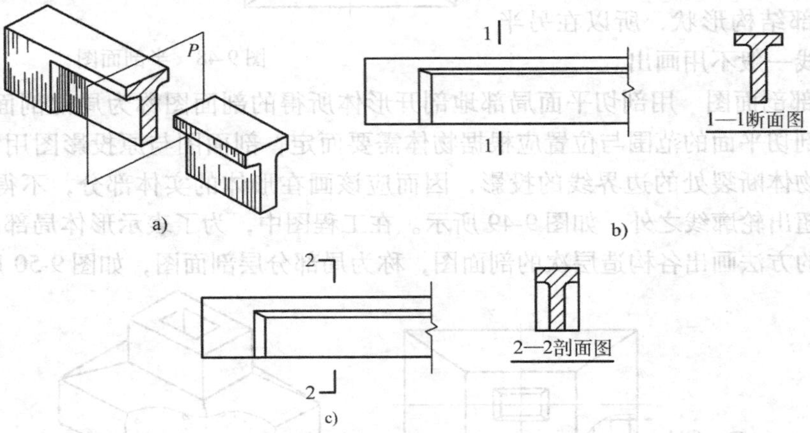

图 9-51　剖面图与断面图的比较

a）牛腿柱　b）断面图　c）剖面图

2. 断面图的标注

（1）剖切符号　断面图中剖切符号由剖切位置线表示，同剖面图一样，剖切位置线用一不穿越图形的短粗实线表示，长度一般为 6～10mm。

（2）剖切符号编号　剖切符号编号与剖面图相同。断面图不画剖视方向线，而是用编号的注写位置表示投射方向，例如：编号写在剖切位置线的下方，表示投影方向向下，如图 9-51 所示。编号写在剖切位置线的右方，表示投影方向向右，如图 9-52 所示。

断面图的材料图例、图线线型均与剖面图相同，图名注写时只写编号即可，不用另加“断面图”三个字。

3. 断面图的分类

（1）移出断面图　画在物体投影轮廓线之外的断面图称为移出断面图，为了便于读图，移出断面图应尽量靠近投影图，如图 9-51 牛腿柱所示，移出断面图尺寸较小时，断面可以涂黑表示。

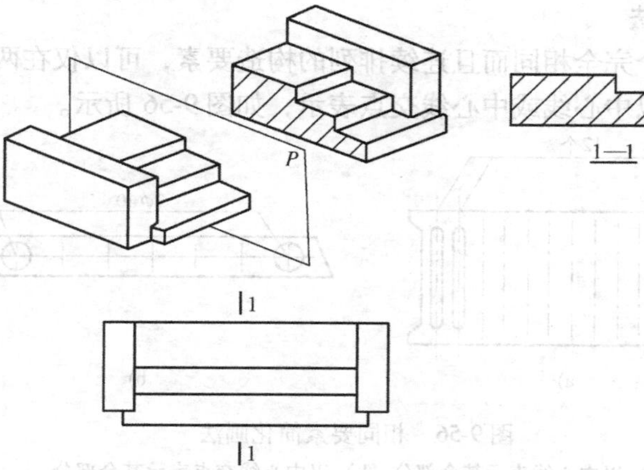

图9-52　楼梯的断面图

（2）中断断面图　细长杆件的断面图可以画在杆件的中断处，这种断面图称为中断断面图，中断断面图不需要标注，如图9-53所示。

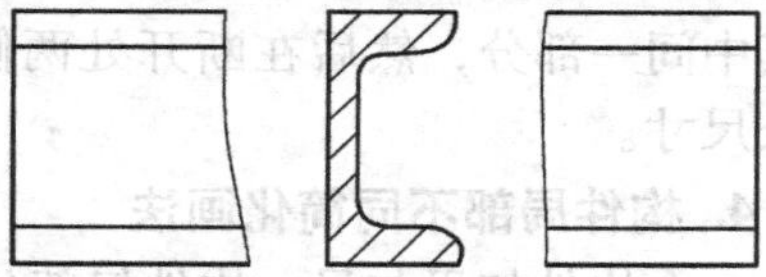

图9-53　中断断面图

（3）重合断面图　画在剖切位置迹线上，并且与投影图重合的断面图称为重合断面图，如图9-54所示就表示结构梁板的断面图直接画在了结构平面布置图上。

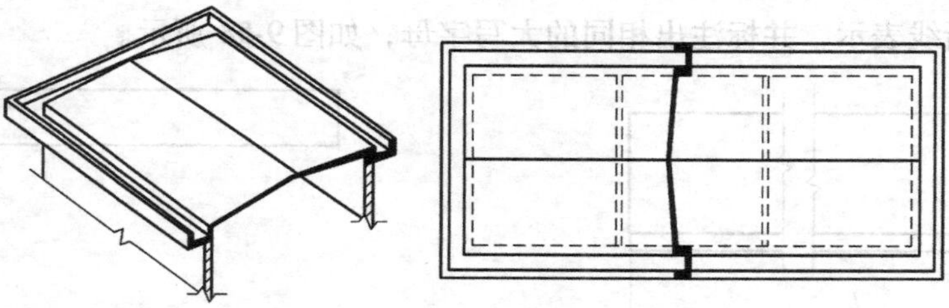

图9-54　重合断面图

9.2.4　简化画法

为了节省绘图时间，或者由于绘图幅面不够，房屋建筑制图统一标准允许在必要时采取简化画法。

1. 对称简化画法

当图形对称时，可以根据情况仅画出对称图形的一半或者四分之一，并在对称中心线上画上对称符号，如图9-55所示，对称中心线用细点画线来表示，对称符号用一对平行的短细实线表示，长度为6～10mm，间距为3～9mm，分别标在图形外对称中心线两端，两端的对称符号到图形的距离应相等，尺寸标注时靠近对称线处不画起止符号，尺寸数字的书写位置应与对称符号对齐，并按照全长尺寸标注。

图9-55　对称简化画法

2. 相同要素简化画法

构配件内如果有多个完全相同而且连续排列的构造要素，可以仅在两端或适当位置画出其完整形状，其余部分以中心线或中心线交点表示，如图 9-56 所示。

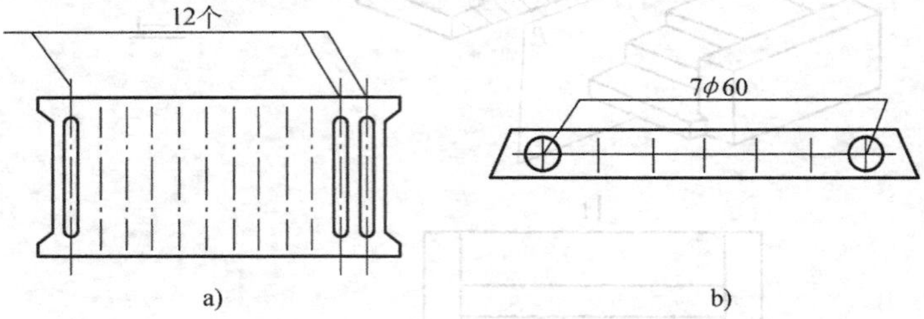

图 9-56　相同要素简化画法

a）以中心线表示其余部分　b）以中心线交点表示其余部分

3. 折断简化画法

较长的构件，如果沿长度方向的形状相同或者按照一定规律变化，可以假想将该构件折断其中间一部分，然后在断开处两侧加上折断线，如图 9-57 所示。标注尺寸时，*L* 应标注全长尺寸。

4. 构件局部不同简化画法

一个构件如果与另一构件仅部分不相同，该构件可以只画不同的部分，但要在两个构件的相同部分与不同部分的分界线上，分别画上连接符号。两个连接符号应对准在同一线上。连接符号用折断线表示，并标注出相同的大写字母，如图 9-58 所示。

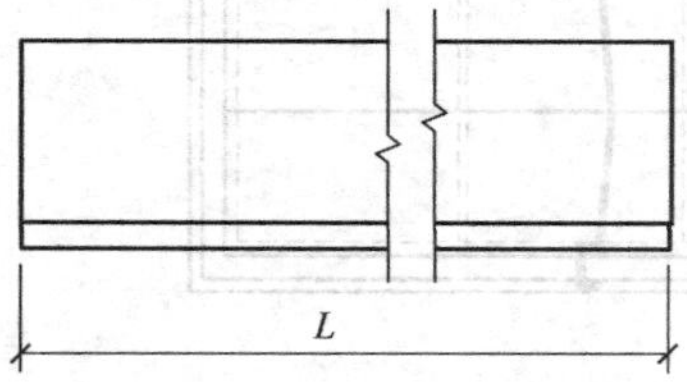

图 9-57　折断的简化画法

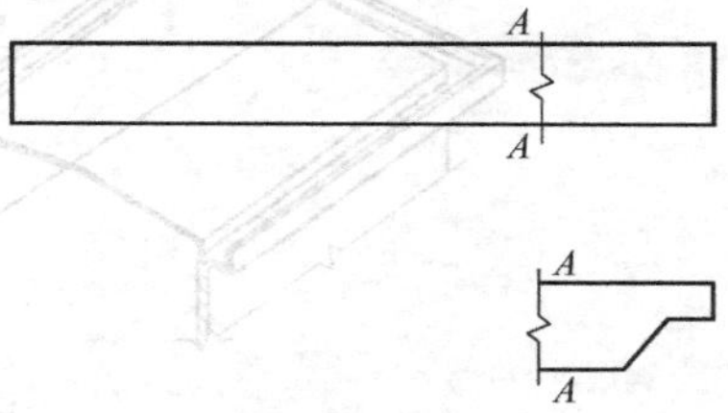

图 9-58　两构件局部不同时的简化画法

小　结

1）在一个三维空间里，一切物体都有长度、宽度和高度（或厚度），在一张只有长度和宽度的图纸上，可以采用投影的方法准确又全面地表达出物体的形状和大小。投影三要素为：投射线、投影面、形体（或几何元素）。根据投射中心和投影面位置的不同，投影可分为中心投影和平行投影两大类。

用正投影法绘制出的物体的投影称为正投影图，正投影图能准确反映物体的形状和大小，是施工生产中的主要图样。用斜投影法绘制出的物体的投影，可以作为施工图中的辅助图样。用中心投影法绘制出的物体的投影，适合作为施工图中的辅助图样。利用正投影法绘制出的单面投影图，在其上注明标高数据，称为标高投影，它是绘制地形图等高线的主要方法。正投影特性有：类似性、全等性、积聚性、重合性、从属性。一个物体可以用三面正投影图来表示它的整体形状和大小。物体三面正投影图的投影规律为“长对正，高平齐，宽相等”。

2）空间点A与其三面投影具有一一对应关系，判别两点在空间的相对位置，首先应该了解空间点有前、后、上、下、左、右六个方位，根据方位就可以判断两点在空间的相对位置。空间直线对投影面的相对位置可以分为三种：一般位置直线、投影面平行线、投影面垂直线。其中后两种又称为特殊位置直线。

一般位置直线为倾斜于三个投影面的直线，它在三个投影面上的投影都是倾斜于投影轴的缩短线段；投影面平行线的投影特性为投影面平行线在其平行的投影面上的投影反映实长，其他两个投影面上投影垂直于相应的投影轴，且投影线段的长小于空间线段的实长；投影面垂直线为垂直于一个投影面，而平行于其他两个投影面的直线。投影面垂直线的投影特性为投影面垂直线在其垂直的投影面上的投影积聚为一个点，其他两个投影面上投影垂直于相应的投影轴，且反映实长。

平面一般是由若干轮廓线围成的，而轮廓线可以由其上的若干点来确定，所以求作平面的投影，实质上可以看作是求点和线的投影。平面相对投影面来说可以分为三种：一般位置平面、投影面平行面、投影面垂直面。其中后两种又称为特殊位置平面。

一般位置平面，倾斜于三个投影面的平面，它在三个投影面上的投影均为缩小的类似图形；投影面平行面在其平行的投影面上的投影反映实形，其他两个投影面上投影积聚成一条直线，且平行于相应的投影轴；投影面垂直面在其垂直的投影面上的投影积聚成一条直线，该直线和投影轴的夹角反映了空间平面和其他两个投影面所成的二面角，其他两个投影面上的投影为类似形。

3）基本形体按其表面的几何性质，可以分为平面体和曲面体两大类。由若干基本形体组合而成的形体称为组合体。按形体的组合特点，组合体可以分为三大类：叠加型、切割型、综合型。识读组合体投影图的方法，常用形体分析法和线面分析法。

4）轴测投影是用一组平行的投射线沿不平行于任一坐标面的方向将形体连同三个坐标轴一起投射到一个投影面上而形成的投影图，轴测图作图比较麻烦，在工程图中，轴测图一般只作为辅助图样，用以帮助阅读正投影图。

5）在生产实践中，对于实际的建筑形体，仅仅用前面所述的三面投影图有时难以将复杂形体的外部形状和内部结构简单、清晰地表示出来，为此，制图标准规定了多种表达方法，画图时可以根据具体情况适当选用。

形体的形状，一般用三面投影图即可表示，但是当形体比较复杂时，为了便于画图和读图，可以采取增画投影图的方法。将形体得到的投影图展开摊平在与V面共面的平面上，得到六个基本投影图，国标中规定了六个基本投影图，不是指每个建筑形体都要用六个基本投影图来表示，应该根据需要适当选择投影图的数量；在建筑工程中，建筑物的有些部分构件的图样用正投影法绘制时，不易表达出其真实形状，可用镜像投影法来绘制投影图，用镜像投影法绘制的平面图，与用正投影法绘制的平面图是不同的，应在图名后注写“镜像”二字，“镜像”投影图一般用于房屋顶棚的平面图，在装饰工程中应用较多；当物体立面的某些部分与投影图不平行（如圆形、折线等）时，可以将该部分展至（旋转）与投影面平行后再进行正投影。并在图名后加注“展开”字样。

6）假想用剖切面（平面或者曲面）将形体剖开，移去观察者和剖切面之间的那部分，而将其余部分向与剖切面平行的投影面投影，并将剖切面与形体相接触的部分画上剖面线或材料图例，这样得到的投影图称为剖面图。剖面图中根据被剖切的范围划分，可以分为全剖面图、半剖面图、局部剖面图。

假想用剖切面将形体剖开后，仅将剖切面与形体接触部分即截断面向与剖切面平行的投影面作投影，所得到的图形称为断面图。断面图的分类有：移出断面图、中断断面图、重合断面图。

练　习　题

1. 如图 9-59 所示，找出与投影图相对应的立体图形，并在圈内填写相应的编码。

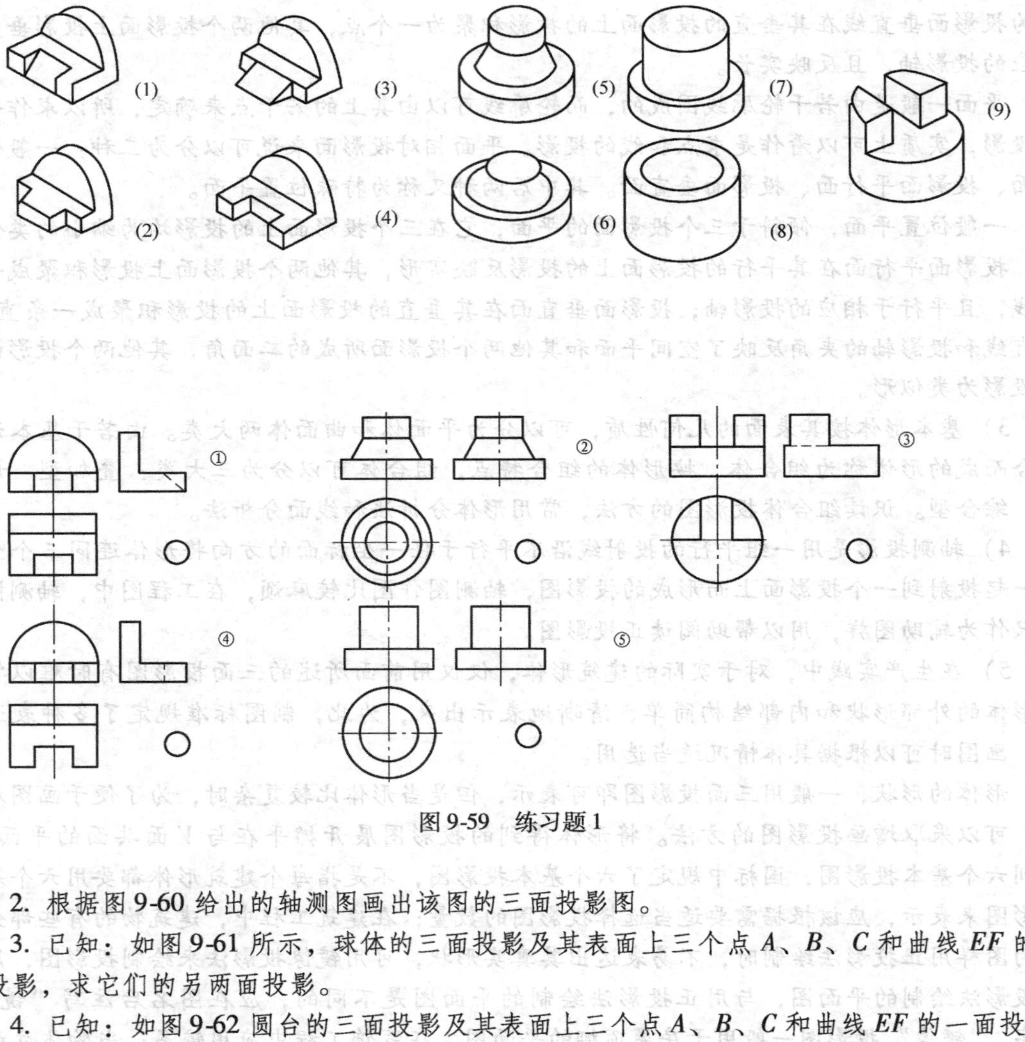

图 9-59　练习题1

2. 根据图 9-60 给出的轴测图画出该图的三面投影图。

3. 已知：如图 9-61 所示，球体的三面投影及其表面上三个点 A、B、C 和曲线 EF 的一面投影，求它们的另两面投影。

4. 已知：如图 9-62 圆台的三面投影及其表面上三个点 A、B、C 和曲线 EF 的一面投影，求它们的另两面投影。

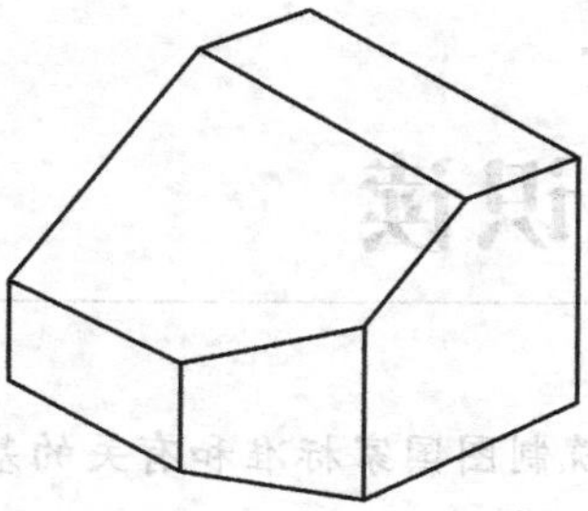

图9-60 练习题2

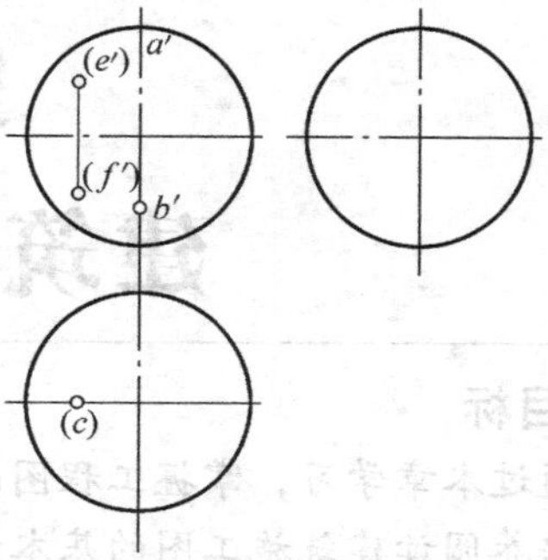

图9-61 练习题3

5. 已知：如图9-63圆锥面上的曲线 AB 的正面投影 $a'b'$，求另外投影。

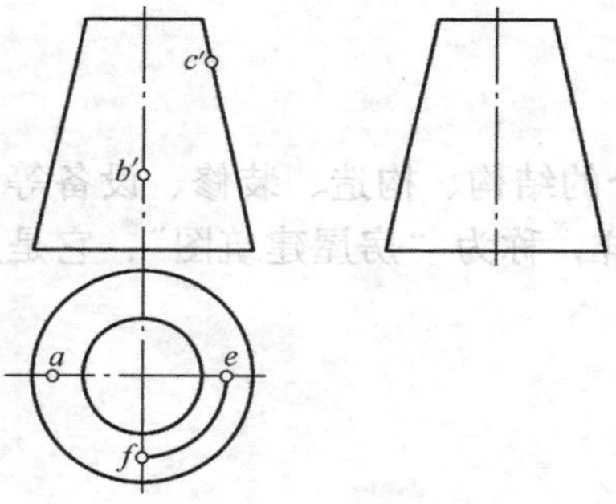

图9-62 练习题4

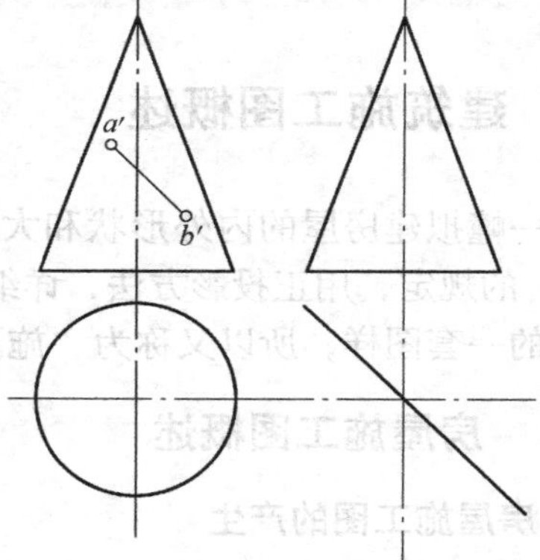

图9-63 练习题5

6. 根据图9-64所示两面视图补画第三面视图并画出正等测轴测图。

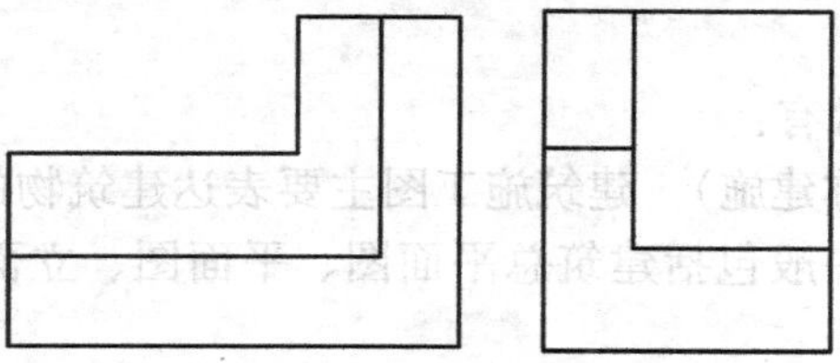

图9-64 练习题6

第 10 章

建筑施工图的识读

学习目标

通过本章学习，掌握工程图的表达方法，学习建筑制图国家标准和有关的基本规定，培养阅读建筑施工图的基本能力，能读懂建筑施工图。

关键词

建筑施工图　房屋建筑制图国家标准　建筑平面图　建筑立面图　建筑剖面图　建筑详图

10.1 建筑施工图概述

将一幢拟建房屋的内外形状和大小，以及各部分的结构、构造、装修、设备等，按照“国标”的规定，用正投影方法，详细准确地画出图样，称为“房屋建筑图”，它是用以指导施工的一套图样，所以又称为“施工图”。

10.1.1 房屋施工图概述

1. 房屋施工图的产生

房屋的建造一般需经过设计和施工两个过程，根据房屋规模和复杂程度，房屋的设计过程可分为两阶段设计和三阶段设计两种程序：规模较小、技术简单的建筑多采用两阶段设计，即初步设计和施工图设计；大型的、重要的、复杂的房屋，须经过三个阶段设计，即初步设计（方案设计）、技术设计（扩大初步设计）和施工图设计。

2. 房屋施工图的内容

一套完整的施工图通常有：

（1）建筑施工图（简称建施）　建筑施工图主要表达建筑物的外部形状、内部布置、装饰构造、施工要求等。它一般包括建筑总平面图、平面图、立面图、剖面图以及墙身、楼梯、门、窗详图等。

（2）结构施工图（简称结施）　结构施工图主要表达承重结构的构件类型、布置情况以及构造做法等。它一般包括基础平面图、基础详图、楼层及屋盖结构平面图、楼梯结构图和各构件的结构详图等（梁、柱、板）。

（3）设备施工图（简称设施）　设备施工图主要表达房屋各专用管线和设备布置及构造等情况。它一般包括给水排水、采暖通风、电气照明等设备的平面布置图、系统图和施工详图。

3. 房屋施工图的编排顺序

整套房屋施工图的编排顺序是：首页图（包括图纸目录、设计总说明、汇总表等）、建筑施工图、结构施工图、设备施工图。

各专业施工图的编排顺序是：基本图在前、详图在后；总体图在前、局部图在后；主要部分在前、次要部分在后；先施工的图在前、后施工的图在后。

10.1.2 房屋建筑制图国家标准

一套完整的房屋施工图，其内容和数量很多。而且工程的规模和复杂程度不同，工程的标准化程度不同，都可导致图样数量和内容的差异。为了能准确地表达建筑物的形状，设计时图样的数量和内容应完整、详尽、充分，一般在能够清楚表达工程对象的前提下，一套图样的数量及内容越少越好。

为了确保图面质量，提高制图和识图的效率，在绘制施工图时，必须严格遵守国家标准的有关规定。我国现行的建筑制图国家标准主要有：《房屋建筑制图统一标准》（GB/T 50001—2001）、《总图制图标准》（GB/T 50103—2001）、《建筑制图标准》（GB/T 50104—2001）、《建筑结构制图标准》（GB/T 50105—2001）、《给水排水制图标准》（GB/T 50106—2001）和《暖通空调制图标准》（GB/T 50114—2001）。在绘制施工图时，应严格遵守标准中的规定。

1. 比例

建筑物形体庞大，必须采用不同的比例来绘制。对于整幢建筑物、构筑物的局部和细部结构都分别予以缩小画出，特殊细小的线脚等有时不缩小，甚至需要放大画出。建筑施工图中，各种图样常用的比例见表10-1。

表10-1 建筑施工图常用比例

图名	常见比例	备　注
总平面图	1:500、1:1000、1:2000	
平面图、立面图、剖面图	1:50、1:100、1:200	
次要平面图	1:300、1:400	次要平面图指屋面平面图、工业建筑的地面平面图
详图	1:1、1:2、1:5、1:10、1:20、1:25、1:50	1:25仅适用于结构构件详图

2. 图线

在建筑施工图中，为了表明不同的内容并使图层分明，须采用不同线型和线宽绘制，绘图时，首先按所绘图样选用的比例选定基本线宽“b”，然后再确定其他线型的宽度，图线的线型和线宽按表10-2的说明来选用。

表10-2 图线的线型、线宽及用途

名称		线　型	线宽	用　途
实线	粗	━━━━━━	b	1. 平、剖面图中被剖切的主要建筑构造（包括构配件）的轮廓线 2. 建筑立面或室内立面的外轮廓线 3. 建筑构造详图中被剖切的主要部分的轮廓线 4. 建筑构配件详图中的外轮廓线 5. 平、立、剖面的剖切符号
	中粗	━━━━━━	$0.7b$	1. 平、剖面图中被剖切的次要建筑构造（包括构配件）的轮廓线 2. 建筑平、立、剖面图中建筑构配件的轮廓线 3. 建筑构造详图及建筑构配件详图中的一般轮廓线

（续）

名称		线型	线宽	用途
实线	中		0.5b	小于0.7b的图形线、尺寸线、尺寸界线、索引符号、标高符号、详图材料做法引出线、粉刷线、保温层线、地面、墙面的高差分界线等
	细		0.25b	图例填充线、家具线、纹样线等
虚线	中粗		0.7b	1. 建筑构造详图及建筑构配件不可见的轮廓线 2. 平面图中的起重机（吊车）的轮廓线 3. 拟建、扩建建筑物轮廓线
	中		0.5b	投影线、小于0.5b的不可见轮廓线
	细		0.25b	图例填充线、家具线
单点画线	粗		b	起重机（吊车）的轨道线
	细		0.25b	中心线、对称线、定位轴线
折断线			0.25b	部分省略表示时的断开界线
波浪线			0.25b	部分省略表示时的断开界线，曲线形构间断开界限构造层次的断开界线

3. 定位轴线及编号

房屋施工图中的定位轴线是设计和施工中定位、放线的重要依据。凡承重的墙、柱子、大梁、屋架等构件，都要画出定位轴线并对轴线进行编号，以确定其位置。对于非承重的分隔墙、次要构件等，有时用附加轴线（分轴线）表示其位置，也可注明它们与附近轴线的相关尺寸以确定其位置。

定位轴线应用细单点长画线绘制，此线应伸入墙内10～15mm。轴线的端部用细实线画直径为8mm的圆圈称为定位轴线圆，定位轴线圆的圆心，应在定位轴线的延长线或延长线的折线上，且圆内应注写轴线编号，如图10-1所示。

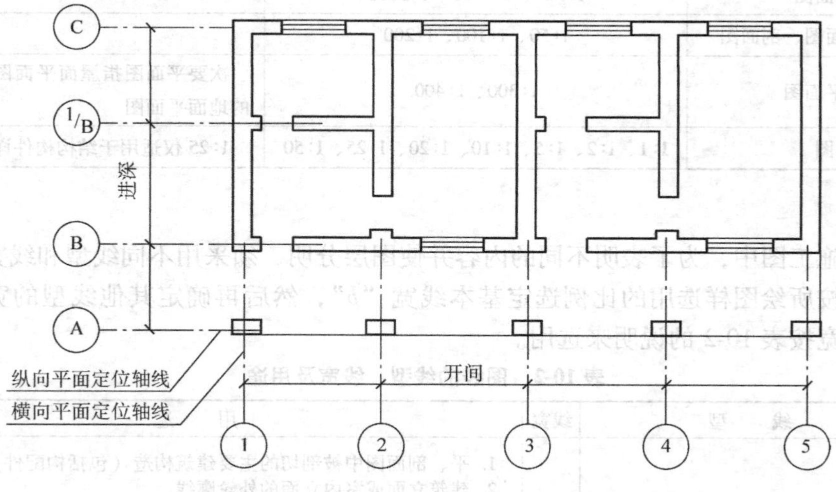

图10-1　定位轴线及编号方法

平面图上定位轴线的编号，宜标注在图样的下方与左侧。水平方向的编号采用阿拉伯数字，从左到右依次编号，一般称为横向轴线；垂直方向的编号用大写拉丁字母自下而上顺序编写，通常称之为纵向轴线，大写拉丁字母中I、O及Z三个字母不得用于轴线编号，以免与数字1、0、2混淆。

在两轴线之间，如需附加分轴线时，其编号可用分数表示。分母表示前一轴线的编号，分子表示附加轴线的编号，如图 10-2 所示。

对于详图上的轴线编号，若该详图同时适用多根定位轴线，则应同时注明各有关轴线的编号，如图 10-3 所示。

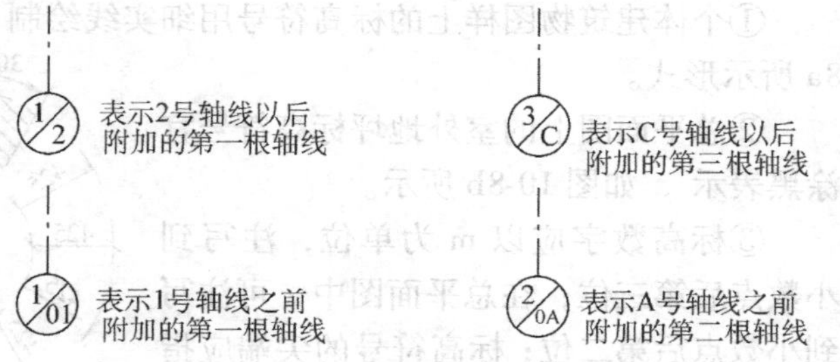

图 10-2　附加轴线的编号

4. 尺寸、标高、图名

（1）尺寸

1）尺寸界线。用细实线绘制，与被注长度垂直，其一端应离开图样的轮廓线不小于 2mm，另一端应超出尺寸线 2～3mm。必要时可利用图样轮廓线、中心线及轴线作为尺寸界线（如图 10-4 中所示尺寸 3060）。

图 10-3　详图的轴线编号

2）尺寸线。用细实线绘制，并与被注长度平行，与尺寸界线垂直相交，但不宜超出尺寸界线外。图样轮廓线以外的尺寸线，距图样最外轮廓线之间距离不宜小于 10mm，平行排列的尺寸线的间距为 7～10mm，并应保持一致。图样上任何图线都不得用作尺寸线，如图 10-4 所示。

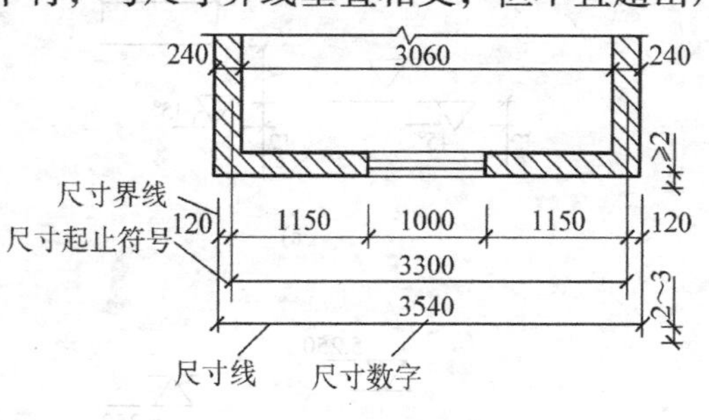

图 10-4　尺寸的组成

3）尺寸起止符号。用中粗短斜线绘制，并画在尺寸线与尺寸界线的相交处。其倾斜方向应与尺寸界线成顺时针 45°角，长度宜为 2～3mm。

4）尺寸数字。用阿拉伯数字标注图样的实际尺寸；除标高及建筑总平面图以 m 为单位外，其余一律以 mm 为单位，图上尺寸数字都不再注写单位，如图 10-4 所示。

在尺寸标注时应注意：①尺寸数字一般注写在尺寸线的中部，水平方向的尺寸，尺寸数字要写在尺寸线的上面，字头朝上；竖直方向的尺寸，尺寸数字要写在尺寸线的左侧，字头朝左（如图 10-4 所示）；倾斜方向的尺寸，尺寸数字的方向应按图 10-5a 所示的规定注写，尺寸数字在图中所示 30°影线范围内时可按图 10-5b 所示的形式注写。②尺寸数字如果没有足够的注写位置时，两边的尺寸可以注写在尺寸界线的外侧，中间相邻的尺寸可以错开注写，如图 10-6 所示；尺寸宜标注在图样轮廓之外，不宜与图线、文字及符号等相交，如图 10-7 所示。

（2）标高　标高是标注建筑物各部分高度的另一种尺寸形式。

1）标高注法

①个体建筑物图样上的标高符号用细实线绘制，如标注位置不够时，可注写为如图 10-8a 所示形式。

②总平面图上的室外地坪标高符号宜涂黑表示，如图 10-8b 所示。

③标高数字应以 m 为单位，注写到小数点后第三位；在总平面图中，可注写到小数点后第二位；标高符号的尖端应指至被注高度的位置。尖端一般应向下，也可向上；标高数字应注写在标高符号的左侧或右侧，如图 10-8c 所示。

④在图样的同一位置需表示几个不同标高时，标高数字可按图 10-8d 的形式注写。

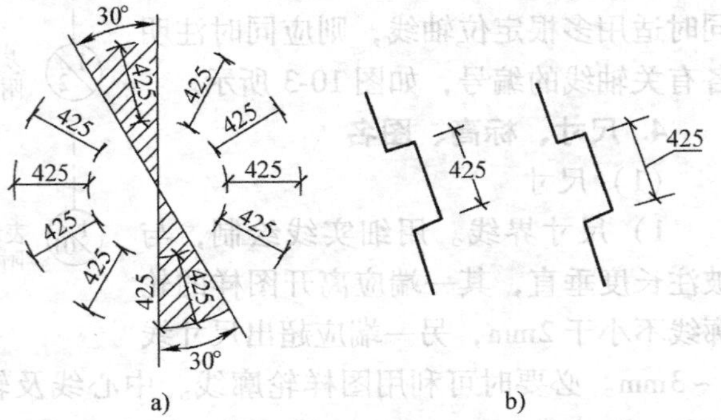

图 10-5　尺寸数字的注写方向

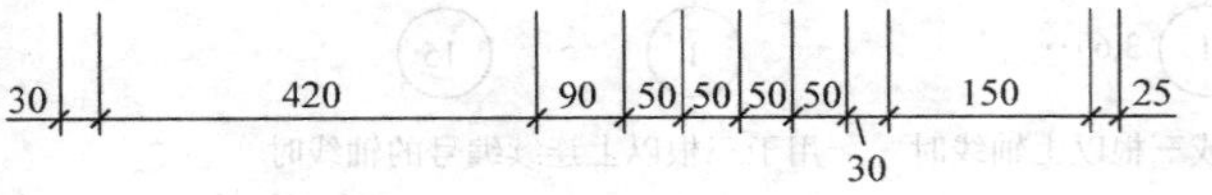

图 10-6　尺寸数字的注写位置

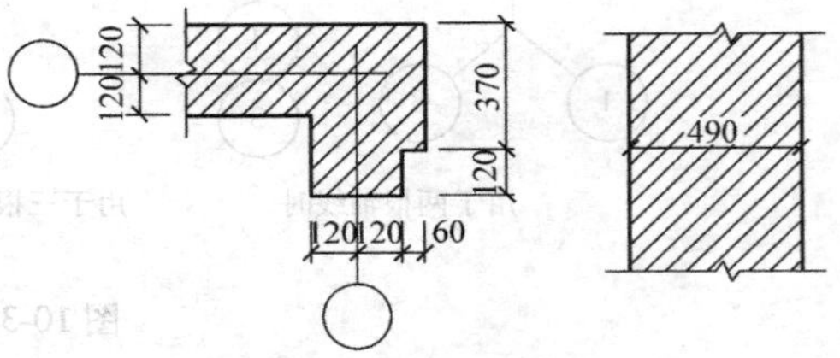

图 10-7　尺寸数字的注写

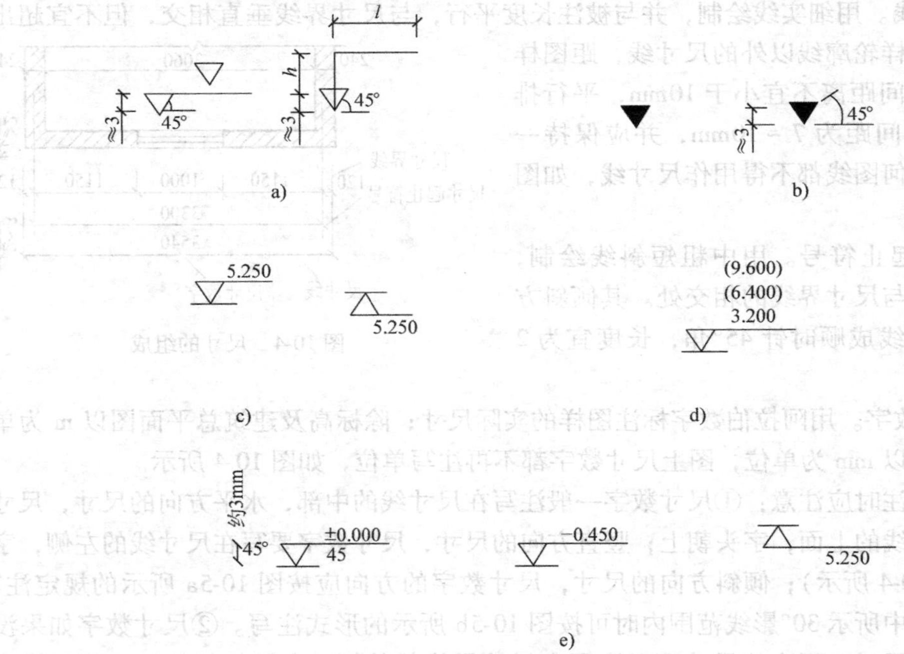

图 10-8　标高注法

a）个体建筑标高符号　b）总平面图室外地坪标高　c）标高的指向

d）同一位置注写多个标高　e）零点、正、负标高

⑤零点标高应注写成 ±0.000，低于零点的负数标高前应加注“ - ”号，高于零点的正数标高前不注“ + ”，如图 10-8e 所示。

2）标高分类

①绝对标高。我国把黄海的平均海平面定为绝对标高的零点，其他各地标高都以它作为基准。

②相对标高。在建筑物的施工图上要注明许多标高，如果全用绝对标高，不但数字繁琐，而且不容易得出各部分的高差。因此，除总平面图外，一般都采用相对标高，即把底层室内主要地坪高定为相对标高的零点，并在建筑工程的总说明中说明相对标高和绝对标高的关系，由建筑物附近的水平点来测定拟建工程的底层地面的绝对标高。

在制图中，标高还有建筑标高和结构标高之分：

①建筑标高是指建筑构件经装修、粉刷后最终完成面的标高。

②结构标高是指建筑物未经装修、粉刷前的标高。

二者区别如图 10-9 所示。

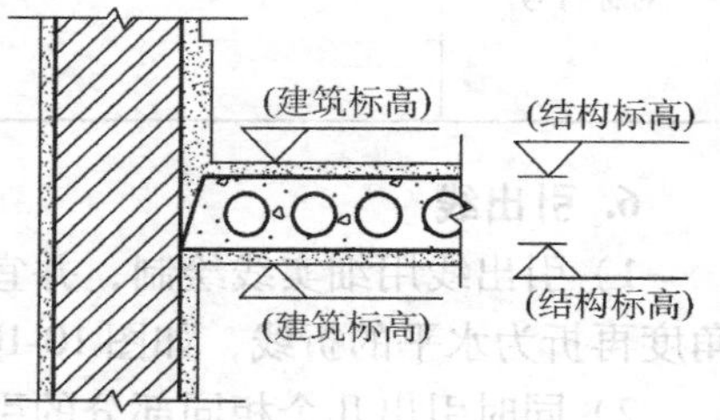

图 10-9 建筑标高和结构标高

（3）图名 在图名下应画一条横线，其粗度应不粗于同张图中所画图形的粗实线。同张图样中的这种横线粗度应一致。图名下的横线长度，应以所写文字所占长短为准，不要任意画长。在图名的右侧应用比图名的字号小一号或二号的字号注写比例。

5. 索引符号与详图符号

图样中的某一局部或某一构件和构件间的构造如需另见详图，应以索引符号索引，即在需要另画详图的部位编上索引符号，并在所画的详图上编上详图符号，且两者必须对应一致，以便看图时查找相应的有关图样。索引符号的圆和水平直线均以细实线绘制，圆的直径一般为 10mm；详图符号的圆圈应画成直径为 14mm 的粗实线圆。索引符号和详图的编号方法见表 10-3。

表 10-3 索引符号和详图的编号方法

名称	符号	说明
详图的索引标志	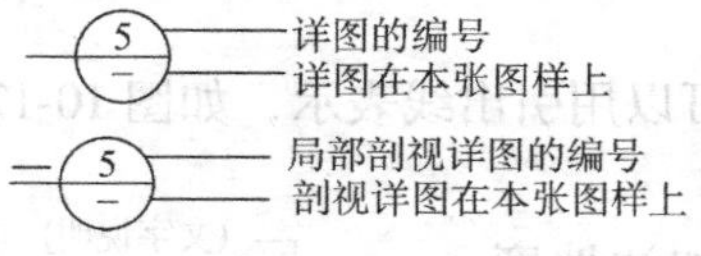	细实线单圆圈直径应为 10mm 详图在本张图样上
	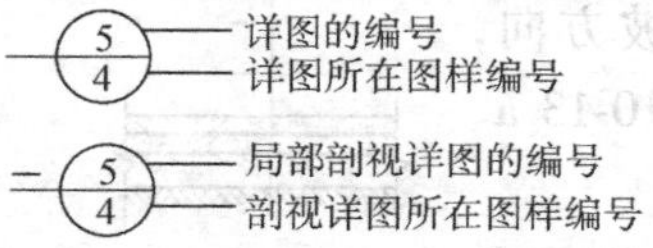	详图不在本张图样上
	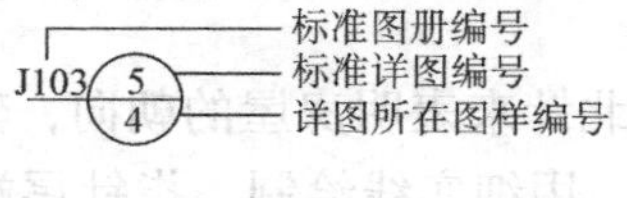	标准详图

（续）

名　　称	符　　号	说　　明
详图的标志	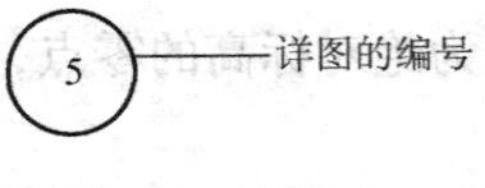	粗实线单圆圈直径应为 14mm 被索引的在本张图样上
	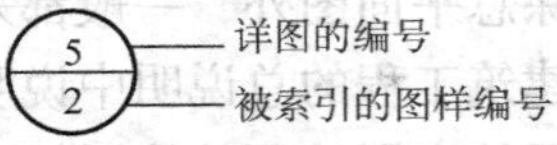	被索引的不在本张图样上
对称符号		对称符号应用细线绘制，平行线长度宜为 6 ~ 10mm，平行线间距宜为 2 ~ 3mm，平行线在对称线的两侧应相等

6. 引出线

1）引出线用细实线绘制，并宜用与水平方向成 30°、45°、60°、90°的直线或经过上述角度再折为水平的折线，如图 10-10 所示。

2）同时引出几个相同部分的引出线，宜相互平行，如图 10-11a、c 所示，也可画成集中于一点的放射线，如图 10-11b 所示。

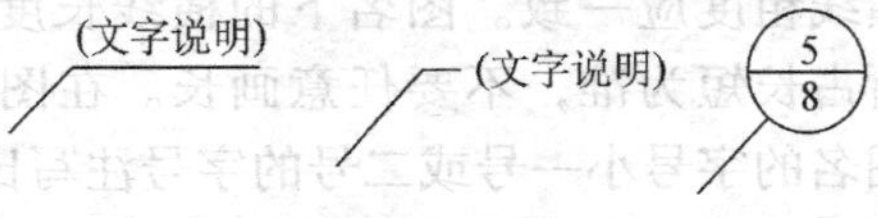

a)　b)　c)

图 10-10　引出线

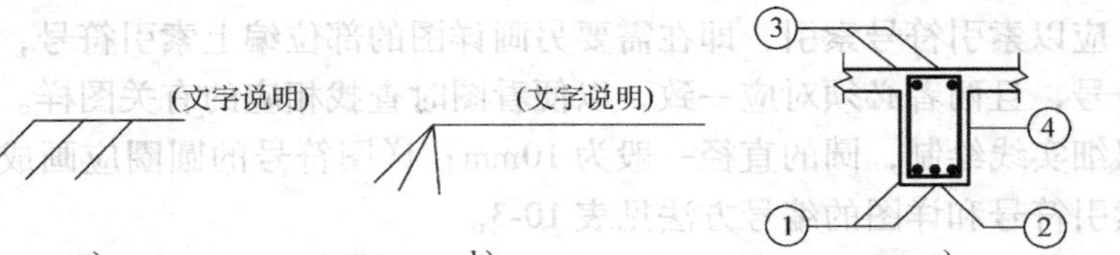

a)　b)　c)

图 10-11　共同引出线

3）为了对多层构造部位加以说明，可以用引出线表示，如图 10-12 所示。

7. 坡度标注

在房屋施工图中，其倾斜部分通常加注坡度符号，一般用箭头表示。箭头应指向下坡方向，坡度的大小用数字注写在箭头上方，如图 10-13 a、b 所示。

对于坡度较大的坡屋面、屋架等，可用直角三角形的形式标注它的坡度，如图 10-13c 所示。

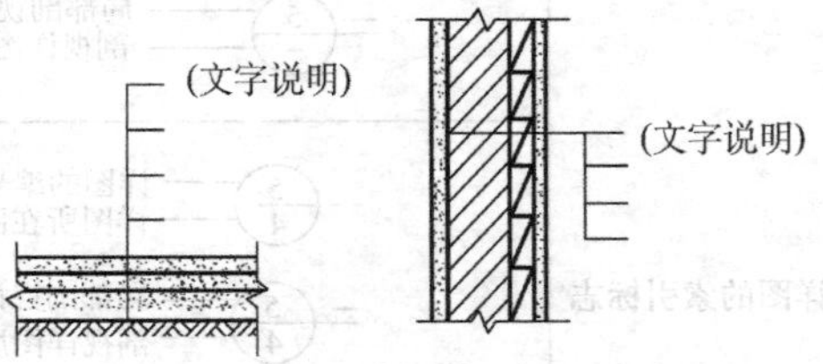

a)　b)

图 10-12　多层构造引出线

8. 指北针及风向频率玫瑰图

1）在房屋的底层平面图上，应绘出指北针来表明房屋的朝向，其符号应按国标规定绘制，如图 10-14 所示，圆的直径宜为 24mm，用细实线绘制。指针尾端的宽度 3mm，需用较大直径绘制指北针时，指针尾部宽度宜为圆的直径的1/8，指针涂成黑色，针尖指向北方，并注“北”或“N”字。

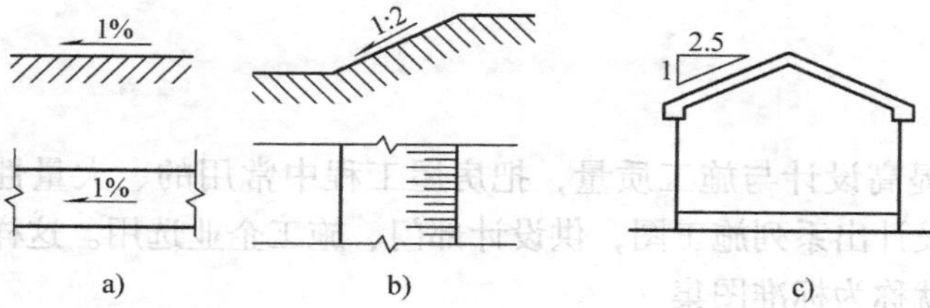

图10-13　坡度标注方法

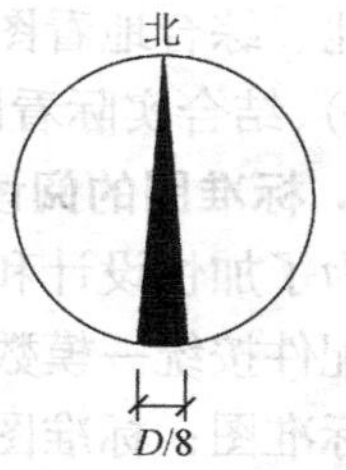

图10-14　指北针

2）风向频率玫瑰图，简称风玫瑰图，是根据当地多年平均统计的各个方向吹风次数的百分率值，按一定比例绘制的，如图10-15所示，一般多用8个或者16个罗盘方位表示，玫瑰图上所表示的风的吹向是指从外面吹向地区中心，图中实线表示全年风玫瑰图，虚线表示6、7、8三个月（雨季）统计的风向频率。由于风玫瑰图也能表明房屋或基地的朝向情况，所以在已经绘制了风玫瑰图的图样上则不必再绘制指北针。

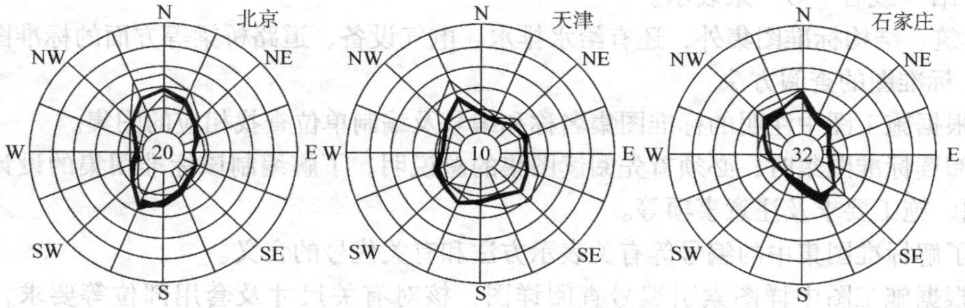

图10-15　风向频率玫瑰图

在建筑总平面图上，通常应绘制当地的风玫瑰图。没有风玫瑰图的城市和地区，则在建筑总平面图上只画上指北针。

10.2　建筑施工图识读

1. 阅读房屋建筑工程图应注意的几个问题

1）施工图是根据正投影原理绘制的，用图样表明房屋建筑的设计及构造作法，所以要看懂施工图，应掌握正投影原理和熟悉房屋建筑的基本构造。

2）施工图采用了一些图例符号以及必要的文字说明，共同把设计内容表现在图纸上，因此要看懂施工图，还必须记住常用的图例符号。

3）看图时要注意从粗到细，从大到小。先粗看一遍，了解工程的概貌，然后再仔细看。细看时应先看总说明和基本图样，然后再深入看构件图和详图。

4）一套施工图是由各工种的许多张图样组成，各图样之间是互相配合紧密联系的。图样的绘制大体是按照施工过程中不同的工种、工序分成一定的层次和部位进行的，因此要有联系地、综合地看图。

5）结合实际看图。

2. 标准图的阅读

为了加快设计和施工速度，提高设计与施工质量，把房屋工程中常用的、大量性的构件、配件按统一模数、不同规格设计出系列施工图，供设计部门、施工企业选用。这样的图称为标准图；标准图装订成册后就称为标准图集。

在施工中有些构配件和构造作法，经常直接采用标准图集，因此阅读施工图前要查阅有关的标准图集。

（1）标准图集的分类　在我国，标准图有两种分类方法，一是按照使用范围分类，二是按照工种分类。

按使用范围大体上分三类：①经国家批准，可以在全国范围内使用的标准图集；②经各省、市、自治区、直辖市批准，在本地区范围内使用的标准图集；③各设计单位编制的标准图集，在本设计院内部使用。

按工种分类：①建筑配件标准图，一般用“建”或者“J”表示；②建筑构件标准图，一般用“结”或者“G”来表示。

除建筑、结构标准图集外，还有给水排水、电气设备、道路桥梁等方面的标准图。

（2）标准图的查阅方法

1）根据施工图中注明的标准图集名称和编号及编制单位查找相应的图集。

2）阅读标准图集时，必须首先阅读图集的总说明，了解编制该标准图集的设计依据和使用范围、施工要求及注意事项等。

3）了解标准图集中的编号等有关表示方法和有关代号的含义。

4）根据施工图中详图索引编号查阅详图，核对有关尺寸及套用部位等要求，以防差错。

3. 阅读房屋施工图的步骤

一般读图的步骤是：①对于全套图样来说，先看说明书、首页图、总平面图，后看建施、结施和设施；②对于每一张图样来说，先看图标、文字，后看图样；③对于建施、结施和设施来说，先看建施，后看结施、设施；④对于建筑施工图来说，先看平面图、立面图、剖面图，后看详图；⑤对于结构施工图来说，先看基础施工图、结构布置平面图，后看构件详图。

读图时要互相联系，反复阅读才能看懂。

图样设计完毕后，往往由于各种原因导致图样产生变化，所以在阅读图样时应该注意设计变更图以及变更说明，以防产生差错。

4. 建筑设计说明

在施工的编排中，将图纸目录、建筑设计说明、总平面图及门窗表等编排在整套施工图的前面。如图 10-16 所示是某住宅楼建筑施工图的第一页，将图纸目录、建筑设计说明、建筑做法说明、门窗表编排为一张。其中图纸目录、门窗表比较简单，我们仅介绍一下建筑设计说明和建筑做法说明的阅读方法。

建筑设计说明

一、设计依据

1. 甲方提供勘察设计项目委托单及本院下发的设计任务书。
2. 规划处下达的有关批文。
3. 经甲方、规划处认可的方案。
4. 甲方提供的消防水源、水压、电源等情况。
5. 设计规范：

(1)《住宅建筑设计规范》(GB 50096—2003)
(2)《建筑设计防火规范》(GB 50016—2006)
(3)《民用建筑设计通则》(GB 50352—2005)
(4)《民用建筑节能设计标准》(采暖居住部分)(JGJ26—1995)
(5)《屋面工程技术规范》(GB 50345—2004)
(6)《加气混凝土砌块墙体构造》(L96J125)

二、工程概况

1. 本工程为××学院新校区 7#住宅楼项目，本图为建施图。
2. 本工程为二类建筑，耐火等级为二级。合理使用年限为五十年。本工程屋面防水等级为Ⅲ级，耐用年限为十年。
3. 本工程总长为 24.20m，总宽为 13.14m，总高度为 23.2m，共 6 层半。
4. 结构形式为框架结构，抗震设防烈度为 7 度。砖墙材料为混凝土轻质砌块。
5. 本工程室内地平面依据规划部门提供有关数据确定，室内外高差 0.300m。

三、设计中有关问题说明

1. 门垛尺寸详见建筑平面图，未注明门垛均距最近墙边 240mm。
2. 洗手间、小卫生间、厨房、南阳台比同层楼面低 20mm，大卫生间里间、贮藏间比同层楼面低 30mm；这些房间楼面均按 1% 坡度坡向地漏或排水管。
3. 所有外墙均做 SB1 保温板保温，构造详图见 LOOSJ 108 第 9 页 1。
4. 储藏室室内顶板贴 60 厚聚苯保温板，本工程中阳台均后期封闭。
5. 除储藏室及楼梯间外所有外窗均为单框双玻窗；并增设纱扇。
6. 上下水管穿现浇板处均预埋好套管，管内用防水宝填抹，位置见水施。
7. 本施工图中墙体均为加气混凝土砌块墙，砌块墙参图集 L96J125。
8. 墙身楼板预留洞与预埋铁件与各工种施工图配合施工。
9. 内外装修材料需经设计院与甲方看样商定后方可施工。
10. 未尽之处，按施工与验收规范严格施工。

建筑做法说明(本图表所采用图集为 L96J002)

序号	工部部位	作法名称	选用图集	使用范围	备注
1	散水	混凝土水泥散水	散 1	全部散水	宽 800
2	坡道	坡 1	坡 1	全部坡道	宽 2400,1200
3	地面	混凝土防潮地面	地 7	储藏室地面	
4	楼面	水泥楼面	楼 1	卧室、楼梯间	
		铺地砖楼面	楼 19	阳台、卫生间、厨房	
		铺地砖楼面	楼 17	客厅、餐厅、走廊	
5	屋面	卷材防水屋面	屋 27	所有平屋面	膨胀珍珠岩改成聚苯保温板
6	内墙	防水砂浆瓷砖墙面	内墙 36	卫生间、厨房、南阳台	卫生间、厨房高至吊顶底，南阳台 1100mm 高，瓷砖规格 200×300
		混合砂浆墙面	内墙 6	其他墙面	
7	外墙	水泥砂浆外墙	外墙 8	所有外墙面	外刮外墙涂料
8	顶棚	阻燃型塑料板吊顶	棚 38	卫生间、厨房	
		抹灰顶棚	棚 9	卫厨之外所有顶棚	6 改为仿瓷涂料
9	踢脚	水泥砂浆勒脚	勒 1	所有踢脚	踢高 150
		水泥砂浆勒脚	勒 2	室外勒脚	勒高 300
10	油漆	清漆	油漆 7	楼梯木扶手	
		调和漆	油漆 38	楼梯栏杆等铁件	

门窗表

类别	设计编号		洞口尺寸/mm 宽	洞口尺寸/mm 高	数量	采用标准图集 图集代号	备注
门	DKM		2360	2500	1	L99J605—74	单元对讲电控门
门	DM1		2600	2000	6		车库卷帘门
门	DM2		2450	2000	4		车库卷帘门
门	DM3		2430	2000	2		车库卷帘门
门	DM4		900	2000	12	L92J601—59	木夹板门
门	DM5		800	1980	2	L92J601—59	木夹板门
门	M1		1000	2100	12		入户防盗一体门，乙级防火门
门	M2		900	2500	48	L92J601—59	木夹板门
门	M3		700	2500	36	L99J605—74	塑钢平开门
门	YTM		3000	2500	12	L99J605—74	塑钢推拉门
MC1		门	800	2500	12	L99J605—74	塑钢平开门
MC1		窗	1630	1600	12	L99J605—49	塑钢推拉窗
窗	DC1		700	700	2	L99J605—39	塑钢推拉窗 窗台高 1100
窗	C1		2800	1600	12	L99J605—49	塑钢推拉窗
窗	C2		1500	1600	12	L99J605—49	塑钢推拉窗
窗	C3		1200	1600	24	L99J605—49	塑钢推拉窗
窗	C4		1940	1600	12	L99J605—49	塑钢推拉窗
窗	C5		1100	1450	5	L99J605—49	塑钢推拉窗
窗	C6		700	1000	12	L99J605—39	塑钢推拉窗 窗台高 1500
窗	C7		720	900	4	L99J605—39	塑钢推拉窗 窗台高 1500

图 10-16 建筑设计说明

建筑设计和做法说明的内容根据建筑物的复杂程度有多有少，但不论内容多少，必须说明施工图的设计依据和房屋的结构形式，房屋的设计规模和建筑面积，室内外构配件的用料说明、做法，施工要求及注意事项等。

（1）设计依据　包括政府的有关批文。这些批文主要有两个方面的内容：一是立项，二是规划许可证等。

（2）工程概况　主要包括工程的结构形式、建筑面积等。这是设计出来的图样是否满足规划部门要求的依据。

（3）建筑做法　这方面的内容比较多，包括散水、坡道、地面、楼面、墙面等的做法。我们需要读懂说明中的各种数字、符号的含义。如设计中有关问题说明中的第4条：储藏室室内顶板贴60mm厚聚苯保温板，本工程中阳台均后期封闭。

（4）设计中有关问题说明　对图样中不详之处的补充说明。如设计中有关问题说明中的第9条，强调了内外装修材料不能擅自选用，要与设计单位和甲方共同看样商定后才可施工。

10.2.1　总平面图

建筑总平面图是将新建工程四周一定范围内的新建、拟建、原有和拆除的建筑物、构筑物连同其周围的地形、地物状况用水平投影方法和相应的图例所画出的工程图样，主要反映拟建房屋、原有建筑物等的平面形状、位置和朝向，室外场地、道路、绿化等的布置，地形、地貌、标高以及与原有环境的关系和邻界情况等。

建筑总平面图也是拟建房屋定位、施工放线、土方施工以及绘制水、电、暖等管线总平面图和施工总平面图的依据。

1. 总平面图的图示方法

总平面图是用正投影的原理绘制的，图形主要是以图例的形式表示。

表10-4给出了部分常用的总平面图图例符号，画图时应严格执行该图例符号。

表10-4　总平面图图例

名　称	图　例	说　明	名　称	图　例	说　明
新建的建筑物		①需要时可用▲表示出入口，可在图形内右上角用点数或数字表示层数 ②建筑物外形用粗实线表示，需要时地面以上建筑用中实线表示，地面以下建筑用细实线表示	散状材料露天堆场		需要时可注明材料名称
			其他材料露天堆场或露天作业场	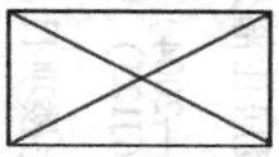	
原有的建筑物		用细实线表示	铺砌场地	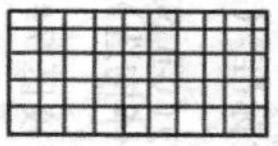	
计算扩建的预留地或建筑物		用中虚线表示	树木与花卉		各种不同的树木有多种图例
拆除的建筑物		用细实线表示	草坪	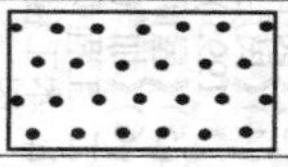	

（续）

名　称	图　例	说　　明	名　称	图　例	说　　明
水池坑槽			雨水井		
围墙及大门	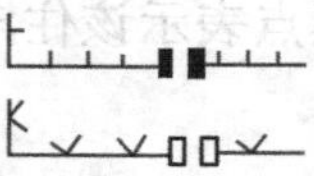	上图为实体性质的围墙，下图为通透性质的围墙，如仅表示围墙时不画大门	消火栓井		
烟囱		实线为烟囱下部直径，虚线为基础，必要时可注写烟囱高度和上、下口直径	室内标高	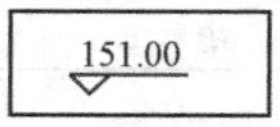	
			室外标高	▼143.00	
露天桥式起重机	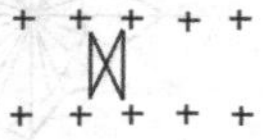		桥梁	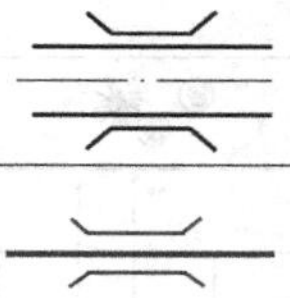	上图为公路桥 下图为铁路桥 用于旱桥时应注明
截水沟或排水沟		“1”表示 1% 的沟底纵向坡度 “40.00”表示变坡点间距离 箭头表示水流方向	原有道路		
坐标	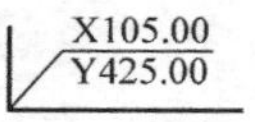	上图表示测量坐标 下图表示建筑坐标	计划扩建的道路		

填挖边坡	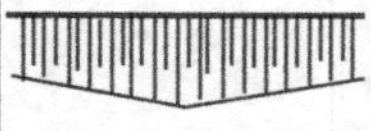	边坡较长时可在一端或两端局部表示 下边线为虚线时表示填方	新建道路	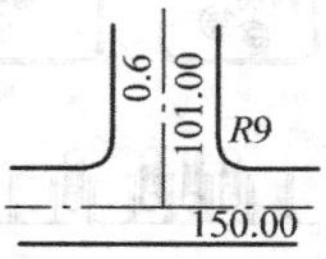	“R9”表示道路转弯半径为 9m “150.00”表示路面中心标高 “0.6”表示 0.6% 的纵向坡度 “101.00”表示变坡点间距离
护坡	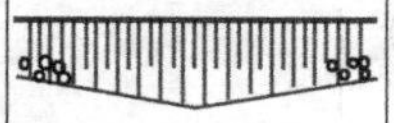				

2. 总平面图的图示内容

1）图名、比例。由于总平面图所包括的区域面积较大，所以绘制时常采用 1∶500、1∶1000、1∶2000、1∶5000 等小比例，房屋只用外围轮廓线的水平投影表示。

2）应用图例来表明新建区、扩建区或改建区的总体布置，表明各建筑场地和构筑物的位置，道路、广场、室外场地和绿化等的布置情况以及各建筑物的层数等。在总平面图上一般应画上所采用的主要图例及其名称。此外，对于标准中缺乏规定而需要自定的图例，必须在总平面图中绘制清楚，并注明其名称。

3）确定新建、改建或扩建工程的具体位置，一般根据原有房屋或道路来定位，并以 m 为单位标出定位尺寸。当新建成片的建筑物和构筑物或较大的公共建筑或厂房时，往往用坐标来确定每一建筑物及道路转折点的位置；地形起伏较大的地区，还应画出地形等高线。

4）注明新建房屋底层室内地面和屋外整平地面的绝对标高和层数（常用黑小圆点数表示层数）。

5）画上带有指北针的风向频率玫瑰图或指北针，表示该地区的常年风向频率和建筑物的朝向。

3. 总平面图的识读

以某单位住宅楼总平面图为例说明总平面图的识读方法。

图10-17是某单位生活区的总平面图，绘图比例选用1:500。图中用粗实线画出新建住宅楼的外围轮廓线，此住宅楼为左右对称，平面图右上角的三个黑点表示该住宅楼为三层，总长为23.04m，总宽为13.84m。

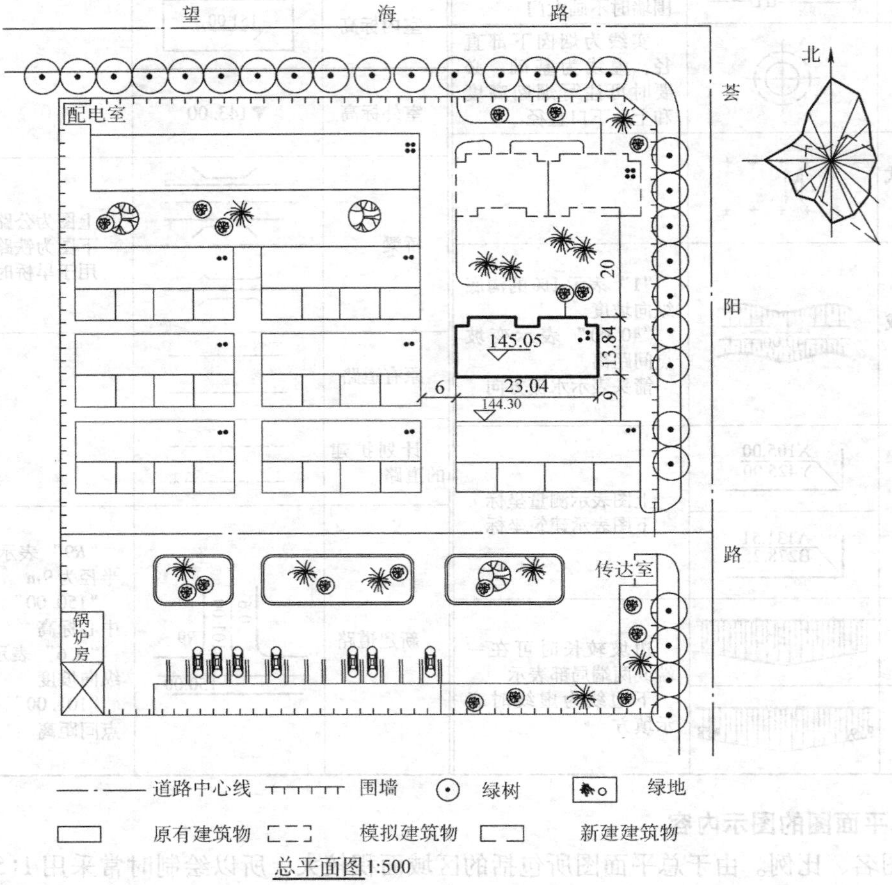

图10-17 总平面图

通过风玫瑰图可以看出：该住宅楼坐北朝南，位于生活区的东边，其南墙面和西墙面与原有住宅的距离分别为9m和6m，可据此对房屋进行定位。它的底层室内地面的绝对标高为145.05m，室外地面的绝对标高为144.30m，室内外高差为0.750m。通过风玫瑰图还可以看出：该生活区常年主导风向是北风，夏季主导风向是东南风。

在总平面图中，对于地势有起伏的地方，应画出表示地形的等高线，因该小区地势平坦，故不必画出，从图中可知，在新建住宅楼的北面有绿化地，生活区四周设有围墙，东面、北面两面临路，大门设在东边，而锅炉房和配电室分别位于西南角和西北角。

10.2.2 建筑平面图

1. 建筑平面图的形成和用途

（1）建筑平面图的形成　建筑平面图是假想用一个水平剖切平面沿略高于窗台的位置剖切整幢房屋，移去上面部分，剩余部分向水平面做正投影，所得的水平剖面图，称为建筑平面图，简称平面图。

（2）建筑平面图表达的内容　建筑平面图反映新建建筑的平面形状、房间的位置、大小、相互关系、墙体的位置、厚度、材料、柱的截面形状与尺寸大小，门窗的位置及类型。

（3）建筑平面图的用途　建筑平面图是施工放线、砌墙、安装门窗、室内外装修及编制工程预算的重要依据，是建筑施工中的重要图纸。

2. 建筑平面图的图示方法

（1）建筑平面图的名称　沿底层门窗洞口剖切开得到的平面图称为底层平面图，又称为首层平面图或一层平面图；沿二层门窗洞口剖切开得到的平面图称为二层平面图；在多层和高层建筑中，如果有两层或更多层的平面布置完全相同，则可用一个平面图表示，图名为X层—X层平面图，也可称为标准层平面图或中间层平面图；沿最上一层的门窗洞口剖切开得到的平面图称为顶层平面图；将房屋直接从上向下进行投射得到的平面图称为屋顶平面图，屋顶平面图主要是表明建筑物屋顶上的布置情况和屋顶排水方式。

如果房屋的平面布置左右对称，则可将两层平面图合并为一图，左边画一层的一半，右边画另一层的一半，中间用对称线分界，在对称线的两端画上对称符号，并在图的下方分别注明它们的名称。需要注意的是，底层平面图必须单独画出。

综上所述，在多层和高层建筑中一般至少有底层平面图、标准层平面图、顶层平面图和屋顶平面图，此外，有的建筑还有地下层（±0.000以下）平面图。

（2）建筑平面图的图线　平面图实质上是剖面图，被剖切平面剖切到的墙、柱等轮廓线用粗实线表示，未被剖切到的部分如室外台阶、散水、楼梯以及尺寸线等用细实线表示，门的开启线用细实线表示。

（3）建筑平面图的比例　建筑平面图常用的比例是1:50、1:100或1:200，其中1:100使用最多。

（4）其他规定　比例小于1:50的平面图可不画出抹灰层；比例大于1:50的平面图应画出抹灰层，并宜画出材料图例；比例等于1:50的平面图抹灰层可画可不画，根据需要而定；比例为1:100～1:200的平面图，可画简化的材料图例，砌体墙涂红，钢筋、混凝土涂黑等。

3. 建筑平面图的图示内容

1）层次、图名、比例。

2）定位轴线及其编号。

3）各房间的组合和分隔，墙、柱的断面形状及尺寸等。

4）门窗布置及其型号。

5）楼梯的形状、走向和级数。

6）其他构件如台阶、花台、雨篷、阳台以及各种装饰的位置、形状和尺寸，厕所、盥洗室、厨房等固定设施的布置。

7）标注出平面图中尺寸和标高，以及某些坡度。

8）底层平面图中应表明剖面图的剖切位置线和剖视方向及其编号，绘制表明房屋朝向的指北针。

9）屋顶平面图中应表示出屋顶形状，屋面排水方向、坡度或泛水，以及其他构配件的位置。

10）详图索引符号。

11）各房间名称，必要时注明各房间的有效使用面积。

4. 建筑平面图的图例符号

建筑平面图是用图例符号表示的，这些图例符号应符合《建筑制图标准》的规定，见表10-5。

表10-5　房屋建筑图常用图例

名称	图　例	说　明	名称	图　例	说　明
楼梯	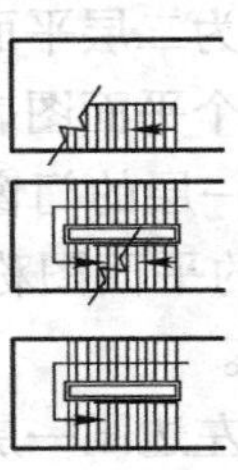	1. 上图为底层楼梯平面，中图为中间层楼梯平面，下图为顶层楼梯平面 2. 楼梯的形式及步数应按实际情况绘制	检查孔	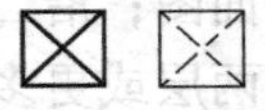	左图为可见检查孔，右图为不可见检查孔
坡道	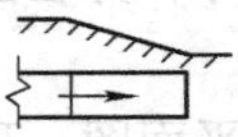		单层固定窗	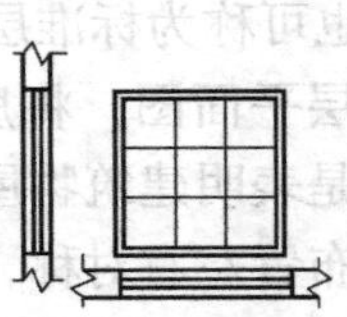	窗的立面形式应按实际情况绘制
空门洞	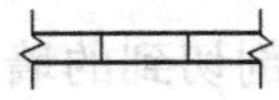	用于平面图中	单层外开上悬窗	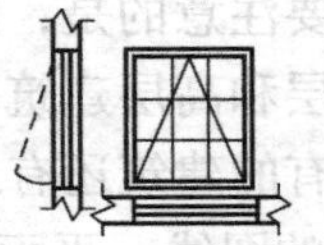	立面图中的斜线表示窗的开关方向，实线为外开，虚线为内开
单扇门（平开或单面弹簧）	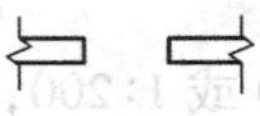	用于平面图中	中悬窗	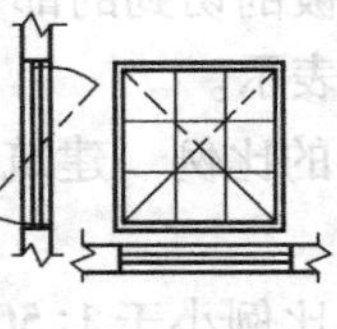	立面图中的斜线表示窗的开关方向，实线为外开，虚线为内开
单扇双面弹簧门	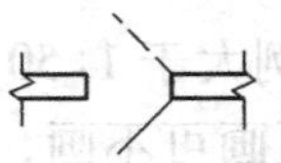	用于平面图中	单层外开平开窗	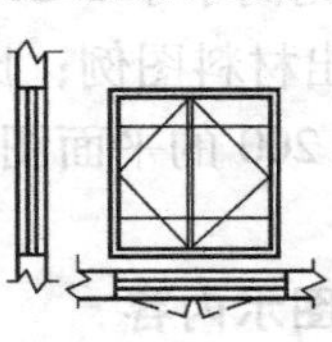	立面图中的斜线表示窗的开关方向，实线为外开，虚线为内开
双扇门（包括平开或单面弹簧）	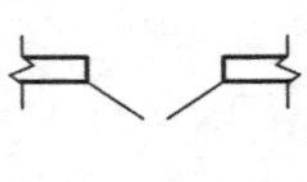	用于平面图中	高窗	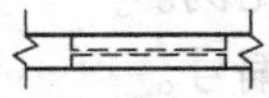	用于平面图中
对开折叠门		用于平面图中	墙上预留孔	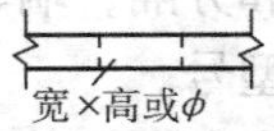	用于平面图中
双扇双面弹簧门	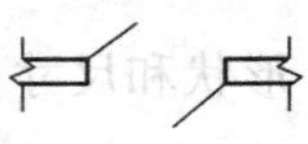	用于平面图中	墙上预留槽	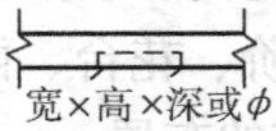	用于平面图中

5. 建筑平面图的识读

1）现以某单位住宅的储藏室平面图为例，如图10-18所示，说明建筑平面图的识读方法与步骤。

从图中可知，该平面图为储藏室平面图，比例采用1:100。从图中指北针可以看出此建筑为坐北朝南。该建筑为框架结构，主要靠梁柱承重，柱断面尺寸为400mm×400mm或400mm×500mm。横向定位轴线从左向右为①轴~⑪轴，纵向定位轴线从下向上为Ⓐ轴~Ⓕ轴，共有储藏室12个，另外两个设备室布置在楼梯间两侧。散水沿外墙四周布置，宽为800mm或1200mm。由于储藏室平面图是剖切室内地面标高±0.000以上1m左右而得到的水平投影图，所以楼梯只剖切到了一部分，用约成45°的倾斜方向的折断线来表示。建筑平面图上标注的尺寸均为未经装饰的结构表面尺寸。

从图中可知，该储藏室外墙为240mm，内墙为120mm，储藏室总长为24240mm，总宽为13140mm。室外地面标高为-0.300m，楼梯间入口地面标高为±0.000，储藏室地面标高为-0.200m，储藏室走廊地面标高为-0.180m。在建筑施工图中，门的代号为M，窗的代号为C，如M1、M2、C1、C2等。具有相同编号的门窗，表示其构造和尺寸完全相同。从平面图中可以看出，储藏室有编号为DKM的门1个，编号为DM3和DM5的门各2个，编号为DM1的门6个，编号为DM2的门4个，编号为DM4的门12个，编号为DC1的窗2个。在储藏室平面图中，需要绘制建筑剖面图的部位，还需画出剖切符号，在需要另画详图的局部或构件处，画出索引符号，从图中可知，该建筑物从两个位置剖切开：从楼梯间剖开的1—1剖切面，从储藏室主要房间经过的2—2剖切面。

2）图10-19是这所住宅的一层平面图，在绘制方面一层平面图和底层平面图相比较，减去了坡道、散水等附属设施，但应画上门洞上的雨篷；楼梯的表示方法与储藏室平面图也不相同，不仅画出本层上第二层的部分楼梯踏步，还将本层下楼的全部楼梯踏步画出。

从图中可以看出该住宅楼为每梯两户，在标高上，客厅、餐厅、卧室等主要房间标高都为2.200m，阳台、小卫生间、厨房、洗手间的标高都为2.180m，储藏室和大卫生间的标高为2.170m。

3）标准层平面图、阁楼层（顶层）平面图如图10-20、图10-21所示。从图中可知，标准层和阁楼层平面图除了标高和楼梯间以外，基本上与一层平面图一致。

4）屋顶平面图。屋顶平面图主要反映屋顶形状、屋面上天窗、水箱、铁爬梯、通风道、女儿墙、变形缝等的位置以及采用标准图集的代号、屋面排水分区、排水方向、坡度、雨水口的位置、尺寸等内容。

图10-22是该住宅楼的屋顶平面图，比例采用了1:100，图中表明了屋顶形状、屋面排水坡度、排水方向及4处PVC落水管的位置，屋面上的雨水沿2%的屋面坡度排到天沟，再经雨水管排到地面。屋面上人孔的尺寸为600mm×600mm，做法参见标准图集99J201-1；女儿墙及天沟的构造做法另有详图表示。

10.2.3 建筑立面图

1. 建筑立面图的形成和用途

（1）建筑立面图的形成　在与建筑立面平行的铅直投影面上所做的正投影图称为建筑立面图，简称立面图。

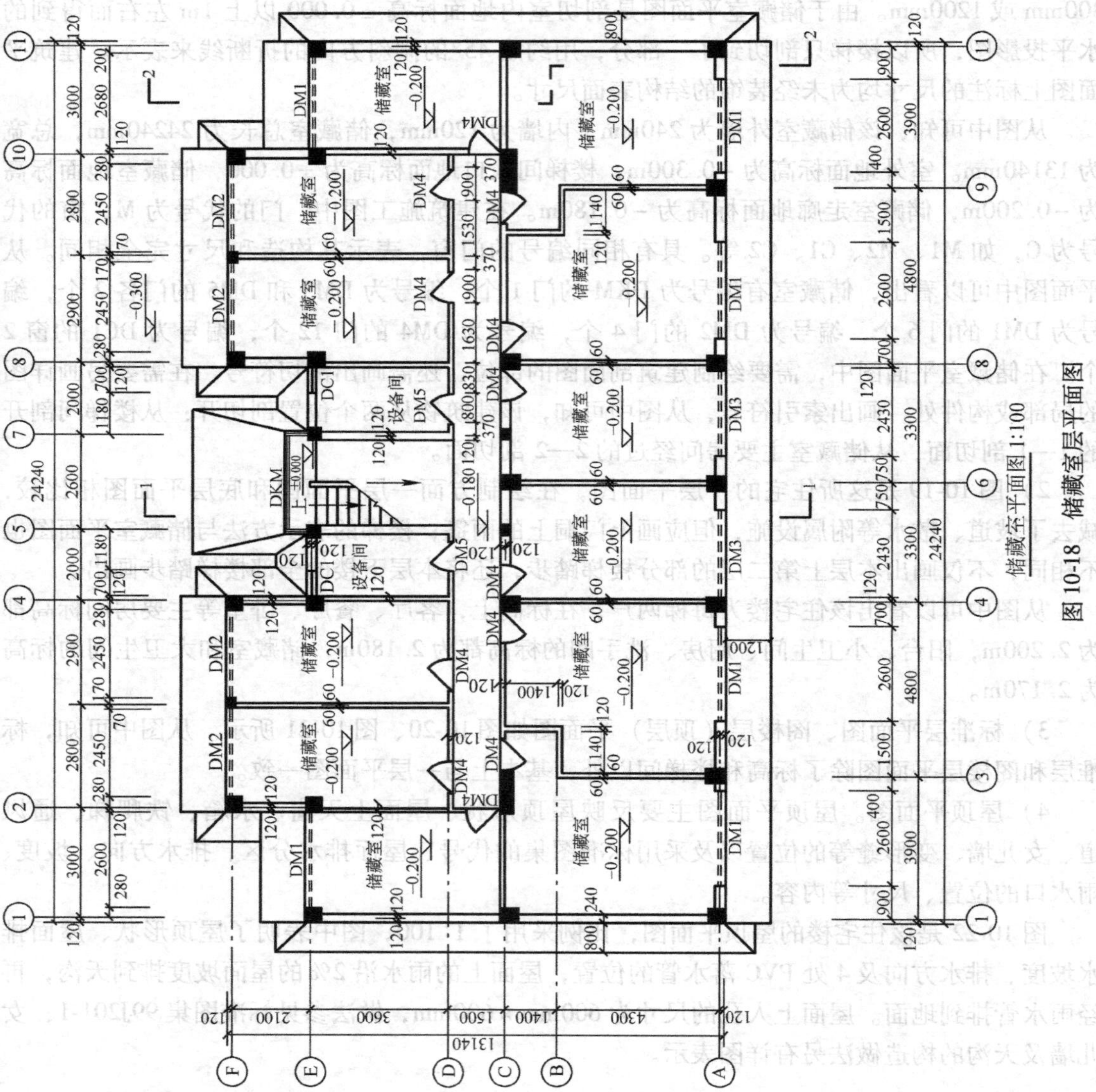

图 10-18 储藏室层平面图

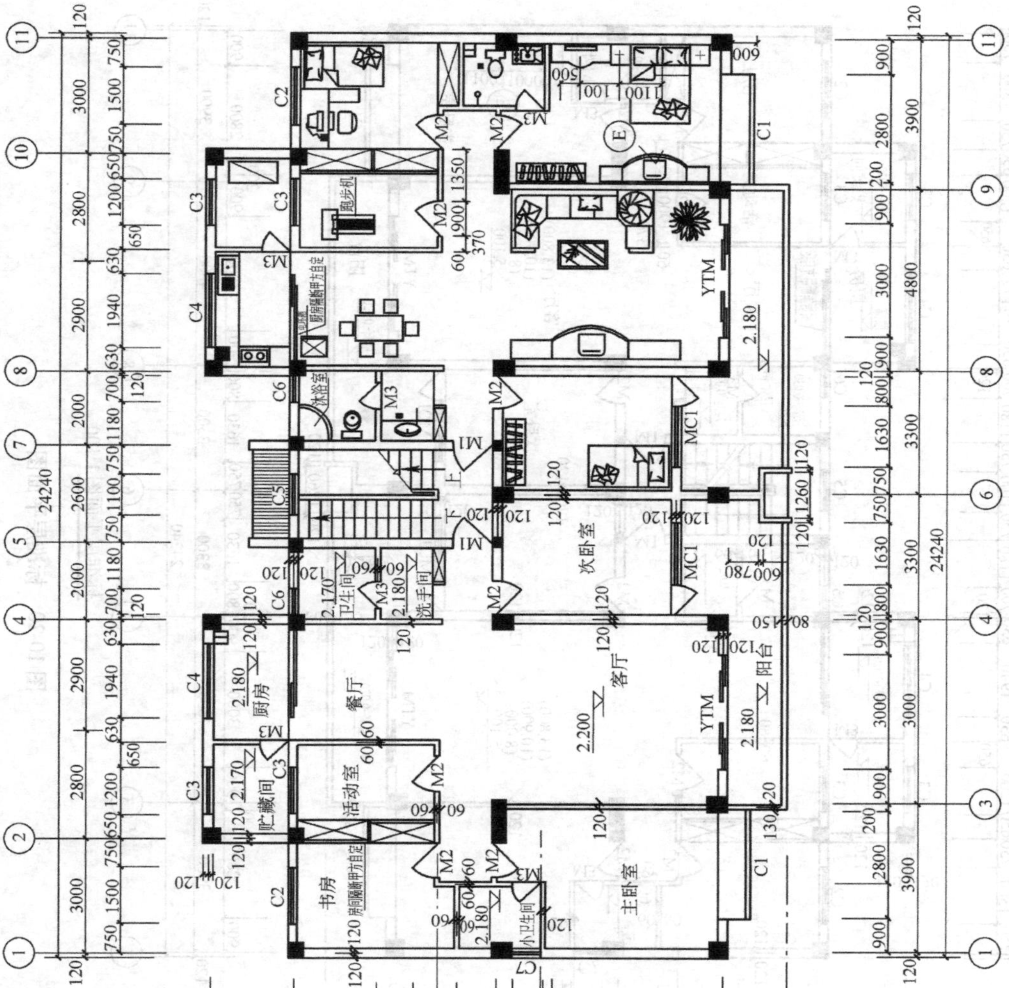

一层平面图 1:100

图 10-19 一层平面图

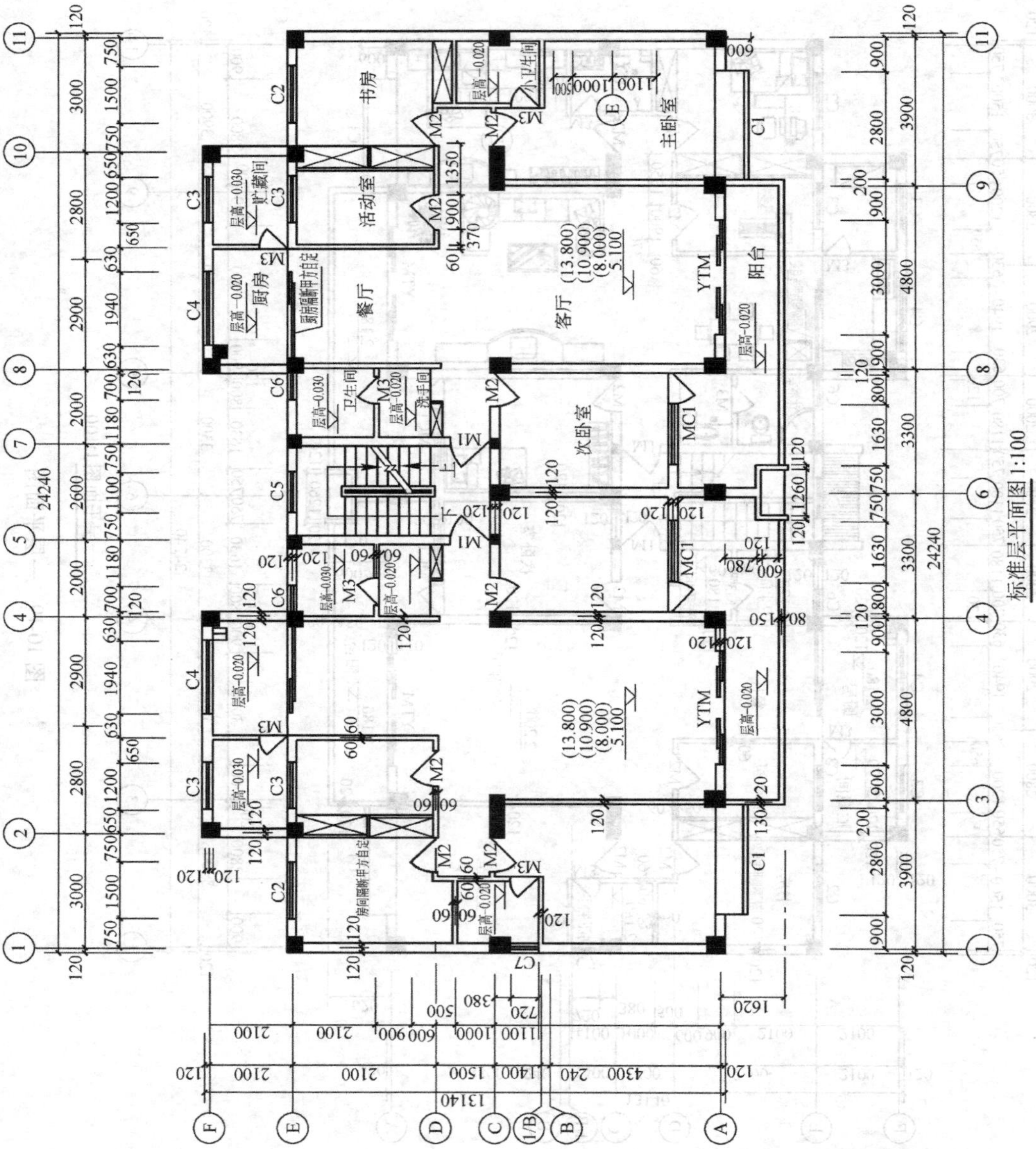

图 10-20 标准层平面图

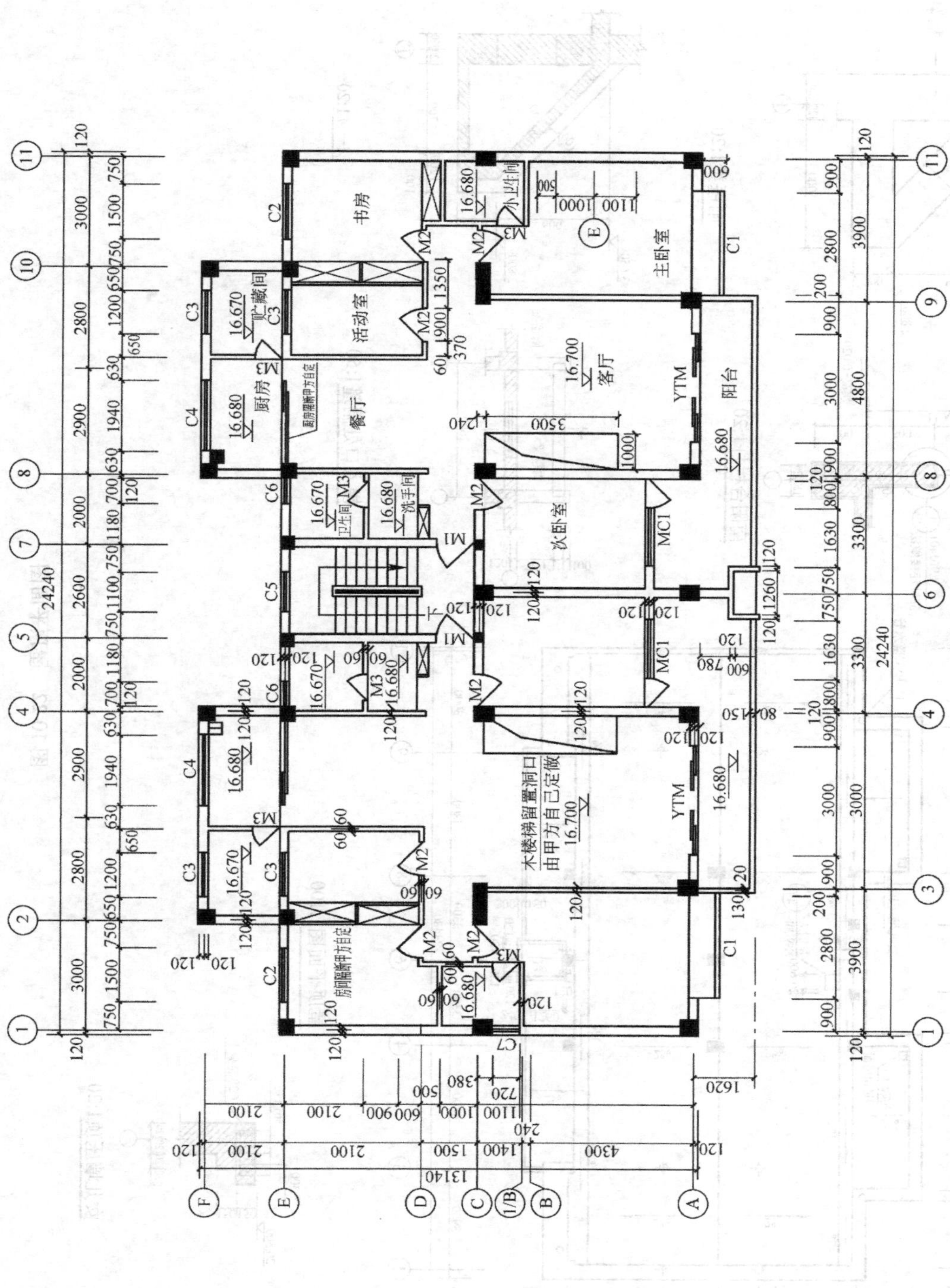

顶层平面图 1:100

图 10-21　阁楼层（顶层）平面图

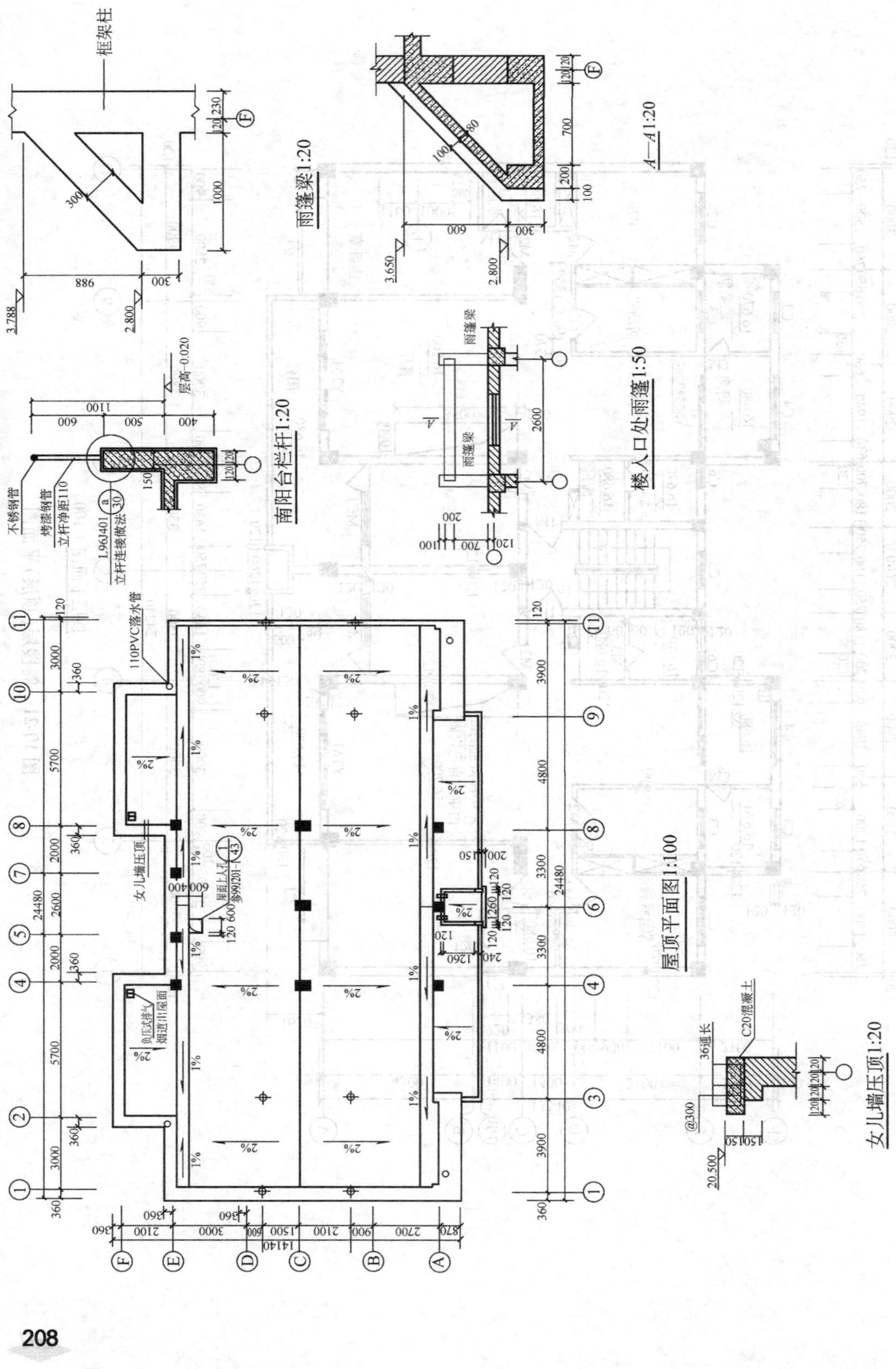
框架柱
雨篷梁1:20
A—A1:20
南阳台栏杆1:20
不锈钢管
烤漆钢管
立杆净距110
L96J401
立杆连接做法
楼人口处雨篷1:50
雨篷梁
110PVC落水管
女儿墙压顶
屋面上人孔
屋顶平面图1:100
负压式排气
烟道出屋面
女儿墙压顶1:20
C20混凝土
36通长

图 10-22　屋顶平面图

（2）建筑立面图表达的内容　它主要表示房屋的外貌、外墙面装修要求及立面上构配件的标高和必要的尺寸。

2. 建筑立面图的图示方法

（1）建筑立面图的名称　立面图可根据房屋的朝向来命名，如南立面图、北立面图、东立面图、西立面图；也可以根据主要入口来命名，通常把主要入口或反映房屋主要外貌特征的立面图称为正立面图，而其他三个面分别为背立面图和左、右侧立面图；还可以根据立面图两端轴线的编号来命名，例如图10-23所示住宅楼的北立面图也可称为⑪～①立面图。

注意：施工图中这三种命名方式都可使用，但每套施工图只能采用其中的一种方式命名。

（2）建筑平面图的图线

1）立面图的外形轮廓用粗实线表示。

2）室外地坪线用1.4倍的加粗实线（线宽为粗实线的1.4倍左右）表示。

3）门窗洞口、檐口、阳台、雨篷、台阶等用中实线表示。

4）其余的，如：墙面分隔线、门窗格子、雨水管以及引出线等均用细实线表示。

（3）建筑立面图的比例　建筑立面图常用的比例是1:50、1:100或1:200。其中1:100使用最多。

3. 建筑立面图的图示内容及规定画法

（1）基本内容

1）图名、比例。

2）建筑物外立面的形状。

3）立面图两端的定位轴线及其编号。

4）门窗在外立面上的分布、外形、开启方向。

5）屋顶外形。

6）各外墙面、台阶、雨篷、窗台、阳台、雨水管、水斗、外墙装饰及各种线脚等的位置、形状、用料和做法（包括颜色）等。

7）室内外地坪、窗台窗顶、阳台面、雨篷底、檐口等各部位的相对标高及详图索引符号等。

（2）规格和要求

1）定位轴线。一般只标出图两端的轴线及编号，其编号应与平面图一致。

2）图例。在立面图上，门窗应按标准规定的图例画出。

3）尺寸注法。在立面图上，高度尺寸主要用标高表示。一般要注出室内外地坪、一层楼地面、窗洞口的上下口、女儿墙压顶面、进口平台面及雨篷底面等的标高。

4. 立面图识读

现以前述某单位住宅楼北立面图为例，如图10-23所示，说明建筑立面图的读图方法和步骤。

由立面图的图名对照这幢住宅的一层平面图（图10-19）可以看出，该图表达的是朝北的立面。建筑立面图通常采用与建筑平面图相同的比例，所以该立面图的比例也是1:100。从图中可以看出，这幢住宅共六层半，最底层是半地下室，上边六层为居住房，各层左右两边布局对称。从图中可以看出，该住宅窗户全部为推拉窗，该住宅楼东西两侧的墙面上各有一雨水管与檐沟相连。立面图可以只写两端的轴线编号，其他的可以省略。从图中可以看出，北立面两端的轴线为⑪轴～①轴，总长为24000mm。立面左侧注写了室外地面、各层窗洞的底面和顶面、屋顶的标高；右侧注写了室内地面及各层的楼面标高。可以看出，本住宅楼底层储藏室高为2200mm，上边六层层高为2900mm。外墙面的装修在立面图中常用指引线作出文字说明。从图中可以看出，该立面在标高为5.100m以下外墙为青灰色涂料，标高为5.100m以上都为乳白色涂料。

图10-24、图10-25分别表示这幢住宅的南立面图和西立面图，它们读图方法同图10-23。

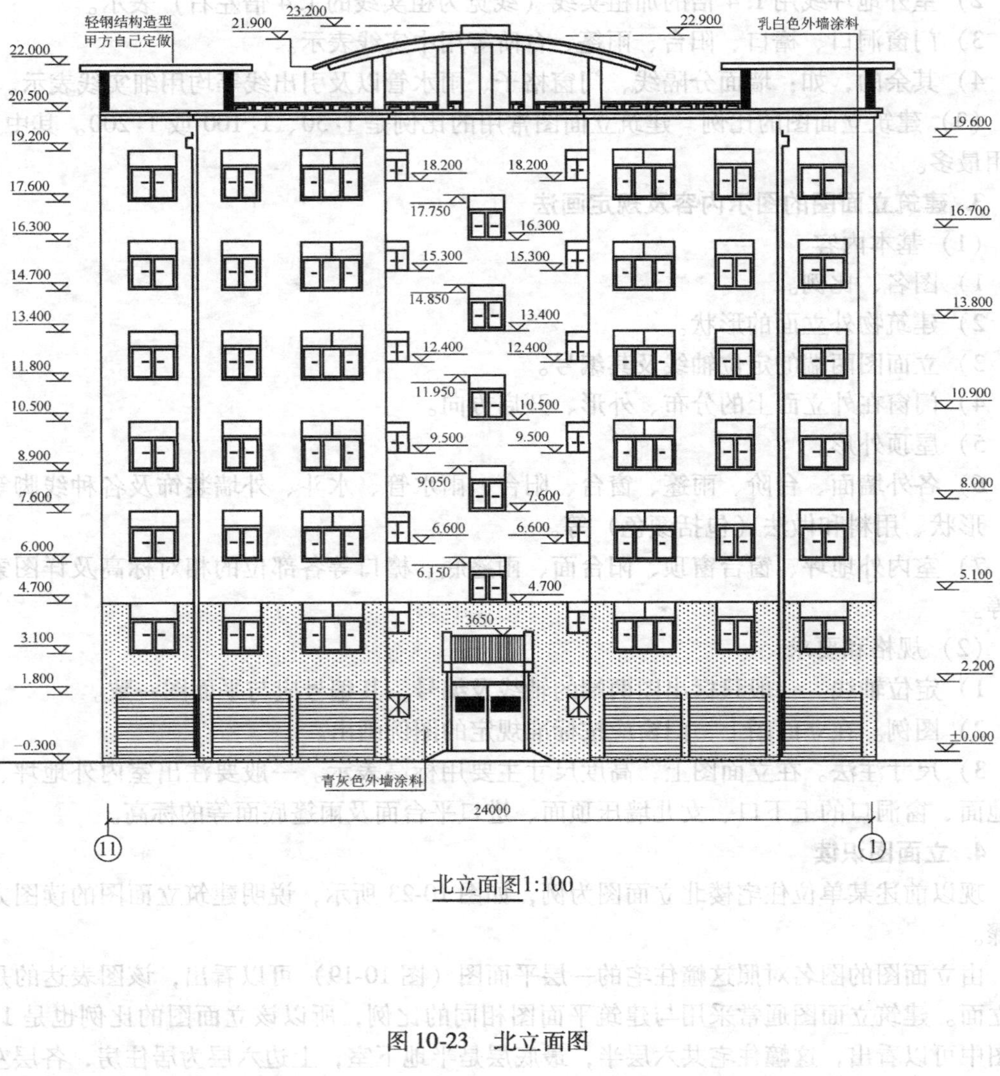

图10-23 北立面图

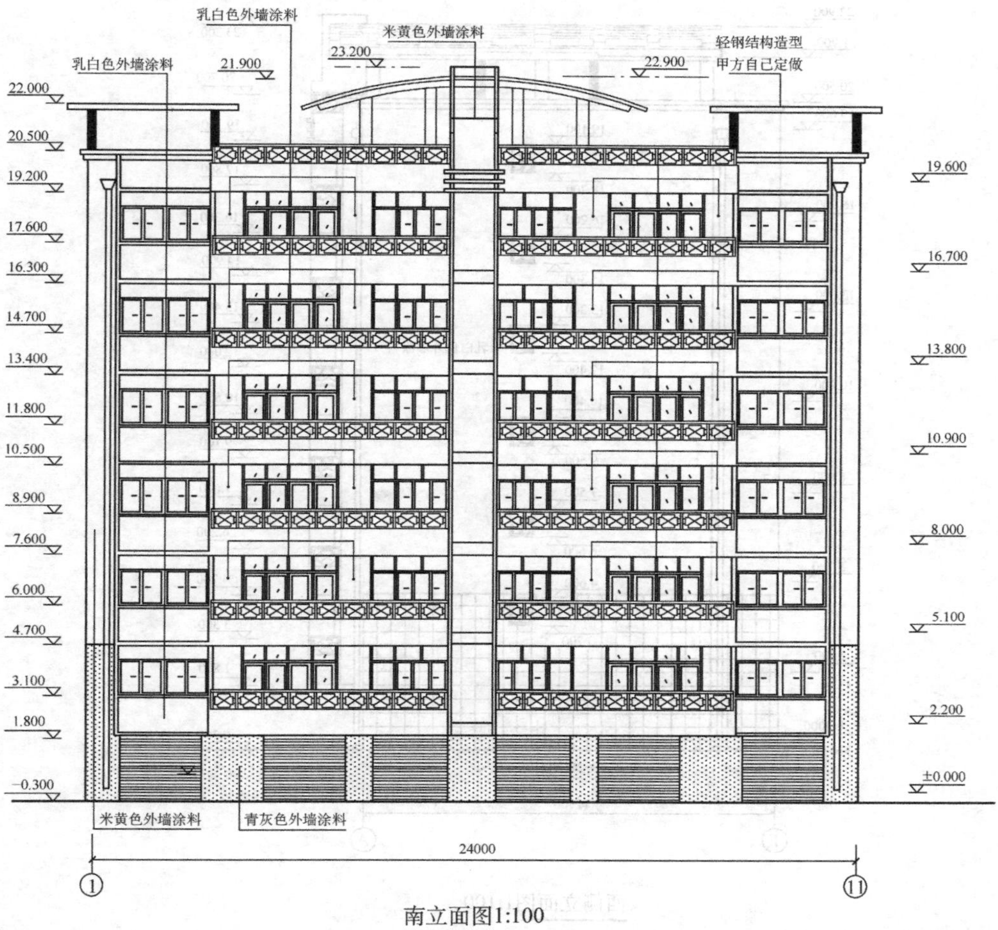

图10-24　南立面图

10.2.4　建筑剖面图

1. 建筑剖面图的形成与用途

（1）建筑剖面图的形成　建筑剖面图是房屋的垂直剖面图，即假想用一个或多个平行于房屋立面的垂直剖切平面剖开房屋，移去剖切平面与观察者之间的部分，将留下的部分向投影面作正投影所得到的图样。

（2）建筑剖面图的用途　建筑剖面图用以表示建筑内部的结构构造、垂直方向的分层情况、各层楼地面。由于剖面图表示的是建筑物内部空间在垂直方向的安排和组织，所以只有与平面图、立面图结合以及辅以详图，才能清楚地识读建筑物内部构配件。故剖面图也是建筑物不可缺少的重要图样之一。

要想使剖面图达到较好的图示效果，必须合理选择剖切位置和剖切后的投射方向。剖切位置应根据图样的用途和设计深度，在平面图上选择能反映全貌、构造特征以及有代表性的

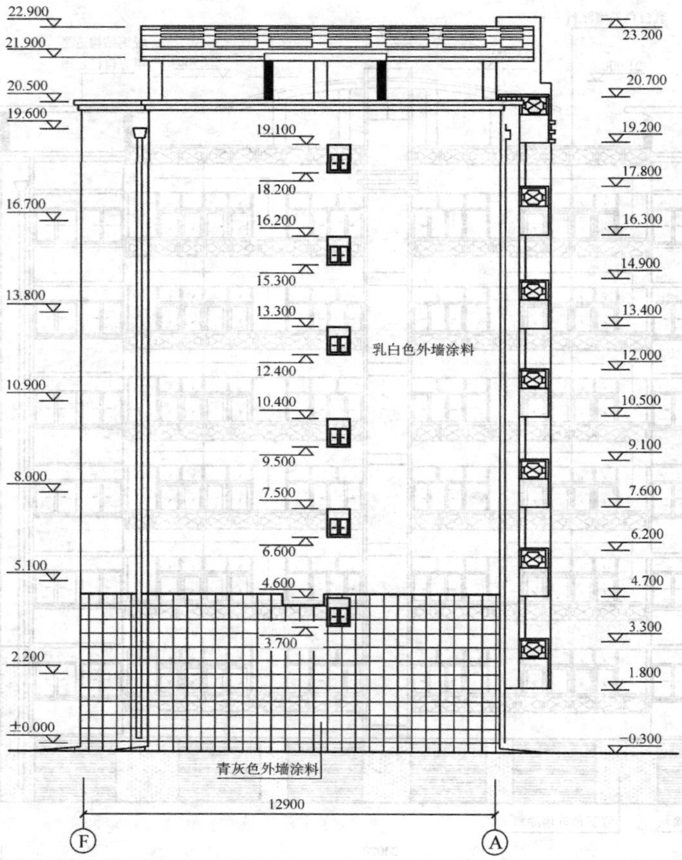

图 10-25　西立面图

剖位剖切。在设计过程中，剖切的位置常取楼梯间、门窗洞口及构造比较复杂的典型部位。剖面图的数量，则根据房屋的复杂程度和施工的实际需要而定，并用阿拉伯数字（如 1—1、2—2）或拉丁字母（如 *A—A*、*B—B*）命名。剖面图的名称必须与底层平面图上所标的剖切位置和剖视方向一致。

注意：剖面图习惯上不画基础，在基础的上部用折断线断开。

2. 剖面图的图示内容

1）图名、比例。

2）外墙（或柱）的定位轴线及其间距尺寸。

3）剖切到的室内外地面（包括台阶、明沟及散水等）、楼面层（包括吊天棚）、屋顶层（包括隔热通风层、防水层及吊天棚）。

4）剖切到的内外墙及其门、窗（包括过梁、圈梁、防潮层、女儿墙及压顶）；剖切到的各种承重梁和连系梁、楼梯梯段及楼梯平台、雨篷、阳台以及剖切到的孔道、水箱等的位置、形状及其图例。

5）未剖切到的可见部分，如看到墙面及其凹凸轮廓、梁、柱、阳台、雨篷、门、窗、踢脚、勒脚、台阶（包括平台踏步）、水斗和雨水管，以及看到的楼梯段（包括栏杆、扶手）和各种装饰等的位置和形状。

6）竖直方向的尺寸和标高。

7）详图索引符号。

8）某些用料注释。

3. 剖面图的规定画法

（1）定位轴线　应注出被剖切到的各承重墙的定位轴线及与平面图一致的轴线编号和尺寸。

（2）图线　室内外地坪线用加粗实线表示，地面以下部分从基础墙处断开，另由结构施工图表示；剖面图的比例应与平面图、立面图的比例一致。

1）比例小于 1∶50 的剖面图，可不画出抹灰层，但宜画出楼地面、屋面的面层线。

2）比例大于 1∶50 的剖面图，应画出抹灰层、楼地面、屋面的面层线，并宜画出材料图例。

3）比例等于 1∶50 的剖面图，宜画出楼地面、屋面的面层线，抹灰层的面层线应根据需要而定。

在剖面图中一般不画材料图例符号，被剖切平面剖切到的墙、梁、板等轮廓线用粗实线表示，没有被剖切到但可见的部分用细实线表示，被剖切断的钢筋混凝土梁、板涂黑。但宜画出楼地面、屋面的面层线。

（3）尺寸注法　在剖面图中，应注出垂直方向上的分段尺寸和标高。

垂直分段尺寸：一般分三道：①最外一道是总高尺寸，表示室外地坪到楼顶部女儿墙的压顶抹灰完成后的顶面的总高度；②中间一道是层高尺寸，主要表示各层的高度；③里一道是门窗洞、窗间墙及勒脚等的高度尺寸。

标高应标注被剖切到的外墙门窗口的标高，室外地面的标高，檐口、女儿墙顶的标高，以及各层楼地面的标高。

4. 剖面图的识读

以前面住宅楼的 1—1 剖面图为例，如图 10-26 所示，说明建筑剖面图的阅读方法和步骤。

图名是 1—1 剖面图，由此编号可以在这幢住宅的储藏室平面图（图 10-18）中找到编号为 1 的剖切符号。根据其剖切位置可知，1—1 剖面图是用一个垂直于侧立面的剖切面把整个房屋进行剖切，此剖切面在⑤轴到⑥轴之间。建筑剖面图通常选用的比例跟建筑平面图一致，本图采用比例为 1∶100。在剖面图中，凡是被剖切到的墙、柱都要画出定位轴线并标注定位轴线间的距离。从图中可以看出，被剖切到的墙体为Ⓕ和Ⓐ墙；被剖切到的建筑构配件还有室内外地面、雨篷、各层楼面、阳台、楼梯、屋顶等。室内外地面用粗实线表示，房屋垂直方向的主要承重构件是砖墙，每层砖墙的上端有钢筋混凝土的矩形圈梁；房屋水平方向的承重构件是钢筋混凝土板。在住宅的入口处有一雨篷，雨篷顶标高为 3.650m。从图中可以看出，左侧标出了住宅楼的总高度为 23.200m，在房屋的内部标出了每层楼面的标高。

图 1-27 是本住宅的 2—2 剖面图，其识读方法同 1—1 剖面图。

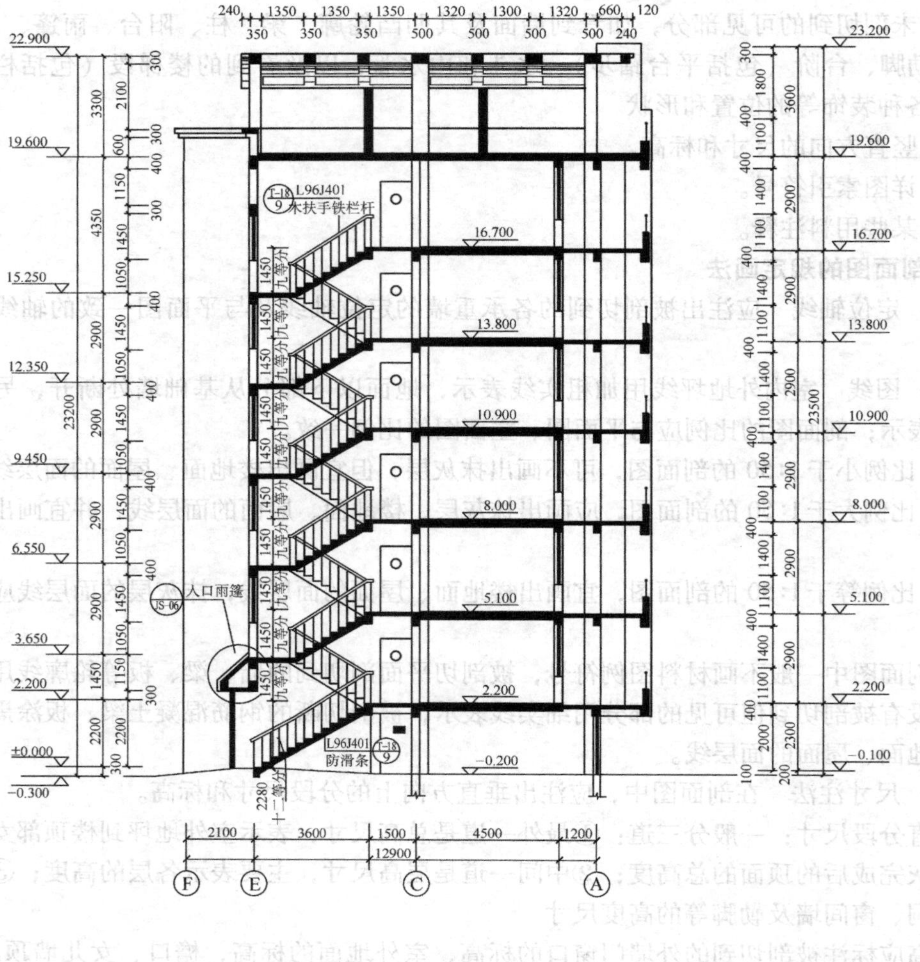

1—1剖面图1:100

图 10-26　1—1 剖面图

10.2.5　建筑详图

建筑平面图、建筑立面图和建筑剖面图三图配合虽然表达了房屋的全貌，但由于所用的比例较小，房屋上的一些细部构造不能清楚地表示出来，因此在建筑施工图中，除了上述三种基本图样外，还应当把房屋的一些细部构造，采用较大的比例（1:30、1:20、1:10、1:5、1:2、1:1）将其形状、大小、材料和做法详细地表达出来，以满足施工的要求，这种图样称为建筑详图，又称为大样图或节点图。因此，建筑详图是建筑平面图、立面图、剖面图的补充。对于套用标准图和通用详图的建筑细部和构配件，只要注明所套用图集的名称、编号或页数，则可以不画出详图。

建筑详图是施工的重要依据，详图的数量和图示内容要根据房屋构造的复杂程度而定。一幢房屋的施工图一般需要绘制以下几种详图：外墙剖视详图、门窗详图、楼梯详图、台阶详图、厕浴详图以及装修详图等。

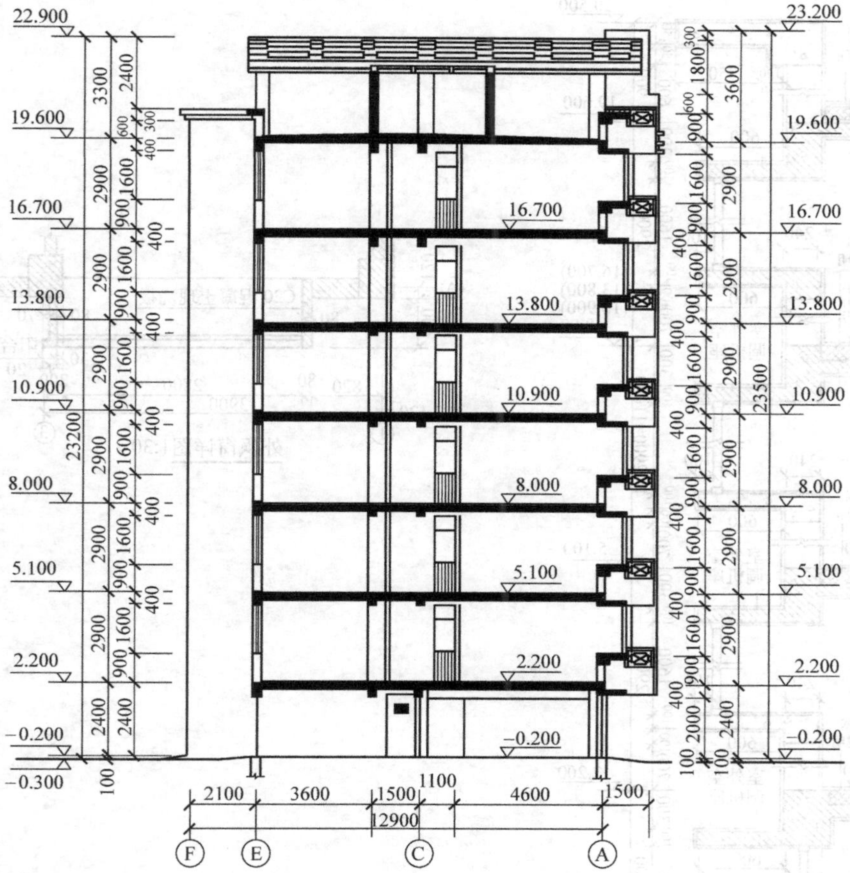

图 10-27　2—2 剖面图

1. 外墙身详图

外墙身详图也称外墙大样图，是建筑剖面图的局部放大图样，表达外墙与地面、楼面、屋面的构造连接情况以及檐口、窗台、勒脚、防潮层、散水、材料、做法等构造情况，是砌墙、室内外装修、门窗安装、编制施工预算以及材料估算等的重要依据。当多层房屋的中间各节点构造相同时，可只画出底层、顶层和一个中间层。

1）墙脚。外墙墙脚主要是指一层窗台及以下部分，包括散水（或明沟）、防潮层、勒脚、一层地面、踢脚等部分的形状、大小材料及其构造情况。

2）中间部分。其主要包括楼板层、门窗过梁、圈梁的形状、大小材料及其构造情况。还应表示出楼板与外墙的关系。

3）檐口。它应表示出屋顶、檐口、女儿墙、屋顶圈梁的形状、大小、材料及其构造情况。

墙身大样图一般用 1:20 的比例绘制，由于比例较大，各部分的构造如结构层、面层的构造均应详细表达出来，并画出相应的图例符号，如图 10-28 所示。

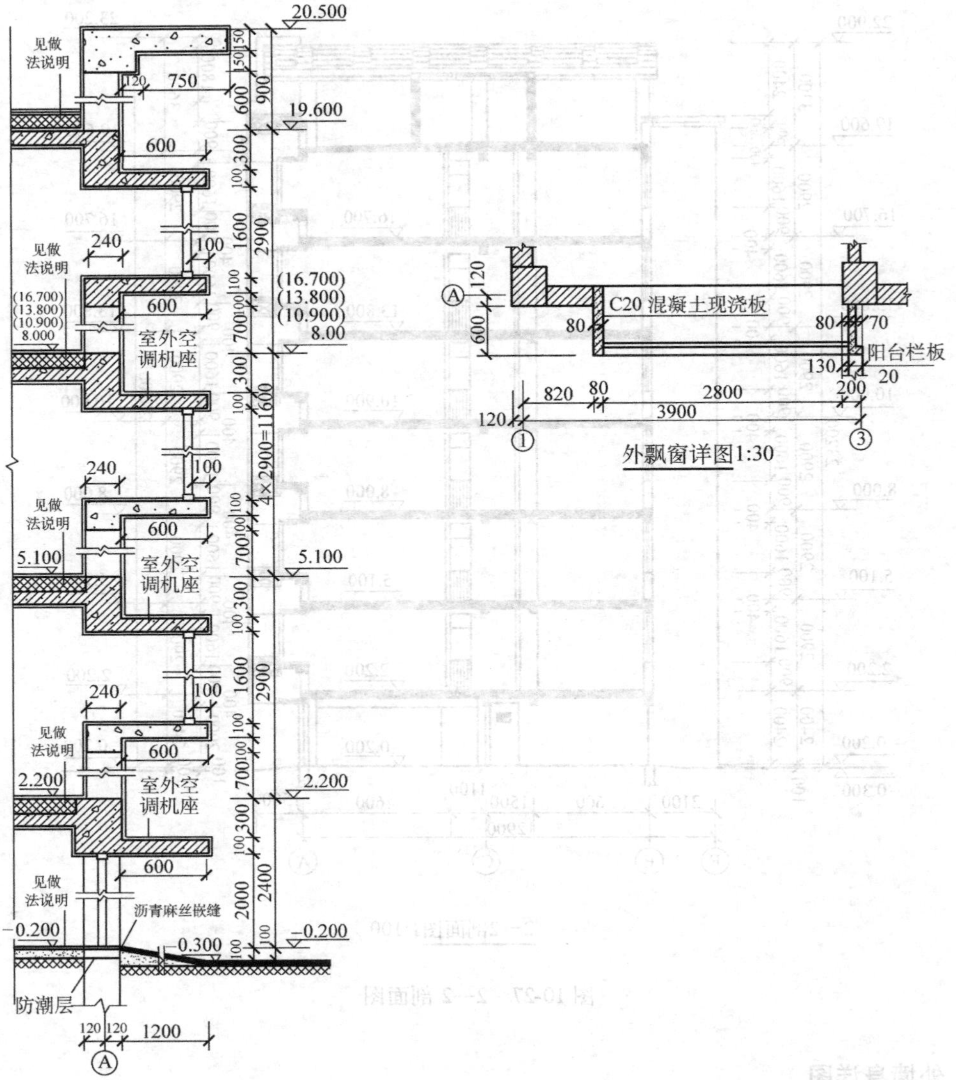

墙身大样图1:20

图 10-28　墙身大样图

2. 楼梯详图

楼梯是垂直交通工具,由楼梯段、休息平台(包括平台板和梁)和栏杆(或栏板)等组成。楼梯按形式分有:单跑楼梯、双跑楼梯、三跑楼梯、转折楼梯、弧形楼梯、螺旋楼梯等。

楼梯详图是由楼梯平面图、楼梯剖面图和楼梯节点详图三部分构成。

(1) 楼梯平面图　将建筑平面图中的楼梯间比例放大后画出的图样，比例通常为 1:50。

一般应画出每一层的楼梯平面图，三层以上的房屋若中间各层的楼梯位置以及梯段数、步级数的大小都相同，可以只画底层、标准层和顶层的三个平面图。

当水平剖切平面沿底层上行第一梯段及单元入口门洞的某一位置切开时，可以得到底层平面图。在底层平面图中，应注出楼梯剖面图的剖切符号。当水平剖切平面沿二层上行第一梯段及梯间窗洞口的某一位置切开时，可得到标准层平面图。当水平剖切沿顶层门窗洞口的某一位置切开时，可得到顶层平面图。

如图10-29所示是上述住宅楼的楼梯平面图，从图上了解到楼梯间在Ⓔ轴到Ⓓ轴之间，楼梯间开间为2600mm，进深为5100mm，楼梯间墙厚为240mm。在底层平面图中，画出了到折线为止的上行第一梯段，注明从储藏室往上走12级到达二层楼面；在二层平面图中，折断线表示剖切到的该层的上行第一梯段，注明往上走8级到达三层楼面，在该平面图中还画出了未剖切到的该层下行第一梯段，并用箭头表示下行方向，注明向下走12级到达底层平面；在顶层平面图中，由于水平剖切面剖切不到楼梯段，图中画出的是从顶层下行到下边一层的两个完整的楼梯段和楼梯平台。

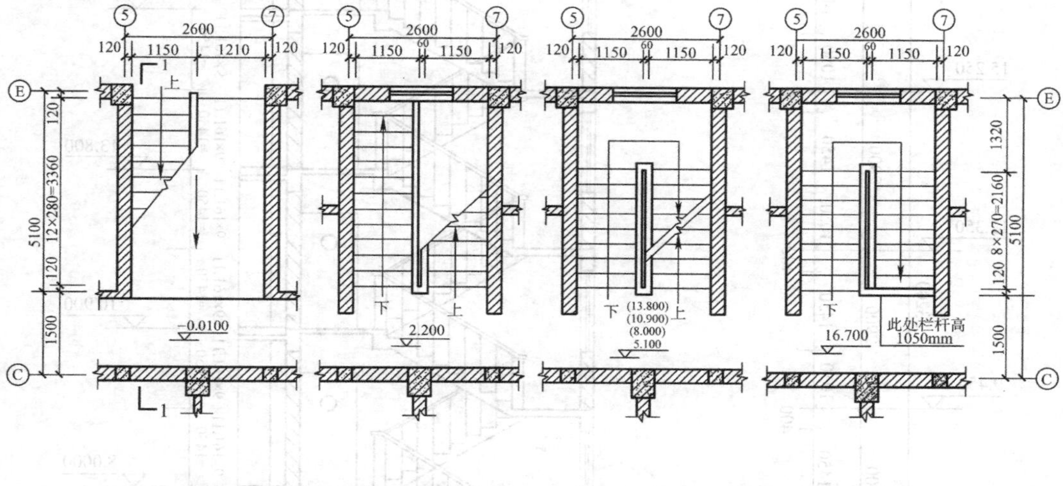

图10-29 楼梯间平面图

在楼梯间平面图中，除注出楼梯间的定位轴线和定位轴线间的尺寸以及楼面、地面和楼梯平台的标高外，还要注出各细部的详细尺寸，如踏面的宽度等。另外在底层平面图中需要标注出楼梯剖面图的剖切位置及剖视方向。

（2）楼梯剖面图　楼梯剖面图是用假想的铅垂剖切平面，通过各层的一个梯段和门窗洞口，将楼梯垂直剖切，向另一侧未剖到的梯段方向作投影，所得到的剖面图。

楼梯剖面图主要表达楼梯踏步、平台的构造、栏杆的形状以及相关尺寸。楼梯剖面图的识读内容包括：

1）了解楼梯的构造形式。

2）了解楼梯在竖向和进深方向的有关尺寸。

3）了解楼梯段、平台、栏杆、扶手等的构造和用料说明。

4）被剖切梯段的踏步级数。

5）了解图中的索引符号，从而知道楼梯细部做法。

如图10-30所示，该住宅楼底层为储藏室，层高为2.2m，做成单梯段的直跑楼梯直接上一层，共13级，以上都是双跑楼梯，每梯段9级。

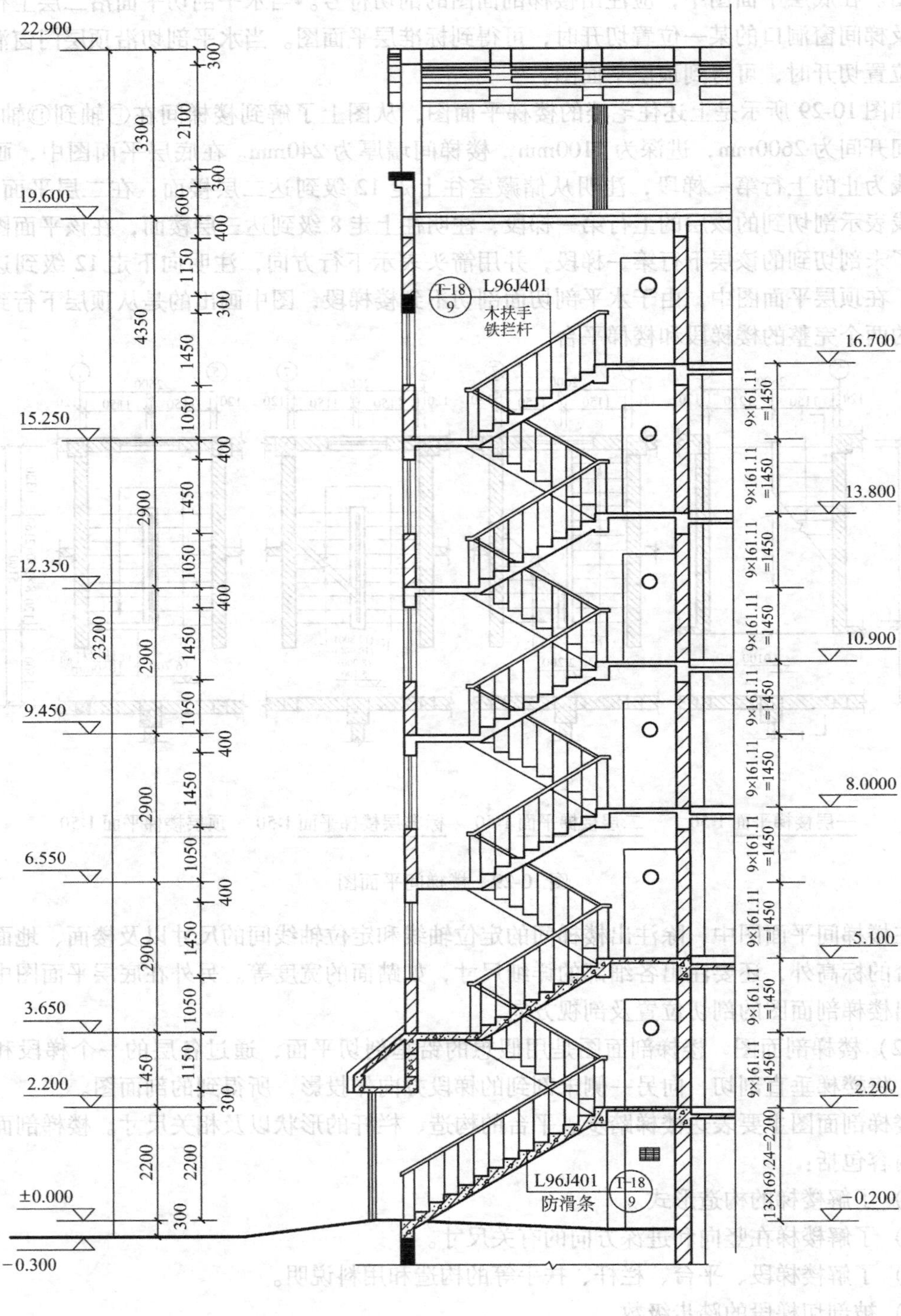

1—1剖面图1:50

图 10-30　楼梯剖面图

楼梯的踏步、栏杆、扶手等一般都另绘有详图，用较大比例更清晰地表明其尺寸、材料和构造做法等，所以应在楼梯剖面详图中的相应位置标注详图索引符号。

3. 其他详图

图 10-31 表示卧室飘窗的具体尺寸和形状。

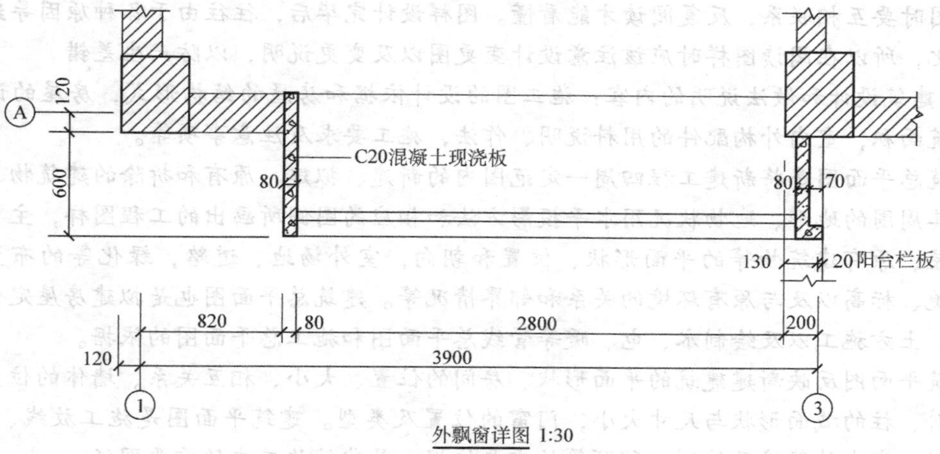

图 10-31　外飘窗详图

小　结

1）一套完整的施工图通常有：建筑施工图（简称建施）、结构施工图（简称结施）、设备施工图（简称设施）。整套房屋施工图的编排顺序是：首页图（包括图纸目录、设计总说明、汇总表等）、建筑施工图、结构施工图、设备施工图。各专业施工图的编排顺序是：基本图在前、详图在后；总体图在前、局部图在后；主要部分在前、次要部分在后；先施工的图在前、后施工的图在后等。

在绘制施工图时，必须严格遵守国家标准的有关规定。建筑物形体庞大，必须采用不同的比例来绘制，在建筑施工图中，为了表明不同的内容并使图层分明，须采用不同线型和线宽绘制，房屋施工图中的定位轴线是设计和施工中定位、放线的重要依据。凡承重的墙、柱子、大梁、屋架等构件，都要画出定位轴线并对轴线进行编号，以确定其位置。尺寸、索引符号、标高等注写必须符合国家现行制图规范。

2）阅读房屋建筑工程图应注意：应掌握正投影原理和熟悉房屋建筑的基本构造：必须记住常用的图例符号；看图时要注意从粗到细，从大到小。先粗看一遍，后仔细看；一套施工图是由各工种的许多张图纸组成，各图纸之间是互相配合紧密联系的，要有联系地、综合地看图；要结合实际看图。

在我国，标准图有两种分类方法，一是按照使用范围分类，二是按照工种分类。标准图的查阅方法：①根据施工图中注明的标准图集名称和编号及编制单位查找相应的图集；②阅读标准图集时，必须首先阅读图集的总说明，了解编制该标准图集的设计依据和使用范围、施工要求及注意事项等；③了解标准图集中的编号等有关表示方法和有关代号的含义；④根据施工图中详图索引编号查阅详图，核对有关尺寸及套用部位等要求，以防差错。

3）阅读房屋施工图的步骤：对于全套图样来说，先看说明书、首页图、总平面图，后看建施、结施和设施；对于每一张图样来说，先看图标、文字、后看图样；对于建施、结施和设施来说，先看建施、后看结施、设施：对于建筑施工图来说，先看平面图、立面图、剖面图，后看详图；对于结构施工图来说，先看基础施工图、结构布置平面图，后看构件详图。读图时要互相联系，反复阅读才能看懂。图样设计完毕后，往往由于各种原因导致图样产生变化，所以在阅读图样时应该注意设计变更图以及变更说明，以防产生差错。

4）建筑设计和做法说明的内容：施工图的设计依据和房屋的结构形式，房屋的设计规模和建筑面积，室内外构配件的用料说明、作法，施工要求及注意事项等。

建筑总平面图是将新建工程四周一定范围内的新建、拟建、原有和拆除的建筑物、构筑物连同其周围的地形、地物状况用水平投影方法和相应的图例所画出的工程图样，主要反映拟建房屋、原有建筑物等的平面形状、位置和朝向，室外场地、道路，绿化等的布置，地形，地貌、标高以及与原有环境的关系和邻界情况等。建筑总平面图也是拟建房屋定位、施工放线、土方施工以及绘制水、电、暖等管线总平面图和施工总平面图的依据。

建筑平面图反映新建建筑的平面形状、房间的位置、大小、相互关系、墙体的位置、厚度、材料、柱的截面形状与尺寸大小，门窗的位置及类型。建筑平面图是施工放线、砌墙、安装门窗、室内外装修及编制工程预算的重要依据，是建筑施工中的重要图纸。

建筑立面图在与建筑立面平行的铅直投影面上所做的正投影图，简称立面图。它主要表示房屋的外貌、外墙面装修要求及立面上构配件的标高和必要的尺寸。是建筑外装修的主要依据，也是建筑施工中的重要图纸。

建筑剖面图是房屋的垂直剖面图，即假想用一个或多个平行于房屋立面的垂直剖切平面剖开房屋，移去剖切平面与观察者之间的部分，将留下的部分向投影面作正投影所得到的图样。建筑剖面图用以表示建筑内部的结构构造、垂直方向的分层情况、各层楼地面。由于剖面图表示的是建筑物内部空间在垂直方向的安排和组织，所以只有与平面图、立面图结合以及辅以详图，才能清楚地识读建筑物内部构配件。故剖面图也是建筑物不可缺少的重要图样之一。

建筑详图把房屋的一些细部构造，采用较大的比例（1∶30、1∶20、1∶10、1∶5、1∶2、1∶1）将其形状、大小、材料和做法详细的表达出来，以满足施工的要求，又称为大样图或节点图。因此，建筑详图是建筑平面图、立面图、剖面图的补充。对于套用标准图和通用详图的建筑细部和构配件，只要注明所套用图集的名称、编号或页数，则可以不画出详图。建筑详图是施工的重要依据，详图的数量和图示内容要根据房屋构造的复杂程度而定。一幢房屋的施工图一般需要绘制以下几种详图：外墙剖视详图、门窗详图、楼梯详图、台阶详图、厕浴详图以及装修详图等。

练　习　题

1. 有一单层房屋，已给出该房屋的平面图及南立面图，以及门窗表。

1）该房屋室内地面标高为________。

2）该房屋东西向总长为________，南北向总长________。东、西两个房间开间尺寸分别为________、________。进深尺寸都为________。外墙厚度________mm。

按照要求完成：

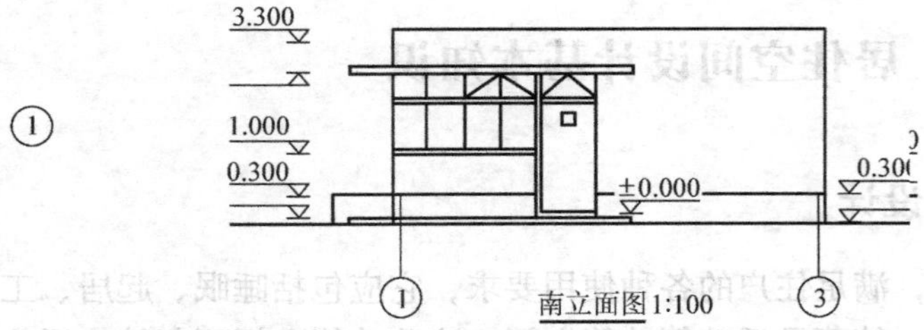

门窗表

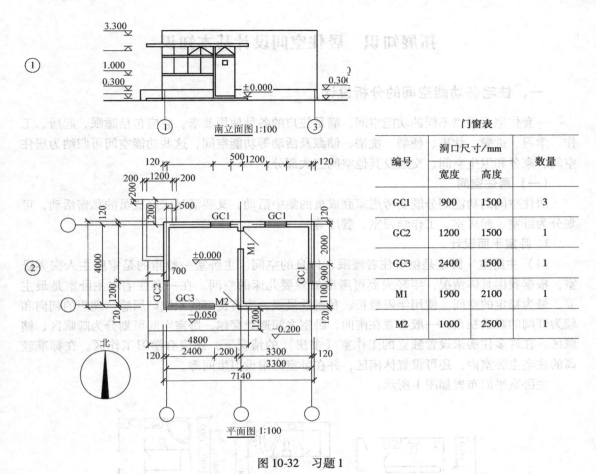

编号	洞口尺寸/mm		数量
	宽度	高度	
GC1	900	1500	3
GC2	1200	1500	1
GC3	2400	1500	1
M1	1900	2100	1
M2	1000	2500	1

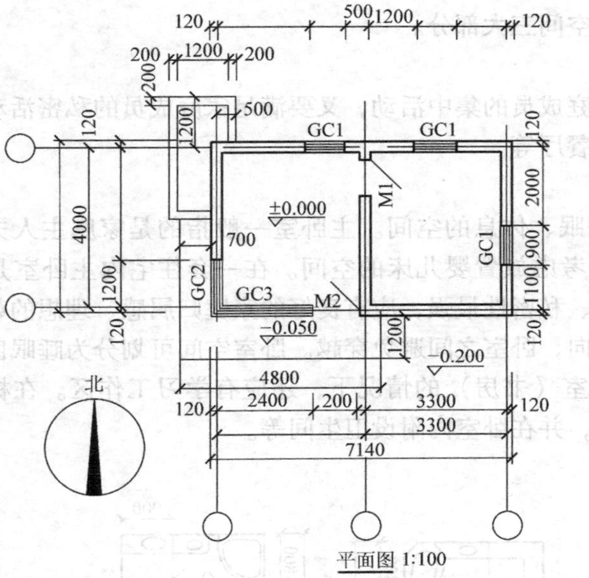

图10-32 习题1

3）补全平面图中的尺寸数字和轴线编号。

4）补全南立面图中的标高数字。

2. 观察造型复杂的建筑物，进行形体分析。

3. 观察形式各异的楼梯，并画出三面投影图。

4. 参观居住小区，观察立体与立体相贯时相贯线的位置和形状，并想象出投影图。

5. 设想建造一座漂亮的别墅，需要哪些图样才能表达清楚，且符合施工要求？

6. 假设一个剖切面在教学楼的楼梯间，想象出断面图和剖面图所表达的内容，比较它们的异同。

拓展知识　居住空间设计基本知识

一、住宅各功能空间的分析设计

一套住宅要提供不同的功能空间，满足住户的各种使用要求，它应包括睡眠、起居、工作、学习、进餐、炊事、便溺、洗浴、储藏及活动等功能空间，这些功能空间可归纳为居住空间、家务和卫生空间、交通及其他空间三大部分。

（一）居住空间

居住空间的功能划分既要考虑家庭成员的集中活动，又要满足家庭成员的私密活动，可划分为卧室、起居室、工作学习室、餐厅等。

1. 卧室平面设计

（1）主卧室　卧室是供居住者睡眠、休息的空间。主卧室一般指的是家庭主人夫妻卧室，根据我国具体情况，年轻夫妻可考虑放置婴儿床的空间。在一套住宅内主卧室是最主要、最为稳定的空间，使用年限最长、私密性最强，应有良好的家庭归属感、理想的朝向和较为开阔的观景视角，一般布置在南向，卧室之间避免穿越。卧室空间可划分为睡眠区、储藏区。在许多住房未设置独立的工作室（书房）的情况下，还应有学习工作区。在标准较高的住宅主卧室内，还可设置休闲区，并在卧室内附设卫生间等。

主卧室平面布置如图 1 所示。

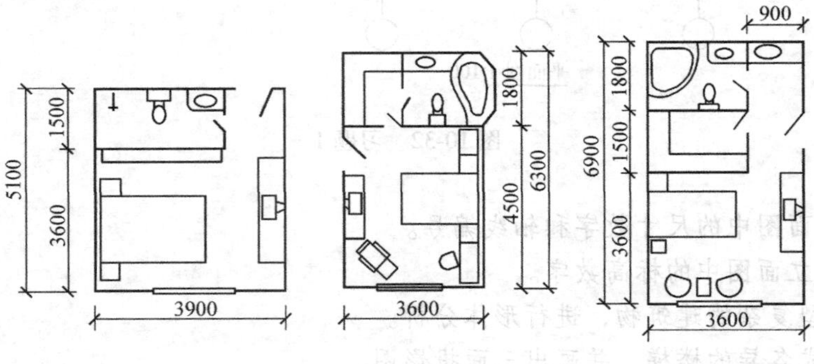

图 1　主卧室平面布置

（2）次卧室　次卧室既可以为单人卧室，也可以为双人卧室。不同年龄的人居住，室内布置会有所不同，如为老人考虑的卧室，特别是北方地区，应争取充足日照，同时应注意有利于老人休息，并要方便和家人联系。未成年人卧室应布置灵活、色彩活泼，同时要有学习空间。

次卧室平面布置如图 2 所示。

2. 起居室

起居室是家庭活动的中心，也是套内各类房间的转换中心。起居室应有较好的朝向，最好为南向，应具有较好的采光和通风条件，要有较为理想的视线和观景条件。客厅是家庭成员/社交、会客行为的场所，与家庭成员活动应分开设置。在我国目前一般的住宅中，由于住宅标准的限制，往往将起居室与客厅合二为一。随着居住水平的进一步改善，有条件的住宅，还是应该将起居室与客厅空间分开，设置独立的客厅 。起居室平面布置如图 3 所示。

3. 工作学习室（书房）

住宅中的工作室性质是根据家庭主人的职业而定的。工作学习室平面布置如图 4 所示。

4. 餐厅

餐厅是家庭成员就餐的地方，与厨房有紧密的联系，可独立设置，也可和厨房一起形成 DK 式空间，也可以和起居室合在一起形成 DL 式空间。餐厅平面布置如图 5 所示。

（二）家务和卫生行为空间

家务行为空间是家庭成员从事家务活动的场所，主要空间有厨房、洗衣房、家务室等。卫生行为空间指的是进行清洁卫生和生理卫生的空间，主要是卫生间。

1. 厨房

（1）厨房的平面布置　厨房是家庭服务的中心，是专门处理家务、膳食的工作场所。其环境应卫生，防止空气污染，防止渗漏，要有直接采光和通风，对朝向要求不高，厨房应考虑设备、管道、通风等方面的要求，方便操作，使用舒适。厨房的三大主要设备是洗池、电冰箱、灶具，厨房的操作流程应按储藏、加工、烹饪依次布置。厨房操作台面的平面布局一般有一字形、L 形、双排式、U 形和岛形。厨房中的储藏空间是必不可少的，设计者要为住户创造足够用的储藏空间。储藏空间可结合洗池、操作台、灶具柜台的下部空间设置，存放体积较大的物品。在操作区的上部，还应设置一定的吊柜。厨房平面布置如图 6 所示。

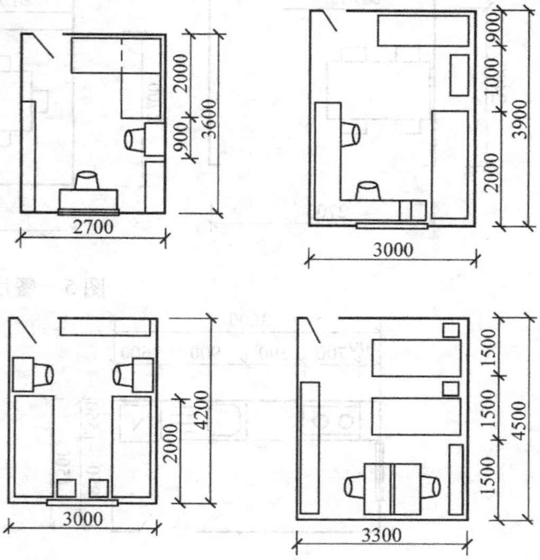

图 2　次卧室平面布置

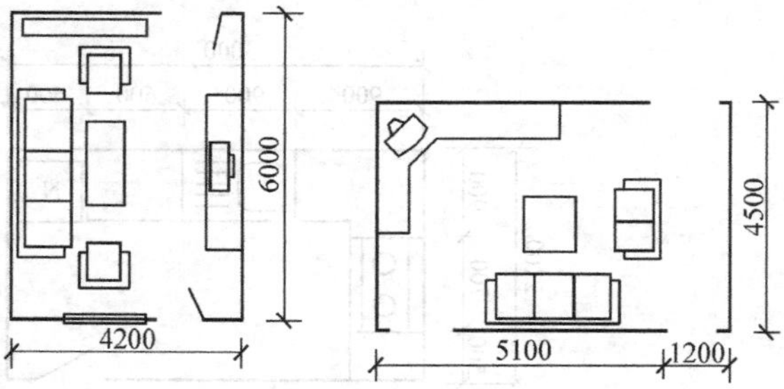

图 3　起居室平面布置

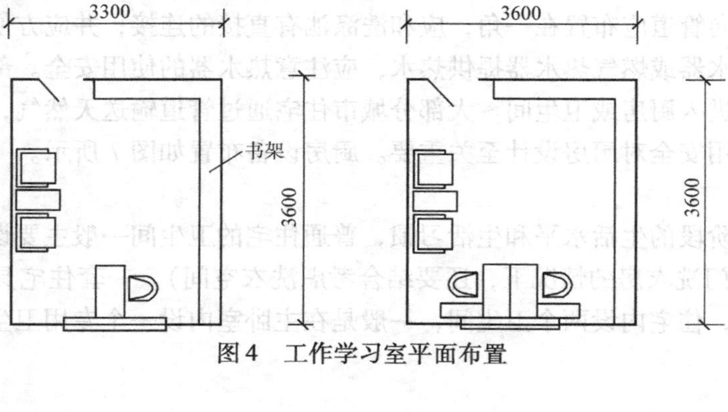

图 4　工作学习室平面布置

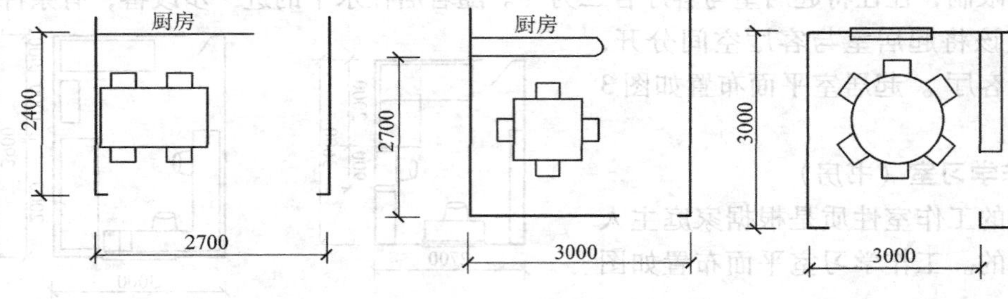

图 5　餐厅平面布置

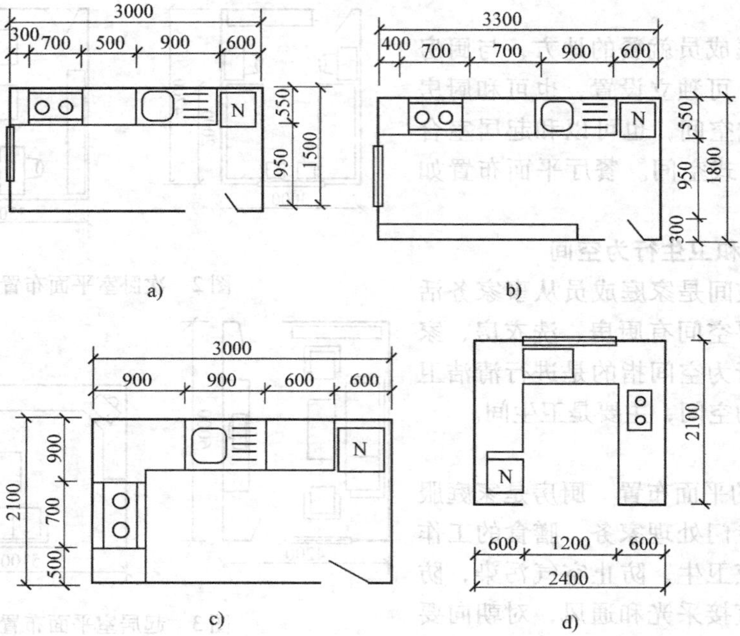

图 6　厨房平面布置

a)、b) 一字形　c) L 形　d) U 形

(2) 厨房设备　厨房应配备不少于三组均有三相插座的电源。厨房的照明应采用整体照明和局部照明相结合的方式。在厨房的设计中，应该设置排油烟管道，采用变压式通风排油烟管道，能利用烟气流动的物理规律，使气流保持向上的运动，防止楼层上下互相串气、串味。厨房的竖向管道应布置在一角，应和洗涤池有直接的连接，并应方便读表；城市大部分住宅通过电热水器或燃气热水器提供热水，应注意热水器的使用安全。部分高档小区提供热水，通过管道进入厨房或卫生间。大部分城市住宅通过管道输送天然气，管道的位置、读表方便性以及使用安全对厨房设计至关重要。厨房设备布置如图 7 所示。

2. 卫生间

按照我国现阶段的生活水平和生活习惯，普通住宅的卫生间一般主要设有清洁区和便溺区（在没有设专门洗衣房的情况下，还要结合考虑洗衣空间）。一套住宅具有多个卫生间是今后发展的方向，住宅内设两个卫生间，一般是在主卧室内设一个专用卫生间，在公共区域设一个家庭公用卫生间。家庭公用卫生间可将清洁区和便溺区分别设置于两个空间，这样能提高卫生设施的使用效率，减少卫生间使用时的相互干扰和等候现象。

卫生间的基本设备有便器（蹲式、坐式）、淋浴器、浴盆、洗脸盆、洗衣机等。卫生间平面布置应充分考虑设备以及人体活动空间尺度。卫生间的平面布置如图8所示。

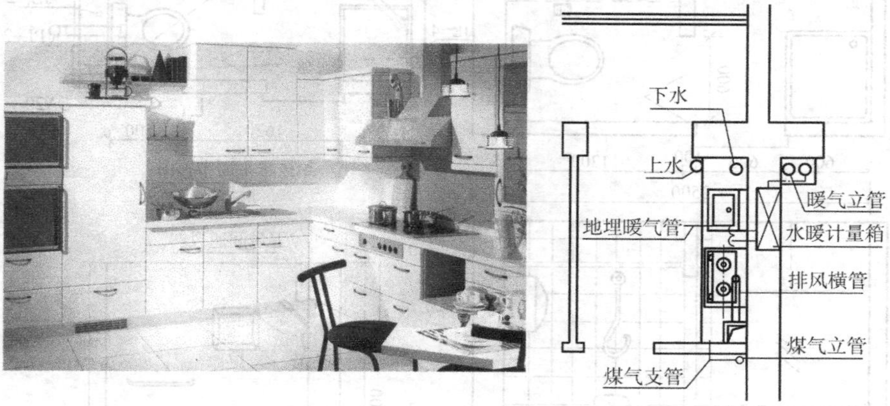

图7 厨房设备布置

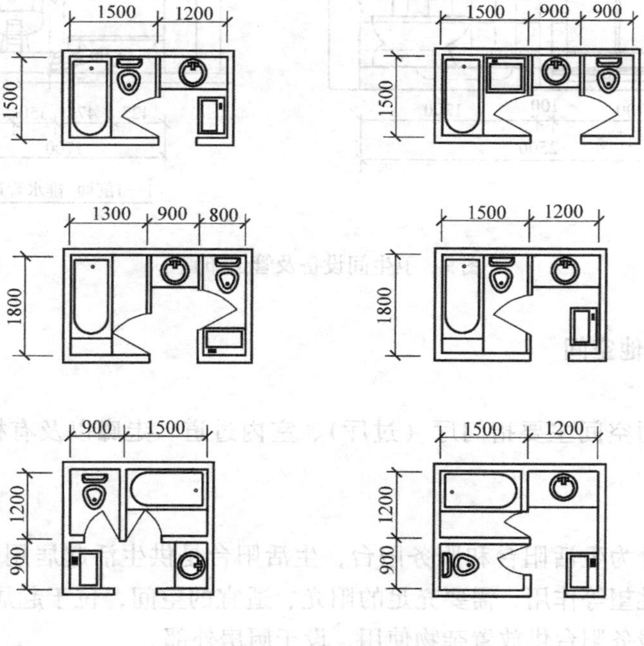

图8 卫生间平面布置图

卫生间内应考虑设置足够用的电源，卫生间管道较多，尽量暗装，可设置管道井，便于检修。卫生间以能够直接采光、通风最好，不仅能够很好地改善卫生间的室内空气，还能调整使用者的心态，放松心情，提高使用空间的标准。如不能对外开窗，则应设置竖向通风道，及时进行室内换气，保证卫生间的空气质量。卫生间地面墙面应考虑防水措施。地面应防滑和排水，墙面应便于清洗。内部设备应考虑镜箱、手纸盒、肥皂盒等位置，还应考虑挂衣钩、毛巾架等。卫生间设备及管道布置如图9所示。

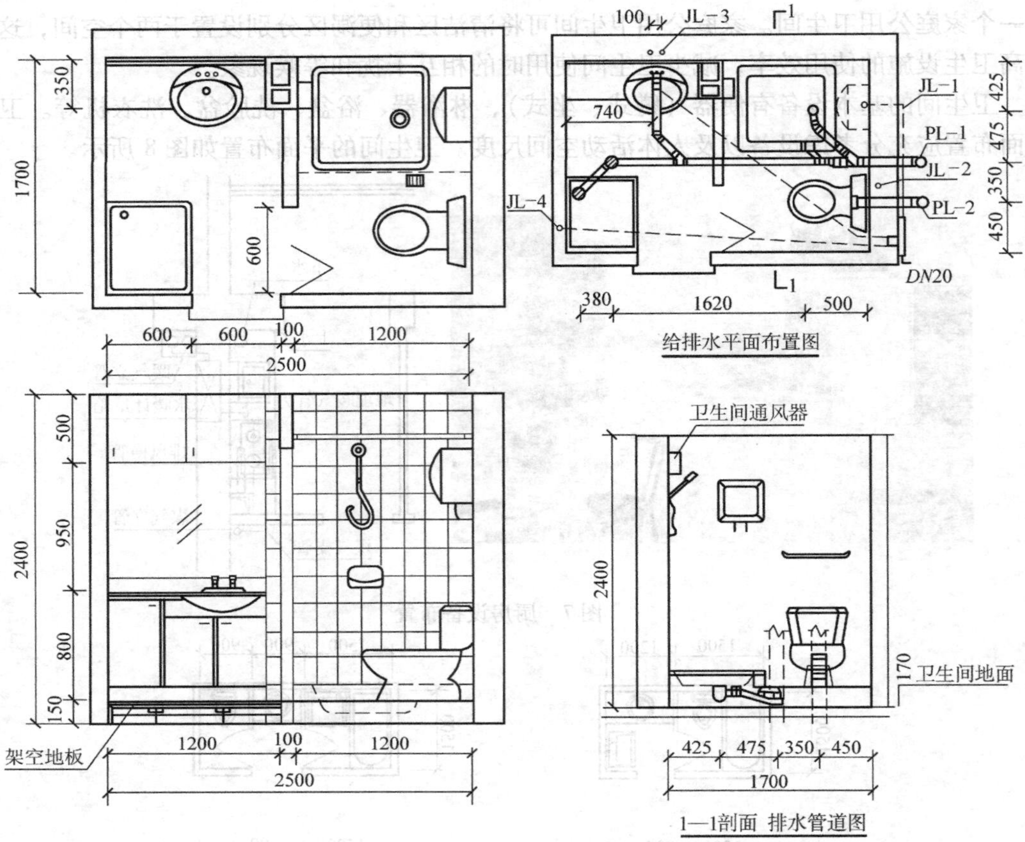

图 9 卫生间设备及管道布置

（三）交通及其他空间

1. 交通空间

住宅户内的交通空间主要指门厅（过厅）、室内过道、走廊以及有楼层住宅的户内楼梯。

2. 阳台及露台

阳台按功能可分为生活阳台和服务阳台，生活阳台是供生活起居用的，具有晾晒、休闲、健身、养花、眺望等作用，需要充足的阳光、适宜的空间，位于起居室和卧室的外部，以南向阳台为主。服务阳台供放置杂物使用，设于厨房外部。

露台是利用住宅及其他房间的顶部，按上人使用的要求设计建成的。其顶部没有遮挡，是多层或高层住宅特有的室外空间，通常做成花园式露台，覆土种植绿化，还可硬化，供人们在上面进行各种活动。

二、住宅套型设计

套型空间的组合，就是将户内不同功能的空间，通过一定的方式有机地组合在一起，从而满足不同住户使用的需要，并留有发展余地。

（一）套型设计的原则

（1）年龄分室　年龄分室指家庭子女到一定年龄后与父母分室居住。

（2）行为分室　根据居住行为的要求进行功能分室，不同居住行为要求不同的空间。一般来说居住行为主要分成四类：个人私属生活行为、社会生活行为、家务行为、生理卫生行为四部分。

个人私属生活行为主要指私人就寝、私人衣物储藏、个人学习行为等。这就要求提供卧室、储藏室、书房等房间。社会生活行为主要指家庭成员起居、团聚、会客、娱乐、就餐、接送客人出入等行为。这就要求提供起居室、活动室、餐厅、门厅等房间。家务行为主要包括做饭、洗衣等行为，要求提供厨房、家政空间等。生理卫生行为主要指洗浴、便溺、洗漱等。要求提供卫生间。

（3）功能分区　公私分区：卧室、书房、卫生间等为私密区，它们不但对外有私密要求，本身各部分之间也需要有适当的私密性。半私密区是指家庭中的各种家务活动、儿童教育和家庭娱乐等区域，其对家庭成员间无私密要求，但对外人仍有私密性。半公共区是由会客、宴请、与客人共同娱乐及客用卫生间等空间组成。这是家庭成员与客人在家里交往的场所，公共性较强，但对外人讲仍带有私密性。公共区是指户门外的走道、平台、公共楼梯间等空间，这里是完全开放的外部公共空间。

动静分区：动静分区从时间上来说，也可称作昼夜分区。一般来说，会客室、起居室、餐室、厨房和家务室是住宅中的动区，使用时间主要是白昼和晚上部分时间。卧室是静区，主要在夜晚使用。工作和学习空间也属静区，但使用时间上则根据职业不同而异。

洁污分区：洁污分区主要体现为有烟气、污水及垃圾污染的区域和清洁卫生区域的分区，由于厨房、卫生间要用水，有污染气体散发和有垃圾产生，且管网较多，集中处理较为经济合理，因此可以将厨房、卫生间集中布置，和其他洁净的房间相分开，此时厨房、卫生间之间还应作洁污分隔，厨房应靠近出入口，卫生间也不要面向起居室。住宅入口应形成一定的换鞋区等，做到洁污分区。

（二）套型空间的组合设计

1. 起居型（LBD型）

目前常用套型是将起居空间独立出来，并以起居室为中心进行空间组织。起居室作为家人团聚、会客、娱乐等的专用空间，避免了起居活动与睡眠的相互干扰，利于形成动、静分区。起居室面积相对较大，其中可以布置视听设备、沙发等，很适合现代家庭生活的需要。LBD型空间设计如图10所示。

2. 三维空间组合型

三维空间组合型是指套内的各功能空间不限在同一平面内布置，而是根据需要进行立体布置，并通过套内的专用楼梯进行联系。这种套型室内空间富于变化，有的还可以节约空间。

（1）变层高住宅　这种住宅是进行套内功能分区后，将一些次要空间布置在层高较低的空间内，而将家庭成员活动量大的空间布置在层高较高的空间内。这种住宅相对来说比较节省空间体积，做到了空间的高效利用，但室内有高差，老人、儿童使用欠方便，且结构、构造较复杂。

（2）复式住宅　这种住宅是将部分用房在同一空间内沿垂直方向重叠在一起，往往采用吊楼或阁楼的形式，将家具尺度与空间利用结合起来，充分利用了空间，节约空间体积。但有些空间较狭小、拥挤。复式住宅空间如图 11 所示。

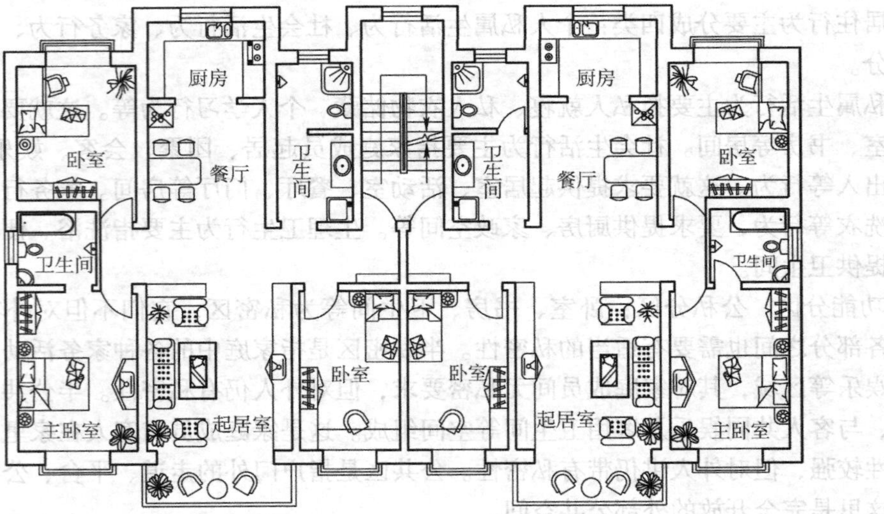

图 10　L · B · D 型住宅

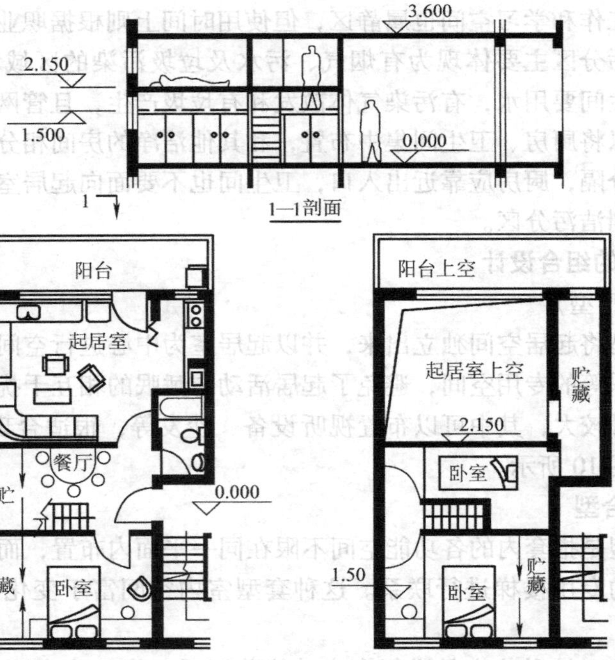

图 11　复式住宅

(3) 跃层住宅　跃层住宅是指一户占用两层或部分两层的空间，并通过专用楼梯联系。这种住宅可节约部分公共交通面积，室内空间丰富。在一些坡顶住宅中，将顶层处理为跃层式，可充分利用坡顶空间。

三、住宅类型

(一) 多层住宅

多层住宅一般指的是4~6层的住宅。多层住宅在我国城市住宅建设中一直处于重要地位，它的建造量最大，范围最广，形式多种多样。多层住宅比低层住宅节省用地，比高层住宅经济，不用设置电梯。近些年来，我国部分高标准的住宅中，已有些在4层及以上住宅设置了电梯，增加了垂直交通的方便，提高了居住的舒适度。

多层住宅常见的平面类型较多，综合考虑，可以归纳为以下几大类：梯间式、走廊式、点式和其他形式等。

1. 梯间式

梯间式住宅也可称为单元式住宅，是以一个楼梯为几户服务的单元组合体，住户由楼梯平台直接入户。主要有一梯两户、一梯三户、一梯四户等（图12）。其特点是平面布置紧凑，公共交通面积少，户间干扰少。

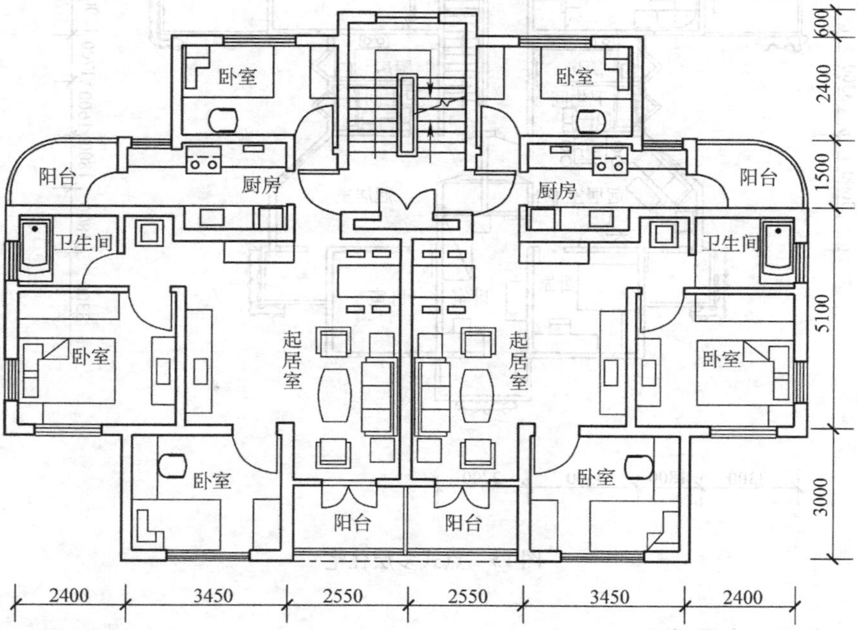

图12　一梯两户多层住宅

2. 走廊式

走廊式住宅就是套型在平面组合时通过走廊来联系。走廊式住宅一般可以分为外廊式和内廊式两类，同时走廊式住宅根据走廊的长短以及服务的户数又可分为长廊和短廊。

3. 点式住宅

点式住宅又称为独立单元式住宅，由一个楼梯联系若干住户。单元四面临空，皆可开窗，利于采光通风。体型可以比较自由活泼，朝向多，视野广。点式住宅一般一梯服务2～4户，分户布置灵活，每户均有条件获得两个以上的朝向。平面组织自由，可获得较为理想的套型平面。点式住宅能适应各种不同地形和地段，易与环境协调，造成有特色的空间环境，点式住宅的设计要注意防止视线的交叉干扰。

为了使每户都能有良好的朝向，平面常形成南侧窄、北侧宽的布局。根据平面的形状，点式住宅有多种形式，如方形、圆形、三角形、风车形、T字形、Y字形、品字形、工字形、蝶形等。点式多层住宅如图13所示。

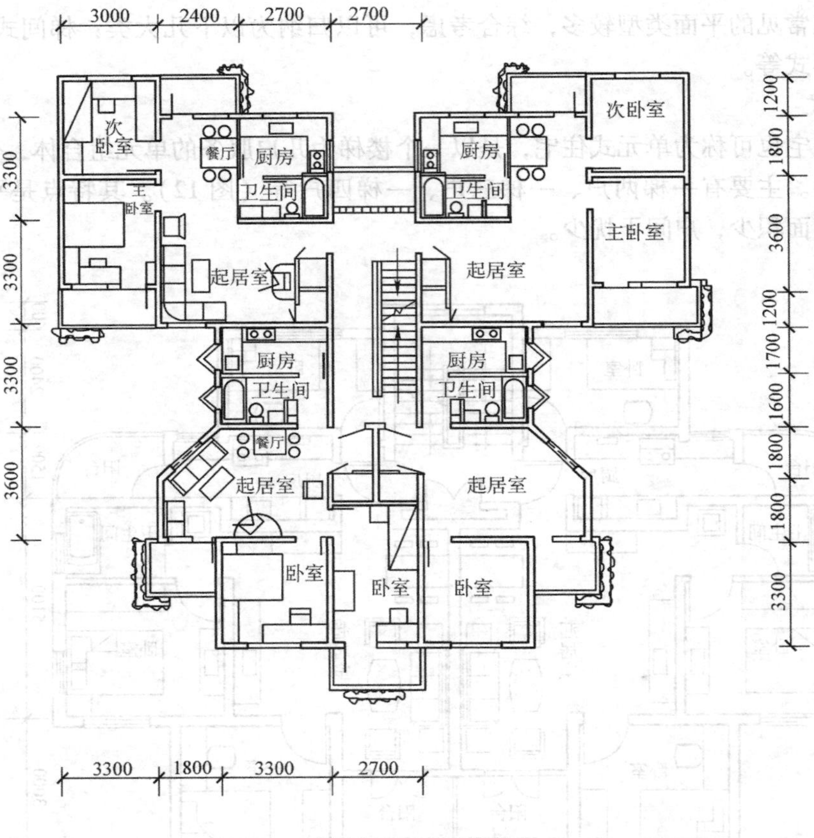

图13 点式多层住宅

（二）中高层、高层住宅

按照《住宅设计规范》（GB 50096—2003）中规定，七层至九层的住宅为中高层住宅，十层及以上的住宅为高层住宅。高层住宅可以节约土地，使土地利用率大大提高。

高层住宅是较为常见的高密度居住建筑类型。一般而言，高层住宅从形式上可以分为塔式高层住宅、板式高层住宅。近年来，在我国城市住宅建设中，出现了一种小高层的住宅。我国的设计规范中没有小高层这个概念。小高层通常是指楼层在八至十二层之间，配备电梯的住宅。小高层通过电梯的配置，使住户上下方便，具有高层的优点，而房型接近多层，间距大、通风好、采光条件优越、视野宽阔、景观好。

1. 塔式高层住宅

塔式高层住宅是以共用楼梯、电梯为核心布置多套住房的高层住宅。塔式高层是由一个单元独立建造而成的。为了争取服务较多的住户，塔式高层住宅的体形丰富多变，在平面上构成各种不同的轮廓。塔式高层住宅平面布局有方形、筒形、蝶形、品字形、十字形等。

塔式高层住宅由于具有集中的垂直交通核，而且由于交通核面积较大，所以在相同的使用率的条件下，高层塔楼的交通核服务的建筑面积绝对值较大，因此塔楼标准层常设计成数量较少的大户型或者数量较多的小户型。塔楼四周都可以采光，但南向采光面却相对有限。部分住户采光通风不佳。某塔式高层住宅平面如图 14 所示。

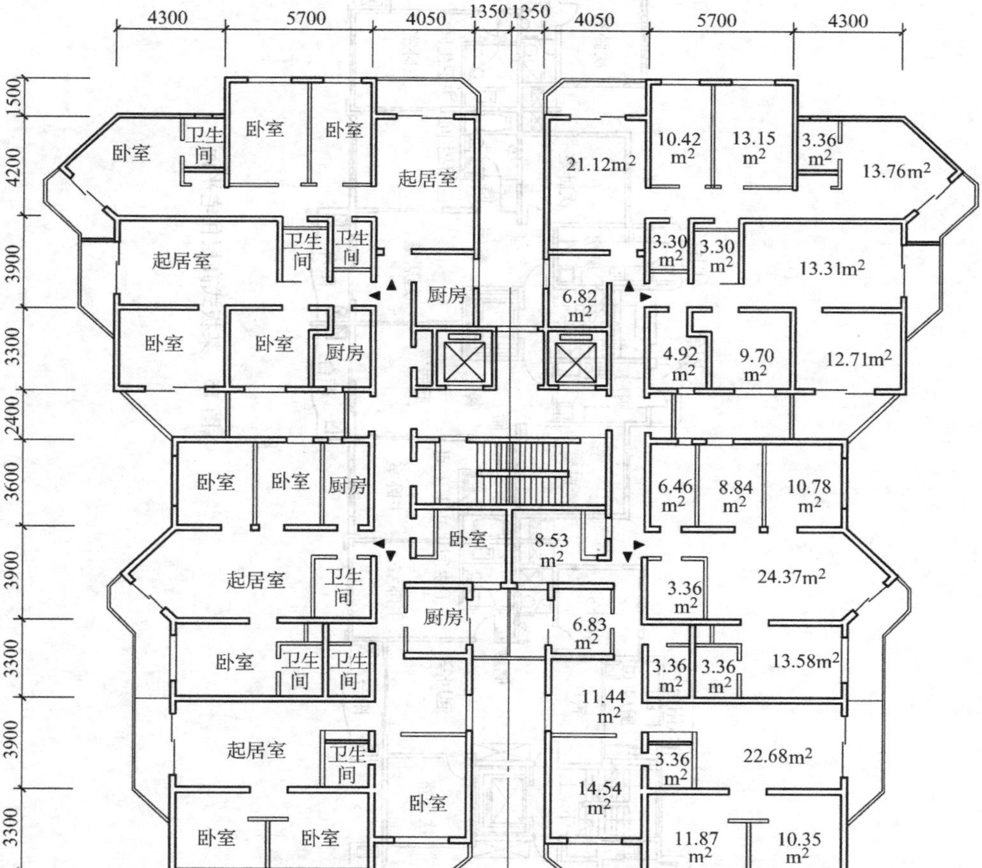

图 14　某塔式高层住宅平面

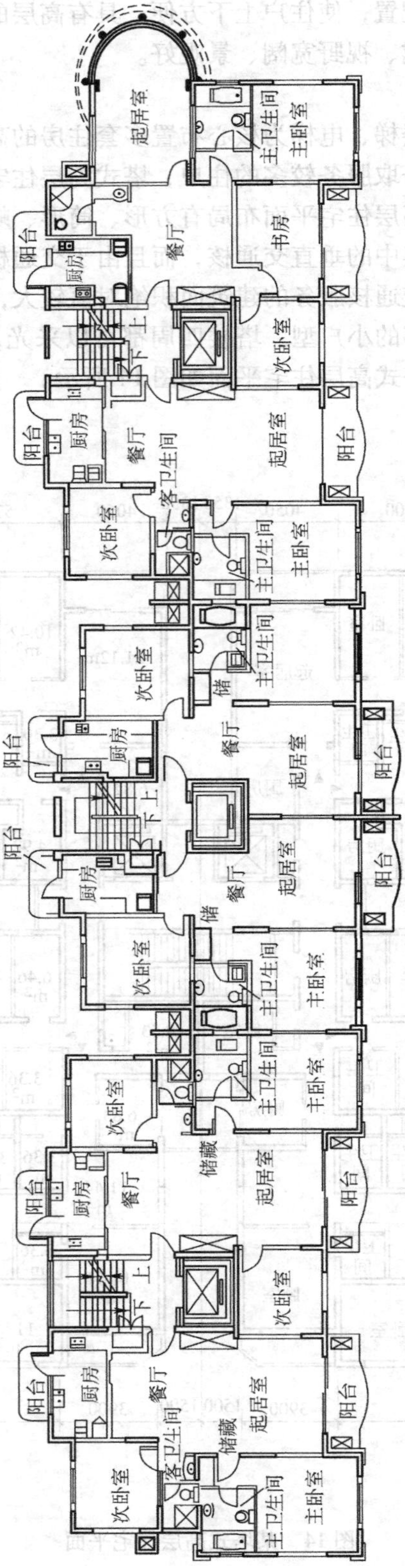

图15 某板式高层住宅平面

2. 板式高层

板式高层有组合单元式高层住宅和走廊式高层住宅两种形式。组合单元式高层住宅是由多个住宅单元组合而成，每单元均设有楼梯、电梯的高层住宅。走廊式高层住宅是由共用楼梯，电梯通过内、外廊进入各套住房的高层住宅。《住宅设计规范》中规定：对于组合单元式高层住宅每单元只设一部电梯时应采用联系廊连通。高层住宅中作主要通道的外廊宜做成封闭外廊，并设可开启的窗扇。走廊通道的净宽不应小于1. 20m。走廊式高层住宅由于是通过走廊来联系垂直交通和住户，因此公共走廊对各住户会产生一定的干扰。板式高层住宅平面如图15所示。

（三）低层住宅

按我国住宅层数划分规定，低层住宅为1~3层的住宅。近年来，随着经济与城市建设的飞速发展，新建造的低层住宅都是标准较高的小住宅。

低层住宅根据住户与住户的联系方式一般可分为独立式住宅、双联式住宅和联排式住宅三种类型。

1. 独立式住宅

独立式住宅又称为独院式住宅，独院式住宅四面临空，并有独立的院子，平面组合和造型很少受限，新颖、多样，朝向及通风、采光好、环境优美。

独院式住宅层数在二至三层，也有些建地下或半地下室，用作车库、仓库等。底层一般为起居室、餐室、厨房和卫生间等用房，二层为卧室与卫生间，并有阳台、屋顶活动平台等。独院式住宅占地面积大，一般较少建造。

2. 双联式住宅

双联式住宅又称为并联式住宅或毗连式住宅，毗连式住宅是指将两个相当于独立式住宅的房屋在平面上并联起来，两户共用一面山墙，组合成为一栋建筑。双联式住宅每户三面临空，也有独立的院子，采光、通风条件较好，与独立式住宅相比较，能节省用地，减少室外管网的长度。

3. 联排式住宅

联排式住宅是将独院式户型单元拼联增到三户及以上，各户间至少能共用两面山墙时，即为联排式住宅。联排式住宅一般每户只有前后两面临空。只能设有前后院子，一般前院可以作为生活院，后院作为家务院。联排式住宅的拼联不宜过多，一般长度在30m左右为宜，联排式住宅的拼联方式可以横向联排、错位联排、咬合联排、围合式组合等。

参 考 文 献

[1] 同济大学，西安建筑科技大学，东南大学，等. 房屋建筑学［M］. 北京：中国建筑工业出版社，2005.
[2] 孙玉红. 房屋建筑构造［M］. 北京：机械工业出版社，2004.
[3] 裴刚，沈粤，扈媛。房屋建筑学［M］. 广州：华南理工大学出版社，2002.
[4] 舒秋华. 房屋建筑学［M］. 2 版. 武汉：武汉理工大学出版社，2002.
[5] 赵研. 建筑识图与构造［M］. 北京：中国建筑工业出版社，2007.
[6] 李国新，王文仲. 建筑材料［M］. 北京：机械工业出版社，2008.
[7] 北京注册建筑师管理委员会. 一级注册建筑师考试辅导教材：建筑材料与构造［M］. 北京：中国建筑工业出版社，2002.
[8] 武桂枝. 建筑材料［M］. 郑州：黄河水利出版社，2006.
[9] 李林. 建筑新材料［M］. 郑州：黄河水利出版社，2005.
[10] 高琼英. 建筑材料［M］. 武汉：武汉理工大学出版社，2002.
[11] 范文昭. 建筑材料［M］. 北京：中国建筑工业出版社，2007.
[12] 冯美宇. 房屋建筑学［M］. 2 版. 武汉：武汉理工大学出版社，2004.
[13] 郑鹭. 房屋构造与维护管理［M］. 北京：清华大学出版社，2006.
[14] 马光红. 建筑材料与房屋构造［M］. 北京：中国建筑工业出版社，2007.
[15] 陈送财，刘保军. 房屋建筑学［M］. 北京：中国水利水电出版社，2007.
[16] 孙殿臣. 民用建筑构造［M］. 北京：机械工业出版社，2004.
[17] 高远，张艳芳. 建筑构造与识图［M］. 北京：中国建筑工业出版社，2006.
[18] 刘志麟. 建筑制图［M］. 北京：机械工业出版社，2003.
[19] 孙世青. 建筑制图［M］. 北京：科学出版社，2008.
[20] 孙世青. 建筑制图与阴影透视［M］. 北京：中国建筑工业出版社，2005.
[21] 王丽洁，张萍. 画法几何与阴影透视［M］. 北京：中国建材工业出版社，2006.
[22] 陈文斌，章金良. 建筑制图［M］. 上海：同济大学出版社，2002.
[23] 刘谊才. 新编建筑识图与构造［M］. 合肥：安徽科学技术出版社，2006.
[24] 何锦云. 建筑识图与制图［M］. 北京：电子工业出版社，2005.
[25] 支秀兰. 建筑识图与构造［M］. 北京：机械工业出版社，2004.
[26] 朱昌廉. 住宅建筑设计原理［M］. 北京：中国建筑工业出版社，2006.
[27] 武勇. 住宅平面设计指南及实例评析［M］. 北京：机械工业出版社，2006.
[28] 刘文军，付瑶. 住宅建筑设计［M］. 北京：中国建筑工业出版社，2007.